Teach Yourself Ruby on Rails

独習

Ruby on Rails

小餅良介 著

本書内容に関するお問い合わせについて

このたびは翔泳社の書籍をお買い上げいただき、誠にありがとうございます。弊社では、読者の皆様からのお問い合わせに適切に対応させていただくため、以下のガイドラインへのご協力をお願い致しております。下記項目をお読みいただき、手順に従ってお問い合わせください。

●ご質問される前に

弊社Webサイトの「正誤表」をご参照ください。これまでに判明した正誤や追加情報を掲載しています。

　　　正誤表　　　https://www.shoeisha.co.jp/book/errata/

●ご質問方法

弊社Webサイトの「刊行物Q&A」をご利用ください。

　　　刊行物Q&A　　　https://www.shoeisha.co.jp/book/qa/

インターネットをご利用でない場合は、FAXまたは郵便にて、下記"翔泳社 愛読者サービスセンター"までお問い合わせください。
電話でのご質問は、お受けしておりません。

●回答について

回答は、ご質問いただいた手段によってご返事申し上げます。ご質問の内容によっては、回答に数日ないしはそれ以上の期間を要する場合があります。

●ご質問に際してのご注意

本書の対象を越えるもの、記述個所を特定されないもの、また読者固有の環境に起因するご質問等にはお答えできませんので、あらかじめご了承ください。

●郵便物送付先およびFAX番号

　　　送付先住所　　　〒160-0006　東京都新宿区舟町5
　　　FAX番号　　　　03-5362-3818
　　　宛先　　　　　　（株）翔泳社 愛読者サービスセンター

※本書に記載されたURL等は予告なく変更される場合があります。
※本書の出版にあたっては正確な記述につとめましたが、著者や出版社などのいずれも、本書の内容に対してなんらかの保証をするものではなく、内容やサンプルに基づくいかなる運用結果に関してもいっさいの責任を負いません。
※本書に掲載されているサンプルプログラムやスクリプト、および実行結果を記した画面イメージなどは、特定の設定に基づいた環境にて再現される一例です。

※本書に記載されている会社名、製品名はそれぞれ各社の商標および登録商標です。

はじめに

　本書は、Rubyが持つ「オブジェクト指向」という考え方とともにRailsの基本を正しく理解し、Railsを使ったWebアプリケーションの仕組みやスマートなアプリケーション構築の方法を学ぶことを目的としています。スマートなアプリケーションの構築とは、いかに記述するコードを少なく、見やすく、きれいにすることに他なりません。それが結果として、保守性を向上させ、アプリケーションの改善や実行スピードの向上につながるのです。

　本書を執筆するにあたり、限られた紙面の中でも可能な限り、基本的な機能を網羅するように心がけました。取っつきやすい「画面」からではなく、モデルを中心としたコアな部分の理解をあえて先に行うことで、Railsの重要な仕組みを理解してもらおうと試みています。そのためにも本書は、Rubyで実現されているオブジェクト指向のメリットとRailsとの結びつきを理解しやすいよう構成されています。

　またRailsの基本をきちんと理解するためにも、一般的に利用されているさまざまなGemパッケージの内容には触れず、一部のパッケージについて最低限紹介するにとどめています。Railsが持つオリジナルの機能に限定し、例えばテスト機能も一般的なRSpecではなく、RailsオリジナルのRuby拡張テスト機能を使用して説明しています。Railsを動作させるための環境設定や説明も同様に、必要最低限の内容に限定しています。

　Railsでは、新しい知恵や最高の開発経験や開発ノウハウを組み込むための検討が日々、世界のあちこちで行われています。また、そのベースとなるプログラミング言語Ruby自体も日々進化し続けています。本書を通してRailsのフレームワークに触れることになりますが、もちろん、より多くの構築経験を積むことがより深い理解とよりスマートなアプリケーションを作ることにつながります。本書では、練習問題や章末の理解度チェックとして、会議室予約アプリケーション「Reservation」を作成しています。これらの課題をこなすことで、実際に手を動かして理解を深めながら、アプリケーションの構築の方法を学ぶことができます。

　具体的なRuby言語の記述方法については、本書では深く言及していません。しかし、良いコードを参考にすることは、読者にとっても大いに役立ちます。アプリケーションの役割を構成するモデルやコントローラーの中に記述するコードは、「同じような処理はまとめて、全体に関係する設定は上のほうに持ってくる」といった決め事をしていくと、コードの見やすさが向上します。例えば、コントローラーの各アクションは処理の基本とも言えるため、アクションに直接記述するコードはできるだけ少なくし、共通するコードやひとかたまりの処理を表現するものはメソッドやクラスとして分離することで見やすくなります。また、モデルに実装する機能を明確にし、そのモデルに関連する特有な処理だけを記述することも必要です。

　Railsを正しく理解するためにも、本書ではできるだけ図表を使い、イメージをわきやすくした丁寧な説明を行うよう心掛けました。しかし紙面の都合もあり、最終的に図表の一部をカットすることになるなど、説明不十分になってしまった点も多いかもしれません。わかりにくい点や、もっとこうした方が良いという点があれば、今後の参考にしたいと考えます。

　本書で初めてRailsアプリケーションに接する方々、特に初めてWebアプリケーションを構築される方々にとって、本書がWebアプリケーションの本質を理解し、Railsを正しく利用できるためのお役に立てることを祈念してやみません。

2019年5月 著者

本書について

付属データ

本書で利用しているサンプルファイルおよび「練習問題」「この章の理解度チェック」の解答（付属データ）は、以下のサイトからダウンロードして入手いただけます。

https://www.shoeisha.co.jp/book/download/9784798160689

付属データのうち、サンプルファイルはZIP形式で圧縮されています。ダウンロードしたファイルをダブルクリックすると、ファイルが解凍され、ご利用いただけます。

構成などサンプルについての詳細は、解凍したフォルダーにあるReadme.txtをご覧ください。

注意と免責事項

付属データに関する権利は著者および株式会社翔泳社が所有しています。許可なく配布したり、Webサイトに転載することはできません。また付属データの提供は予告なく終了することがあります。あらかじめご了承ください。

付属データに記載されたURL等は予告なく変更される場合があります。付属データの提供にあたっては正確な記述につとめましたが、著者や出版社などのいずれも、その内容に対してなんらかの保証をするものではなく、内容やサンプルに基づくいかなる運用結果に関してもいっさいの責任を負いません。

動作確認環境

本書内の記述／サンプルプログラムは、以下の環境で動作確認しています。

- Windows 10 Pro （64bit）
- Vagrant （version 2.2.4）
- VirtualBox （version 6.0.6）
- Git Bash （2.21.0）

本書の構成

　本書は13の章で構成されています。各章では、学習する内容について、実際のコード例などをもとに解説しています。その際、書かれたプログラムがどのように動いているのかを、実際に試しながら学ぶことができます。

練習問題

　各章は、細かい内容の節に分かれています。途中には、それまで学習した内容をチェックする練習問題を設けています。その節の内容を理解できたかを確認しましょう。

この章の理解度チェック

　各章の末尾には、その章で学んだ内容について、どのくらい理解したかを確認する理解度チェックを掲載しています。問題に答えて、章の内容を理解できているかを確認できます。

本書の表記

全体

　紙面の都合でコードを折り返す場合、行末に（ ↩ ）を付けます。

構文

　本書の中で紹介するRubyの構文を示しています。

Note

　注意事項や関連する項目、知っておくと便利な事柄などを紹介します。

 注意事項や関連する項目の情報

目　次

はじめに ……………………………………………………………………………………………… iii

本書について ……………………………………………………………………………………… iv

　　付属データ ………………………………………………………………………………… iv

　　注意と免責事項 …………………………………………………………………………… iv

　　動作確認環境 ……………………………………………………………………………… iv

　　本書の構成 ………………………………………………………………………………… v

　　本書の表記 ………………………………………………………………………………… v

第1章　Rails概要 　1

1.1　Railsとは ………………………………………………………………………………… 2

1.2　Ruby on Rails 誕生の経緯 ………………………………………………………… 2

1.3　Railsの基本理念 ……………………………………………………………………… 3

1.4　Railsフレームワークのベースとなる3つの考え方 ……………………… 5

1.5　Railsの実習環境を作る …………………………………………………………… 7

　1.5.1　開発環境の種類 ……………………………………………………………………… 7

　1.5.2　Vagrantを経由した実装とそれを利用する理由 …………………………… 8

　1.5.3　各種アプリケーションのインストール ………………………………………… 9

　1.5.4　Git Bashの起動 …………………………………………………………………… 15

　1.5.5　主要なLinuxコマンド …………………………………………………………… 15

　1.5.6　Vagrantによる仮想サーバーの起動 ………………………………………… 16

　1.5.7　RubyおよびRailsのインストールと開発環境の作成 ………………… 23

　1.5.8　Rubyの実行方法 ………………………………………………………………… 29

　この章の理解度チェック ………………………………………………………………… 32

第2章 オブジェクト指向とRubyの基本 33

2.1 オブジェクト指向という考え方 ······ 34
2.1.1 オブジェクト指向プログラミングとは ······ 34
2.1.2 メソッドとカプセル化 ······ 35
2.1.3 従来のプログラミングとオブジェクト指向プログラミングとの比較 ······ 35
2.1.4 オブジェクト同士の関係 ······ 37

2.2 基本的なRuby文法1：オブジェクト指向 ······ 39
2.2.1 クラスオブジェクト ······ 39
2.2.2 インスタンスメソッド ······ 40
2.2.3 クラスメソッドとインスタンス化 ······ 41
2.2.4 Rubyのメソッドまとめ ······ 43

2.3 基本的なRuby文法2：変数と定数 ······ 46
2.3.1 Rubyプログラムの基本的な仕組み ······ 46
2.3.2 変数の種類 ······ 46
2.3.3 変数の参照範囲の違い ······ 47
2.3.4 文字列 ······ 48
2.3.5 変数への代入 ······ 49
2.3.6 グループ化される変数 ······ 50

2.4 基本的なRuby文法3：ロジックの組み立て ······ 52
2.4.1 比較と演算子 ······ 52
2.4.2 処理の基本パターンとRubyによる表現 ······ 53
2.4.3 メソッドに値を渡す引数 ······ 59
2.4.4 戻り値 ······ 62
2.4.5 ブロック処理 ······ 66

2.5 Rubyでオブジェクトを活用する ······ 67
2.5.1 Rubyでは「すべてがオブジェクト」 ······ 67
2.5.2 オブジェクトの継承 ······ 70
2.5.3 インスタンスへの初期値のセット ······ 75
2.5.4 異なるインスタンス間の情報のやり取り ······ 77

この章の理解度チェック ······ 82

vii

第3章 Railsの起動と簡単なアプリケーションの構築　83

3.1　Railsフレームワークの実装とRailsの起動 ……………………………………… 84
3.1.1　Railsフレームワークの生成 ……………………………………………………… 84
3.1.2　Railsの起動 ………………………………………………………………………… 86

3.2　簡単なRailsアプリケーションを構築する ……………………………………… 89
3.2.1　Webアプリケーションとは ……………………………………………………… 89
3.2.2　messageアプリケーションの生成 ……………………………………………… 90
3.2.3　生成されたアプリケーション …………………………………………………… 91
3.2.4　ビューのカスタマイズ …………………………………………………………… 94
3.2.5　アプリケーションの立ち上げと実行確認 ……………………………………… 94

3.3　Scaffoldを使ったアプリケーションの作成 …………………………………… 95
3.3.1　各種ファイルの生成 ……………………………………………………………… 95
3.3.2　マイグレーション ………………………………………………………………… 99
3.3.3　アプリケーションの立ち上げ …………………………………………………… 100
3.3.4　図書一覧表示の仕組み …………………………………………………………… 102
3.3.5　図書新規登録の仕組み …………………………………………………………… 104

この章の理解度チェック ……………………………………………………………… 113

第4章 Rails全体の仕組み　115

4.1　RailsコンポーネントとMVCの基礎知識 ……………………………………… 116
4.1.1　Webアプリケーションの構造とMVC ………………………………………… 116
4.1.2　Railsのコンポーネント ………………………………………………………… 118
4.1.3　Railsがデフォルトで使用するツールとライブラリ ………………………… 119

4.2　Railsのディレクトリ構成 ………………………………………………………… 121
4.2.1　基本フレームワークとして生成されるディレクトリ ………………………… 121
4.2.2　アプリケーションディレクトリ直下に生成されるファイル ………………… 123
4.2.3　appディレクトリ内のファイルとディレクトリ ……………………………… 124
4.2.4　configディレクトリ ……………………………………………………………… 127

4.3　railsコマンド ……………………………………………………………………… 130
4.3.1　rails new：Railsアプリケーションの生成 …………………………………… 131

4.3.2	rails generator：Railsアプリケーション要素の生成	132
4.3.3	rails destroy：generatorコマンドの取り消し	134
4.3.4	Railsアプリケーションの起動・運用	134
4.3.5	ヘルプオプション	134
4.3.6	rails server：Railsサーバーの起動	136

4.4 Railsコンソールを使用したRubyの実行 ━━━━ 137

| 4.4.1 | モデルとActive Recordの関係をRailsコンソールで検証する | 137 |
| 4.4.2 | Railsコンソールでルーターの状況を検証する | 142 |

4.5 Rakeタスクコマンド ━━━━ 144

| 4.5.1 | 主なタスクコマンド | 144 |

この章の理解度チェック ━━━━ 147

第5章 モデルに命を与えるActive Record 149

5.1 モデルの役割 ━━━━ 150

5.1.1	モデルとActiveRecord	150
5.1.2	モデル属性とテーブルカラムの関係例	153
5.1.3	モデルに実装される機能	155

5.2 モデルの作成 ━━━━ 157

5.2.1	モデルの作成手順とモデル生成	157
5.2.2	モデル生成の例	159
5.2.3	生成されたモデルの挙動確認	161
5.2.4	モデルの属性タイプ（データ型）	163

5.3 マイグレーションとシード機能 ━━━━ 166

5.3.1	マイグレーションとは	166
5.3.2	マイグレーションのコマンドと操作	167
5.3.3	マイグレーション名の付け方	171
5.3.4	マイグレーションのパターン	171
5.3.5	マイグレーションのメソッド	175
5.3.6	スキーマとデータベーステーブルの確認	177
5.3.7	シード（seed）機能	178

| 5.4 | CRUD操作と標準装備のメソッド | 182 |

5.4.1	データベーステーブルとは	182
5.4.2	Create：作成メソッド（新規保存）	183
5.4.3	Read：読み出しメソッド（取得）	185
5.4.4	Update：更新メソッド	187
5.4.5	Delete：削除メソッド	188
5.4.6	コントローラーと標準的なモデル操作との関係	190
5.4.7	条件による読み出しメソッド（where）	191
5.4.8	インスタンス配列の取得を支援するメソッド	197
5.4.9	その他便利なメソッド	201

| 5.5 | まとめ | 203 |
| | この章の理解度チェック | 204 |

第6章 モデルに実装すべき役割 205

6.1 バリデーション 206

6.1.1	バリデーションの実装場所	206
6.1.2	バリデーション評価のタイミング	207
6.1.3	バリデーションの実装方法	208
6.1.4	標準バリデーションヘルパー	209
6.1.5	バリデーションヘルパーの使用例	210
6.1.6	バリデーションオプション	214
6.1.7	フォームオブジェクトの簡単な例	215
6.1.8	独自のバリデーションヘルパーを実装する	220
6.1.9	Validator クラスで共通の独自ヘルパーを実装する	221
6.1.10	エラーメッセージの操作方法	223

6.2 コールバック（割り込み呼び出し）機能 227

6.2.1	コールバックとは	227
6.2.2	コールバックの実装と呼び出されるタイミング	228
6.2.3	その他の特別なコールバック	231
6.2.4	コールバッククラスによる共通化	233

| 6.3 | スコープ | 235 |

6.3.1 基本的なスコープの例 235
6.3.2 スコープの組み合わせ 235
6.3.3 デフォルトスコープ 236

6.4 ロック機能 237

6.4.1 楽観的ロック機能 238
6.4.2 悲観的ロック機能 238

この章の理解度チェック 239

第7章 モデルを豊かにする仕組み 241

7.1 モデルの関係（アソシエーション） 242

7.1.1 モデルの親子関係 242
7.1.2 Railsにおけるアソシエーション 245
7.1.3 多対多の関係 253
7.1.4 アソシエーションメソッドのオプション 260
7.1.5 単一テーブル継承（STI）などのモデルの応用関係 263
7.1.6 モデル結合を利用したインスタンス配列の取得 270

7.2 仮想的な属性（attributes API） 277

7.2.1 モデルの属性とattributes API 277
7.2.2 テーブルに存在しない仮想属性を設定する場合の例 278

7.3 タイプオブジェクト 280

7.3.1 独自のモデル属性型を設定するためのオブジェクト 280
7.3.2 独自型の属性を持ったモデルの例 280
7.3.3 タイプオブジェクトのメソッド 281
7.3.4 実装①：属性の値を単一で与える 281
7.3.5 実装②：属性の値を複数の要素として与える 283
7.3.6 タイプオブジェクトの継承元クラスの比較 284
7.3.7 実装③：テーブルの検索条件に型を使用する 285

この章の理解度チェック 289

第 8 章 ルーターとコントローラー　　291

8.1　ルーティングとは ……………………………………………………………… 292
　8.1.1　HTTPメソッド ……………………………………………………… 293
　8.1.2　ルートの対応関係と実装例 ……………………………………… 293
　8.1.3　リソースフルルート ………………………………………………… 294
　8.1.4　非リソースフルルート …………………………………………… 297

8.2　ルート設定とルーティングヘルパー ……………………………………… 297
　8.2.1　ルート設定ファイルと実装ルートの確認方法 ………………… 297
　8.2.2　アプリケーションルート（root）の設定方法 ………………… 298
　8.2.3　非リソースフルルートの設定方法 ……………………………… 300
　8.2.5　ルーティングヘルパー …………………………………………… 303

8.3　リソースフルルートをより有効に使う方法 …………………………… 307
　8.3.1　リソースフルルートのオプション ……………………………… 307
　8.3.2　独自アクションのルートを追加する方法 ……………………… 310
　8.3.3　親子関係を持つ入れ子ルートについて ………………………… 312
　8.3.4　リソースフルルートのグループ化 ……………………………… 315
　8.3.5　ルートの共通化（concern、concerns） …………………… 319
　8.3.6　リソースフルルートを使用したビューのURI宛先指定 …… 321

8.4　コントローラーの役割 ……………………………………………………… 323
　8.4.1　コントローラーとREST …………………………………………… 324
　8.4.2　コントローラーの仕組み ………………………………………… 325
　8.4.3　HTTPヘッダー情報などの取得方法 …………………………… 329

　この章の理解度チェック ………………………………………………… 334

第 9 章 コントローラーによるデータの扱い　　335

9.1　コントローラーとデータの入出力 ………………………………………… 336
　9.1.1　データ入力と出力の扱い ………………………………………… 336
　9.1.2　コントローラーが扱うパラメーター …………………………… 336
　9.1.3　パラメーターの参照・取得 ……………………………………… 337
　9.1.4　ストロングパラメーターの役割 ………………………………… 338
　9.1.5　render（表示出力）メソッド …………………………………… 341

| 9.1.6 | redirect_to（宛先変更）メソッド | 347 |

9.1.6　redirect_to（宛先変更）メソッド ⋯⋯⋯⋯⋯⋯⋯⋯⋯⋯⋯⋯ 347

9.1.7　セッション情報の制御とクッキーの利用 ⋯⋯⋯⋯⋯⋯⋯⋯⋯ 353

9.2　目的に合わせた出力フォーマットの制御 ⋯⋯⋯⋯⋯⋯⋯⋯⋯ 359

9.2.1　出力形式の制御 ⋯⋯⋯⋯⋯⋯⋯⋯⋯⋯⋯⋯⋯⋯⋯⋯⋯⋯⋯⋯ 359

9.2.2　respond_to メソッドの役割 ⋯⋯⋯⋯⋯⋯⋯⋯⋯⋯⋯⋯⋯⋯ 361

9.3　フィルター ⋯⋯⋯⋯⋯⋯⋯⋯⋯⋯⋯⋯⋯⋯⋯⋯⋯⋯⋯⋯⋯⋯ 363

9.3.1　フィルターとは ⋯⋯⋯⋯⋯⋯⋯⋯⋯⋯⋯⋯⋯⋯⋯⋯⋯⋯⋯⋯ 363

9.3.2　before_action メソッドによるフィルターの実装例 ⋯⋯⋯⋯ 365

9.3.3　around_action メソッドによるフィルターの実装例 ⋯⋯⋯ 366

9.3.4　フィルターのスキップ機能 ⋯⋯⋯⋯⋯⋯⋯⋯⋯⋯⋯⋯⋯⋯⋯ 367

9.3.5　HTTP 認証とフィルターの活用 ⋯⋯⋯⋯⋯⋯⋯⋯⋯⋯⋯⋯⋯ 368

この章の理解度チェック ⋯⋯⋯⋯⋯⋯⋯⋯⋯⋯⋯⋯⋯⋯⋯⋯⋯ 372

第10章　Action View　373

10.1　HTMLとERBテンプレート ⋯⋯⋯⋯⋯⋯⋯⋯⋯⋯⋯⋯⋯⋯⋯ 374

10.1.1　HTMLの基本構成 ⋯⋯⋯⋯⋯⋯⋯⋯⋯⋯⋯⋯⋯⋯⋯⋯⋯⋯ 375

10.1.2　ERBテンプレート ⋯⋯⋯⋯⋯⋯⋯⋯⋯⋯⋯⋯⋯⋯⋯⋯⋯⋯ 378

10.1.3　ERBのRubyコードのコメントアウト ⋯⋯⋯⋯⋯⋯⋯⋯⋯ 381

10.1.4　ERBのエスケープ処理 ⋯⋯⋯⋯⋯⋯⋯⋯⋯⋯⋯⋯⋯⋯⋯⋯ 382

10.2　レイアウト ⋯⋯⋯⋯⋯⋯⋯⋯⋯⋯⋯⋯⋯⋯⋯⋯⋯⋯⋯⋯⋯⋯ 384

10.2.1　レイアウトとは ⋯⋯⋯⋯⋯⋯⋯⋯⋯⋯⋯⋯⋯⋯⋯⋯⋯⋯⋯ 385

10.2.2　レイアウトの指定と選択ルール ⋯⋯⋯⋯⋯⋯⋯⋯⋯⋯⋯⋯ 388

10.2.3　動的なレイアウト構成（content_for） ⋯⋯⋯⋯⋯⋯⋯⋯⋯ 390

10.3　ビューテンプレートの共通部品管理 ⋯⋯⋯⋯⋯⋯⋯⋯⋯⋯⋯ 392

10.3.1　部分テンプレートの利用 ⋯⋯⋯⋯⋯⋯⋯⋯⋯⋯⋯⋯⋯⋯⋯ 392

10.3.2　1対多の親子関係を使用した部分テンプレート ⋯⋯⋯⋯⋯ 395

10.4　ビューヘルパー ⋯⋯⋯⋯⋯⋯⋯⋯⋯⋯⋯⋯⋯⋯⋯⋯⋯⋯⋯⋯ 400

10.4.1　画像を表示するためのヘルパーメソッド ⋯⋯⋯⋯⋯⋯⋯⋯ 400

10.4.2　リンク先を指示するヘルパーメソッド ⋯⋯⋯⋯⋯⋯⋯⋯⋯ 403

10.4.3　入力フォームを生成する基本のヘルパーメソッド ⋯⋯⋯⋯ 406

10.4.4　フォーム要素を生成するヘルパーメソッド ⋯⋯⋯⋯⋯⋯⋯ 412

xiii

10.4.5	非リソース型のフォーム要素を生成するヘルパーメソッド	420
10.4.6	ネストされたフォームヘルパーメソッド	421
10.4.7	独自ヘルパーの設定	424
10.4.8	その他のヘルパーメソッド	427

この章の理解度チェック 430

第 11 章 ビューを支える機能 435

11.1 アセットパイプライン 436

| 11.1.1 | Railsのアセット（資産）とは | 436 |
| 11.1.2 | アセットとSprockets | 444 |

11.2 非同期更新Ajax、キャッシング機能 450

| 11.2.1 | Ajaxの実装と動作について | 450 |
| 11.2.2 | キャッシング機能 | 456 |

11.3 i18n国際化対応機能 459

11.3.1	i18n国際化機能とは	459
11.3.2	i18n設定の仕組みと設定方法	459
11.3.3	i18nのロケール（言語）を使用した実装例	461
11.3.4	複数のロケールを動的に切り替える方法	471

この章の理解度チェック 474

第 12 章 その他のコンポーネント 477

12.1 Action Mailer（メール機能） 478

12.1.1	メーラーとは	478
12.1.2	メールの送信	480
12.1.3	メールの受信	490
12.1.4	メール添付ファイルの操作	494

12.2 Active Storage（ストレージ資産の管理） 495

12.2.1	Active Storageの仕組み	495
12.2.2	Active Storageの実装例	498
12.2.3	Active Storage使用上の注意点	503

12.3	その他の有用な機能	505

12.3.1	Active Job	505
12.3.2	Action Cable	506
12.3.3	Gemパッケージ	509

この章の理解度チェック 512

第 13 章 ： Active SupportとRailsのテスト　513

13.1　Active Supportの拡張メソッド 514

13.1.1	代表的なStringクラスの拡張メソッド	514
13.1.2	その他の便利な拡張メソッド	516
13.1.3	日付、日時に関する拡張メソッド	518

13.2　テスト 521

13.2.1	テストの目的	521
13.2.2	テスト環境とテストの種類	522
13.2.3	テストの実行方法	528
13.2.4	テストの実行例	530

この章の理解度チェック 535

索引 536

サンプルファイルと解答の入手方法

サンプルファイルと各種設問の解答は、以下のページからダウンロードできます。

https://www.shoeisha.co.jp/book/download/9784798160689

Rails概要

この章の内容

1.1	Railsとは
1.2	Ruby on Rails誕生の経緯
1.3	Railsの基本理念
1.4	Railsフレームワークのベースとなる3つの考え方
1.5	Railsの実習環境を作る

1.1 Railsとは

Rails（**Ruby on Rails**）とは、プログラミング言語である**Ruby**を使用してWebアプリケーションを構築する**フレームワーク**（枠組み）の一つです。フレームワークには、先人の知恵と経験が凝縮されています。特にRailsは、Rubyのオブジェクト指向の考えを踏襲し、非常に洗練されたアプリケーション開発の仕組みを提供してくれます。

　一般的に、一からWebアプリケーションを構築する場合には、さまざまな課題をすべて自分で解決しなければなりません。しかしRailsのフレームワークは、誰でもどこでも必要とする「基本的で標準的な機能の枠組み」を、自由に、かつ効果的に利用できるようにしています。経験の長い優れたエンジニアが「こうありたい」と願う仕組みをことごとく現実のものにしている、といっても良いでしょう。

　したがって、初めてWebアプリケーションの開発に携わる方でも、その仕組みを正しく理解して実践できれば、先人たちの考えた優れたスマートで洗練された仕組みを素早く取り込むことができます。その結果、わかりやすい、品質の高いWebアプリケーションを素早く柔軟に構築でき、構築したあとの機能の拡張や改善を含むアプリケーションの保守・運用管理も容易になるはずです。

　Railsは簡単にWebアプリケーションを構築できるツールを提供し、Webアプリケーション構築の初心者でも一気に高みに連れて行ってくれます。しかし、前述したようにさまざまな先人の優れた考え方、仕組みを取り込んでいるため、その仕組み・意義をしっかりと理解しなければ、効率的で現実的に優れたアプリケーションを構築することはできません。

　それらの仕組みや意義を理解することは決してやさしいことではありませんが、今後、開発環境がどのように変遷したとしても、一度学んだ技術やノウハウは決して無駄になりません。

　まったくの初心者であっても、志ある誰もがRails バージョン5（**Rail 5**）を使ってRailsの仕組みを正しく理解し、より良いWebアプリケーションを構築できるよう、本書はその導入口になることを大きな目的としています。

1.2 Ruby on Rails 誕生の経緯

Rubyは、日本人のまつもとゆきひろ氏が作成したプログラミング言語です。また、現在、日本発の言語としては唯一、国際標準規格に認定された言語でもあります。

　Railsは、Rubyプログラム言語の良さにほれ込んだデンマーク人のDavid Heinemeier Hansson氏（通称：DHH氏）によってRubyを使って作成された、RubyによるWebアプリケーションのためのフレームワークです。

　2016年にリリースされたRails バージョン5には、WebSocket通信を利用したサーバー・クライアント間の双方向通信（チャットなど）が可能になるActionCableや、モデルの属性の持ち方を大きく拡張するAttributes API、タイプオブジェクトなどが追加されました。さらに、マイナーバージョン

❖表1.1　RubyとRailsに関する主なできごと

1993年2月24日	Ruby誕生（作成者：まつもとゆきひろ）
1995年12月	Rubyを公式に発表
2004年7月	Ruby on Rails発表（作成者：David Heinemeier Hansson） 　Rubyを使用したフレームワークを構築し、RubyによるWebアプリケーション構築の主要な 　ツールとして欧米を中心に注目される。併せて、Ruby自体も注目されるようになる
2007年12月7日	Railsバージョン2.0リリース
2010年8月29日	Railsバージョン3.0リリース
2011年3月22日	RubyがJIS規格（JIS X 3017）に制定される
2012年4月1日	RubyがISO/IEC規格（ISO/IEC 30170）に承認される（日本発の言語としては初めて）
2013年6月27日	Railsバージョン4.0リリース
2016年5月6日	Railsバージョン5.0リリース
2018年4月10日	Railsバージョン5.2リリース

といえるRails 5.2には、ActiveStorageなどの新しい機能も追加されました。これらは近い将来予定されている、Rails 6以降におけるフロントエンド周りの機能拡張の布石と考えられます。他にもRails 6では、メール受信をよりスマートに実現させる機能やスケーラビリティ（規模拡張）を支援する機能が組み込まれる予定です。このように、Railsはより高度な機能を取り込みながら、使いやすい形に進化を続けています。

　日本国内では、Rubyの資格認定制度として、シルバー／ゴールドという2種があります（https://www.ruby.or.jp/ja/certification/examination/）。また、Railsについても、Railsブロンズ／シルバーという認定制度があり、さらにRailsゴールド資格もRailsシルバー資格取得者向けに用意されています。

　Ruby on Railsは、今後もより使いやすく便利に、よりフレキシブルな最先端のアプリケーション開発ツールとして大きな可能性を与えていくでしょう。

1.3　Railsの基本理念

　Railsは、長年の経験による最良の開発方法を推進するために、Rails流（the Rails way）というべき次のような理念が存在します。また、その理念に従って、あらゆるものが構成され、またそれに従って開発を行うことが最良の開発であることを推奨しています。

同じことを繰り返すな (Don't Repeat Yourself: DRY)

　当たり前ともいえるのですが、一般的なソフトウェア開発では、やむを得ない事情によって、あるいは意図せずに、多くの重複するようなコードや仕組みが至るところに積み重なるリスクを負っています。その結果、効率的な改善を阻む要因となります。

　「**システムを構成するあらゆる部品は、常におのおの重複することなく1つであり、明確であり、信頼できる形で表現されていなければならない**」のが本来あるべき姿です（図1.1）。その指針に従って、同じプログラムコードを繰り返し書くことを徹底的に避け、プログラムコードを保守しやすく、

容易に拡張でき、バグ（隠れた不具合）をとにかく減らすことを目指しましょう。

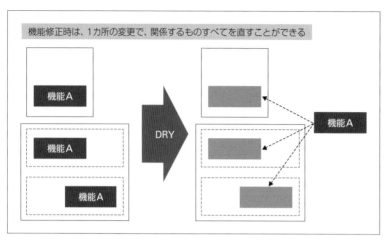

❖図1.1　同じことを繰り返すな

設定より規約を優先する (Convention Over Configuration：CoC)

　Railsでは、Webアプリケーションで行われるさまざまなことを実現するための最善の方法を、過去の経験や慣習に基づいて明確に描き出し、Webアプリケーションにおいて最適と考えられるものを規約として**デフォルト**（あらかじめ決められた）**設定**にしています。

　これは一見、開発者の自由を奪うようですが、反面、優秀な開発者が誰でも当たり前に行う部分をルール化し、それ以外の創造的な作業に集中できる環境を作っているともいえます。つまり言葉を変えると、Railsの規約に従うことは、開発者自らが当たり前の準備に時間を割くことから解放され、より高機能で、自由な開発環境を手に入れられることだといえます（図1.2）。

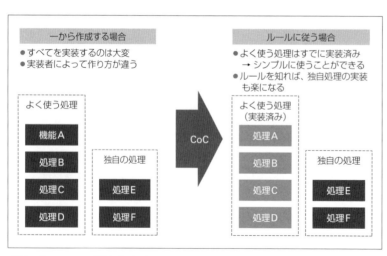

❖図1.2　ルールに従うと楽ができる

1.4 Railsフレームワークの ベースとなる3つの考え方

　Railsのフレームワークは、長年蓄積された洗練された考え方に基づいており、次の3つの柱を軸に構成されています。

①リソースフルルーティング

　リソースフルとは、リソース（データ資源）を満たす、あるいはリソースを中心とするという意味だと考えてください。**ルーティング**は、ここでは、リソースに対するアクセス（やり取り）の道筋を決めることを意味します。

　Railsでは、図1.3のように、処理の対象となる目的を持った情報のかたまりをリソース（データ資源）として捉え、このリソースに対する**CRUD操作**を基本にしたアクセス処理の流れを構成していきます（CRUD操作については「5.4 CRUD操作と標準装備のメソッド」で解説します）。なお、本書では、リソースの意味をより明確にするため、**データリソース**という言葉を多用しています。

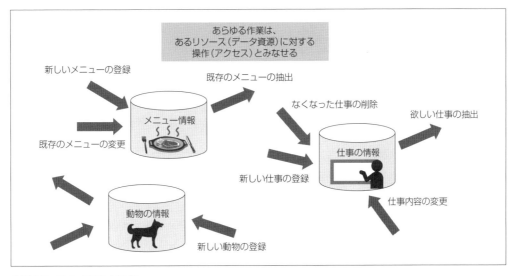

❖図1.3　リソースフルな操作

②オブジェクト指向

　ベース言語であるRubyが持つ**オブジェクト指向性**を活用して、フレームワークは、洗練された各オブジェクト（対象物）で構成されています。開発者は、このフレームワークをベースに個別のオブジェクトを生成していきます。その際、個々のリソースは、舞台に立つ役者のようにオブジェクトとして表現されます。なお、オブジェクト指向については、Chapter 2で説明していきます。

③MVCモデル

Railsは、アプリケーション内部の処理内容に基づいて、3つの役割を担う**モデル**、**ビュー**、**コントローラー**から構成される**MVCモデル**をフレームワークの基礎にしています。

図1.4に、MVCモデルの概要を示します。それぞれの詳細はChapter 4以降で後述します。

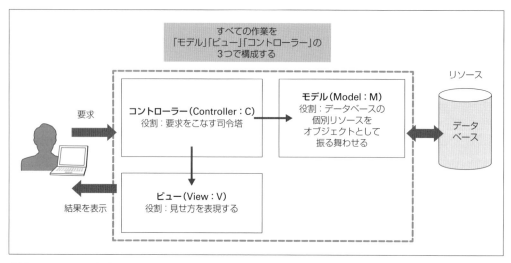

❖図1.4　MVCモデルとは

Railsは、これら3本の柱を軸にして図1.5のようなフレームワークを構成しています。図に示すように、1つのRailsフレームワークの中には複数の機能が実装されます。Railsフレームワークでは、

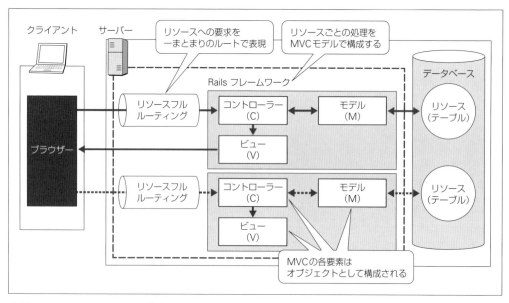

❖図1.5　Railsフレームワークの構成

ブラウザーからリソースへの要求は、リソースフルルーティングというものを経由してまとめて扱われます。その要求に応じて、コントローラー（C）というオブジェクトを司令塔とするMVCモデルで処理が行われます。データベースのリソースは、モデル（M）を通してオブジェクトとして扱われます。

練習問題　1.4

1. RailsとRubyの関係を説明してください。

2. Railsの基本理念について説明してください。

3. Railsの3つの柱とは何かを説明してください。

1.5　Railsの実習環境を作る

1.5.1　開発環境の種類

　Railsの仕組みを手っ取り早く取得するためには、Railsを実際に使用して、簡単なアプリケーション開発を実践してみることが必要です。そのためにはまず、本書に記述されているコード内容やコマンドの確認ができ、簡単にアプリケーション開発を実践できる環境を作る必要があります。
　利用環境にはさまざまな方法があります。

- Linuxのローカルな環境を使う方法
- WindowsやMacOSのローカルな環境を使う方法
- Windowsなどのローカルな環境でVagrantを経由したLinux仮想サーバーを使用する方法
- Windows10以降でサポートされているLinuxエミュレーター（WSL）を使用する方法
- インターネット上でRuby、Railsなどの開発のために用意されたクラウド環境（AWS Cloud9のようなサービス）を使う方法

> *note* Windows上では、今後WSLを使用する方法が主流になるかもしれません。
> WSLの環境をUbuntuで作成した場合、Rubyなどのインストール方法は、「1.5.7 RubyおよびRailsのインストールと開発環境の作成」と同様です。

　本書では、Windows環境において、Vagrant経由でLinux仮想サーバー上でUbuntuを準備し、利用していきます。他の環境での実装を望まれる方は、インターネットでそれら環境の構築方法を検索

してみてください。ただし、本節以外では、どのような環境を使用しても学習内容に実質的な違いはありません。

補足ですが、Windowsの純粋なローカル開発環境を作成するためには、専用のRubyインストーラーが https://rubyinstaller.org/downloads/ に用意されています。ただし、Gem管理上のトラブルも多いため、Windows上では、Vagrant、WSLなどを使用するほうが良いでしょう。

1.5.2　Vagrantを経由した実装とそれを利用する理由

本番環境は通常、LinuxというOS（オペレーティングシステム）上で実装・運用されます。そのため、本番運用環境であるLinuxとの連携を考えた場合、ローカルなOS（特にWindows）上で直接開発するよりも、Linuxを想定した仮想マシン上で開発するほうが、運用も含めて利便性が高いといえます。

本書では、仮想マシンとして、Oracle社が無償提供する**VirtualBox**を使います。

したがって、本書では、**Vagrant**を使用して**Linux仮想マシン**上で開発する方式で進めます。この場合、ローカルOS（Windows）上にLinux仮想マシンをインストールし、ローカルマシンのフォルダー（Windowsのフォルダー）とLinuxのディレクトリ（フォルダーに相当）の同期を取るツールとして、Vagrantを使用します。

Vagrantとは、MITライセンスで提供されるオープンソースソフトウェアです。Vagrantを使うと、仮想マシンの停止や起動などを簡単に管理でき、仮想マシンにSSH（暗号化リモート操作ツール）で接続して、仮想マシン（Linuxサーバー環境）用のコンソール（操作窓）を利用できます（図1.6）。また、ローカルホスト環境（Windows環境）とのファイル共有も簡単に行えます。つまり、Vagrantを使えば、ファイルの管理はWindows上で行い、Railsコマンドの実行・確認は、Linux仮

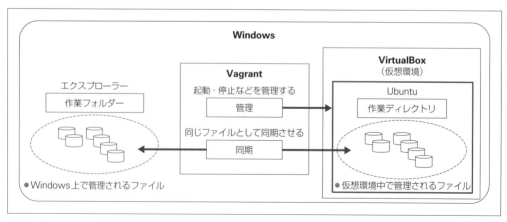

❖図1.6　Vagrantの役割

想マシン上で行うことができます。一見難しそうに思うかもしれませんが、本書の手順に従ってセットアップすれば、問題なく進められるはずです。

1.5.3　各種アプリケーションのインストール

それではまず、Vagrant環境および、接続先となるLinux仮想サーバー（VirtualBox）の環境を作成するために、各種アプリケーションのインストールを行いましょう。ここからしばらくは、環境を作成する作業です。正しい環境がないと、Rubyプログラムの実行もRailsアプリケーションの作成も正しく行えません。一度環境をうまく作ってしまえばあとは楽なので、慎重に確実に行ってください。

本書の手順・情報は、執筆時点の以下のバージョンに基づいています。

- Vagrant：2.2.4
- VirtualBox：6.0.6
- Git Bash：2.21.0

Vagrantのインストール

まず、次のサイトからVagrantをダウンロードします（図1.7）。

　　https://www.vagrantup.com/downloads.html

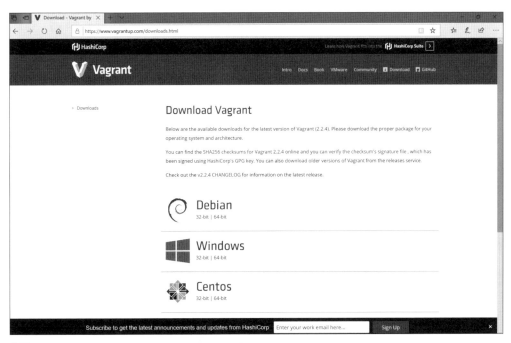

❖図1.7　https://www.vagrantup.com/downloads.html

Window環境で利用する場合は、インストールするコンピューターに合わせて、［Windows］の32bit/64bitのいずれかを選択し、インストーラーをダウンロードします。ダウンロードできたら、インストーラーを実行して、インストールを開始します。すべてデフォルトの設定のまま進めましょう（図1.8、図1.9）。

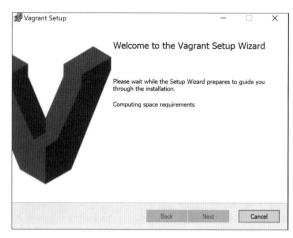

❖図1.8　Vagrantのインストーラー画面（1）

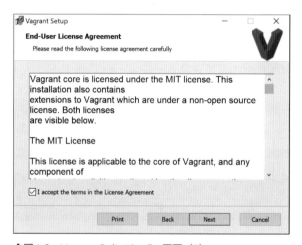

❖図1.9　Vagrantのインストーラー画面（2）

　途中、図1.10のような画面が表示された際は、［Install］ボタンを押すことでインストールを実行します。また、デバイスに変更を加える許可を求められた場合は、［はい］を押して先に進んでください。

❖図1.10　Vagrantのインストーラー画面（3）

1.5　Railsの実習環境を作る

最後に［Finish］ボタンを押すとインストールが完了します（図1.11）。再起動（restart）を要求された場合は、［Yes］を押して再起動してください。

❖図1.11　Vagrantのインストーラー画面（4）

VirtualBoxのインストール

次のサイトから、仮想サーバーとなるVirtualBox（バーチャルボックス）をダウンロードします。

　　https://www.virtualbox.org/wiki/Downloads

Window環境で利用する場合、［Windows hosts］をクリックしてダウンロード・実行し、インストールを開始します（図1.12）。

❖図1.12　https://www.virtualbox.org/wiki/Downloads

1.5.3　各種アプリケーションのインストール

インストール時はすべてデフォルトの設定のまま進めましょう（図1.13、図1.14）。途中、デバイスに変更を加える許可を求める場合、［はい］を押して先に進んでください。また、途中、図1.14のようなWarning画面が表示されても、［Yes］ボタンを押して先に進んでください。

❖図1.13　VirtualBoxのインストーラー画面（1）

❖図1.14　VirtualBoxのインストーラー画面（2）

なお、図1.15のような画面が表示されたら、チェックボックスのチェックを外すことで、VirtualBoxが自動で立ち上がるのを防げます。最後に［Finish］ボタンを押すことでインストールは完了します。

❖図1.15　VirtualBoxのインストーラー画面（3）

Git BashのインストールとVagrant実行環境の設定

　Vagrantを実行するためには、専用のコマンドを使用します。コマンド類は、Windowsの**コマンドプロンプト**、またはLinuxコマンドが使用可能な **Git Bash** ツールから実行します。本書では特に説明しませんが、作成するアプリケーションのバージョンを管理するためにも、GitリポジトリやGitHubとの連携を可能にするGitコマンドを利用できるようにしておくことは非常に有用です。その点を考慮して、本書では、Git Bashを利用していきます。

　Git Bashは、次のサイトからインストールします（図1.16）。

　　　https://git-scm.com/downloads

❖図1.16　https://git-scm.com/downloads（1）

　インストールするコンピューターに合わせて、32-bitまたは64-bitの［Git for Windows Setup.］を選択してダウンロードしますが（図1.17）、通常は自動で判定され、ダウンロードが開始されるはずです。

❖図1.17　https://git-scm.com/downloads（2）

ダウンロードされたファイルをクリックし、インストールを開始します（図1.18）。途中、デバイスに変更を加える許可を求められた場合は、［はい］を押して進んでください。

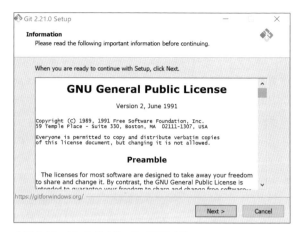

❖図1.18　Gitのインストーラー画面（1）

図1.19のような画面が表示されたら、［On the Desktop］を選択して、［Next］ボタンを押して先に進みます。

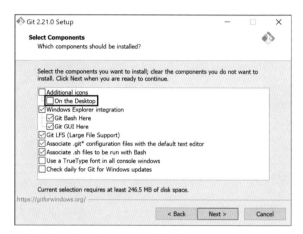

❖図1.19　Gitのインストーラー画面（2）

また、図1.20のような画面が表示されたら、［Checkout as-is, commit Unix-style line endings］を選択し、［Next］ボタンを押して先に進みます。

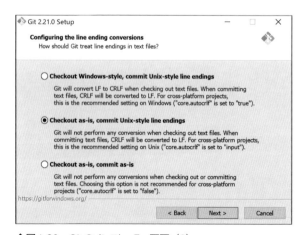

❖図1.20　Gitのインストーラー画面（3）

最後に［Finish］ボタンを押すと、インストールは完了します（図1.21）。その際［Launch Git Bash］にチェックが入っていると、［Finish］ボタンを押したあと、自動的にGit Bashのウィンドウが開きます。

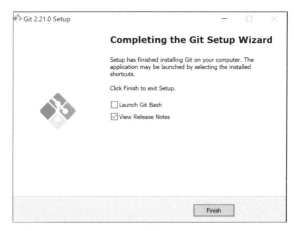

❖図1.21　Gitのインストーラー画面（4）

1.5.4　Git Bashの起動

Windowsスタートメニューの［Git］→［Git Bash］から、インストールされたGit Bashを起動しましょう。Git Bashが起動されると、図1.22のような画面が表示されます。

❖図1.22　Git Bash

1.5.5　主要なLinuxコマンド

ここからの操作は、Linuxコマンドを使用することになります。そこで、最低限のLinuxコマンドを紹介します。なお、Linuxコマンドを前提として操作を行うため、作業場所などの説明にあたっては、Windowsで使われる「フォルダー」という単語ではなく、「ディレクトリ」という単語を使います。

pwd
現在の作業ディレクトリを確認するコマンドです（**p**rint **w**orking **d**irectoryの略）。実行すると、現在の作業ディレクトリが**絶対パス**名（フルパス名：完全なパス名）で表示されます。

絶対パス名に対して、相対的な関係で表現する（現在の作業場所から見た関係で表現する）パス名

を**相対パス名**といいます。パス名については詳しい説明を省きますが、ディレクトリや対象ファイルへたどり着くための道順（階層順）と考えておいてください。

cd

現在の作業ディレクトリを変更します（**c**hange **d**irectoryの略）。

通常、作業ディレクトリを変更したい場合は、変更させたい先のパス名を指定し、「cd パス名」といったコマンドを実行します。また、1つ上のディレクトリへ移動する場合は、cd ../ とします。

現在のディレクトリの直下にあるディレクトリへ移動する場合は、相対パス名として、該当するディレクトリ名だけを指定します。また、「./」は、現在の場所（カレントディレクトリ）を表現するので、cd ./ というコマンドも実行はできますが、作業ディレクトリは移動しません。

パス名を付けずに、cdだけ指定して実行すると、ホームディレクトリ（接続時の出発地点のディレクトリ）へ移動します。

ls

作業ディレクトリの直下にあるファイルやディレクトリを一覧（リスト）で表示します（**l**ist **s**egmentsの略）。

特別なファイルなどを含めて表示する場合は、-aオプションを付けますが、さらにアクセス権限など詳細情報付きで表示する場合は、-laオプションを付けてls -laとします。

mkdir

「mkdir ディレクトリ名」として、作業ディレクトリの下に新しいディレクトリを作成します（**m**a**k**e **dir**ectoryの略）。

- 例：workspaceという名前のディレクトリを現在の場所に作成する場合
  ```
  mkdir workspace
  ```

ps aux

現在実行中の、さまざまな処理のプロセスをpid（プロセスID）単位で一覧表示します（**p**rocess **s**tatusの略）。ここで、「a」「u」「x」はそれぞれpsコマンドのオプションです。

1.5.6　Vagrantによる仮想サーバーの起動

それでは、ここからは実際にVagrantの実行環境を構築していきましょう。

Git Bashに「pwd」と入力すると、現在の作業ディレクトリ（カレントディレクトリ）が表示されます。最初に表示されるディレクトリは、Windowsのフォルダー構成でいう「C:¥Users¥<ユーザー名>」というフォルダーに相当することがわかります。

続いて「ls」を実行すると、Windows側の「C:¥Users¥<ユーザー名>」フォルダーの中にあるファイルやフォルダーの一覧を見ることができます。

16　　1.5　Railsの実習環境を作る

最後に、「exit」を入力するとGit Bashを終了します。
ここまでの操作を、リスト1.1に示します。

▶リスト1.1　作業ディレクトリの表示、ファイル一覧、終了

```
<ユーザー名>@<PC名> MINGW64 ~
$ pwd
/c/Users/<ユーザー名>

<ユーザー名>@<PC名> MINGW64 ~
$ ls
(ファイル一覧...)

<ユーザー名>@<PC名> MINGW64 ~
$ exit
```

note　Git Bash上で表示される

```
<ユーザー名>@<PC名> MINGW64 <ディレクトリ名>
$
```

は、以降省略し、

```
$
```

と記述します。

Vagrant操作用ディレクトリの作成

　次はVagrant操作用のディレクトリを作成しましょう。Git Bashを再度起動し、作業ディレクトリ（ホームディレクトリ）の直下にvagrant_workディレクトリ（ディレクトリ名は任意）を作成しましょう。さらに、作業ディレクトリをvagrant_workディレクトリに切り替えましょう。

▶リスト1.2　vagrant_workディレクトリを作成する

```
$ mkdir vagrant_work

$ cd vagrant_work
```

1.5.6　Vagrantによる仮想サーバーの起動

今後、Vagrant 操作は、すべて、このvagrant_workディレクトリ（フォルダー）上で行うことになります。

仮想サーバーの作成

VirtualBoxを使用して仮想サーバーを起動するためには、**イメージファイル**（boxファイル）を作成する必要があります。ただ、Linux OSの一つであるUbuntuを使用した仮想サーバーであれば、Vagrantの公式BOXとして「ubuntu/xenial64」が用意されているので、本書では、これを使用して、仮想サーバーを作成・起動します。

Vagrant公式BOX「ubuntu/xenial64」を使用した初期設定を行うには、vagrant init ubuntu/xenial64というコマンドを実行します。実行すると、**Vagrantfile**というファイルが作成されます。lsコマンドを使って、vagrant_workディレクトリにVagrantfileが作成されたかを確認しましょう（リスト1.3）。

▶リスト1.3　Vagrantfileの作成

```
$ vagrant init ubuntu/xenial64
A Vagrantfile has been placed in this directory. You are now
ready to vagrant up your first virtual environment! Please read
the comments in the Vagrantfile as well as documentation on
vagrantup.com for more information on using Vagrant.

$ ls
Vagrantfile
```

これら一連の操作の結果として、vagrant_workディレクトリに作成されたVagrantfileの内容はリスト1.4のとおりです。Windowsのエクスプローラーからお好みのテキストエディターで確認してください。

テキストエディター（テキストファイルの編集ツール）にはさまざまなものがありますが、比較的慣れてくると、プログラム開発で操作性の良いAtomエディター（https://atom.io/）が便利です。

▶リスト1.4　vagrant_work/Vagrantfile

```
Vagrant.configure("2") do |config|

  config.vm.box = "ubuntu/xenial64"
end
```

ファイルの内容は、公式BOX「ubuntu/xenial64」を使用して、仮想サーバーを構成することを表しています（ただし、このファイルの中には多数のコメントがありますが、紙面の都合上、それらすべてを省略しています）。この内容に対して、リスト1.5の内容を追加します。特に必要がなければコメントを含めファイルの内容をすべて削除し、リスト1.5をコピー&ペーストするだけでもかまいません。

▶リスト1.5　vagrant_work/Vagrantfile

```
Vagrant.configure("2") do |config|

  config.vm.box = "ubuntu/xenial64"
  config.vm.network "forwarded_port", guest: 3000, host: 4000
  config.vm.synced_folder "./workspace", "/home/vagrant/workspace",
    create: true, mount_options: ['dmode=755','fmode=755']
end
```

追加部分について、簡単に説明しましょう。

仮想サーバーのポート番号を次のように変更します。**接続アドレス**と**ポート番号**は、郵便の住所、宛名のようなものです。

```
config.vm.network "forwarded_port", guest: 3000, host: 4000
```

接続アドレスは、127.0.0.1を使用します。このアドレスは、ローカルホスト（localhost）を示します。ローカルホストとは、皆さんが作業で使用しているクライアントコンピューター（パソコン）のことであり、このアドレスを指定することで、ローカルホストを接続先に指定することができます。また、接続ポート番号を**4000**にしていますが、同じローカルホスト上で、ポート番号**3000**を使用する場合の競合を避けるためです。

このアドレスとポート番号は、仮想サーバーでRailsアプリケーションを起動した時に、ブラウザーから仮想サーバーに接続する接続先「http://localhost:4000」になります。これを使用して、仮想サーバーで起動されるRailsアプリケーション（Railsサーバー）に接続することができます。

config.vm.synced_folderの指定により、Windows上のローカルフォルダー（.\workspace）と仮想サーバー上のディレクトリ（/home/vagrant/workspace）の同期を行っています。この時、create: trueオプションを付加することで、ローカルホスト（Windows）上のフォルダーが存在しない時に自動生成してくれます。つまり、workspaceディレクトリ（フォルダー）はまだ作成されていないので、最初に仮想サーバーを起動すると自動で作成されます。さらに、共有ディレクトリworkspace以下に対するアクセス権限を制限するため、mount_optionsを使用して、ユーザー以外の書き込みを制限しています。

1.5.6　Vagrantによる仮想サーバーの起動

Vagrantの起動

それでは、Vagrantを使って仮想サーバーを起動していきましょう。Vagrantの起動には、リスト1.6に示すコマンドを実行します。もしVagrantfileに記述された仮想サーバーが存在しない場合は、作成した仮想サーバーを自動的に起動します。

▶リスト1.6　Vagrantの起動

```
$ vagrant up
```

VirtualBoxが同じコンピューター上にすでにインストールされていれば、Vagrantは、Vagrantのサーバー起動コマンドによってVirtualBoxを自動的に探し出して、その中に仮想サーバーを生成します。

Hyper-VなどのHypervisorが有効になっていると、VirtualBoxが立ち上がらないことがあります。起動しない場合は、

```
$ bcdedit /set hypervisorlaunchtype off
```

としてHypervisorを無効にしてください。

vagrantコマンド

ここで、Vagrantで使うコマンドのうち、主なものを表1.2に示します。

❖表1.2　主なVagrantコマンド

コマンド	役割
vagrant init	Vagrantfileの初期作成を行います。
vagrant up	Vagrantfileに基づいて、仮想サーバーを起動します。
vagrant halt	現在の仮想サーバーを停止（シャットダウン）します。
vagrant reload	「vagrant halt」と「vagrant up」の操作を一連で実行します。
vagrant destroy	現在の仮想サーバーを削除します。
vagrant ssh	仮想サーバーへSSH接続を行います。結果として、仮想サーバーの作業用のコンソール（操作画面）を利用できるようになります。

vagrant upコマンドの実行画面は図1.23のようになります。

```
 MINGW64:/c/Users/gworth-komochi/vagrant_work                                    –   □   ×

gworth-komochi@DESKTOP-CD7U3TH MINGW64 ~/vagrant_work
$ vagrant up
Bringing machine 'default' up with 'virtualbox' provider...
==> default: Importing base box 'ubuntu/xenial64'...
==> default: Matching MAC address for NAT networking...
==> default: Checking if box 'ubuntu/xenial64' version '20180824.0.0' is up to date...
==> default: A newer version of the box 'ubuntu/xenial64' for provider 'virtualbox' is
==> default: available! You currently have version '20180824.0.0'. The latest is version
==> default: '20190411.0.0'. Run `vagrant box update` to update.
==> default: Setting the name of the VM: vagrant_work_default_1555571892815_12763
==> default: Clearing any previously set network interfaces...
==> default: Preparing network interfaces based on configuration...
    default: Adapter 1: nat
==> default: Forwarding ports...
    default: 3000 (guest) => 4000 (host) (adapter 1)
    default: 22 (guest) => 2222 (host) (adapter 1)
==> default: Running 'pre-boot' VM customizations...
==> default: Booting VM...
==> default: Waiting for machine to boot. This may take a few minutes...
    default: SSH address: 127.0.0.1:2222
    default: SSH username: vagrant
    default: SSH auth method: private key
    default:
    default: Vagrant insecure key detected. Vagrant will automatically replace
    default: this with a newly generated keypair for better security.
    default:
    default: Inserting generated public key within guest...
    default: Removing insecure key from the guest if it's present...
    default: Key inserted! Disconnecting and reconnecting using new SSH key...
==> default: Machine booted and ready!
==> default: Checking for guest additions in VM...
    default: The guest additions on this VM do not match the installed version of
    default: VirtualBox! In most cases this is fine, but in rare cases it can
    default: prevent things such as shared folders from working properly. If you see
    default: shared folder errors, please make sure the guest additions within the
    default: virtual machine match the version of VirtualBox you have installed on
    default: your host and reload your VM.
    default:
    default: Guest Additions Version: 5.1.38
    default: VirtualBox Version: 6.0
==> default: Mounting shared folders...
    default: /vagrant => C:/Users/gworth-komochi/vagrant_work
    default: /home/vagrant/workspace => C:/Users/gworth-komochi/vagrant_work/workspace

gworth-komochi@DESKTOP-CD7U3TH MINGW64 ~/vagrant_work
$
```

❖図1.23　vagrant upの実行画面

　vagrant upコマンドによって正常に仮想サーバーが起動されれば、あとはvagrant sshコマンドによって SSH接続を行って仮想サーバーに接続し、そこで作業することになります。仮想サーバーに対して正常にSSH接続されると、**プロンプト**（入力位置マーク）が「vagrant@ubuntu-xenial:~$」のような形式で表示されます。

　途中、アプリケーションが「デバイスの変更を加えることを許可しますか」のようなメッセージが表示される場合は、[はい] を押してください。図1.24のようなメッセージで終了すると、仮想サーバーが正常に起動されたことになります。

```
gworth-komochi@DESKTOP-CD7U3TH MINGW64 ~/vagrant_work
$
```

❖図1.24　仮想サーバーが起動した

note　vagrant upによって仮想サーバーの起動を行いますが、Windowsにインストールされているセキュリティソフトなどで次のようなエラーになることがあります。

> There was an error while executing VBoxManage, a CLI used by Vagrant
> for controlling VirtualBox. The command and stderr is shown below.

```
Command: ["startvm", "………………………", "--type", "headless"]
Stderr: VBoxManage.exe: error: The virtual machine ……………..
VBoxManage.exe: error: Details: code E_FAIL (0x80004005), ⏎
component MachineWrap, interface IMachine
```

その場合は、対象のソフトウェアをアンインストールするか、Vagrant以外の方法での環境構築が必要になります。ちなみに筆者が体験したケースとして、セキュリティソフト「Rapport」で発生したため、Windowsの設定「アプリと機能」からRapportに相当する「Trusteer」をアンインストールして解決しています。

仮想サーバーへの接続

「vagrant up」によって正常に仮想サーバーが起動されれば、あとは、「vagrant ssh」によってSSH接続を行って仮想サーバーに接続し、そこで作業を行うことになります。仮想サーバーに対して正常にSSH接続されると、プロンプトが「vagrant@ubuntu-xenial:~$」のような形式で表示されます。これは、仮想サーバーに対して、ユーザー名「vagrant」で正常に接続されていることを表しています。なお、ユーザー名が異なる場合は、次の項のインストール方法を変更する必要があります。

「vagrant ssh」コマンドによってSSH接続された時の画面は、図1.25のようになります。

❖図1.25　vagrant sshで接続した画面

これで、Vagrantを使用した仮想サーバーの作業準備が完了しました。

念のため、ローカルホスト（Windows側）上のフォルダーと、Vagrantで指定したフォルダーとの同期が正しく取れているかを確認しましょう。まず、仮想サーバー上にworkspaceディレクトリが作成されていることを仮想サーバー側でlsコマンドを使って確認しましょう。

さらにWindows側のエクスプローラーでフォルダーの内容を表示すると、図1.26のようになっています。vagrant_workフォルダーにworkspaceフォルダーが作成され、Vagrantfileなどの Vagrant

関連ファイルが登録されていることがわかります。これは、仮想サーバー側でvagrant upコマンドを実行した時に、自動で作成されたものです。

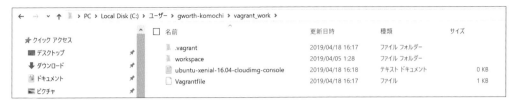

❖図1.26　エクスプローラーでフォルダー内容を表示する

まとめると、Vagrantを使用して仮想サーバーに接続するには、図1.27のように3段階の手順を踏むことになります。

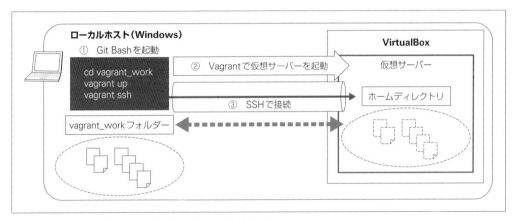

❖図1.27　Vagranを使用した、仮想サーバーへの接続手順

1.5.7　RubyおよびRailsのインストールと開発環境の作成

次は、vagrant sshコマンドによって接続した仮想サーバーの環境（Ubuntu）上に、Railsアプリケーションを開発するための必要なアプリケーションをインストールしていきましょう。

次の手順に従って、コマンドを実行し、インストールを行ってください。1.～9.の説明は参考のために記載しているので、十分理解できなくても、まずこの手順に従って1つずつ確実に実行し、エラーメッセージなどがないことを確認しながら進めてください。

なお、これらの作業は原則、ホームディレクトリ（接続した時のディレクトリ）で行ってください。少し時間がかかるのもありますが一つ一つ実行して確認していくのが正しくインストールする近道です。特に3.の「Rubyのインストール」は時間がかかります。

1. インストールパッケージの更新

本書では、Linux OSの一つであるUbuntuというDebian系のディストリビューションを使用します。Ubuntuではパッケージ管理コマンドとして**apt**を使用します。まずは、以下の2つのコマンドを使い、aptパッケージの更新を行っておきましょう。

- apt update：aptパッケージ情報を更新する
- apt upgrade：アップグレード可能なaptパッケージを更新する

実際には、これらコマンドは**スーパーユーザー**（管理者）の権限で実行する必要があるため、コマンドの先頭に**sudo**を付けて実行します。途中で判断を求められるため、-yオプションを付加することで、「yes」として自動実行します。

```
vagrant@ubuntu-xenial:~$ sudo apt update -y

vagrant@ubuntu-xenial:~$ sudo apt upgrade -y
```

 仮想サーバー上で表示される

```
vagrant@ubuntu-xenial:<ディレクトリ名>$
```

は、以降省略し、

```
$
```

と記述します。

2. 必要な関連ソフトウェアのインストール

次に、Railsアプリケーションの起動に関連して最低限の必要なソフトウェアをあらかじめインストールしておきましょう。同様にsudo権限で実行します。

```
$ sudo apt install git g++ make vim libreadline-dev -y
$ sudo apt install libssl-dev zlib1g-dev nodejs -y
```

このコマンドで、以下の内容をまとめてインストールしています。

- git：GitHub上のソースをクローンするなどで使用するために必要
- g++：C++のコンパイル時に必要
- make：C、C++のビルド時に必要
- vim：Linux上でvimエディターを使用する時に必要

- libreadline-dev：一貫したユーザーインターフェースを提供するライブラリ
- libssl-dev：HTTPSなどのSSL、TSL実装の時に必要
- zlib1g-dev：圧縮を必要とする時に利用する
- nodejs：Railsサーバー起動時など、JavaScriptを使用する時に必要

これ以外にも、Railsアプリケーションを作成するうえで必要なライブラリやソフトウェアはいくつもありますが、本書では、必要になったらそのつど追加していきましょう。

3. rbenvのインストールと初期化

本書では、最新のRubyをインストールするためのツールとして**rbenv**を利用します。rbenvとは、複数のRubyバージョンを管理するためのツールであり、作成するアプリケーションごとに異ったバージョンのRubyを使うよう設定できます。

ここではrbenvをインストールし、初期化を行います。次のように、git cloneコマンドを使用して、GitHubから.rbenvディレクトリにダウンロードしましょう。

```
$ git clone https://github.com/rbenv/rbenv.git ~/.rbenv
```

そのうえで、ユーザー環境の設定に使用する.profileファイルに、rbenvを参照するためのパス「~/.rbenv/bin:$PATH」と、rbenvを初期化するコマンド「rbenv init -」を追加します。そのうえで、「.~/.profile」を実行し、現在の.profileの内容を有効化します。

```
$ echo 'export PATH="~/.rbenv/bin:$PATH"' >> ~/.profile

$ echo 'eval "$(rbenv init -)"' >> ~/.profile

$ . ~/.profile
```

4. ruby-buildをインストール

rbenvを使用してRubyをインストールするためには**ruby-build**（Rubyインストール用のコマンドラインユーティリティ）が必要です。そのため、次のようにgit cloneコマンドを使用して、~/.rbenv/pluginsディレクトリにダウンロードします。

```
$ git clone https://github.com/rbenv/ruby-build.git \
~/.rbenv/plugins/ruby-build
```

この時点で、rbenv が正常にインストールされると、次のコマンドでインストール可能なRubyのバージョンリストが表示できます。

```
$ rbenv install -l
```

1.5.7　RubyおよびRailsのインストールと開発環境の作成

5. rbenvを利用したrubyのインストール

いよいよ、rbenvを利用してRubyをインストールし、有効化しましょう。

本書では Rubyはバージョン**2.6.3**を使って解説します。一度rbenvがうまくインストールできれば、アプリケーションごとに異なったバージョンのRubyをインストールすることが可能です。ここでは以下のコマンドを使って、Ruby 2.6.3をインストールしていきます。

- rbenv install 2.6.3：rbenvを使用して、利用するRubyバージョン（ここでは、2.6.3）をインストールする
- rbenv global 2.6.3：Ruby 2.6.3を標準のRubyとして設定する
- rbenv rehash：Ruby 2.6.3に対するrbenv管理下のshimsの設定（Rubyプログラムの有効化）を行う
- sudo apt install ruby-railties -y：ruby-railties（MVCベースのRubyフレームワーク）をインストールする

```
$ rbenv install 2.6.3

$ rbenv global 2.6.3

$ rbenv rehash

$ sudo apt install ruby-railties -y
```

6. bundlerのインストール

bundlerは、Rails用のパッケージ（gem）の一つであり、他のgemをバンドルする（1つのアプリケーションに組み込む）ためのものです。そのため、他のgemパッケージよりも先にインストールしておきましょう。次のコマンドを実行すると、本書執筆時点での最新バージョン2.0.1がインストールされます。バージョンを指定する場合、「-v 1.17.3」のようにオプションを指定します。

```
$ gem install bundler
```

7. Railsのインストール

次に、Railsをインストールしていきます。バージョンを指定しない場合は、Rubyのバージョンにマッチした最新バージョンがインストールされます。本書では、執筆時点で最新のRails 5.2.3を指定してインストールします。なお、--no-documentオプションで、ドキュメントのインストールを省略しています。

```
$ gem install rails -v 5.2.3 --no-document
```

8. データベースソフトのインストール（SQLite3）

　Railsアプリケーションを通してデータリソースを管理するために、データベースというソフトウェアを利用します。本書では、データベースソフトウェアとして、デフォルトで使用されるSQLite3をインストールし利用します。

　SQLite3のインストールは、次の2つのコマンドを1つずつ実行してください。

```
$ sudo apt install -y sqlite3
```

```
$ sudo apt install -y libsqlite3-dev
```

Railsでは、SQLite3だけでなく、他のデータベースソフトウェアを利用することも可能です。例えばPostgreSQLを使用する場合は、次の2つのコマンドを1つずつ実行してください。

```
$ sudo apt install -y postgresql
```

```
$ sudo apt install -y libpq-dev
```

なお、PostgreSQLを使用するには、「sudo -u postgres createuser --createdb vagrant」コマンドによって、vagrantユーザー名でcreatedbのrole権限の登録を行っておく必要があります。

9. 正しくインストールされたかを確認

　ここまでのインストール作業がエラーなく正しく実行されたかどうか、インストールされた各ソフトウェアのバージョンを表示することで確認できます。各ソフトウェアのバージョン確認方法は次のとおりです。

```
$ git --version
$ rbenv -v
$ ruby -v
$ bundler -v
$ rails -v
$ sqlite3 --version
$ psql --version （PostgreSQLをインストールした場合）
```

　例えば、実行結果は以下のようになります。

```
$ git --version
git version 2.7.4

$ rbenv -v
rbenv 1.1.2-2-g4e92322
```

```
$ ruby -v
ruby 2.6.3p62 (2019-04-16 revision 67580) [x86_64-linux]

$ bundler -v
Bundler version 2.0.1

$ rails -v
Rails 5.2.3

$ sqlite3 --version
3.11.0 2016-02-15 17:29:24 3d862f207e3adc00f78066799ac5a8c282430a5f
```

PostgreSQLを利用する場合は、以下のようになります。

```
$ psql --version
psql (PostgreSQL) 9.5.16
```

　以上、ここまで問題なく確認ができれば、Rubyプログラムの実行、およびRailsアプリケーションの構築に当たり、最小限の環境が整備されました。もし、ここまでの作業で、RubyおよびRails、SQLite3のバージョンが正しく表示されない場合は、インストール作業の不具合の可能性があります。「vagrant destroy」を実行して一度仮想サーバーを削除し、「vagrant up」の作業からやり直すことをおすすめします。

　今後の作業は、仮想サーバーに接続したディレクトリにあるworkspaceディレクトリ（Windows側ではworkspaceフォルダー）、およびそこで作成するアプリケーションのディレクトリで行うことになります。また、仮想サーバーからログアウトする時は、exitコマンドを使用します。

　念のため、SSH接続から終了まで、一連の内容をリスト1.7にまとめます。ご自分の実行結果と比較し、正しいか確認してみましょう。

▶リスト1.7　SSH接続から終了まで

```
<ユーザー環境により異なる> MINGW64 ~/vagrant_work

$ vagrant ssh
……（省略）……
Last login: Thu Dec 27 17:15:34 2018 from 10.0.2.2

vagrant@ubuntu-xenial:~$ pwd
/home/vagrant
```

```
vagrant@ubuntu-xenial:~$ ls
workspace

vagrant@ubuntu-xenial:~$ cd workspace

vagrant@ubuntu-xenial:~/workspace$ ls
……（省略）……

vagrant@ubuntu-xenial:~/workspace$ exit
logout

Connection to 127.0.0.1 closed.
```

1.5.8　Rubyの実行方法

　次の章では、Rubyの特徴であるオブジェクト指向と、Rubyプログラムの作り方、そしてRailsフレームワークの基本について解説していきます。そこでまずは、プログラムをRubyで実行する方法について学習しておきましょう。

　プログラムをRubyで実行するには、次の2つの方法があります。

- ● Rubyファイル（.rb）を作成し、rubyコマンドで実行する
- ● irb（interactive ruby）という対話型のRubyツールを利用して実行する

Rubyファイルを実行する方法

　Rubyファイルは、拡張子を「.rb」とするテキストファイルとして作成します。このファイルの中に、Ruby言語を使用してプログラムを記述（コーディング）します。そのプログラムを実行する時は、rubyコマンドを使い、作成したプログラムファイルを次の形式で指示します。

```
$ ruby <Rubyファイルのパス名>
```

　例として、Hello Worldという文字を出力する極めて単純なプログラムを、hello_message.rbという名前で作成した場合を考えます。このプログラムを実行する場合は、このファイルの存在するディレクトリで、次のようにコマンドを実行します。

```
$ ruby hello_message.rb
Hello World
```

　もし、インストール後、仮想サーバーからログアウト（exitコマンドの実行）しているのであれば、仮想サーバーへ接続し直す必要があります。必要であれば、再び、Git Bashのウィンドウから

vagrant up（vagrant_workディレクトリ上で行う必要があります）で仮想サーバーを起動し、vagrant sshで仮想サーバーに接続したあと、接続された仮想サーバー上でcdコマンドを使用して開発作業用のディレクトリworkspaceへ場所を変更しましょう。ここではあえて、ローカル環境（Windows側）での高度なエディター（ATOMなど）を使わずに、Linuxの**vim**というエディターを使用して作成してみます。

新規のファイルとして、次のコマンドでvimエディターを開きます。なお、vimエディターの詳しい使用方法は、https://vim-jp.org/vimdoc-ja/ など他の資料を参考にしてください。

```
$ vim hello_message.rb
```

空の内容に対して[I]キーを入力して挿入モード（insertモード）にすると、図1.28のような画面になるはずです。その画面に「puts "Hello World !!"」を入力したあと、[Esc]キー（エスケープキー）を押して挿入モードを解除し、「:wq」を入力して[Enter]キーを押すことで、ファイル作成作業を完了させます。なお、メッセージは、「"」で囲む必要があります（文字列：後述）。

❖図1.28　vimエディターの画面

▶リスト1.8　hello_message.rbファイルの内容

```
puts "Hello World !!"
```

ここで記述した**puts**メソッドは、右に指定された内容「Hello World !!」を作業コンソール（操作画面）上に改行付きで出力する動作を行います。**puts**メソッドは、メッセージを簡単に出力することができるため、メッセージ確認のためによく利用されます。

このRubyファイル「hello_message.rb」を次のコマンドで実行すると、目的のメッセージが表示されます。

```
$ ruby hello_message.rb
Hello World !!
```

 もし、ホームディレクトリから実行するのであれば、hello_message.rbは、ホームディレクトリにあるworkspaceディレクトリの中にあるので、相対パス名を使って「ruby workspace/hello_message.rb」と指定すれば実行できます。

workspaceディレクトリ上に保存されたhello_message.rbファイルは、Windows上のエクスプローラーからも確認できます。Vagrantの機能によって、仮想サーバーの作業ディレクトリworkspaceと、Windowsローカル環境のエクスプローラーで管理される作業フォルダーworkspaceとの同期が取れているためです。そのため、LinuxからでもWindowsからでも、workspaceディレクトリ下のファイルを確認し、編集することができます。

irbを利用する方法

Rubyファイルを作成してプログラムを実行する代わりに、**irb**（インタラクティブRuby）という対話型のRuby実行ツールを使用してRubyコードを実行させることもできます。現在のworkspaceディレクトリ上で「irb」というコマンドを実行すると、**irbプロンプト**が呼び出されます。irbプロンプトでは、先ほどRubyファイルに組み込んだ内容を、次のように直接打ち込んで実行することができます。

```
$ irb
irb(main):001:0> puts "Hello World !!"
Hello World !!
=> nil
```

このように、irbを使用すると、いちいちRubyファイルを作成することなく、簡単にRubyプログラムの実行を確認できます。ちょっとしたRubyプログラムの動作の確認には、irbが非常に便利です。

ここで、メッセージ出力の結果として「nil」が返信されています。これは、コードがメッセージを表示するだけのものであり、実行結果として何もセットされていない（空である）ことを意味しています。

今後、Rubyプログラムを実行して確認したい場合は、Rubyファイルを使用する方法、irbを使用する方法のどちらを利用してもかまいません。これらの方法を、ぜひ積極的に使用して、理解を深めてください。

☑ この章の理解度チェック

RubyおよびRailsの実行環境を作成できていない場合は、まず、それらを作成しましょう。Vagrant環境をすでに作成済みの場合は、次の課題を行ってください。なお、Vagrant環境でない場合は、**2.** のohayou.rbのみを作成し、実行してください。

1. 仮想サーバーの立ち上げ操作について、vagrant halt実行後のvagrant upによる操作とvagrant reloadの結果を比較してみてください。また、同じ部分を確認してください。

2. vagrant sshで接続したあと、workspaceディレクトリ下に空のRubyファイル「ohayou.rb」をvimエディターを使用して作成してください。そのうえで、ローカル環境のファイルシステム（Windowsの場合、エクスプローラー）から、そのファイルを自分の好みのエディターを使用して次の内容のRubyコードに書き換えてください。

▶ workspace/ohayou.rb

```
puts "皆さん、おはようございます。"
puts "Ruby & Rails の世界へようこそ"
```

ohayou.rbを書き換えられたら、実行して、次のように表示されることを確認してください。

```
$ ruby ohayou.rb
皆さん、おはようございます。
Ruby & Rails の世界へようこそ
```

> Rubyファイルは、原則としてUTF-8という文字コードで作成します。
> 日本語がうまく表示できない場合は、ファイルで使用している文字コードが異なっている可能性があります。確認のうえ、UTF-8に変更してください。

Chapter 2

オブジェクト指向と Rubyの基本

この章の内容

2.1 オブジェクト指向という考え方
2.2 基本的な Ruby 文法 1：
    オブジェクト指向
2.3 基本的な Ruby 文法 2：変数と定数
2.4 基本的な Ruby 文法 3：
    ロジックの組み立て
2.5 Ruby でオブジェクトを活用する

2.1 : オブジェクト指向という考え方

　これまで多少なりともプログラムを書いたことがある方は、オブジェクト指向は少し難しい考え方で、プログラムの初学者にとってはハードルが高いと考えるかもしれません。しかし、本書では、「オブジェクトは自然な考え方」という前提で、オブジェクト指向の理解から解説を始めることで、RubyプログラミングとRailsのフレームワークをよりわかりやすく結びつけていきます。

　オブジェクトとは、単純に翻訳すると「対象物」です。決して特殊なものではなく、世の中で、皆さん自身も含めて皆さんがやり取りするものすべてがオブジェクトにあたります。オブジェクト指向とは、コンピューターの世界のすべての処理を、オブジェクトを中心に取り扱う考え方です。

2.1.1　オブジェクト指向プログラミングとは

　何かのイベントを行う時、一般的に「式次第（プログラム）」を用意します。式を滞りなくうまく運営するためには、この手順がしっかりできていることが重要です。何らかの目的を持ったコンピュータープログラムを作ること（**プログラミング**）も、作業の手順（**ロジック**または**手続き**）をその目的に従って組み立てることになります。

　従来、プログラミングは「すべての手順を一連のロジックで組み立てる」という方法で行われてきました。一方、**オブジェクト指向**は、

- オブジェクトというものを設定する

- オブジェクトに必要なロジックをそれぞれのオブジェクト内に閉じ込めて、必要な時にオブジェクトに指示して呼び出す

という形で処理を組み立てていく方法です。オブジェクト指向は、従来のプログラミングとは180°異なる手法であり、そのため初学者にとっても、従来のプログラミング経験者にとってもスタートラインは同じだと言えるかもしれません。

　Rubyは、「オブジェクト指向を完全に実現したプログラミング言語」と言われます。その理由は、Rubyで扱うすべてのものがオブジェクトだからです。Rubyの中で取り扱う「数値」「文字の連なり（文字列）」「情報のかたまり」など、すべてがオブジェクトとして扱われます。

　以上のことを認識することが、Rubyのオブジェクト指向を習得し、Railsを理解していく第一歩になります。

オブジェクトとは何か

　ここで改めて、オブジェクト（対象）とは何かを考えてみましょう。

　オブジェクトとは、

- ある目的の振る舞いと、名前などの特徴となる固有の値とを持つ

- 必要な時に呼び出される振る舞いを通し、固有の値を利用して、目的とする処理を行う

ものだと言えます。少し硬い表現に感じるかもしれませんが、この意味を理解することが重要です。

2.1.2 メソッドとカプセル化

次に、先ほどのオブジェクトの説明に出てきた「振る舞い」という言葉について考えてみましょう。この「振る舞い」は**メソッド**と呼ばれ、オブジェクト固有の動作仕様（固有の動作ロジック）を意味します。つまりオブジェクトは、自身の中に、メソッドという形で、自分の行動に必要なロジックを保持しているのです。

メソッドは、目的の動作に合わせてオブジェクトの中に複数保持することができます。オブジェクト自身のメソッドをオブジェクト内に閉じ込めて（隠蔽）保持することを、特に**カプセル化**と言います。

メソッドを利用する人は通常、メソッドがどんなロジックで作られているかを知る必要はなく、どんな名前で、どのような目的を果たしてくれるかを知っていれば十分でしょう。オブジェクトが持つ固有のロジックをカプセル化することによって、外部からはメソッドの名前と役割だけを認識できるようになります。そのことによって、オブジェクト間の関係をよりシンプルに、わかりやすく組み上げていくことができるのです。

犬の飼い主の立場でこの意味を考えてみましょう。犬の行動をメソッドと考えると、飼い主には犬が「餌を食べる」「走る」「ほえる」などのメソッドは見えますが、犬がどのような仕組み（ロジック）で餌を食べたり、走ったりするかを知っている必要はないのです。

2.1.3 従来のプログラミングとオブジェクト指向プログラミングとの比較

従来のプログラミング（**手続き型プログラミング**）と、オブジェクト指向プログラミングとの比較を図2.1に示します。

小説家の方には怒られるかもしれませんが、手続き型プログラミングとオブジェクト指向プログラミングを、小説の書き方になぞらえて、たとえ話で考えてみましょう。

手続き型プログラミングは、「ストーリーを記述しながら、必要な登場人物や登場するものを記述していく」という方法（ストーリー準拠）にたとえられます。一方、オブジェクト指向プログラミングは、「初めに登場人物や登場するものについての特徴、振る舞いなどの性格や特徴付けを設定したうえで、個々の振る舞いや性格を利用しながらストーリーを展開していく」という方法（登場物準拠）にたとえられるでしょう（図2.2）。

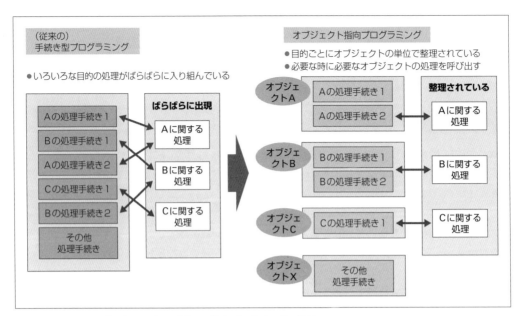

❖図2.1　手続き型プログラミングとオブジェクト指向プログラミングの比較

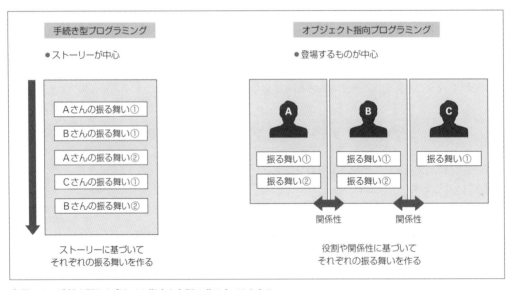

❖図2.2　手続き型とオブジェクト指向を小説の作り方でたとえる

　ここで、小説を書いている際に、登場人物や登場物の性格や特徴などが途中で変わっていることに気づいたとします。性格や特徴の矛盾に気づいた時、ストーリー準拠の方法では、過去に記述したものをさかのぼって見直し、ストーリーを組み直す必要があるかもしれません。その組み直しは、相当の労力を要するでしょう。

登場物準拠の方法を使えば、小説を書き始める前に、登場するものについての設定を明確にし、その登場物の振る舞いを常に参照することができます。そうすれば、矛盾の発生を事前に防ぐことができるでしょう。また、もしストーリーの組み立て中に矛盾が見つかっても、登場物に影響はなく、ストーリーを簡単に組み換えやすくなるでしょう。

　つまり、オブジェクト指向プログラミングとは、あらかじめオブジェクトを設定し、それぞれの振る舞い（メソッド）を明確にすることで、物事の関係をシンプルかつ全体の見通しをよくし、組み直しを楽にする方法と考えることができます。

　改めて、オブジェクトを現実の世界でいろいろ存在する「もの」に置き換えてみましょう。オブジェクトとは、現実世界に存在する「もの」をコンピューター上で取り扱うために表現したモデル（抽象化した実体）であり、さまざまな処理を行うメソッドと、オブジェクトの特徴を表す固有値（後述するインスタンス変数など）とをコンピューター上で実装したものと言えます（図2.3）。

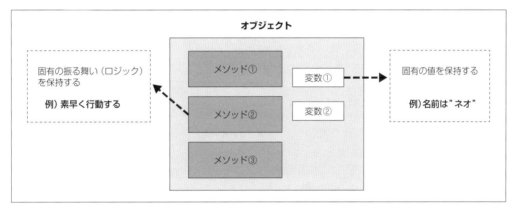

❖図2.3　オブジェクトはメソッドと変数を持つ

　オブジェクト指向プログラミングでは、あらかじめオブジェクトの型（クラス：後述）を作り、実体化（インスタンス化：後述）という処理を行ってオブジェクトを利用できるようにしますが、同じオブジェクトの型から、複数の同種類の活躍するオブジェクトを実体化することも可能です。また、メソッドの引数にさまざまな値を与えたり、固有値の初期値として異なる値を与えたりすることで、個々のオブジェクトが持つ特徴を変更することもできます。

2.1.4　オブジェクト同士の関係

　オブジェクト同士は、それぞれのオブジェクトの持つメソッドを通して関係を持つことができます。「関係を持つ」と言うのは、相手オブジェクトのメソッドを、自身のメソッドの中から次のような形式で呼び出すことで、相手オブジェクトに振る舞いを行わせることです。なお、この「メソッドの実行対象となるオブジェクト（相手オブジェクト）」を**レシーバー**（受け取り手）と呼ぶこともあります。メソッドを実施した結果（**戻り値**）を、呼び出したオブジェクトが受け取るためです。

構文 メソッド呼び出し

> オブジェクト.メソッド

「.」の左側の「オブジェクト」にはクラスオブジェクト（後述）やインスタンスオブジェクトが該当します。

オブジェクトをデビューさせる（活躍の場に立たせる）には、オブジェクトの型を使って特別な操作を行う必要があります。この操作を**インスタンス化**と呼び、インスタンス化されたオブジェクトを**インスタンスオブジェクト**（インスタンス）と呼びます。通常、オブジェクトが持っているメソッドは、オブジェクトをインスタンス化することで初めて、呼び出して振る舞いを行わせることが可能になります。

図2.4は、ねこというオブジェクトが2つのメソッドを持っている例です。このねこオブジェクトは、例えば、「みけ」という名前でインスタンス化され、鳴く、食べるといった動作（メソッドの実行）ができるようになっています。

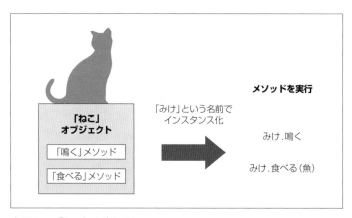

❖図2.4 「ねこ」オブジェクト

なお、メソッドを呼び出すときに、メソッドに処理して欲しいものを**引数**（後述）という形で渡すことができます。先ほどのねこの例でいうと、何を食べるか（魚など）が引数にあたります。

インスタンス化したオブジェクト同士は、自分のメソッドから相手のメソッドを互いに呼び出し、関係を持つことができます（図2.5）。

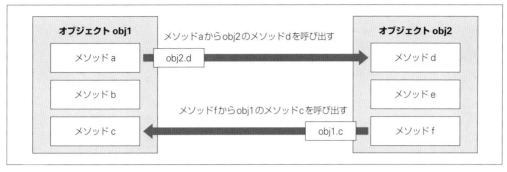

❖図2.5　オブジェクト同士の関係

　この段階ではまだ、オブジェクトについて、抽象的で、もやっとしたイメージしか持てていないかもしれません。しかし、今後読み進めていくことで、少しずつハッキリとしたイメージになっていくはずです。
　次は、より具体的な解説として、Ruby言語を使ってオブジェクトをどのように作成するか、そしてオブジェクトのメソッドをどう作成し、どのように呼び出すかを見ていきます。

2.2　基本的なRuby文法1：オブジェクト指向

　ここからは、すでに構築したRuby、およびRailsの実行環境を利用して、Rubyにおけるオブジェクト指向を学習していきましょう。以降の学習にあたっては、「1.5.8　Rubyの実行方法」で説明した、

- irb（会話型のRuby実行ツール）を使用する
- Rubyファイル（拡張子.rb）を作成して、rubyコマンドを実行する

という2つの方法のいずれを使っても問題ありません。

2.2.1　クラスオブジェクト

　まずは、オブジェクトの型を作成してみましょう。なお、Rubyではオブジェクトの型を**クラスオブジェクト**、略して**クラス**と呼びます。
　クラスオブジェクトを作成するには、まず**class**という命令によって、クラスオブジェクトの名前を表す「**クラス名**」（先頭大文字のアルファベットで記述）を宣言します。また、**end**でクラスオブジェクトの作成を終了します。ただし、これだけでは、固有のメソッドを何も持たないクラスオブジェクトです。

構文 クラスオブジェクト

```
class クラス名
end
```

 名前の付け方には、**スネーク型**（へび型）と**キャメル型**（ラクダ型）という2種類の形式があります。
「hello world」を1つの単語として表現するときに、「_」を使用してつなぐ方法がスネーク型で、単語の先頭を大文字にしてつなぐ方法がキャメル型です。

- スネーク型：hello_world
- キャメル型：HelloWorld

クラス名はキャメル型で命名し、クラスを作成するファイル名はスネーク型で命名します。

2.2.2 インスタンスメソッド

次は、そのクラスオブジェクトからインスタンス化されるオブジェクトに備えてほしい、固有のメソッド（**インスタンスメソッド**）を定義していきましょう。メソッドは、**def～end**を使用して記述します。なお、メソッド名は通常、アルファベット小文字で始まる任意の小文字英数字で記述します。

構文 インスタンスメソッド

```
class オブジェクト名（クラス名）
  def メソッド名
  end

  def メソッド名
  end
end
```

 メソッドはクラスの中に定義するため、本書ではわかりやすいよう、クラス名より右に2文字ずらして（インデントして）記述します。Rubyでは、内部に含まれるものを記述する時、常に2文字のインデントが推奨されています。複数のメソッドを定義する場合は、同レベルのため、並列してdef～endで記述します。

メソッドの中に何も記述しなければ、何もしない空のメソッドです。そのままでは意味がないので、メソッドに実装したい処理ロジックをRuby言語で記述していきましょう。

一例として、Taroという名前のクラスオブジェクトを定義し、その中に名前を呼び出すためのnameというインスタンスメソッド（メソッド名は任意）を定義することにします。Taroオブジェクトの名前を取得したい場合、このnameメソッドを呼び出すことになります（図2.6）。nameメソッドは、「@name = "太郎"」を実行します。つまり、nameメソッドを実行すると、Taroオブジェクトは「太郎」を@name（インスタンス変数：後述）にひも付け、メソッド内の最後の記述である@nameの値を戻り値として返すため、呼び出し元は@nameの値「太郎」を取得できるのです。

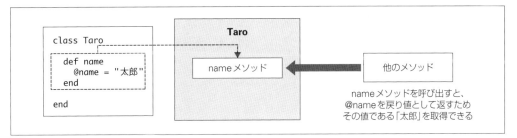

❖図2.6　Taroオブジェクトの名前を取得するnameメソッド

しかし、先ほど説明したように、このメソッドnameは、クラスオブジェクトであるTaroからTaro.nameとして直接呼び出すことはできません。「インスタンス名.メソッド」という形式で呼び出すためには、インスタンス化したオブジェクトを使用する必要があります。

2.2.3　クラスメソッドとインスタンス化

先ほど、「クラスからインスタンス化したものを**インスタンスオブジェクト（インスタンス）**と呼ぶ」、「クラスの中で定義したメソッドを、**インスタンスメソッド**と呼ぶ」と紹介しました。また、インスタンスメソッドは、インスタンスからのみ呼び出すことができます。

インスタンス化は、一般的にクラスに与えられたnewという特別なメソッドで実現します。クラスオブジェクト（クラス）は、作成された時点で、あらかじめ用意された特別なメソッドをすでに持っています。「new」というメソッドは、その一つです。このメソッドは、先ほど自分で定義した「name」というメソッドとは違い、クラスオブジェクトそのものから呼び出し、利用することができます。このようなメソッドを、**クラスメソッド**と言います。

図2.7のように、Taroというクラスをインスタンス化し、taroという名前に「＝」を使用して「taro = Taro.new」のように関係付けます。このように、＝で関係付けることを**代入**と呼びます。

構文 インスタンス化

```
インスタンス名 = クラス名.new
```

✤図2.7　インスタンス化

　この結果、taroは生成されたTaroのインスタンスを表すことになります。そのうえで、taro.nameのように指示することで、Taroクラスで定義したnameメソッドを呼び出し、nameメソッドに組み込まれている手続き「@name = "太郎"」が実行されます。

　実際にirbを使用して確認すると次のようになります。

```
$ irb
> class Taro
>   def name
>     @name = "太郎"
>   end
> end
=> :name

> taro = Taro.new
=> #<Taro:0x0055bacabeacf0>

> taro.name
=> "太郎"
```

　インスタンス化（Taro.new）によって、Taroというクラス（型）からtaroという名前のインスタンスが生成されました。インスタンスであるtaroは、外部からの指示によって、自分の持っているインスタンスメソッドを実行することができます。

　再度の確認となりますが、インスタンス化されたオブジェクトが使用できるメソッドを「インスタンスメソッド」、newのようにクラスに対して直接使用できるメソッドを「クラスメソッド」と呼びます。Railsアプリケーション内で通常皆さんが実装していくメソッドは、ほぼすべてがインスタンスメソッドです。

2.2.4 Rubyのメソッドまとめ

　ここまで、インスタンスメソッドとクラスメソッドを紹介してきましたが、他にも**プライベートメ
ソッド（ローカルメソッド）**というものがあります。プライベートメソッドは、1つのクラスの中だ
けで有効なメソッドです。

　Railsで知っておくべき3種類のメソッドをまとめると、表3.1のようになります。

❖表3.1　Rubyにおけるメソッドの種類

メソッドの種類	目的	実行形式
クラスメソッド	クラスに対してして実行できるメソッド	「クラス名.メソッド名」
インスタンスメソッド	インスタンスに対して実行できるメソッド	「インスタンス名.メソッド名」
プライベートメソッド	1つのクラス内部で実行できるメソッド	「メソッド名」

メソッドの構文と使い方

　繰り返しになりますが、以下にメソッドの構文と使い方をまとめます。
　インスタンスメソッドは、クラスの中に次の形式で記述します。

構文 インスタンスメソッドの記述

```
def メソッド名
  メソッドのロジック
end
```

　クラスメソッドは、クラス自身のメソッドであることを示すため、通常、次のようにメソッド名の
頭に**self.**を付加して記述します。

構文 クラスメソッドの記述

```
def self.メソッド名
  メソッドのロジック
end
```

　プライベートメソッドは、**private**という宣言の後に記述します。クラス内のインスタンスメ
ソッドやクラスメソッドの中だけで呼び出されるため、実行形式は、メソッド名そのものです。

構文 プライベートメソッドの記述

```
private
def メソッド名
  メソッドのロジック
end
```

> note
> クラスメソッドは、次のように「class << self ~ end」の中に「def メソッド名」として定義することもできます。
>
> ```
> class << self
>   def メソッド名
>     メソッドのロジック
>   end
> end
> ```

　図2.8は、インスタンス化されたTopicオブジェクト(インスタンス名：topic)のshowメソッドで、Userクラスをインスタンス化させたuserから、Userクラスの持っている「名前を取得する」nameメソッドを、user.nameとして呼び出す様子を表しています。

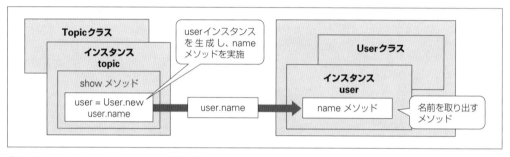

❖図2.8　topic.showからuser.nameを呼び出す

　ここまで、オブジェクトの作り方、オブジェクトのメソッドの定義・実行方法を学んできました。これらが理解できていれば、皆さんは、自分で作ったオブジェクトを活躍させる方法を得たことになります。次の節で解説するRubyコードの基本とともに、自分で考えたクラスを実際にRubyのコードで書いてみて、いろいろ試してみることをおすすめします。

　Rubyファイルをworkspaceの下に作成する方法を使った、実際の例をリスト2.1に記載しておきます。なお、#で記述しているのはすべて**コメント**(コード中の説明文。実行されない)です。

▶リスト2.1　workspace/topics_exe.rb

```ruby
# Taroオブジェクトの定義
class Taro
  def name
    name = "山田太郎"
  end
end
```

```
# Topicオブジェクトの定義
class Topic
  def show_name
    puts "Taroの名前を表示します"
    # 名前の取得
    taro = Taro.new
    puts taro.name
  end
end

# Topicクラスをインスタンス化してshow_nameメソッドを実行する
topic = Topic.new
topic.show_name
```

リスト2.1を実行した結果は、次のようになります。

```
$ ruby topics_exe.rb
Taroの名前を表示します
山田太郎
```

また、irbを使用して、直接workspace/topics_exe.rbの内容を順に実行させても同じ結果になります。

練習問題　2.2

1. 必要に応じてrubyファイルを作成するか、irbを利用して、以下を検証してください。

- オブジェクトとメソッドの相互の関係・役割について説明してください。
- オブジェクトとクラスとインスタンスは、それぞれどのような関係にあるかを説明してください。
- 3つのメソッドの種類を列挙し、それぞれについての役割や実行の仕方を説明してください。
- オブジェクトの説明で使用した「ねこ」オブジェクトを作成してください。ねこクラス（Cat）に2つのインスタンスメソッド「鳴くメソッド」、「食べるメソッド」を任意の名前で定義し、それぞれのメソッドを呼び出して実行した時に、putsを使用して「にゃーご」「魚大好き」と表示するようにしてください。

2.3 基本的なRuby文法2：変数と定数

2.3.1 Rubyプログラムの基本的な仕組み

ここまでの内容で、すでにオブジェクトの作り方とメソッドの作り方や呼び出し方は理解できたはずです。それでは、メソッド内のロジックはどのように組み立てるのでしょうか。メソッドは、Ruby言語を駆使してロジックを組み立てることになります。

Railsのフレームワークを理解するうえでも、最低限のRuby言語の文法と、オブジェクト操作の記述方法とを学ぶことが必要です。ここでは、基本的なRuby言語の仕組みについて学習します。

2.3.2 変数の種類

変数とは、ロジックを実行するうえで必要なデータを取り扱う、入れものの役割を果たすものです（図2.9）。変数は、参照できる範囲や保持の仕方によっていくつかのタイプに分類されます。変数も名前を持つ必要があり、変数名は半角の小文字アルファベットと数字、アンダースコア(_)で表されますが、先頭文字には通常、アルファベットの小文字を使います。

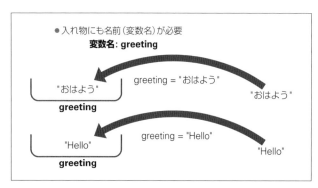

❖図2.9 変数

変数は、次のように、共通で利用できる範囲などに応じて分類されます。これらの中で特に頻繁に作成・利用するのは、インスタンス変数とローカル変数、そしてシンボルです。これらの使い分けをしっかり理解しておくことが重要です。

グローバル変数

どこからでも自由に参照し、操作できる変数です。セキュリティ上好ましくないので、必要のない限り使用すべきではありません。

グローバル変数の変数名は、先頭に「$」を付けます。

```
$hensu
```

インスタンス変数

インスタンス化時に初期化され、インスタンスで利用できる変数です。同じインスタンス内では、どのメソッドからも共通で参照／操作できますが、他のインスタンスからは参照できません。

インスタンス変数の変数名は、先頭に@を付けます。

```
@hensu
```

クラス変数

1つのクラスから作られる、すべてのインスタンス間で共通で使用できる変数です。クラス変数は、他のクラスのインスタンスからは参照できません。また、インスタンス化時には初期化されません。

クラス変数の変数名は、先頭に@@を付けます。

```
@@hensu
```

ローカル変数

1つのメソッド内でのみ有効であり、メソッドの外からは直接、参照・操作できません。

ローカル変数の変数名は、先頭に何も付けません。

```
hensu
```

定数

普遍的な特定の値を保持し、参照目的の変数として利用します。

定数名には、大文字英字を使います。

```
HENSU
```

シンボル

Ruby内部で整数値に置き換えて管理されているメソッド名・変数名・定数名・クラス名などをシンボリックな名前で表現します。メソッド指定のオプションなどで利用します。

シンボル名は、先頭に:を付けます。

```
:hensu
```

2.3.3　変数の参照範囲の違い

例えば、同じgreetingという名前の変数でも、@、@@、$が付くことによって、参照できる範囲が異なります。このことを表2.1にまとめます。

❖表2.1　変数の参照範囲

種別	変数名（例）	参照範囲
ローカル変数	greeting	同一メソッド内
インスタンス変数	@greeting	同一インスタンス内
クラス変数	@@greeting	同一クラスおよびそのインスタンス内
グローバル変数	$greeting	どこからでも

　図2.10は、クラスAを作成して、各インスタンスメソッド「a1、a2、go」を実行することで、クラス変数@@hensu、インスタンス変数@hensu、ローカル変数hensuがどのような値を取るかを確認し、参照範囲を検証しています。実際にRubyコードを実行して確認してみることをおすすめします。

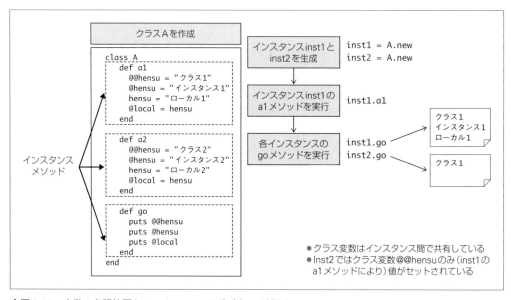

❖図2.10　変数の参照範囲をインスタンスメソッド呼び出しで確認する

2.3.4　文字列

　プログラムの中では、変数の名前を、アルファベットなどを使ってhelloというように表現します。では、データの値としての文字の連なりは、どのように表現すれば良いのでしょうか。

　Rubyでは、使用したい文字の連なりを「"」または、「'」で囲むことによって表現します。単にhelloと記述すると変数などの名称を表現しますが、"hello"または'hello'と記述することで、文字の連なりとしての値を表現できます。これを「**文字列**」と言います。

文字列を記述するのに「"」「'」の2種類があるのは、一つには次のような問題があるためです。
例えば、「英文字"hello"は、日本語で"こんにちは"を意味します。」というような文字の連なりが
あるとすると、文字列を「"」で表現すると、「"英文字"hello"は、日本語で"こんにちは"を意味
します。"」となってしまいます。
　この文字列は、「"英文字 "」と「"は、日本語で"」、「"を意味します。"」の3つの文字列と見なさ
れてしまいます。その間の文字は、変数または、メソッドの名前と見なされます。したがって、
このような場合、「'英文字"hello"は、日本語で"こんにちは"を意味します。'」のように「'」で
囲んで表現します。このように使い分けることで、文字列そのものの中に、「"」または「'」を使
用することが可能になります。

　文字列を表現する場合に、文字列の中に変数の持っている値、あるいは、式を使って編集した値
を組み込んで表現したい場合があります。例えば、「〇〇さん、こんにちは」という表現で、〇〇
の部分に名前を保持している変数（例：person_name）を割り当て、変数の値に応じて、名前
の表示を変えたい、といったケースです。
　Rubyではこれを、文字列で次のように記述します。

　"#{person_name}さん、こんにちは"

ただし、このように記述して、person_nameで記述された部分を変数の内容で展開（式展開）
してくれるのは、「"」の場合だけで、「'」の場合は、そのまま表示されてしまいます。

2.3.5　変数への代入

　変数は、データを入れる入れものであることは、すでに説明しました。それでは、どのようにデー
タを入れる（代入する）のでしょうか。
　Rubyでは、次のような形式で左側の変数（**左辺**）に代入することができます。

　変数 = 代入する値／代入する値を持った変数

=の右側（**右辺**）には、代入する値を直接記述しても良いですし、入れたい値が入った変数を指定
してもかまいません。

```
# 変数 hensu に"Hello World" という文字列をセットします
hensu = "Hello World"

# 変数 hensu に変数 abc の値をセットします
hensu = abc
```

note Rubyは他の言語と異なり、すべてがオブジェクトであり、その関係として「=」という記号を使用するため、一般的な言語で言う代入という意味ではなく、正確には「左辺の変数が右辺を参照している」という意味になります。
もちろん、通常使用するうえでは、一般的な言語の代入と同様に考えて問題ありません。

2.3.6 グループ化される変数

変数には、ここまで見てきたような「単一の値を保持するもの」と、ここで紹介する「複数の値をグループ化して管理できるもの」があります。複数の値をグループ化して管理できるものとして、**配列**や**ハッシュ**が挙げられます。一般的な変数は一戸建ての住居（1つの世帯が住んでいる）として、配列やハッシュはアパートやマンションのような集合住宅（複数世帯が住んでいる）としてイメージすれば良いでしょう（図2.11）。

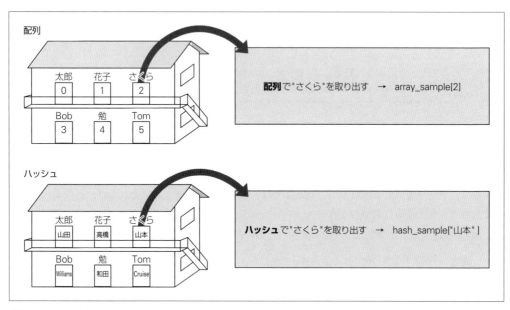

❖図2.11　配列とハッシュのイメージ

配列は、**[ ]**を使用してグループを表現し、ハッシュは、**{ }**を使用してグループを表現して作成します。

構文 配列の作成

```
array_sample = ["太郎", "花子", "さくら", "Bob", "勉", "Tom"]
```

構文 ハッシュの作成

```
hash_sample = {"山田" => "太郎", "高橋" => "花子", "山本" => "さくら",
"Williams" => "Bob", "和田" => "勉", "Cluise" => "Tom"}
```

配列とハッシュの違いを図2.12に示します。配列は、グループの中の各要素を0から始まる順番で管理するのに対して、ハッシュは、キーという名前で管理します。

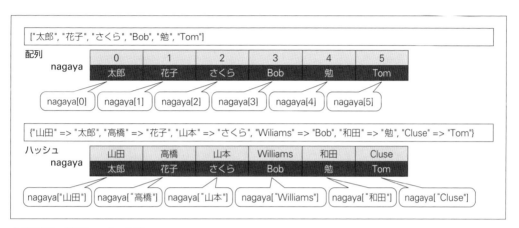

❖図2.12　配列とハッシュの違い

変数、配列、ハッシュの特徴を表2.2に示します。

❖表2.2　変数、配列、ハッシュの特徴

変数の種類	役割	保存形式	例
変数 (一般的変数)	単一の文字や数値などを一時的に保持しておく入れもの	文字列や数値をその形式に従って保持する	pet1 = "cat" pet2 = "rabbit" number = 200
配列	複数の文字や数値などを順番に保存しておく入れもの	[ ]で囲み、各要素を「,」で区切って設定する。要素は、先頭から順番に0から始まる番号を指定してpet[0]、pet[1]…のように取り出せる	pet = ["ネコ", "ウサギ", "イヌ"]
ハッシュ (連想配列)	複数の文字や数値などを、呼び出すキーを付加して保存しておく入れもの	{ }で囲み、キーと値のセットを次のような形式で「,」で区切って設定する。要素は、キーを指定してpet["cat"]、pet["rabbit"]…のように取り出せる	pet = {"cat" => "ネコ", "rabbit" => "ウサギ", "dog" => "イヌ"}
ハッシュ&配列	ハッシュを配列と組み合わせて持つ方法	ハッシュの中のハッシュ、配列の中の配列のように入れ子状態にして持つこともできる。要素は、配列番号とキーを指定してusers[0]["name"]…のように取り出せる	users = [{"name" => "太郎", "address" => "東京"}, {"name" => "花子", "address" => "大阪"}, {"name" => "一郎", "address" => "京都"}]

2.3.6　グループ化される変数

ハッシュは、文字列を使用してキーを記述する方法と、シンボルを使用して記述する方法があります。例えば表2.2の例に記載したハッシュは、次のように記述することもできます。

```
pet = {"cat" => "ネコ", "rabbit" => "ウサギ", "dog" => "イヌ"}
```

```
pet = {:cat => "ネコ", :rabbit => "ウサギ", :dog => "イヌ"}
```

後者の場合、取り出し方は、シンボルを指定してpet[:cat]、pet[:rabbit] …のようになります。

> **note** ハッシュの表記法について、シンボルを使用してキーと値を指定する場合、
>
> ```
> {:b => "Bの値", :c => "Cの値"}
> ```
>
> を
>
> ```
> {b: "Bの値", c: "Cの値"}
> ```
>
> のように、シンプルに記述することができます。
> つまり、「名前: 値」という記述は、本来のシンボルを使用した「:名前 => 値」という記述（ロケット記法とも呼ぶ）と同じ意味となり、より見やすい表現となっています。この表記方法は、今後あちこちで登場します。

2.4 ● 基本的なRuby文法3：ロジックの組み立て

2.4.1 比較と演算子

すでにおわかりのとおり、「=」という記号は、左辺に対して右辺の内容を代入する時の特別なメソッドです。では、左辺と右辺が等しいかどうかを比較する時はどのような記号を使うのでしょうか。

多くのプログラミング言語では、等しいかどうかを確認する場合、「==」のように2つの「=」記号を連ねて表現します。

比較などを行うためのメソッド（**演算子**と言います）のうち、頻繁に使用される、代表的な一例を表2.3に示します。これ以外の演算子については、Rubyの専門書籍やRubyのリファレンスマニュアル（https://docs.ruby-lang.org/ja/）で確認してください。

52　　2.4　基本的なRuby文法3：ロジックの組み立て

❖表2.3　代表的な演算子

演算子	役割
==	左辺が右辺に等しいことを判断する
!=	左辺が右辺に等しくないことを判断する
>	左辺が右辺より大きいことを判断する
<	左辺が右辺より小さいことを判断する
>=	左辺が右辺以上であることを判断する
<=	左辺が右辺以下であることを判断する
&&	左辺の条件「かつ」右辺の条件であることを判断する（左辺 and 右辺）
||	左辺の条件「または」右辺の条件であることを判断する（左辺 or 右辺）
+	数値の場合：足し算 文字列の場合：文字列同士の結合 配列の場合：配列要素のマージ
-	数値の場合：引き算 配列の場合：左辺の配列要素から右辺の要素に該当するものを除く
*	数値の場合：掛け算 左辺が文字列の場合：文字列を右辺の数だけ繰り返してつなげる
/	数値の場合：割り算
%	数値の場合：割り算の余り
<<	左辺が配列の場合：配列に要素を追加する
||=	左辺が存在しないとき、右辺の条件の結果を代入する。||と＝の組み合わせ
===	左辺の正規表現が右辺の内容にマッチするかなど、特別な比較に使用（一般的な他言語のような、型を含む比較とは異なる）

2.4.2　処理の基本パターンとRubyによる表現

　ここまで、変数とメソッドの作り方・使い方について学んできました。ここからはいよいよ、実際のロジックの組み立てについて学びましょう。

3つのパターン

　一般的に、プログラムを構成するロジックは、すべて次の3つのパターンに分けられます。つまり、この3つのパターンの組み合わせによって、すべてのロジックが組み立てられているというわけです（図2.13）。

　もし、この事実に疑問を持つ場合は、何かロジックを考えてみてください。そして、そのロジックの各部分が、この3つの構造のどれかに置き換えて組み立てられるかどうかを検証してみると良いでしょう。必ず、この3つのパターンの組み合わせ（入れ子構造も含めて）によって置き換えられることが確認できるはずです。

- 連接構造：手順に従って順番に命令を記述する方法

- 分岐構造：条件によって、処理を分岐する方法

- 繰り返し構造：ある条件になるまで処理を繰り返す方法

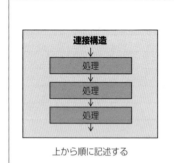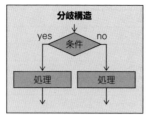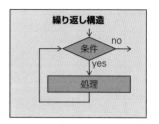

❖図2.13　ロジックの3つのパターン

　基本的にプログラムのロジックは、上から記述したコードの順に実行されます。3つの構造パターンのうちの「連接構造」とは、まさにこのようなコード処理の組み立て方です。

　また、2つ目の「分岐構造」は、条件によって実施する処理が異なる場合に使用します。この場合、後述するif文（もし○○だったら・・・）を使用するのが一般的です。条件文には、if文の他にもunless文（もし○○でなかったら・・・）、case文（各場合分けをする）などがあります。

　さらに3つ目の「繰り返し構造」は、ある条件になるまで、同じ処理を繰り返すためのものです。この場合、一般的にはwhile文やfor文（○○になるまでの間、〜〜を繰り返す）などを使用します。ただし、Rubyの場合、配列のオブジェクトに対して、それぞれの要素を順番に取得するeachというメソッドがよく使われます。

if文

　まず、**if文**を使用する分岐構造を、例を挙げながら説明していきましょう。

　例として、「もし信号機（signal）が青ならばそのまま進め、黄色なら注意して進め、そうでなければ止まれ」といった処理を考えてみましょう。この処理は、次のようなRubyコードになります。

```
if signal == "青"
  "進め"
elsif signal == "黄"
  "注意して進め"
else
  "止まれ"
end
```

これをフローチャートにしたものが、図2.14です。

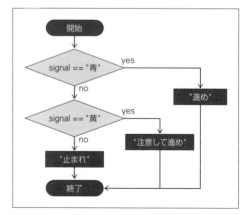

❖図2.14　if文を使った条件分岐

if文では、

構文 if文

```
if 条件
   条件を満たした場合の処理
end
```

という構文で「条件」を満たす場合のみ処理を行うことができます。
　また、

構文 if-else文

```
if 条件
   条件を満たした場合の処理
else
   条件を満たしていない場合の処理
end
```

のように**else**を使うと、「条件」を満たさない場合の処理も記述することができます。
　さらに、

構文 if-elsif-else文

```
if 条件1
   条件1を満たした場合の処理
elsif 条件2
   条件2を満たした場合の処理
else
   どの条件も満たしていない場合の処理
end
```

として**elsif**を使うと、複数の条件で処理を分けることができます。

while文

　while文を使用すると、繰り返し構造を記述することができます。こちらも例を挙げながら説明していきましょう。
　「信号機（signal）が赤なら、青になるまで（赤でなくなるまで）待て」という処理を考えた場合、while文を使って次のように表現します。

```
while signal == "赤" do
   "青になるまで待て"
end
```

2.4.2　処理の基本パターンとRubyによる表現　　55

これをフローチャートにしたものが、図2.15です。

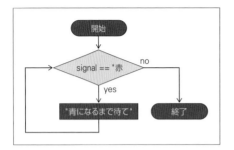

❖図2.15　while文を使った繰り返し

このように、

構文 while文

```
while 条件 do
    条件を満たした場合の処理
end
```

という構文で「条件」を満たし続ける限り処理を繰り返すことができます。

> note　if文/while文ともに、最後に必ず、終了を示す「end」を記述します。endを記述しないと文法的なエラーになります。

分岐と繰り返しの具体例

それでは、次のような配列を例として、分岐構造と繰り返し構造の処理を具体的に確認してみましょう。

```
fruits = ["Apple", "Strawberry", "Pineapple", "Grape"]
```

入力された数字によって、その数値に該当する配列の要素を取得することを考えます。つまり、「1」という数字が入力されたら、配列の1番目の要素であるfruits[0]を取得する、という処理です。1回の処理が終わったら繰り返し、終了を表す「9」が入力されるまで繰り返しを続けます。

ここでは、

- getsメソッド（処理を止めて、ユーザーの入力を促す）を使って入力を取得
- 入力された数字（文字列）をto_iメソッドで整数に変換し、number変数に代入
- その値で、fruits配列のどの要素を出すかをif/elsif/else条件で判断

という流れで処理を行っています。なお、入力された値はgetsメソッドによって文字列として入ってくるため、to_iメソッドがそれを整数に変換（例：”5”と入力された文字列を5という数値に変換）する処理を行います。リスト2.2にRubyファイルの例を示します。皆さんも実際に作成し、実行してみてください。また、自分なりに変更し、思うような動作になるかを確認してみてください。

▶リスト2.2　workspace/fruits_list.rb

```ruby
# fruitsの配列を設定する
fruits = ["りんご", "いちご", "パイナップル", "ぶどう"]


number = 0
while number != 9

  puts "フルーツ番号を入力してください（終了は9です）"
  # 番号の入力を促す
  # 入力された値は、整数に変換されて、numberにひも付けられる
  number = gets.to_i

  # numberにひも付けられた値によって、条件分岐の処理を行う
  if number == 1           # numberが1の時、1番目の要素を取得
    puts fruits[0]
  elsif number == 2        # numberが2の時、2番目の要素を取得
    puts fruits[1]
  elsif number == 3        # numberが3の時、3番目の要素を取得
    puts fruits[2]
  elsif number == 4        # numberが4の時、4番目の要素を取得
    puts fruits[3]
  else                     # それ以外は、該当なしを表示する
    puts "該当なし"
  end
end
puts "終了します"
```

Rubyでは、「#」以降の記述は**コメント**（説明文）を表します。コメントは、行単位（コメント行）だけでなく、（非コメントである）コードに続けて記述することもできます。

ロジックの作り方はさまざまであり、リスト2.2は一例にすぎません。どのような記述の仕方がよりシンプルでわかりやすいか、拡張性があるかということが重要です。例えば、入力する数字より1小さい番号の配列を取得するため、次のように変更することもできます。

```ruby
fruits = ["りんご", "いちご", "パイナップル", "ぶどう"]
number = 0

while number != 9
  puts "フルーツ番号を入力してください（終了は9です）"
  number = gets.to_i

  if number > 0 && number <= 4
    puts fruits[number - 1]
  else
    puts "該当なし"
  end
end
puts "終了します"
```

　もう1つの例として、fruits配列を利用して、繰り返し構造が異なるRubyコードをリスト2.3に示します。ここでは、fruits配列の各要素を一覧として表示するよう、whileメソッドを通して、配列の最初の要素fruits[0]から最後の要素fruits[3]まで順に、変数iに1加算しながら処理しています。なお、lengthメソッドは、配列の要素の数を取得するメソッドです。また、i += 1は、i = i + 1（iに1を加えた結果をiにする）と同じ意味になります。

▶リスト2.3　workspace/fruits_list2.rb

```ruby
fruits = ["りんご", "いちご", "パイナップル", "ぶどう"]

i = 0
while i < fruits.length      # fruits配列の要素の数だけ繰り返す
  puts fruits[i]             # 該当する要素をputsメソッドで出力する
  i += 1                     # i の値を1ずつ増加させていく
end
```

　実行結果は次のようになります。

```
$ ruby fruits_list2.rb
りんご
いちご
パイナップル
ぶどう
```

eachメソッド

　Rubyでは、このような繰り返し処理に対し、次のように**each**メソッドを使用することもできます。

2.4　基本的なRuby文法3：ロジックの組み立て

```
fruits = ["りんご", "いちご", "パイナップル", "ぶどう"]

fruits.each do |d|     # fruits配列の要素を順に1つずつ　d に取り出す
  puts d               # 取り出された d の内容を puts で出力する
end
```

eachメソッドを使用することで、このようなケースでは、極めてシンプルに処理を表現できます。処理の結果は、whileを使用した場合と同じとなります。

2.4.3　メソッドに値を渡す引数

前項では、メソッドを構成するロジックの基本的な組み立て方について学習しました。ここでは、メソッドについて1点、覚えておきたいことを紹介しておきましょう。

メソッドの定義・実行方法については、すでに説明しました。ただし多くの場合、あらかじめ決められたメソッドの処理を単に実行するだけでなく、ある値を渡して、それに基づいた処理を行います。この、外部からメソッドへ渡す値のことを**引数**と呼びます。

引数は、メソッドの内部では、引数の受け皿としてセットした変数で受け取ります。具体的な引数の指定方法を学ぶために、一例として、指示された温度によって、お湯の状態を言葉で表示する温度センサーであるSensorクラスを考えてみます。Sensorクラスは、次のように温度をチェックするメソッドとしてthermo_stateメソッドを持つとします。

```
100°以上   ⇒  沸騰している
80°~99°    ⇒  もう少しで沸騰する
60°~79°    ⇒  かなり熱い
40°~59°    ⇒  少し熱くなってきた
10°~39°    ⇒  まだぬるい
9°以下     ⇒  まだまだ
```

Sensorクラスのイメージを図2.16に示します。

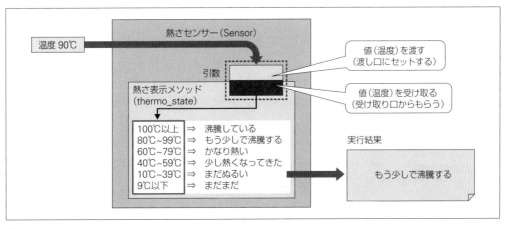

❖図2.16　Sensorクラスのイメージ

このSensorクラスをリスト2.4のように定義します。この時、thermo_stateメソッドは「def thermo_state(temperature)」と記述しています。この、( )内のtemperatureが、引数の受け取り口（受け皿としての変数）になります。つまり、temperatureという名前の変数として、外から与えられた値を受け取ることになります。

▶リスト2.4　workspace/sensor.rb

```ruby
# センサークラスを定義する
class Sensor
  def thermo_state(temperature)
    if temperature >= 100
      puts "沸騰している"
    elsif temperature >= 80
      puts "もう少しで沸騰する"
    elsif temperature >= 60
      puts "かなり熱い"
    elsif temperature >= 40
      puts "少し熱くなってきた"
    elsif temperature >= 10
      puts "まだぬるい"
    else
      puts "まだまだ"
    end
  end
end
```

それでは、実際にこのメソッドを実行してみましょう。まずSensorクラスをインスタンス化し、インスタンスメソッドthermo_stateを次のように実行します。この時、インスタンス化されたSensorのインスタンスsensorに対して、thermo_stateメソッドに引数を90と与え、メソッドに渡しています。実行すると、80〜99の条件に対応したメッセージを表示します。

```ruby
sensor = Sensor.new
sensor.thermo_state(90)
=> もう少しで沸騰する
```

実際の実行方法は、いくつかありますが、今までのようにsensor.rbと同じファイルの中に組み込んでもかまいません。あるいは、次のようにirbを使用して実行させることもできます。

Rubyの会話型ツールirbを呼び出して、Sensorクラスを読み込み、そこでインスタンス化して実行させてみましょう。まずworkspaceディレクトリ上でirbを実行します。Sensorクラスを定義したRubyファイルsensor.rbは、requireというメソッドを使用して読み込みます。もし、sensor.rbを、irbを実行している場所と同じworkspaceディレクトリ上に保存していれば、同じディレクトリ（カ

レントディレクトリ：./）として指定して、「require './sensor.rb'」を実行します。sensor.rbを読み込めたら、Sensorクラスをインスタンス化し、thermo_stateメソッドに引数（例として80）を与えて実行しましょう。

```
$ irb

> require './sensor.rb'
=> true

> sensor = Sensor.new
=> #<Sensor:0x005592098180d0>

> sensor.thermo_state(80)
もう少しで沸騰する
=> nil

> sensor.thermo_state(66)
かなり熱い
=> nil
```

　このようにして、メソッドの引数に値を渡すことで、指示されたメソッドは引数を通して値を受け取り、それを利用することができます。なお、複数の値を引数として渡すこともできます。その場合は、引数の記述した順番に、受け取り口の変数が対応します。図2.17はその対応関係を示しています。

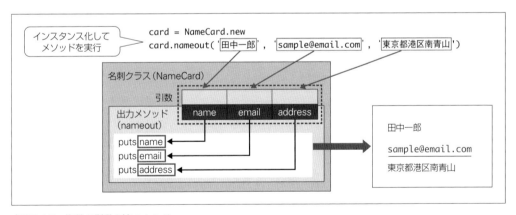

❖図2.17　複数の引数を持つメソッド

2.4.3　メソッドに値を渡す引数

2.4.4 戻り値

皆さんの中には、先ほどのSensorクラスのメソッドを実行した際に、「nil」という値が返ってきていることに不思議に感じる方もいるかもしれません。

これは、それぞれの処理から抜ける最後に何もセットされていないため、メソッドを実行した結果が何もない、空の状態であることを意味しています。つまり、メソッドを実行した結果である**戻り値**が空の状態（nil）だといえます。

それでは戻り値の例として、新しくt_sensor.rbファイルを作り、TSensorクラスとその中にthermo_stateメソッドを記述してみましょう（リスト2.5）。

▶リスト2.5　workspace/t_sensor.rb

```ruby
class TSensor
  def thermo_state(temperature)
    if temperature >= 100
      "沸騰している"
    elsif temperature >= 80
      "もう少しで沸騰する"
    elsif temperature >= 60
      "かなり熱い"
    elsif temperature >= 40
      "少し熱くなってきた"
    elsif temperature >= 10
      "まだぬるい"
    else
      "まだまだ"
    end
  end
end
```

sensor.rbと比較すると、それぞれの条件指定の処理が、putsで文字列を出力する処理から文字列そのものに変更されています。この記述により、条件ごとにそれぞれの文字列がthermo_stateメソッドの戻り値として設定されます。

実際にメソッドを実行すると、戻り値が確認できます。

```
$ irb

> require "./t_sensor.rb"
=> true

> t = TSensor.new
=> #<TSensor:0x000055e033a5cad0>
```

2.4　基本的なRuby文法3：ロジックの組み立て

```
> t.thermo_state(20)
=> "まだぬるい"

> t.thermo_state(80)
=> "もう少しで沸騰する"
```

今度は、nilではなく、「"まだぬるい"」「"もう少しで沸騰する"」といった文字列が返ってきていますね。TSensorクラスがインスタンス化され、thermo_stateメソッドが実行されたときの戻り値がそれぞれ「"まだぬるい"」「"もう少しで沸騰する"」だからです。

一般的には、戻り値は処理の中（出口）で「return 値」として記述するのですが、Rubyのメソッドでは、通常このreturnを使わずに、処理の最後で設定した値や変数の値を戻り値として返します。

他の言語では空の状態を「null」という単語で表現することが多いのですが、Rubyでは**nil**という単語を使用します。なお、nullもnilも、英単語としては同じ意味を持ちます。

分岐の条件処理を組み合わせた場合の「戻り値」の注意点

分岐処理の組み立て方で、処理の最終結果の値を表す戻り値が異なる場合があります。その違いと理由についても学んでおきましょう。

次の要件に基づくRubyで記述したメソッドの例について検証してみましょう。

- 要件：引数に1が指定された時は「赤」、2が指定された時は「緑」、それ以外が指定された時は「青」を返すsignalメソッドを作成します（リスト2.6）。

▶リスト2.6　workspace/signal1.rb

```ruby
# signalメソッドを次のように作成（atrは引数）
def signal(atr)
  if atr == 1
    status = '赤'
  elsif atr == 2
    status = '緑'
  else
    status = '青'
  end
end

# signalメソッドを1、2、3の場合で実行させ、結果を表示する
puts signal(1)
puts signal(2)
puts signal(3)
```

2.4.4　戻り値

これをRubyとして実行させた結果は、次のようになります。

```
$ ruby signal1.rb
赤
緑
青
```

　Rubyは、最後にセットされた値をメソッドの戻り値（結果）として返すため、このような場合、statusの値を特に指定しなくても値を返してくれます。

　では、リスト2.7のように記述した場合はどうでしょう。最初にstatusに青の値を入れて、引数が1の場合は赤に、2の場合は緑に変えるようにしています。1でも2でもない場合の処理はないため、その場合、statusには青が入っていることになります。

▶リスト2.7　workspace/signal2.rb

```ruby
# signalメソッドを次のように作成
def signal(atr)
  status = '青'
  if atr == 1
    status = '赤'
  end
  if atr == 2
    status = '緑'
  end
end

# signalメソッドを1、2、3の場合で実行させ、結果を表示する
puts signal(1)
puts signal(2)
puts signal(3)
```

　しかし、リスト2.7の実行結果は、次のように「緑」だけが表示されます。

```
$ ruby signal2.rb
（表示されない）
緑
（表示されない）
```

　つまり、引数が2の場合しか、statusの値が返されていません。これは、if〜endの条件処理が1つの完結した処理として扱われていることに理由があります。signalメソッドにおいて、最後の処理は2つ目のif〜end内の処理であり、この処理の最後にセットされる値がメソッドの戻り値になります。2の場合は'緑'がセットされたstatusが戻り値となります。つまり、実際の値としては'緑'が戻り値

2.4　基本的なRuby文法3：ロジックの組み立て

になります。しかし、2以外の場合は何もセットされないため、戻り値がnil（何もない）になってしまうのです（図2.18）。

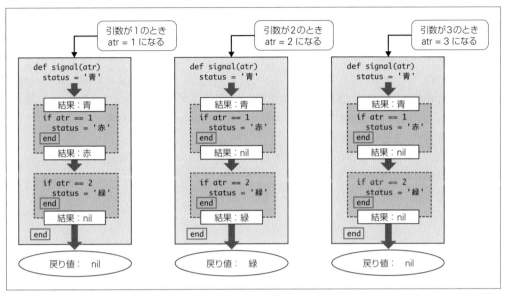

❖図2.18　処理のかたまりと戻り値

そこで、リスト2.8のようにstatusの内容を最後にセットすることで、この時点でセットされているstatusの値が戻り値となります。

▶リスト2.8　workspace/signal2.rb

```ruby
# signalメソッドを次のように作成
def signal(atr)
  status = '青'
  if atr == 1
    status = '赤'
  end
  if atr == 2
    status = '緑'
  end
  status
end

# signalメソッドを1、2、3の場合で実行させ、結果を表示する
puts signal(1)
puts signal(2)
puts signal(3)
```

この結果、signal2.rbの戻り値は、signal1.rbの場合と同じ値になります。

if～endで完結する条件は、1つの処理の単位になると考えておきましょう。if～endの単位で戻り値が評価されていくため、戻り値として返したい変数は、最後に明示する必要があります。

2.4.5 ブロック処理

ブロックとは、メソッドを実行する際に、メソッドから渡される変数と一緒に処理を行う、一連のロジックの「かたまり」です。メソッドから渡される変数を「ブロック変数」と呼びます。つまり、1つのメソッドの実施に伴う一連の処理をブロック変数に基づいて、1つの処理のかたまり（ブロック）として実行することができます。

ブロックは、「do～end」または、「｜～｜」の形式で一まとまりのロジックの範囲を表現します。ブロック変数は、変数名をdata（任意の名前）とすると、|data|のように「｜」で囲んで、ブロックの最初に配置します。ブロックの中では、メソッドから渡されるデータ要素をブロック変数を通して取り込みます。

構文 ブロック処理の形式

```
オブジェクト.メソッド do |ブロック変数|　ブロック処理の内容 end
    または
オブジェクト.メソッド { |ブロック変数|　ブロック処理の内容 }
```

前述したeachメソッドを使用した繰り返し処理は、ブロック処理の典型的な例です。

　　a.each do|d| puts d end

をもとに、ブロック処理のイメージを図2.19に示します。

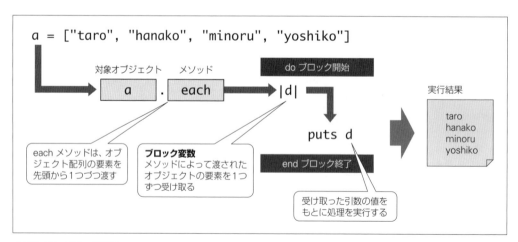

❖図2.19　ブロック処理

先ほど述べたように、ブロック変数は||で囲んで記述します。また、ブロック全体の記述は、

- ||で囲んで記述する
- do～endで挟んで記述する

という2つの方法がありますが、それらはまったく同じ意味になります。つまり、上記の例の場合、次の2つの例のいずれの形でも記述できます。

```
a.each {|d| puts d }

a.each do |d|
  puts d
end
```

　一般的には、ブロック内が複数行の処理にわたり複雑になる場合は、do～endで縦に並べて記述することで、より見やすいものになります。

2.5 ： Rubyでオブジェクトを活用する

　前節までで、オブジェクトの基本について学んできました。
　Rubyは、オブジェクト指向を完全に実現した言語と言われます。その理由は、Ruby言語で扱う対象はすべて、オブジェクトとして扱われるためです。Rubyでは、数値や文字列もインスタンス化されたオブジェクトとして扱われます。数値や文字列もオブジェクトである限り、メソッドを持った「特定の目的を果たす実体」でなければなりません。数値や文字列がインスタンス化されたオブジェクトであるという事実について、いくつかの例を使って確かめてみましょう。

2.5.1　Rubyでは「すべてがオブジェクト」

　Rubyでは、すべてがオブジェクトとして扱われます。そのため、数値・文字列・変数などRubyで取り扱う対象は、すべてインスタンス化されたオブジェクトとして動作します。したがって、数値・文字列・変数・配列・ハッシュは、インスタンス化の元になるクラスオブジェクトがあり、それぞれのクラスで用意されているメソッドを持っていることを意味します。

オブジェクトであることを確認する

　インスタンス化されたオブジェクトの元のクラスは、インスタンスの持つ**class**というメソッドを使用して確認することができます。
　さまざまな変数について、元となるクラスを図2.20に示します。

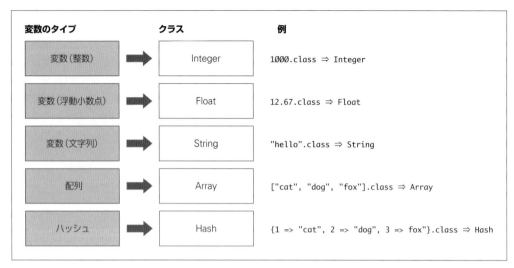

❖図2.20　オブジェクトの元のクラス

　また、Rubyには、インスタンス自身が持っているメソッドを見るための、特別なメソッド **methods** があります。それでは実際に、「一見、インスタンスとは考えづらい」例である数値や文字列に対し、このメソッドを実行してみます。

　例えば、120という数値がどのようなメソッドを持っているかを確認してみましょう。そのために、irbを開き、「120.methods」と打ち込みます。すると次のように、120というインスタンスが持つメソッドが、それぞれのシンボル名（「:」＋名前）で表示されます。

```
> 120.methods
=> [:%, :&, :*, :+, :-, :/, :<, :>, :^, :|, :~, :-@, :**, :<=>, :<<, :>>,
:<=, :>=, :==, :===, :[], :inspect, :size, :succ, :to_int, :to_s, :to_i,
:to_f, :next, :div, :upto, :chr, :ord, :coerce, :divmod, :fdiv, :modulo,
:remainder, :abs, :magnitude, :integer?, :floor, :ceil, :round, :truncate,
:odd?, :even?, :downto, :times, :pred, :bit_length, :digits, :to_r,
:numerator, :denominator, :rationalize, :gcd, :lcm, :gcdlcm, :+@, :eql?,
:singleton_method_added, :i, :real?, :zero?, :nonzero?, :finite?,
:infinite?, :step, :positive?, :negative?, :quo, :arg, :rectangular,
:rect, :polar, :real, :imaginary, :imag, :abs2, :angle, :phase,
:conjugate, :conj, :to_c, :between?, :clamp, :instance_of?, :kind_of?,
:is_a?, :tap, :public_send, :remove_instance_variable,
:instance_variable_set, :method, :public_method, :singleton_method,
:extend, :define_singleton_method, :to_enum, :enum_for, :=~, :!~,
:respond_to?, :freeze, :object_id, :send, :display, :nil?, :hash,
:class, :singleton_class, :clone, :dup, :itself, :taint, :tainted?,
:untaint, :untrust, :untrusted?, :trust, :frozen?, :methods,
:singleton_methods, :protected_methods, :private_methods, :public_methods,
```

```
:instance_variable_get, :instance_variables, :instance_variable_defined?,
:!, :!=, :__send__, :equal?, :instance_eval, :instance_exec, :__id__]
```

「`:+`」「`:-`」「`:/`」「`:*`」は、先頭の`:`を取ると「`+`」「`-`」「`/`」「`*`」という足し算・引き算・割り算・掛け算のメソッド名になります。その他にも、数字として備えていると便利なメソッドがたくさん見つかりますね。

同様に、文字列についても見てみましょう。次に、`"おはよう"`という文字列がどのようなメソッドを持っているかを示します。そのためには、「`"おはよう".methods`」と打ち込めば良いのですが、ここでは

- アルファベット順に並べる：`sort`メソッドを付加する
- 一覧のように改行付けで見やすくする：「`puts "おはよう".methods.sort`」

というように、一工夫しています。また、紙面の都合上、結果の一部のみを記載しています。

```
> puts "おはよう".methods.sort
!
!=
!~
%
*
+
……………（省略）……………
delete
delete!
display
downcase
downcase!
dump
dup
……………（省略）……………
untrusted?
upcase
upcase!
upto
valid_encoding?
=> nil
```

結果を見ると、upcase/downcaseというメソッドが見つかります。このメソッドは、アルファベットを大文字・小文字にするというメソッドです。もちろん日本語はこれらの処理の対象外なので、アルファベットを使って早速試してみましょう。

2.5.1　Rubyでは「すべてがオブジェクト」

```
> "hello World !!".upcase
=> "HELLO WORLD !!"

> "GOOD MORNING".downcase
=> "good morning"
```

このメソッドを使うと、「大文字小文字が混在するメールアドレスを小文字に統一する」などの処理を簡単に行うことができます。その例を次に示します。

```
> "aBc@Example.COM".downcase
=> "abc@example.com"

> "ABC@example.com".downcase
=> "abc@example.com"
```

また先述のとおり、classというメソッドを使うと、それらオブジェクトの型となるクラスが何であるかを確認できます。ここで改めて、数値と文字列それぞれのクラスを実際に確認してみましょう。

```
> 120.class
=> Integer

> 'Hello World'.class
=> String
```

いかがでしょうか。120という数値インスタンスのクラスはInteger、"Hello World"という文字列インスタンスのクラスはStringということがわかりましたね。

2.5.2 オブジェクトの継承

ここまで、「Rubyでは、数値や文字列にいたるまで、すべてのものがオブジェクトである」ことを確認してきました。また、オブジェクトにはその型となるクラスがあり、そのクラスから、実体であるインスタンスが作られることは先に学んだとおりです。

実は、これらのクラスのほとんどは、単独で存在するものではありません。クラスにはその親となるクラスがあり、親から子へとクラスの特性が継承されています。ここで言う特性とは、言い換えれば「メソッドや定数などの固有の性質」となります。これらメソッドなどの特性は、親から継承されたものと、継承されたクラスで新しく追加されたものとに分けて考えることができます。

あるクラスがどの親クラスを継承して作られたかを見るには、**superclass**というメソッドを利用します。一例として、ここでも数値と文字列のクラスについて、親クラスを確認し、さらにその親クラス、そのまた親クラスとさかのぼって見てみましょう。

まずは数値の場合を示します。

70   2.5 Rubyでオブジェクトを活用する

```
> Integer.superclass
=> Numeric

> Numeric.superclass
=> Object

> Object.superclass
=> BasicObject

> BasicObject.superclass
=> nil
```

次に文字列の場合を示します。

```
i> String.superclass
=> Object
```

……以下略……

　文字列の場合におけるObjectより先の項目は、数値の場合とまったく同じです。つまり、数字や文字列は、共通の親クラスであるObjectクラスから枝分かれした継承関係になっているというわけです。図2.21は、数値や文字列の継承関係を表しています。

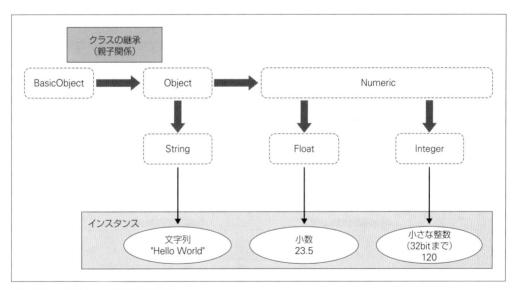

❖図2.21　数値や文字列の継承関係

2.5.2　オブジェクトの継承

また、子であるクラスに共通するメソッドや特性は親クラスで設定されており、それらのメソッドや特性が、子であるクラスへ引き継がれています。つまり、共通なメソッドや特性を継承元の親クラスで無駄なく管理することができるのです。こういった親子関係を「**クラスの継承**」と呼びます。

継承の例

それでは、簡単な例を使って、クラスの継承を具体的に見てみましょう。

まずはuseとspeakという2つのメソッドを持つ、Personクラスを用意します（リスト2.9）。

▶リスト2.9　Personクラス

```
class Person
  def use
    puts "道具を使う"
  end
  def speak
    puts "言葉を話す"
  end
end
```

クラスの継承は、「<」記号を使用して記述します。リスト2.10では、Japanese（日本人）というクラスが、親であるPerson（人）というクラスを継承しています。

▶リスト2.10　Japaneseクラスの定義

```
class Japanese < Person
end
```

ただ、これでは特にメソッドなどを定義していないため、PersonクラスとJapaneseクラスはクラス名が違うだけで、何も変わりありません（図2.22）。

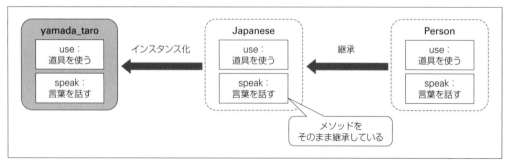

❖図2.22　ただ継承しただけのクラス

メソッドのオーバーライド（上書き継承）

　Japaneseクラスではuse/speakメソッドを定義していませんが、継承により、Personクラスで定義されたものがJapaneseクラスの中に組み込まれています。そのため、Personクラスから継承されたuse/speakメソッドをJapaneseクラスのインスタンスから呼び出すと、Personクラスで定義したとおりの動作を行います。

　しかし、一般的に日本人は日本語を話すと考えられるため、Japaneseインスタンスのspeakメソッドでは"日本語を話す"と表示してあげたいですね。親クラスから継承されたメソッドは、親が持つメソッドと同じ処理を行いますが、

- メソッドに新しく何かを追加したい
- メソッドの一部を変更したい

などの場合、同じ名前のメソッドを上書きして変更することが可能です。このことを**オーバーライド**（上書き継承）と言います。

　Personクラスを継承したJapaneseクラスでも、"日本語を話す"と表示するようにspeakメソッドをオーバーライドしてみましょう（図2.23）。

```
class Japanese < Person
  def speak
    puts "日本語を話す"
  end
end
```

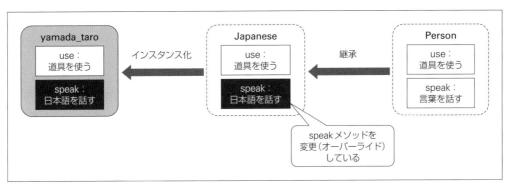

❖図2.23　メソッドをオーバーライド

　それでは実際に、Japaneseクラスをインスタンス化し、各メソッドを呼び出してみましょう。今回はすべてirbで操作してみることにします。次のように、yamada_taroとしてインスタンス化されたJapaneseクラスのオブジェクトは、speak/useメソッドのどちらも実行できます。もちろん、speakメソッドは、オーバライドされた新しい内容に置き換えられて実行されています。

```
> class Person
>   def use
>     puts "道具を使う"
>   end
>   def speak
>     puts "言葉を話す"
>   end
> end
=> :speak

> class Japanese < Person
>   def speak
>     puts "日本語を話す"
>   end
> end
=> :speak

> yamada_taro = Japanese.new
=> #<Japanese:0x005592099639d0>

> yamada_taro.speak
日本語を話す
=> nil

> yamada_taro.use
道具を使う
=> nil
```

　ちなみに、オーバーライドしたメソッドの中では、**super**というメソッドを使うことで、親のメソッドの処理をそのまま実行することもできます。例えば、Japaneseクラスを次のようにした場合speakメソッドはPersonのspeakメソッドを実行し（"言葉を話す"と表示する）、続けて"日本語を話す"と表示します。

```
class Japanese < Person
  def speak
    super
    puts "日本語を話す"
  end
end
```

　irbで確かめてみましょう。

```
> class Japanese < Person
>   def speak
>     super
>     puts "日本語を話す"
>   end
> end
=> :speak

> yamada_taro = Japanese.new
=> #<Japanese:0x005592098aee40>

> yamada_taro.speak
言葉を話す
日本語を話す
=> nil
```

> *note* オブジェクト指向では、カプセル化と継承の他にも、ポリモーフィズム（多態性・多様性）とい
> う考え方があります。
> メソッドのオーバーライドを使うと、同じメソッドを呼び出しても、オブジェクトによって異
> なった処理が行われます。このように、同じメソッドに対して異なった振る舞いを持たせること
> をポリモーフィズムといいます。
> また、メソッドのオーバーライドを伴う継承関係以外にも、1つのクラスから異なる固有値を持
> つ複数のインスタンスを生成できる仕組みも、一種のポリモーフィズムであるといえます。

2.5.3 インスタンスへの初期値のセット

インスタンス化する時、インスタンスの固有値を初期値として設定することができます。

そのためには、特別に用意された初期化のための**initialize**メソッドを使用します。initializeメソッドは、クラスがインスタンス化される時に最初に必ず実行されるメソッドです。

例として、人間クラス「Human」を作成して、このHumanオブジェクトをインスタンス化して、「山田太郎」という名前を持つインスタンスや「田中和香子」といった名前を持つインスタンスを作ってみましょう。

Humanクラスをリスト2.11のように定義します。initializeメソッドには引数が指定されています。引数名は任意ですが、ここではp_nameとしています。initializeメソッドが実行されると、p_nameで受け取る引数の値が、@nameにセットされます。

▶リスト2.11　workspace/human.rb

```
class Human
  def initialize(p_name)
    @name = p_name
  end
end
```

インスタンス化する場合には、これまでと同じくnewというクラスメソッドを使いますが、initializeメソッドを定義して引数を指定すると、newメソッドに引数が指定できるようになり、newの引数を通して、initializeメソッドの引数に値を渡すことができます（図2.24）。この結果、生成されたインスタンス変数@nameには、引数で指定した「山田太郎」という名前がセットされることになります。メソッド定義時に引数を設定した場合は、必ず引数を指定して呼び出す必要があります。

> note　定義時に「引数名=nil」のようにデフォルト値を与えることで、呼び出し時に引数の指定を省略することができます。

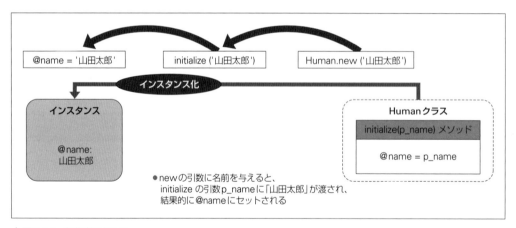

❖図2.24　初期値を与える

ここで、以前に考えた名前を取り出すメソッド（name）と組み合わせると、インスタンス時に指定された名前をいつでも取り出せるようにできます。

例として、Humanクラスをリスト2.12のように変更してみましょう。インスタンス変数@nameには初期化時に値がセットされるので、nameメソッドの戻り値には@nameを指定することになります。

▶リスト2.12　workspace/human.rb

```ruby
class Human
  def initialize(p_name)
    @name = p_name
  end
  def name
    @name
  end
end


taro = Human.new("山田太郎")
puts taro.name
```

実行結果は次のようになります。

```
$ ruby human.rb
山田太郎
```

複数の初期値を設定したい場合は、initializeメソッドの引数を複数用意し、initializeメソッドの中では複数の値をセットするようにすることで実現できます。

2.5.4　異なるインスタンス間の情報のやり取り

1つのインスタンス（インスタンス化されたオブジェクト）が、他のインスタンスの持っている情報を取得したい場合は、どのようにしたら良いでしょうか？

例えば、次の図のように前述の「Human」クラスのインスタンスで与えられた名前を、他のインスタンスが知りたい場合を考えます。すでに説明したように初期化されたインスタンス変数を取り出すメソッドが用意されていれば可能です。そうであれば、もっとスマートな記述方法があっても良いはずです。

ここではよりスマートに、Rubyの機能である、**attr_accessor**というメソッドを使用する方法を紹介します。attr_accessorは、インスタンス変数名から@を除いた名前のインスタンスメソッドで、インスタンス変数の内容を参照できるようにするためのメソッドです。つまり、@nameというインスタンス変数の内容は、attr_accessorを使用するとnameメソッドとして取得できるようになります。

例として、先ほどのHumanクラスからインスタンス化されたtanaka（@nameに田中一郎を持つ）と、同じHumanクラスからインスタンス化されたyamada（@nameに山田太郎を持つ）の間で相互に名前を参照する例を考えてみましょう（図2.25）。

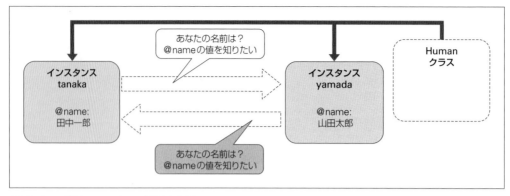

❖図2.25　相互にインスタンス変数を参照する

　attr_accessorを使用して、@nameに保持されている名前を取得するためのnameメソッドをHumanクラスに定義します（リスト2.13）。ここでは、作業ディレクトリとしてworkspaceの下にpartnerディレクトリを作成し、そこにhuman.rbを作成しています。

▶リスト2.13　workspace/partner/human.rb

```
class Human
  attr_accessor :name

  def initialize(p_name)
    @name = p_name
  end
end
```

　「attr_accessor :name」という一文だけで、initializeメソッドで初期化される@nameの値をnameメソッドで取得できるようになります。そのため先ほどの例では、tanakaインスタンスのメソッドの中でyamada.nameと記述することで、yamadaインスタンスが持つ@nameの値「山田太郎」を受け取ることができます。

> note　attr_accessorの利用例、
>
> ```
> class Human
>   attr_accessor :name
> end
> ```
>
> は、以下のコードを簡略化したものと考えることができます。

```
class Human
  def name=(arg)        # 名前の設定に使用するメソッド
    @name = arg
  end
  def name              # 名前の取得に使用するメソッド
    @name
  end
end
```

どちらも、次のようにname=(arg)メソッドを使用して、@nameに値を設定できます。また、nameメソッドを使用することで、設定された@nameの値を取り出すことができます。

```
> taro = Human.new
=> #<Human:0x000055d6a180b9c0>

> taro.name = "山田太郎"
=> "山田太郎"

> taro.name
=> "山田太郎"
```

もう1つ、attr_accessorの利用例として、握手メソッドhandshakeを作成し、おのおのが相手と握手したことを「誰と握手をしたかを示す」メッセージで出力するようにしましょう（図2.26）。そのために、あらかじめHumanクラスの中に握手（handshake）メソッドを定義し、引数で握手する相手のインスタンスを渡せるようにします。

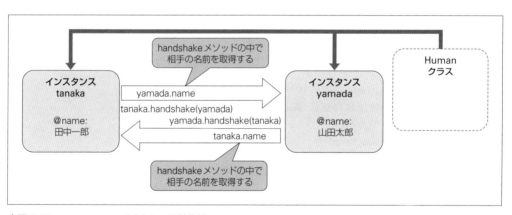

❖図2.26　attr_accessorのもう1つの利用例

2.5.4　異なるインスタンス間の情報のやり取り

リスト2.14のように、handshakeメソッドに渡されるインスタンスとnameメソッドを使用して、メッセージ「"#{name}は、#{other_person.name}さんと握手しました！！"」を組み立てます。自分自身の名前は、自分自身を表すselfオブジェクトを使ってself.nameとして、またはnameだけでも呼び出すことができます。

▶リスト2.14　workspace/partner/human.rb

```
class Human
  attr_accessor :name

  def initialize(aaa)
    @name = aaa
  end

  def handshake(other_person)
    puts "#{name}は、#{other_person.name}さんと握手しました！！"
  end
end
```

これを利用して、irbを起動して、次のように「yamada.handshake(tanaka)」または「tanaka.handshake(yamada)」として相互のインスタンスでhandshakeメソッドを実行させます。ただし、先にhuman.rbをrequireして、事前に作成したHumanクラスを組み込んでおく必要があります。

```
$ irb

> require './human.rb'
=> true

> yamada = Human.new("山田太郎")
=> #<Human:0x0056144446fe20 @name="山田太郎">

> tanaka = Human.new("田中一郎")
=> #<Human:0x0056144444a850 @name="田中一郎">

> yamada.handshake(tanaka)
山田太郎は、田中一郎さんと握手しました！！
=> nil

> tanaka.handshake(yamada)
田中一郎は、山田太郎さんと握手しました！！
=> nil
```

80　2.5　Rubyでオブジェクトを活用する

attr_accessorを利用すればこのように、インスタンス間の情報の取得がスマートに実現できます。

　以上で、Ruby言語の特徴であるオブジェクト指向と、基本的な使い方について最低限の理解はできたはずです。ここまでの内容で、Rubyファイルやirbを使用してRubyコードの記述を検証できるようになっていれば、今後の学習に大いに役立ちます。

　以降の章ではいよいよ、Railsの解説が始まります。Ruby言語についてのこれ以上の文法や使用方法は、必要のない限り言及しません。文法や使用方法について詳しく知りたい方は、『改訂2版 パーフェクトRuby』（Rubyサポーターズ 著、2017年5月、技術評論社刊）などのRubyの専門書籍やRubyのリファレンスマニュアル（https://docs.ruby-lang.org/ja/）を参照してください。

☑ この章の理解度チェック

以下、必要に応じてrubyファイルを作成するか、irbを利用して検証してください。

1. 変数について説明してください。特に、インスタンス変数とローカル変数の違いを具体的に説明してください。

2. 文字列と変数の違い、文字列の表現方法について説明してください。

3. 配列とハッシュの違い、それぞれの記述方法について説明してください。

4. 次のような一連のキーと値を持つグループ情報について、ハッシュを作成し、ハッシュ内容を表示してみてください。

キー	日本	USA	UK	フランス	中国
値	東京	ワシントン	ロンドン	パリ	北京

5. 4.で作成したハッシュを拡張して、次のような入れ子状態のハッシュを作成し、表示してみてください。

第1キー	アジア		北米	ヨーロッパ	
第2キー	日本	中国	USA	UK	フランス
値	東京	北京	ワシントン	ロンドン	パリ

そのうえで、このハッシュから「ロンドン」および「ワシントン」を取得する記述を行い、正しく取得できることを確認してください。

6. ロジックを構成する3つの基本パターンを挙げ、それぞれをどのようにRubyで記述するかを説明してください。

7. インスタンスに固有の値を与える方法について説明し、具体的に例を示してください。

8. 2つの値を与えた時に合計する計算機を作成してください。なお、計算機のクラス名は「Adder」とし、合計を出力するメソッドは「total」とします。引数が2つ必要であることに注意してください。
また、2つの値を与えた時に、正しく計算された結果が表示されることを確認してください。

9. 8.で作成したAdderを継承したクラスとして、さらに進化した計算機「Calculator」を作りましょう。2つの値に対して、合計だけでなく、差額を表示する機能を追加してください。そのためのメソッドを「difference」としてください。また、実際にRubyで検証してください。

Chapter 3

Railsの起動と簡単な
アプリケーションの構築

この章の内容

3.1 Railsフレームワークの実装とRailsの起動
3.2 簡単なRailsアプリケーションを構築する
3.3 Scaffoldを使ったアプリケーションの作成

3.1 ：Railsフレームワークの実装と Railsの起動

それではいよいよ、本章からは、Railsフレームワークについて見ていきましょう。

本節ではまず、Railsアプリケーションを構築していくうえでのフレームワークの実装、Railsの起動の仕方について説明します。

3.1.1　Railsフレームワークの生成

Railsを起動するためには、最初にRailsの基本となるアプリケーションのフレームワークを作成する必要があります。まず、開発用の作業用ディレクトリ（フォルダー）を決めて、そのディレクトリ上で作成したいアプリケーションの名前を指定して次のコマンドを実行します。

```
$ rails new アプリケーション名
```

すでに皆さんは、仮想サーバー上にworkspaceというディレクトリを設定していますので、そこにRailsのアプリケーションを作成していきましょう。アプリケーションは通常データベースを使用しますが、データベースは本来アプリケーションとは別に構築しなければなりません。しかしRailsは、データベースをRails側から作る機能を持っており、ルールに従えば、簡単にその環境を生成してくれます。

特に何も指定しない場合、RailsはSQLite3を既定のデータベース（デフォルトのデータベース）と見なして構築します。もし、SQLite3ではなく、他のデータベース（PostgreSQLなど）を使用したい場合は、オプションでそれを指定できます。オプションは、データベース以外にもいくつかあり、Railsのバージョンなども指定できます。

Railsで使う各種コマンドについての詳しい説明は、後ほど「4.3 railsコマンド」で解説しますが、これらのコマンドを実行してアプリケーションを生成すると、作業ディレクトリ（ここではworkspace）の中に、アプリケーション名に相当するディレクトリ（Windows側のエクスプローラーからはフォルダーとして見えます）が作成され、その中にRailsのフレームワークとなる、図3.1のようなディレクトリ構成を持つ一連の内容が生成されます。

この一連のディレクトリ構成とその内容が今回のアプリケーションのフレームワークであり、まだ何も手を加えていない基本の初期アプリケーションです。このフレームワークに修正を追加することで、独自のアプリケーションを構築していくことになります（図3.2）。

84　3.1　Railsフレームワークの実装とRailsの起動

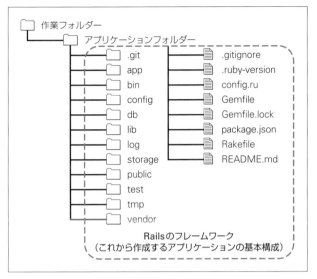

❖図3.1　Railsアプリケーションの基本的な構成（フレームワーク）

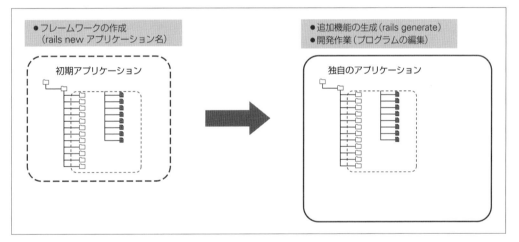

❖図3.2　Railsアプリケーション開発の作業イメージ

　先述したとおり、ここで生成されるフレームワークは、デフォルトのルールに基づいて生成されます。そうして、Railsのバージョンは現時点で最新のものが採用され、データベースにはSQLite3が選択されます。

> *note* 特定のRailsのバージョンを指定して、データベースをSQLite3以外にする場合は、railsコマンドに対し、次のようにバージョン名や、データベースオプション（-dオプション）を使用してデータベースの種類を指定する必要があります。

3.1.1　Railsフレームワークの生成

```
$ rails _バージョン_ new アプリケーション名 -d データベースの種類
```

例えば、Railsバージョンを5.1.6に固定して、データベースとしてPostgreSQLを使用し、Libraryというアプリケーションを作成したい場合は、次のようにオプションを指定します。ただし、PostgreSQLを使用する場合は、「1.5.8　RubyおよびRailsのインストールと開発環境の作成」で解説した手順でPostgreSQLをインストールする必要があります。

```
$ rails _5.1.6_ new Library -d postgresql
```

以上のようにして、実装したいバージョンやデータベースの種類などを指定し、基本となるアプリケーションフレームワークを作成することで、Railsアプリケーションを開発していくことができます。

Library（図書館）アプリケーションの生成例

それでは、workspaceディレクトリ上で実際に「Library（図書館）」という名前のRailsアプリケーションを開発していきましょう。次に示す簡単なコマンドで、アプリケーションのフレームワークが生成されます。このコマンドを実行すると、フレームワークの生成後、bundle installが自動で走ります。bundle installは、フレームワークに必要な、さまざまなライブラリ（パッケージソフト）を矛盾なく結合する作業と考えておくと良いでしょう。

```
$ rails new Library
```

このコマンドを実行すると、指定したアプリケーション名に相当するディレクトリ（アプリケーションディレクトリ）が生成されます。cdコマンドで作業場所をそのディレクトリへ変更し、以降そこで、さまざまな開発作業を行っていきます。今回の場合は、Libraryというディレクトリが生成されるので、実際に確認してみてください。

bundle installは、-Bオプションを付加して生成しない限り、自動的に最初に実行されます。ただし、新しいGemパッケージを追加した場合などは、Railsを起動する前に必ず、アプリケーションディレクトリでbundle installを実行する必要があります。アプリケーションの作成時も、アプリケーションディレクトリに移動後、一度bundle installを実行して、エラーがないかどうか改めて確認することをおすすめします。エラーがある場合は、Railsの起動ができません。

3.1.2　Railsの起動

生成したアプリケーションは、まだ何も手を加えていない、初期フレームワークのままのアプリケーションです。このアプリケーションは次のように起動することができます。

```
$ rails server
```

あるいは、serverの省略形（s）を使用して、次のようにすることもできます。

```
$ rails s
```

起動するとコンソール上に次のようなメッセージが表示されます。このメッセージで正常に起動されたことが確認できます。ただし、バージョンによって一部表示が異なるかもしれません。

```
$ rails s
=> Booting Puma
=> Rails 5.2.2 application starting in development
=> Run `rails server -h` for more startup options
Puma starting in single mode...
* Version 3.12.0 (ruby 2.6.0-p0), codename: Llamas in Pajamas
* Min threads: 5, max threads: 5
* Environment: development
* Listening on tcp://0.0.0.0:3000
Use Ctrl-C to stop
```

最後に表示されている「Use Ctrl-C to stop」は、「Railsサーバーを終了させる場合、Ctrlキーと Cキーを同時に押しなさい」という意味です。

この起動された状態でブラウザーを立ち上げ、http://localhost:4000 に接続します。すると、図3.3のようなRailsのデフォルト画面が表示され、正常に接続されたことが確認できます。

❖図3.3　Railsのデフォルト画面

note ただし、起動時に「* Listening on tcp://0.0.0.0:3000」ではなく、「* Listening on tcp://localhost:3000」のように表示されてしまう場合は、ブラウザーからの接続ができません。
その際は、次のように、コマンドに「-b 0.0.0.0」を付加してRailsサーバーを立ち上げてください。

```
$ rails s -b 0.0.0.0
```

note Railsの起動で接続ができない場合、接続できてもSQLite3やActive Recordに関するエラーが起こることがあります。特に、データベースとしてデフォルトのSQLite3を使用する場合、本書の執筆時点の最新バージョン（1.4.1など）においては以下のように注意が必要です。
Railsのインストールに合わせて、最新バージョンのSQLite3のGemパッケージがインストールされますが、

```
…… Error loading the 'sqlite3' Active Record adapter. Missing a gem
it depends on? ……
```

のようなエラーが表示される場合、バージョンミスマッチが発生しており、次の対応が必要になります。
Gemfile（今回の例ではLibrary/Gemfile）をエディターで開いて、

```
gem 'sqlite3'
```

の部分を

```
gem 'sqlite3', '1.4.0'
```

のように、1つ前のバージョンに固定して保存したうえで、bundle installを実行しましょう。すると、指定されたバージョンが1.4.0に変わり、問題が解決します。
SQLite3をデータベースとする新しいアプリケーションを生成した場合は、この問題に注意してください。なお、PostgreSQLでは、現時点でこのような問題はありません。

ここで、接続先がlocalhost:4000となるのは、仮想サーバーの立ち上げに使用するVagrantfileで、次のように、Railsサーバー標準のポート番号3000に対し、ローカルホストのポート番号を4000に割り当てたためです。

```
config.vm.network "forwarded_port", guest: 3000, host: 4000
```

ここまでの作業が正常に実行できれば、本格的にRailsアプリケーションを構築する作業に入ることができます。

練習問題 3.1

1. 本節の内容に従って、自分の好きなアプリケーション名（例えば、Album）で初期のRailsアプリケーション（フレームワークのみ）を作成してみましょう。データベース、バージョンはデフォルトでかまいません。
2. ブラウザーを立ち上げ、正常に起動できていることを確認してください。

3.2 簡単なRailsアプリケーションを構築する

　Railsのアプリケーションを構築していくうえで、Railsの概要を理解しておくことは非常に重要です。ただ、Railsの理解は次章以降にゆずり、本章では、Railsアプリケーションの概要を（理解ではなく）体感するため、Railsの用意している便利な機能を利用しながら簡単なアプリケーションを作成してみましょう。

note　すでに記載したRuby言語の動作も含め、自身でいろいろな機能を作成しながら検証していくことは、本書を読み進めて理解をするうえで大いに役立ちます。本章の内容に従い、常に内容を実環境で確認しながら進めてください。

　それでは、作業フォルダー（workspace）上で、改めて新しいRailsアプリケーションを構築してみましょう。最初に、どのアプリケーション言語でもトライする「Hello World」機能を作成してみます。

3.2.1　Webアプリケーションとは

　Webアプリケーションとは、クライアントのブラウザーからの**リクエスト**（要求）を、ネットワーク（一般的にはインターネット）を介してWebサーバーが受け取り、そのリクエストに応えるための**レスポンス**（返答）をクライアントへ返すことで成り立つ仕組みです。Webアプリケーションの動作は、原則として1回の**HTTPリクエスト**（HTTP通信を利用した要求）に対して、1回の**HTTPレスポンス**（HTTP通信を利用した返答）を返すことで完結します。

　ここでは、極めてシンプルなWebアプリケーションとして、Webサーバーがクライアントからリクエストを受けると「Hello World」というメッセージを返信する、という仕組みを考えます（図3.4）。

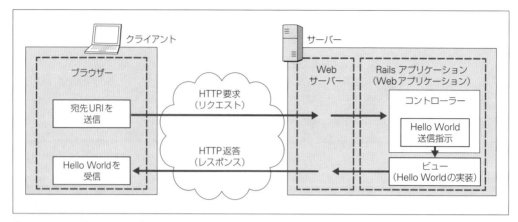

❖図3.4　シンプルなWebアプリケーション

　このように、Railsでは、クライアントからURI（URL＋該当リソース）宛てに発信されたHTTPリクエストを、Webサーバーを介してコントローラー（制御の役割を果たす機能）が受け取り、要求に対応するビュー（画面の情報）を生成し、Webサーバーを介してHTTPレスポンスを返します。コントローラーやビューは、すでに紹介したRailsの重要な柱の一つであるMVCモデルのうち、VとCに相当します。この機能を果たすためには、最低限、「Hello World」のメッセージを処理するためのコントローラーと、返答するビューを作成する必要があります。

　なお、図3.4で表記している「Webサーバー」（HTTPリクエスト・レスポンス仲介の仕組み）は、今後は簡略化のために省略し、HTTPリクエスト・レスポンスとRailsアプリケーションとの直接のやり取りに着目して表すことにします。

3.2.2　messageアプリケーションの生成

　それでは実際に、新たなアプリケーションを「message」という名前で生成しましょう。messageアプリケーションには、Hello Worldメッセージを処理するための「Greetings」という名前のコントローラーを作成します。このコントローラーのメソッド（アクション）によって、「Hello World」のメッセージ送信を実現するようにします。

　まず、messageアプリケーションを生成し、生成したmessageアプリケーションのディレクトリへ移動します。そのため、作業フォルダー（workspace）上で、次の2つのコマンドを実行します。

```
$ rails new message

$ cd message
```

　このアプリケーションディレクトリ（message）上で、新しい機能を追加するためにbundle installを実行します。

```
$ bundle install
```

　デフォルトでは、アプリケーションを生成したあと、自動でbundle installが実行されますが、ここで改めて、エラーがないかの確認の意味も込め、手動でbundle installを実行して確認しておきましょう。なお、bundle installは、gemパッケージのダウンロードも同時に行うので、インターネットを接続した状態で実行する必要があります。

　ここまではすでに学習してきた内容ですが、Railsは、他にもさまざまなアプリケーションを作っていくうえで便利な生成機能を用意しています。いちいちゼロからエディター（編集ツール）を使って作成するのではなく、Rails生成機能を使用して見本となるスケルトン（骨格）を用意し、それを修正していくというのが通常のやり方です。

　まずはGreetingsコントローラーを生成します。Greetingsコントローラーは、次のrailsコマンドで生成します。コマンドの中の「g」は、generatorの省略形です。

```
$ rails g controller greetings index
```

　コントローラー名（「greetings」の部分）には通常、小文字の英字複数形を指定します。また、アクション（「index」の部分）はコントローラーのメソッドに相当するものであり、複数指定することが可能です。

　ここでは、コントローラー名をgreetingsとし、そのメソッド名（アクション名：後述）をindexとしています。実際に実行した結果は次のようになります。

```
$ rails g controller greetings index
      create    app/controllers/greetings_controller.rb
       route    get 'greetings/index'
      invoke    erb
      create      app/views/greetings
      create      app/views/greetings/index.html.erb
……（省略）……
```

　この結果、アプリケーションディレクトリ内のapp/controllersディレクトリの中に、greetings_controller.rbという名前でGreetingsControllerクラスのファイルが生成されます。また、Greetingsコントローラーで指定されたindexという名前の**アクション**（コントローラーのインスタンスメソッド）がGreetingsControllerクラスの中に設定され、そのアクションによって呼ばれるビューテンプレートファイル（後述）であるindex.html.erbもviews/greetings下に生成されます。それに伴って、HTTPリクエストの宛先（URI）とGreetingsコントローラーのアクションを結び付けるルート（後述）もconfig/routes.rbというファイル（ルーター）に追加されます。

3.2.3　生成されたアプリケーション

コントローラー

　まずリスト3.1に、生成されたファイルのうち、コントローラーとなるgreetings_controller.rbの内

容を示します。

▶リスト3.1　コントローラー：app/controllers/greetings_controller.rb

```
class GreetingsController < ApplicationController
  def index
  end
end
```

　Greetingsコントローラーは、GreetingsControllerというクラス名で生成され、Application Controllerを継承しています（リスト3.1）。その中にはindexアクション（メソッド）が設定されていますが、何も記述されていません。**アクション**とは、コントローラークラスのインスタンスメソッドに相当しますが、コントローラーがHTTP要求（リクエスト）を取得して、その要求を処理するために使用されるメソッドです。

ビューテンプレート

　次に、ビューとなるindex.html.erbの内容を示します（リスト3.2）。

▶リスト3.2　ビュー：app/views/greetings/index.html.erb

```
<h1>Greetings#index</h1>
<p>Find me in app/views/greetings/index.html.erb</p>
```

　リスト3.2には、HTMLの<h1>タグと<p>タグのデフォルトのメッセージ内容が記述されています。この記述がされたファイル（拡張子：erb）を**ビューテンプレート**と呼び、画面を表現するビューのもとになる定義情報となります。ビューテンプレートは、省略して単に**テンプレート**とも呼びます。

　Webアプリケーションでは、HTMLという言語で記述された情報をもとにブラウザーで画面を表示しますが、Railsではそれら個々の画面をHTMLで直接記述する代わりに、ビューテンプレートという形式（拡張子：.html.erb）を使います。Railsは、この仕組みによって、通常HTML言語だけで記述する画面を、よりコンパクトに、よりスマートに実装できるようにしています。

ビューの詳細については、Chapter 10で解説します。

ルーター

　最後に、ルーターであるroutes.rbをリスト3.3に示します。

▶リスト3.3　ルーター：config/routes.rb

```
Rails.application.routes.draw do
  get "greetings/index"
end
```

　ルーターには、Greetingsコントローラーのindexアクションを呼び出すためのルートが記述されています。**ルート**とは、ブラウザーから要求されたHTTPリクエストをHTTPサーバーが受け取り、Railsのアプリケーションのどの処理に連携するか（どのアクションを実行するか）を決めるための機能です。

　リスト3.3では、ルートとして「get "greetings/index"」と記述されています。

　このうち「get」とは、HTTPメソッドの一つ、GETメソッドを示しています。HTTPメソッドについては次章で詳しく説明しますが、HTTPリクエストの要求目的を表しています。また、「"greetings/index"」は、宛先URIを示していますが、さらに「URIとコントローラーのアクションとのひも付けの指示」も含んでいます。

　実は、リスト3.3の記述は

```
get "greetings/index", "greetings#index"
```

のように記述されるところが省略されています。本来はこのように、URIに続けて、「"greetings#index"」のような「コントローラー#アクション」という記述を行うことで、URIとコントローラーのアクションをひも付けるのですが、リスト3.3では省略形として、URIとGreetingコントローラーのindexアクションとをひも付けています。

全体の構成

　messageアプリケーションの構成を図にすると、図3.5のようになります。

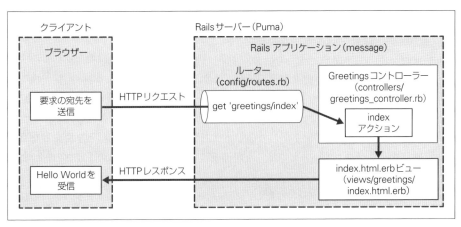

❖図3.5　messageアプリケーションの構成

note Railsは、ローカルな環境の中にクライアントとサーバー間でアプリケーションを実行できる仕組み（Railsサーバー）を用意してくれています。
本書では、開発環境として仮想サーバー（VirtualBox）を使用したVagrant環境を利用しているため、仮想サーバーの中でRailsサーバーが立ち上がることになります。

ここまでの操作で、Railsのコマンドによって、Greetingsというコントローラーが生成されました。また、コントローラーにindexと指定することで、indexアクション（メソッド）も生成されました。

3.2.4　ビューのカスタマイズ

先ほどコントローラーを生成した際に、indexアクションに対応してビューテンプレートindex.html.erbも生成されました。それではそのビューテンプレートを利用して「Hello World」と表示する画面を作りましょう。index.html.erbビューテンプレートをリスト3.4のように修正します。

▶リスト3.4　index.html.erb

```
<h1>Hello World</h1>
<p>ようこそわれわれの世界へ！！</p>
```

ここで、<h1>〜</h1>および<p>〜</p>は、それぞれHTMLのタグに相当します。<xxx>〜</xxx>のように、<タグ>で囲まれた部分に記述される内容が、おのおののタグの仕様に従って画面を表現します。<h1>タグはタイトルを表現するタグの一種であり、<p>タグはパラグラフ段落を意味し、末尾で改行を行います。

3.2.5　アプリケーションの立ち上げと実行確認

Railsでは、Railsアプリケーションを立ち上げることで、ローカルサーバーの接続を通して、すぐにクライアントのブラウザーとのやり取りを確認することができます。これは、Railsがローカルで使用できるRails標準のWebサーバー（Rails 5からはPuma）を備えているためです。一般的に、WebアプリケーションはWebサーバー（HTTPサーバー）を介して初めてクライアントのブラウザーとやり取りができるようになるのですが、外部のネットワークにWebサーバーを用意しなくてもローカルな環境でWebアプリケーションのテストが即座にできる点は、Railsの手軽さの一つといえます。

messageのアプリケーションフォルダーに移動し、Railsサーバー（Railsアプリケーション）の起動コマンドであるrails s（もしくはrails s -b 0.0.0.0）を実行して、ブラウザーから次のURLに接続してみてください。先ほど修正したテンプレートの内容に従って、Hello Worldが表示されるはずです。

```
http://localhost:4000/greetings/index
```

3.3 Scaffoldを使ったアプリケーションの作成

Railsには、Railsフレームワークのルールに従ったアプリケーションの土台を自動的に生成（ジェネレート）する機能がいくつかあります。前節で利用したコントローラーの生成機能もその一つですが、さらに、**Scaffold**（足場）という1つの情報源（リソース）をもとにその情報を管理するための最低限必要な機能を一気に生成するための便利な機能も備わっています。

3.3.1 各種ファイルの生成

ここで、その便利さを体験する例として、Book（図書）という情報を管理するための機能を、Scaffoldを使用して作成してみましょう。先ほどで作成したLibrary（図書館）アプリケーションに、Bookを管理する機能を追加します。

まず、cdコマンドを使用してアプリケーションディレクトリであるLibraryディレクトリに移動し次のような、RailsのScaffoldジェネレートコマンドを実行します。

```
$ rails g scaffold book title:string description:text
```

それぞれの意味については後ほど詳しく解説しますが、大まかに説明すると、「book」という指定によって図書リソース（データベースの図書資源）と対応するBookモデルが生成され、同時に、Bookモデルに関する処理を制御するBooksコントローラーも生成されます。さらに「title:string」と「description:text」によって、Bookモデルの属性として、図書のタイトル（title）と図書の説明（description）が付加されます。タイトルは、string（文字列）属性、説明は、text（文）属性（複数行対応可）を指定しています。実際の実行結果は、次のようになります。

```
$ rails g scaffold book title:string description:text
Running via Spring preloader in process 2450
      invoke  active_record
      create    db/migrate/20170411092923_create_books.rb
      create    app/models/book.rb
      invoke    test_unit
      create      test/models/book_test.rb
      create      test/fixtures/books.yml
      invoke  resource_route
       route    resources :books
      invoke  scaffold_controller
      create    app/controllers/books_controller.rb
…… （省略）……
```

3.3.1 各種ファイルの生成 95

生成されたファイル構成を図で表すと、図3.6のように、ルーター、Booksコントローラー（C）、Bookモデル（M）、booksビュー（V）というMVCモデルをベースにした構造になります。

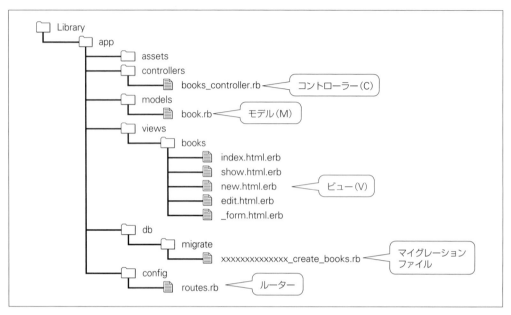

❖図3.6　Libraryアプリケーションのファイル構成

　また、それぞれの関係性を示したのが図3.7です。

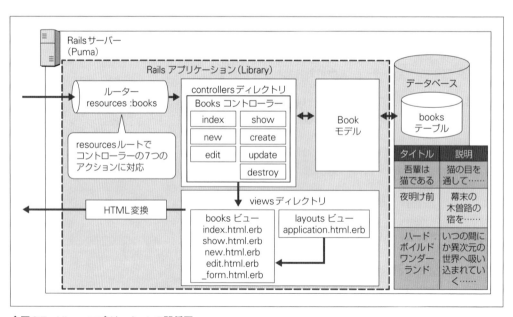

❖図3.7　Libraryアプリケーションの関係図

図書を管理する図書情報のようなリソースを扱う場合、そのリソースデータを、モデルを通じて**データベース**で管理する必要があります。データベースの詳しい仕組みはここでは詳しく触れませんが、業務で使用するデータを蓄積保存するものと考えておいてください。データの具体的な格納場所は、モデルと連携したリソースの種類ごとに用意する**テーブル**（表のような器）になります。

　ここでは、Bookモデルが生成され、そのモデルを通じてデータベースのbooksテーブルにアクセス（やり取り）し、データの新規保存、更新、呼び出しなどを行います。ただし、この時点で、データベースの実体は作成されていません。なぜなら、Railsで作成するアプリケーションとデータベースとは、異なるソフトウェアの仕組みだからです。Railsが使用するデータベースのbooksテーブルは、Scaffoldで生成された情報（マイグレーションファイル）をもとに、「3.3.2　マイグレーション」で後述するマイグレーション（移行）という作業によって、Rails側から簡単に作成することができます。

　RailsのScaffoldによる生成機能は、指定されたモデルに対応するリソースデータベーステーブルの新規作成・編集更新・削除・個別照会・一覧照会などを一気に実装してくれます。したがって、今回のBooksコントローラーは、標準の7つのアクション（new・create・edit・update・destroy・show・index：後述）を実装し、指示された項目（title/description）を含む新規画面（new.html.erb）、編集画面（edit.html.erb）、個別照会画面（show.html.erb）、一覧照会画面（index.html.erb）のビューテンプレートを生成します。また、新規・編集のデータ入力に共通なformビュー「_form.html.erb」も生成し、さらにviews/layoutsディレクトリには全体に共通のレイアウトapplication.html.erbも生成してくれます。

　生成されたコントローラーとモデルの内容はリスト3.5とリスト3.6のようになっています。

▶リスト3.5　BooksControllerコントローラー

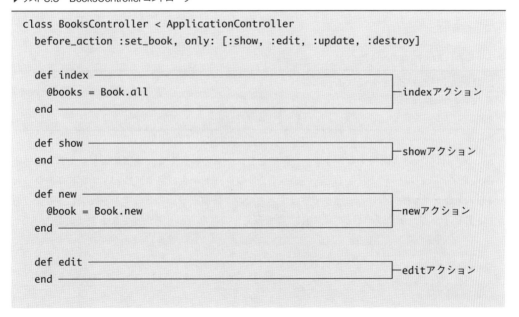

3.3.1　各種ファイルの生成

```
def create
    ……（省略）……
end                                                    ── createアクション

def update
    ……（省略）……
end                                                    ── updateアクション

def destroy
    ……（省略）……
end                                                    ── destroyアクション

private
……（省略）……
end
```

▶リスト3.6　Bookモデル

```
class Book < ApplicationRecord

end
```

　ルーターは、クライアントからのHTTP要求に対応する機能を結び付ける役割を果たしますが、前項で作成したHello Worldメッセージの場合と異なり、「resources」という表現で記述されています（リスト3.7）。

▶リスト3.7　Library/config/routes.rb

```
Rails.application.routes.draw do
  resources :books
end
```

　resourcesは、後ほど説明するように、標準的なリソースのルートを一連で生成してくれるルートの形式です。このルートによって、次のような7つのルートが生成され、Booksコントローラーの7つのアクションに振り分けることができます。どのコントローラーのどのアクションに振り分けるかは、HTTPメソッド（要求目的）とURI（要求宛先）の組み合わせで決定されます（表3.1）。

98　3.3　Scaffoldを使ったアプリケーションの作成

❖表3.1 resources :booksによって生成される実際のルート

HTTPメソッド	URI（URL＋リソース先）	コントローラー#アクション
GET	/books	books#index
POST	/books	books#create
GET	/books/new	books#new
GET	/books/:id/edit	books#edit
GET	/books/:id	books#show
PATCH	/books/:id	books#update
DELETE	/books/:id	books#destroy

　この実装されたルートは、rails routesコマンド、またはRailsサーバーを起動させてhttp://localhost:4000/rails/info/routesに接続することによって確認できます。

3.3.2　マイグレーション

　Bookモデルの生成の結果、連携するデータベースのテーブルを作成する**マイグレーション**（移行）**ファイル**がdb/migrateディレクトリの下に「生成日時_create_books.rb」（先頭の日時は、バージョンIDに相当します）というファイル名で生成されています。このマイグレーションファイルからデータベースを作成（**マイグレーション**：移行）することで、データベースの知識がなくても、データベースを使った機能を簡単に実装することができます。

　生成されたマイグレーションファイルは、リスト3.8のようになっています。

▶リスト3.8　Library/db/migrate/バージョンID_create_books.rb

```
class CreateBooks < ActiveRecord::Migration[5.2]
  def change
    create_table :books do |t|
      t.string :title
      t.text :description

      t.timestamps
    end
  end
end
```

　このマイグレーションファイルをもとに、マイグレーションコマンドを実行してデータベースのテーブルを生成します。なお、Rails環境でどのような種類のデータベースを使用するかは、Railsアプリケーションを生成（rails new）する際に指定されています。今回の場合は、無指定のため、RailsのデフォルトデータベースであるSQLite3が使われます。

3.3.2　マイグレーション

マイグレーションは、次のコマンドで実行します。

```
$ rails db:migrate
```

データベースとしてSQLite3以外を使用する場合は、データベースの領域を確保するコマンド「rails db:create」を先に実行しておく必要があります。

マイグレーションが正しく実行されると次のように表示されます。バージョンを表す文字列（接頭辞）などは、実行する日時によって異なります。

```
$ rails db:migrate
== 20190103162644 CreateBooks: migrating ==============================
-- create_table(:books)
   -> 0.0047s
== 20190103162644 CreateBooks: migrated (0.0061s) =====================
```

この結果、データベースのテーブルが正しく作られているかどうかは、アプリケーションディレクトリ（Library）内のスキーマ情報（db/schema.rb）によって確認できます。

3.3.3　アプリケーションの立ち上げ

正しくテーブルが生成されたので、rails s（もしくはrails s -b 0.0.0.0）コマンドでRailsアプリケーションを立ち上げると、データベースと連携したRailsアプリケーションが使用できます。

ブラウザーを立ち上げ、/booksを呼び出すURI（http://localhost:4000/books）に接続すると、Scaffoldで生成された、データベースを使用した図書管理の仕組みが動いていることを確認できます。実際に操作してみましょう。

URI「http://localhost:4000/books」を呼び出すと、indexアクションによって図書一覧画面が表示されます。未登録状態の場合、図3.8のように表示されます。

❖図3.8　未登録状態の図書一覧画面

図3.9には、3件登録された状態の画面を示します。

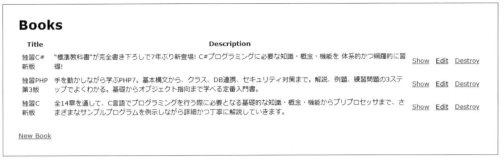

❖図3.9　3件登録されている図書一覧画面

　一覧画面で［New Book］をクリックすると、newアクションによって表示される図書の新規登録画面になります。その際のURIは、http://localhost:4000/books/new となります（図3.10）。

❖図3.10　図書の新規登録画面

　登録された図書を表示するURIは、http://localhost:4000/books/2（登録されたIDが2の場合）のようになります。IDは、登録される時に重複なしの識別番号として自動で付加されています。

❖図3.11　登録IDが2の図書情報画面

　Railsの機能それぞれの詳しい内容は次章以降で説明していきますが、ここでは、図書一覧表示の仕組みと、新規図書登録の仕組みをざっと見ていきましょう。

3.3.4 図書一覧表示の仕組み

　図書一覧は、http://localhost:4000/books というURIに基づいて表示されるようになっています。リクエストは、ルーターによって、URIとして指定されたサーバーの宛先（ローカルの場合、localhost:4000の部分）の次の「/books」に対応するコントローラーに振り分けられます。先述のとおり、ルーターで指定されている「resources :books」は、実際には、7つのアクションに相当するルートとして実装されています。そのうちの「GET /books」に対応するルートが「books#index」に相当します。このリクエストに基づいて、Booksコントローラーのindexアクションが呼ばれます（図3.12）。

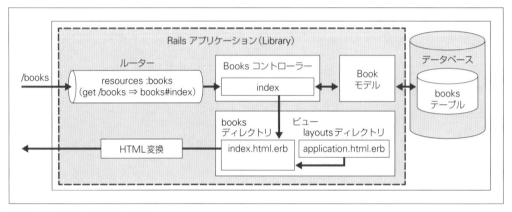

❖図3.12　図書一覧表示の流れ

　indexアクションは、Booksコントローラーにリスト3.9のように実装されています。

▶リスト3.9　Library/app/controllers/books_controller.rb（indexアクション部分）

```
def index
  @books = Book.all
end
```

　Book.allは、Bookモデルの持つallメソッドを呼び出すことで、Bookモデルに相当するデータベーステーブル（books）の全データを取得し、個々にインスタンス化して配列化したものを変数@booksにひも付けていることを表しています。つまり、この時点で、@booksには図書の全データのインスタンスが取り込まれていることになります。Railsは、オブジェクトをインスタンス化するために、newメソッドを直接利用するだけではなく、allメソッドのような特別なメソッドを用意して裏でインスタンス化を行っています。また、ローカル変数booksではなく、インスタンス変数@booksを使用しているのは、この変数に対応する内容をビューに渡すのを容易にするためです。

　ここまでの流れを振り返ると、コントローラーが行っているのは、たったこれだけのことのように

見えます。しかし、実はここに隠されたコードがあります。indexアクションの最後で、ビュー出力の指示がない場合、該当するコントローラーのアクション名と同じビューを探し、それを利用してクライアントへレスポンスを返しているのです。つまり、views/booksディレクトリにある、indexアクションと同じ名前のビューテンプレートindex.html.erb（リスト3.10）を呼び出しています。この時、インスタンス変数@booksの内容を参照して、値をセットしています。

▶リスト3.10　Library/app/views/books/index.html.erb

```
<p id="notice"><%= notice %></p>
<h1>Books</h1>
<table>
  <thead>
    <tr>
      <th>Title</th>
      <th>Description</th>
      <th colspan="3"></th>
    </tr>
  </thead>

  <tbody>
    <% @books.each do |book| %>
      <tr>
        <td><%= book.title %></td>
        <td><%= book.description %></td>
        <td><%= link_to 'Show', book %></td>
        <td><%= link_to 'Edit', edit_book_path(book) %></td>
        <td><%= link_to 'Destroy', book, method: :delete, data: { confirm: ⏎
'Are you sure?' } %></td>
      </tr>
    <% end %>
  </tbody>
</table>
<br>
<%= link_to 'New Book', new_book_path %>
```

　ビューテンプレートは、一般的なビューとしての純粋なHTMLタグだけで構成されているわけではありません。このビューテンプレートの<% ～ %>で囲まれた部分が、Rubyのコードになります。最終的にレスポンスではHTMLをクライアントに返すわけですが、HTMLに変換される前のビューテンプレートには、Rubyのコードをこのように組み込むことができます。

　このテンプレートのうち、次に示す部分だけに着目してみましょう。この部分では、インスタンス変数@booksをもとに、eachメソッドを使用して、do～endまでのブロックを処理しているRubyの

3.3.4　図書一覧表示の仕組み　　**103**

ロジックを構成しています。

```
<% @books.each do |book| %>
  <tr>
    <td><%= book.title %></td>
    <td><%= book.description %></td>
    <td><%= link_to 'Show', book %></td>
    <td><%= link_to 'Edit', edit_book_path(book) %></td>
    <td><%= link_to 'Destroy', book, method: :delete, data: ↵
{ confirm: 'Are you sure?' } %></td>
  </tr>
<% end %>
```

　つまり、上記のビューテンプレートの部分は、@booksから1件ずつ図書データのインスタンスをbookとして取り出し、そのつど、book.title（図書のタイトル）とbook.description（図書の説明）を取得しています。また、link_toで指示する部分では、Show（詳細表示）、Edit（編集）、Destroy（削除）という3つのリンクを設定しています。この結果をHTMLとしてクライアントに送信し、ブラウザー画面に図3.13のような内容を表示することになります。

❖図3.13　3件登録されている図書一覧画面（再掲）

3.3.5　図書新規登録の仕組み

　図書情報を新規に登録する時は、http://localhost:4000/books/new というURIで新規登録の画面を表示します。そして、URIのうち、サーバーの宛先（localhost:4000）の次の「/books/new」の宛先を使用してルーターが処理の流れを振り分けます。宛先は、ルーターで指定されているresources:booksの7つのアクションのうち「GET /books/new」に対応するアクション「books#new」に相当します。そのように、リクエストに基づいて、Booksコントローラーのnewアクションが呼ばれます（図3.14）。

104　3.3　Scaffoldを使ったアプリケーションの作成

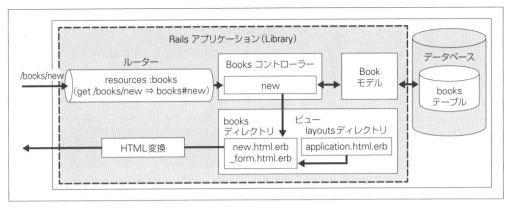

❖図3.14　図書新規登録の流れ

newアクションは、リスト3.11のように実装されています。

▶リスト3.11　Library/app/controllers/books_controller.rb（newアクション部分）

```
def new
  @book = Book.new
end
```

Book.newは、Bookモデルの新規のインスタンスを作成しています。つまり、新しい図書の（タイトルや説明の空の値を持つ）インスタンス化を行い、そのインスタンスオブジェクトを@bookインスタンス変数に対応付けています。

部分テンプレート

このnewアクションに記載されているのは、たったこれだけです。indexアクションの説明の時と同様に、このアクションでは、特にビューへの出力指示はありません。その場合は、アクション名と同じ図書に関するビューが呼び出されます。つまり、views/booksディレクトリにあるビューテンプレートnew.html.erb（リスト3.12）が呼び出されます。

▶リスト3.12　Library/app/views/books/new.html.erb

```
<h1>New Book</h1>
<%= render 'form', book: @book %>
<%= link_to 'Back', books_path %>
```

このテンプレートは非常に単純なコードですが、<% ～ %>で囲まれたRubyコードの中に、「render 'form'」で指示されるビューがさらに含まれています。ちなみに、renderはビューを出力するためのメソッドです。

3.3.5　図書新規登録の仕組み　　105

このように、ビューの部品としてビューの中に構成されるビューテンプレートを**部分テンプレート**といいます。部分テンプレートは、_で始まる名前を付けることで、他のテンプレートと区別されています。この場合、記述する時点では、「_」を外してformだけで指定しますが、実際には、リスト3.13のような _form.html.erb という名前の部分テンプレートに対応しています。

▶リスト3.13　Library/app/views/books/_form.html.erb

```erb
<%= form_with(model: book, local: true) do |form| %>
  <% if book.errors.any? %>
    <div id="error_explanation">
      <h2><%= pluralize(book.errors.count, "error") %> prohibited this book ⏎
from being saved:</h2>
      <ul>
      <% book.errors.full_messages.each do |message| %>
        <li><%= message %></li>
      <% end %>
      </ul>
    </div>
  <% end %>

  <div class="field">
    <%= form.label :title %>
    <%= form.text_field :title %>
  </div>
  <div class="field">
    <%= form.label :description %>
    <%= form.text_area :description %>
  </div>
  <div class="actions">
    <%= form.submit %>
  </div>
<% end %>
```

　ここで部分テンプレートを使用している理由は、新規登録で入力を行う画面と編集で入力する画面とを、同じフォーム形式として共通化するためです。実際に、編集画面を表示するビューテンプレート edit.html.erbでも、部分テンプレート _form.html.erb を呼び出しています（リスト3.14）。

▶リスト3.14　Library/app/views/books/edit.html.erb

```erb
<h1>Editing Book</h1>
<%= render 'form', book: @book %>
<%= link_to 'Show', @book %> |
<%= link_to 'Back', books_path %>
```

106　3.3　Scaffoldを使ったアプリケーションの作成

それでは再び、new.html.erbの「render 'form', book: @book」に戻り、_form.html.erbとの関係を見ていきましょう。

render 'form' の後ろに付加されている「book: @book」というオプションは、この部分テンプレート（_form.html.erb）に渡す引数を指示しています。具体的には、部分テンプレートが持つローカル変数bookにインスタンス変数@bookを対応付けています。先ほどの_form.html.erbのうち、それに対応する箇所を次に示します。

```
<%= form_with(model: book, local: true) do |form| %>
……（省略）……
  <div class="field">
    <%= form.label :title %>
    <%= form.text_field :title %>
  </div>
……（省略）……
<% end %>
```

このRubyコードの1行目「form_with(model: book, local: true) do |form|」の中にあるbookというローカル変数が、renderで指定される引数のbookに対応します。したがって、model: bookで指定されたbookには、@bookの内容、（コントローラーのnewアクションまでさかのぼると、Book.newでインスタンス化されたBookモデルのオブジェクト）が渡されることになります。

つまり、次のフォームで表現される内容は、インスタンス化された新規の図書モデル（Book.new）に基づいて、form_with（入力フォームを生成するRailsのヘルパーメソッド）によって、入力画面フォームを作り出す処理になります。この中の|form|は、ブロック変数であり、bookに基づいて生成された入力フォーム用のオブジェクトを受け取り、do～endで示されるブロック処理を行うことになります。

```
form_with(model: book, local: true) do |form|
    ……（省略）……
end
```

この結果、変換されたHTMLをHTTPレスポンスとして受け取ったクライアントのブラウザーは、図3.15のような画面を表示します。

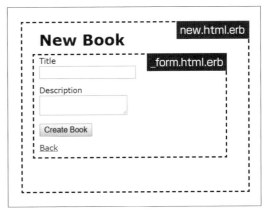

❖図3.15　画面の表示例

3.3.5　図書新規登録の仕組み

createアクション

ここまでが、Booksコントローラーのnewアクションの実行内容です。図書の新規登録を行うには、このクライアントのブラウザーに表示された画面から、図書のタイトル（title）と説明（description）を入力し、「Create Book」ボタンを押すことで、次のアクションのリクエストをRailsサーバーに対して行うことになります。

ここでは詳しい説明は行いませんが、ボタンを押すことによって、クライアントからサーバーに対するHTTPリクエストがhttp://localhost:4000/booksのURIに対して行われます。このURIは、図書一覧のURIと同じですが、入力フォームから要求されるHTTPメソッドがPOSTであり、図書一覧の時のGETとは異なっています。そのため、ルーターは、7つのアクションのうち、books#createを呼び出すことになります。

```
POST   /books   books#index   ⇒   図書一覧
GET    /books   books#create  ⇒   図書登録
```

つまり、この結果、Booksコントローラーのcreateアクションが呼び出され、図書登録の処理を行うことになります。

createアクションは、リスト3.15のように実装されています。

▶リスト3.15　Library/app/controllers/books_controller.rb（createアクション部分）

```ruby
def create
  @book = Book.new(book_params)
  respond_to do |format|
    if @book.save
      format.html { redirect_to @book, notice: 'Book ………. created.' }
      format.json { render :show, status: :created, location: @book }
    else
      format.html { render :new }
      format.json { render json: @book.errors, status: :unprocessable_entity }
    end
  end
end
```

createアクションの最初の行について確認しましょう。

@book = Book.new(book_params)は、Bookモデルをインスタンス化しています。ただし、newアクションの時とは異なり、引数book_paramsを使用して入力された情報を取り込みインスタンス化します。ここで、新規の図書として入力された情報は、book_paramsを通して取り込んでいると考えてください。book_paramsは、Booksコントローラーの中で、プライベート（private）メソッドとしてリスト3.16のように実装されています。

▶リスト3.16　books_controller.rb（book_params プライベートメソッド部分）

```
private
  ……（省略）……
  def book_params
    params.require(:book).permit(:title, :description)
  end
```

　params.require(:book).permit(:title, :description) の中の「params」は、受信パラメーターのオブジェクトです。パラメーターとして受け取った入力情報は、paramsオブジェクトの中に保存されていると考えておくとよいでしょう。

ストロングパラメーター

　リスト3.16では、このパラメーターの中にあるBookモデル関連のパラメーターのみを抜き出し、それをデータベースに保存できるように許可を与える作業（**ストロングパラメーター化**）を行っています。そのような処理を施したパラメーターをもとに、Book.new(book_params)によって、入力された情報を含むインスタンス @bookを作成しています。このパラメーターの扱いについても、次章以降で詳しく説明します。

　再びリスト3.15に戻りましょう。

　「respond_to do |format| ～ end」という箇所は、フォーマット（HTMLなどの形式）に基づくブロック処理を行っています。このあたりについても詳しくは後述しますので、ここでは、このブロック処理の中の@book.saveに着目してください。前述のインスタンス化された@bookの内容をsaveメソッドでデータベースの該当テーブルへ保存しています。

　ここで、保存が正しく行われていれば（if @book.save）、通常のHTML要求（format.html）の場合に「redirect_to @book, ………」を実行することになります。redirect_toは、再リクエスト（リダイレクト処理）を行うことを意味しています。Railsは、redirect_toで指定されている@book（この変数が保持する特定のインスタンス）によって、次の宛先（特定のインスタンス内容を表示するルート）を自動で判断して設定します。

　具体的には、@bookインスタンスの新規で登録された図書IDに基づいて、/books/:idのルート形式に相当するルートの宛先を作り出します。登録された図書IDが「4」であれば、/books/4という宛先でリダイレクトが行われます。リダイレクトは、アクションの最後で行うHTTPレスポンス処理の一つであり、クライアントにビューを表示せずに、次の指定された宛先へのHTTPリクエストを実行します。

リダイレクト

　さらに、リダイレクト宛先の後ろに指示されているオプション「notice: ' Book ……. created.'」は、リダイレクトの宛先に渡すメッセージ「Book was successfully created.」であり、noticeという変数にセットすることで、リダイレクトされたアクションによって出力されるビューテンプレートに渡さ

3.3.5　図書新規登録の仕組み

れます。

　そうして、リダイレクト先である/books/4というリクエストに基づいて、「GET /books/:id」に対応するコントローラーとアクションが呼ばれることになります。この場合は、books#showに相当する、Booksコントローラーのshowアクションが呼び出されます（図3.16、リスト3.17）。

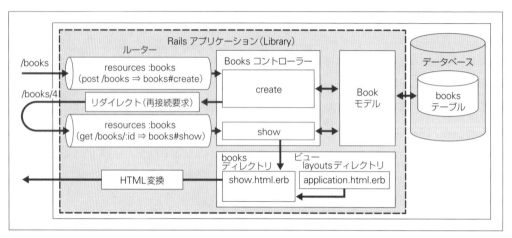

❖図3.16　createアクションからshowアクションまでの流れ

▶リスト3.17　Library/app/controllers/books_controller.rb（showアクション部分）

```
def show
end
```

before_action

　リスト3.17の記述を見ると、showアクションは何もしていないように見えます。ところが、Booksコントローラーの最初の行に次のような記述があります。

```
before_action :set_book, only: [:show, :edit, :update, :destroy]
```

　先頭のbefore_actionは、アクションの実行前に実行するメソッドを指示します。そして、onlyで指定されるオプション[:show, :edit, :update, :destroy]によってshowアクションが有効になっています。つまり、showアクションは先にset_bookメソッドを実行してから実行されるため、リスト3.17では一見何もしないように見えますが、しっかりと仕事をしているのです。

　ちなみに、このset_bookメソッドは、Booksコントローラーの中にプライベートメソッドとしてリスト3.18のように定義されています。

▶リスト3.18　books_controller.rb（set_bookプライベートメソッド部分）

```
private
  def set_book
    @book = Book.find(params[:id])
  end
……（省略）……
```

リスト3.18内の「Book.find(params[:id])」という記述は、

● Bookモデルを利用して、

● リダイレクトの結果受信したパラメーターのハッシュであるparamsオブジェクトを使用し、

● params[:id]で参照するidの値（この例では4）に相当する図書をデータベースの該当テーブルから取得する

ことを意味しています。つまり、@book = Book.find(params[:id])は、受け取ったidの値に相当する図書のインスタンスを@bookに関係付けていることを意味しています。

このbefore_actionのあと、showアクションが実行されますが、特に記述がないため、showアクションと同じ名前のビューテンプレートshow.html.erb（リスト3.19）を呼び出し、HTTPレスポンスを返すことになります。

▶リスト3.19　Library/app/views/books/show.html.erb

```
<p id="notice"><%= notice %></p>
<p>
  <strong>Title:</strong>
  <%= @book.title %>
</p>
<p>
  <strong>Description:</strong>
  <%= @book.description %>
</p>
<%= link_to 'Edit', edit_book_path(@book) %> |
<%= link_to 'Back', books_path %>
```

このビューテンプレートの1行目にある「<%= notice %>」で指定されている変数noticeに、先述したメッセージ「Book was successfully created.」が渡され、登録が成功したメッセージをブラウザーの画面に表示します。また、インスタンス化された@bookに基づいて、@book.title（タイトル）と@book.description（説明文）の内容を表示します。

以上で、図書の一覧表示と図書の新規登録の一連の作業をざっと確認できたと思いますが、他の編集や削除についても、以上を参考にして同様に理解を試みてください。また、それぞれの詳細については、次章以降の詳しい説明で、理解を深めてください。

3.3.5　図書新規登録の仕組み　　**111**

実際のアプリケーション開発に向けて

　Scaffoldで生成された機能だけでは、実際の業務の運用にはいろいろ不都合があるはずです。皆さんも、図書を登録するという目的を持つだけのアプリケーションに対し、さらにどのような機能が必要か考えてみてください。

- 誰でも勝手に登録や編集削除ができてしまう
- 少なくとも日本語になっている必要がある
- 画面がシンプル過ぎてもっと魅力あるものにしたい
- 見たい情報を絞り込みたい

　　　　　　　　　など

　実際に運用するためにはさまざまな要素を付加していく必要があるため、Scaffoldはその名のとおり、あくまでも「足場の仕組み」だといえます。しかし、Scaffoldは、Bookというリソースに対する、新規登録・変更・削除・一覧照会といった、データリソースに対して一般的に必要だと考えられる機能を簡単に矛盾なく生成してくれます。Railsでアプリケーションを構築していく場合の、作成方法の見本となるプログラムの構成と考えても良いでしょう。ここまでの機能を実現するだけでも、一から構築するには多大な時間と労力を要するだろうことは想像に難くありませんね。

　機能を作成する「足場」としてScaffoldをうまく活用すれば、非常に効果的に機能を追加していくことが可能です。矛盾のない仕組みを生成したあとに、不要な部分を削除し、必要な要素を追加していけば良いので、皆さんそれぞれのルールをしっかり決めておくことで、非常に効率的にシステム構築を実現していくことができます。

　以上で、Railsを使用した簡単なアプリケーションの動作イメージを理解できたと思います。今までの理解をより深く補うための学習を以降の章で進めていただきたいと思います。テキストを読み進めながら、継続して、常に実際のRails環境で検証していくことをおすすめします。

☑ この章の理解度チェック

1. 会議室予約アプリケーション「Reservation」を生成しましょう。そのうえで、会議室管理の「Room」機能をScaffoldを使用して生成してみましょう。Roomモデル（会議室）として、部屋名（name：string型）、場所（place：string型）、収容人数（number：integer型）を登録できるようにしてください。マイグレーションを実行してデータベースを作成後、Railsサーバーを立ち上げてhttp://localhost:4000/roomsに接続し、実際に会議室を登録するなど、正しく動作することを確認してください。

2. **1.** で生成したアプリケーションの一連の動作を確認後、フォルダー構成などを改めて確認してください。

3. さらに、このアプリケーション「Reservation」に専用のトップページを追加します。トップページ上には、「予約管理のページへ　ようこそ」と表示するようにしてください。「3.2 簡単なRailsアプリケーションを構築する」でHello Worldのページを作成した要領で行うと良いでしょう。トップページは、http://localhost:4000/top/index というURIに接続した時に表示できるようにします。そのためにコントローラー名を「Top」、メソッド名（アクション名）を「index」としてください。

3

Railsの起動と簡単なアプリケーションの構築

この章の理解度チェック　113

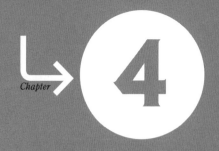

Chapter 4

Rails全体の仕組み

この章の内容

- 4.1 RailsコンポーネントとMVCの基礎知識
- 4.2 Railsのディレクトリ構成
- 4.3 railsコマンド
- 4.4 Railsコンソールを使用したRubyの実行
- 4.5 Rakeタスクコマンド

前章までで、簡単なRailsアプリケーションを通じてRailsの概観を体感できたのではないでしょうか。しかし、実際は、自分の作りたいアプリケーションを自由に作っていくためには、Railsフレームワークの構造や動作の仕組み、フレームワークを構成する要素の役割について、より正しく理解していく必要があります。また、それぞれの要素は、Webアプリケーションの仕組みやMVCモデルとどのような関係にあるのでしょうか。それらを理解することで初めて、自分自身のアプリケーションを構築する力になるでしょう。

4.1 RailsコンポーネントとMVCの基礎知識

Railsの**コンポーネント**とは、Railsフレームワークの役割を構成する基本要素のことです。なぜ、そのようなコンポーネントが必要かを考えるうえで、まずはWebアプリケーションの仕組みを理解しておくことが重要です。そのうえで、MVCの役割とRailsのコンポーネントがどのようにかかわっているかを見ていきましょう。

4.1.1 Webアプリケーションの構造とMVC

一般的に、Webアプリケーションは、クライアントからのHTTPリクエストに応じて、サーバー側で図4.1のような流れで処理を行い、結果をHTTPレスポンスとして返します。

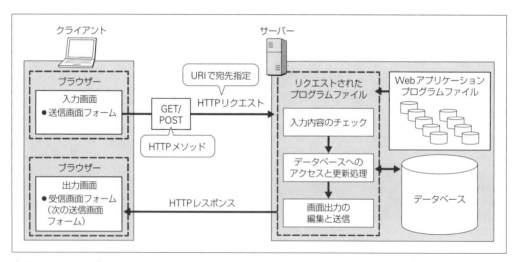

❖図4.1　Webアプリケーションの処理の流れ

より効率的でわかりやすい構造にするため、サーバー側のアプリケーションは、この処理の流れに基づいて大きく3つの役割に分業するよう構成することが推奨されています。

3つの役割に分業するための仕組みが**MVCモデル**です。Mは**モデル**（Model）、Vは**ビュー**（View）、Cは**コントローラー**（Controller）を意味しています。

　一般的に業務資源（リソース）であるデータを管理するためにはデータベースが必要ですが、データベースのテーブルとの連携による、さまざまなデータリソース管理は、モデル（M）が担当します。また、アプリケーションを利用するユーザーとの接点（インターフェース）、つまり見せ方（表現）に関する部分は、ビュー（V）が担当します。コントローラー（C）は、受信したHTTPリクエストに応じて、モデルの該当データリソースに対するデータベース操作や、ビューに対しての画面出力操作などに「指示を出す」役割を担当します。その意味で、コントローラーは司令塔の役割を果たしているといえます（図4.2）。

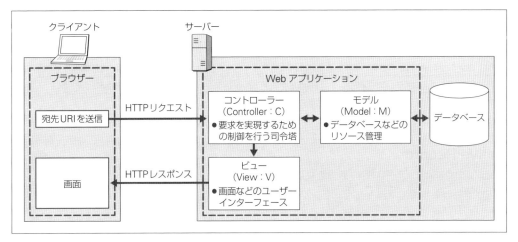

❖図4.2　一般的なMVCの役割

　Railsでは、MVCの考え方に従ったフレームワークを実装し、HTTPリクエストに基づくモデルと、連携するデータリソース（データベーステーブル）との間の、**リソースフル**な（リソース要件を最大限満たす）アクセスを実現します（図4.3）。

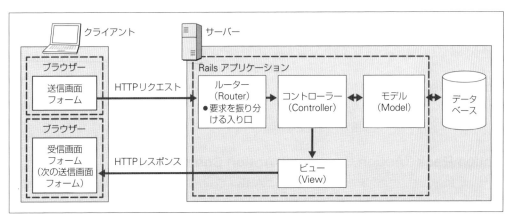

❖図4.3　RailsにおけるMVC

4.1.1　Webアプリケーションの構造とMVC　　117

そのような洗練された構成環境とシステム構築を実現するために、Railsは、いくつかの基本的な
コンポーネントを提供しています。

4.1.2　Railsのコンポーネント

ここではRailsを構成するコンポーネントを紹介しますが、そのうち特に重要なのは、MVCに対応
したものを含む4つのコンポーネントです（表4.1）。それらの詳細については、関連する各章で後述
します。

❖表4.1　Railsの主要コンポーネント

MVC	Railsのコンポーネント	役割	解説する章
モデル	Active Record	リソース管理	第5章〜第7章
ビュー	Action View	ユーザーインターフェース	第10章〜第11章
コントローラー	Action Controller	リソース制御	第8章〜第9章
（ルーター）	Action Dispatch	Webリクエストの解析とルーティング	第8章

Rails 5.2は、これらを含め、以下のようなコンポーネントによって構成されています。

Active Record

MVCモデルのモデル（M）の機能を提供し、データベースとモデルの仲介を行うORM（オブジェ
クトリレーショナルマッパー／マッピング）として、次の役割を果たします。

- モデルとデータベーステーブル、モデル属性とテーブル項目の対応付け（マッピング）
- 複数のモデル間の関連付け（アソシエーション）
- リソース変更時の検証（バリデーション）
- リソース変更時のメソッド呼び出し（コールバック）
- データベーステーブル作成・変更のマイグレーション

Active Model

Active Recordの機能のうち、データベースとの連携を除くバリデーションやコールバックなどの
機能を利用したい時にモジュールとして組み込むことができます。

Action View

MVCモデルのビュー（V）の役割を担うビューテンプレートに対し、ルックアップ（データの埋め
込み）とレンダリング（描画出力）機能を提供します。

Action Pack（Action DispatchとAction Controller）

Action Dispatch（アクションの振り分け）とAction Controller（アクションの制御）という2つ

のコンポーネントを含みます。Action Dispatchはルーターの機能を提供し、Action Controllerは、MVCモデルのコントローラー（C）の機能を提供します。

Action Mailer

メールの送受信において、クライアント制御機能（メーラー）やメールテンプレートの生成機能を提供します。

Action Cable

Rails 5で実装されたコンポーネントです。クライアントとサーバー間で行うチャットのようなリアルタイム通信機能（双方向通信）を提供します。

Active Job

バックグラウンドで実行できる非同期なジョブの生成機能および、待ち行列管理（キューイング）などのジョブ管理機能を提供します。

Active Support

Rubyの拡張メソッドなどを提供します。起動時に標準で組み込まれます。

Active Storage

Rails 5.2より実装されたコンポーネントです。Active Record と連携した画像・動画などのファイルアップロード、参照機能を提供します。Amazon S3などのような、クラウド上のデータ蓄積サービスとスマートに連携します。

Railties

Railsフレームワークの核となるコンポーネントです。Railsアプリケーションの起動プロセスを管理し、Railsコマンド実行のインターフェース、およびRailsジェネレーター（Railsアプリケーション構成要素の生成機能）を提供します。

4.1.3　Railsがデフォルトで使用するツールとライブラリ

Railsはデフォルトで次のようなツールとライブラリを備えています。そのため開発者は、アプリケーションの開発・テスト段階で、Webサーバー環境を準備したり、データベース環境を構築したりするといった環境設定に手間をかけることなく、容易に開発を開始できます。

Puma

Webサーバー（HTTPサーバー）の一つで、効率的なスレッドを使用した並列処理を実現できるという特長を持っています。Rails 5のデフォルトのWebサーバーとしてGemfileに組み込まれ、開発時に即座にWebアプリケーションの確認を行うことができます。

Rack

　Rubyが使用可能なWebサーバーと、Rubyフレームワークをスマートに接続するインターフェースです。HTTPリクエストとHTTPレスポンスをシンプルにラッピングし、Webサーバー、Rubyフレームワーク、その間に位置するソフトウェア（ミドルウェア）のAPIを1つのメソッド呼び出し形式にまとめます。Pumaは、Rack::Serverクラスから実装されています。

ERB

　ビューテンプレートなどに組み込める文書埋め込み用のRubyスクリプトです。拡張子が.erbのファイルとして記述することで、埋め込まれているRubyコードを実行し、値の埋め込みを行います。

SQLite3

　デフォルトで実装される簡易的なデータベースです。簡単に実装でき、開発・テストが可能です。PostgreSQLなど、他のデータベースを使用する際の設定変更も簡単に行えます。

Rake

　Rubyで作成されたビルド用（構築確認用）のツールです。Rails環境においては、データベースのマイグレーションなどで使用します。

練習問題　4.1

1. MVCの役割を構成する、Railsの各コンポーネントの名前を列挙し、それそれぞれの役割を説明してください。

2. ルーターの役割について簡単に説明し、ルーターとコントローラーのコンポーネントの関係について、説明してください。

3. メール制御のコンポーネントについて、その名前を挙げ、役割を簡単に説明してください。

4. Rubyの拡張メソッドを提供するコンポーネントについて説明してください。

5. Rail 5以降で新しく実装された2つのコンポーネントについて説明してください。

6. Railsフレームワークの起動プロセスなどを提供するコンポーネントについて説明してください。

7. ERBの役割について、簡単に説明してください。

8. Rails 5のデフォルトのWebサーバー機能について簡単に説明してください。

9. Rakeの役割について説明してください。

4.2 Railsのディレクトリ構成

「3.1.1 Railsフレームワークの生成」でも述べましたが、特定のアプリケーションを開発していくRails環境を作成するには、「Rails new アプリケーション名」を実行して、特定アプリケーションのためのRails環境を生成する必要があります。このコマンド操作によって、基本セットとして必要なコンポーネントを含む各種のディレクトリが生成されます。生成されたこの基本セットとディレクトリ構成が、開発を進めていくアプリケーションの基本フレームワークとなります。

Rails開発を進めていくうえで、生成されたフレームワークの各ディレクトリやファイルが

- どのような場合にそれらを使用するのか
- どのような役割を果たすのか

を知っておくことが重要です。

4.2.1 基本フレームワークとして生成されるディレクトリ

Libraryアプリケーションをもとに、アプリケーションディレクトリ（例：Library）内に生成されるディレクトリを紹介します（図4.4）。

> note　この中で、開発上特に意識するのは、app、config、dbという3つのディレクトリです。これらのディレクトリについては、後ほどより詳しく解説します。

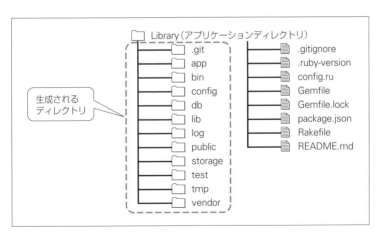

❖図4.4　アプリケーションディレクトリに生成されるディレクトリ

.git

バージョン管理用のツール**git**をインストールした環境で生成される、gitが利用するディレクトリです。

app

アプリケーションに関する情報を管理するディレクトリです。このディレクトリでは、開発するモデル、コントローラー、ビューといったアプリケーションの構成要素を管理します。詳細については、「4.2.3 appディレクトリ内のファイルとディレクトリ」で後述します。

bin

アプリケーションの起動などに使用するスクリプトファイル（プログラム）を管理するディレクトリです。

config

実行環境に関する設定情報が入ったディレクトリです。

db

データベース関連の設定情報を管理するディレクトリです。このディレクトリの中には、データベースのスキーマファイル（schema.rb）が存在します。また、デフォルトのデータベース（SQLite3）のデータファイル（〜.sqlite3）は、デフォルトでこのディレクトリに生成されます。

dbディレクトリには、さらに以下のディレクトリが配置されています。

- migrate：マイグレーションファイル（データベーステーブルなどの作成情報）が入ったディレクトリです。

lib

複数のアプリケーション間で共有する**ライブラリ**（モジュール群）を管理するためのディレクトリです。例えば、後述する独自のRakeタスクは、libディレクトリの中にtasksディレクトリを作成し、その中に配置します。

log

アプリケーションの実行時のログファイルを保持するディレクトリです。

public

アップロード画像（Active Storageの場合を除く）といった静的なファイル、静的なトップページなど、静的な公開リソースを置くためのディレクトリです。

アセットパイプライン機能（「11.1 アセットパイプライン」を参照）で、rails assets:precompile コマンドによってプリコンパイルされたアセット（assetsディレクトリ内のリソース）は、public/assets/の中に配置されます。

storage

Rails 5.2で導入されたActive Storageの、デフォルトのローカルストレージとして用意されています（config/storage.ymlで変更可）。

test

Rails標準の各種テスト用のコードファイルやフィクスチャ（テストデータ）などを管理するためのディレクトリです。

tmp

Rails稼働中の一時的な情報である、キャッシュ（cache）、プロセスID（pid）、セッション（sessions）などを管理するためのディレクトリです。

vendor

サードパーティ製のコードや素材を配置する場合に使用するディレクトリです。

4.2.2 アプリケーションディレクトリ直下に生成されるファイル

次は、アプリケーションディレクトリ直下に生成されるファイルを紹介します（図4.5）。

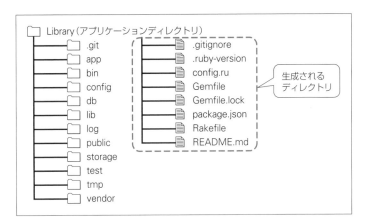

❖図4.5　アプリケーションディレクトリに生成されるファイル

.gitignore

gitのバージョン管理対象から外すべきファイルなどを記述するファイルです。

.ruby-version

アプリケーションで使用しているRubyのバージョンを管理するファイルです。

config.ru

RackがRailsサーバーの起動のために使用する設定ファイルです。

Gemfile

Railsで使用するGemパッケージの設定ファイルです。依存関係にあるパッケージ／バージョンを指定することができます。

Gemパッケージとは、Rubyが使用するパッケージソフトで、**gem**というツールを使用してパッケージを管理します。RailsもBundlerもRubyのGemパッケージとして組み込まれます。

Gemfile.lock

bundle installされたGemパッケージの依存関係を管理するためのファイルです。一度bundle installされたバージョンは、削除または、bundle updateしない限りこのファイルに基づいて整合性が維持されます。

bundle installコマンドは、Gemfileに定義されたGemパッケージを、同じGemパッケージであるbundlerを利用して、Railsアプリケーションのフレームワークにバージョンの依存関係を考慮して組み込むためのコマンドです。
bundle installを実行すると、Gemfile.lockというファイルが生成されます。組み込まれたGemパッケージのバージョンは、Gemfile.lockを削除して、再度bundle installを実行するかbundle updateを行わない限り、バージョンの依存関係を維持してくれます。ただし、Rubyのバージョンを変更した場合などは、bundle updateを実行する必要があります。

package.json

nodeのパッケージ管理ツール**npm**を使用する場合に必要なファイルです。

Rakefile

Rakeタスクコマンドの実行を管理するためのファイルです。lib/tasksに独自のRakeタスク（タスク名.rake）を作成することで、rakeタスクとして実行が可能です。

README.md

起動実行の手順に関して記述する、説明用のファイルです。

4.2.3　appディレクトリ内のファイルとディレクトリ

アプリケーションディレクトリに作られるディレクトリのうち、appディレクトリは、アプリケー

ションを開発していくうえで最も頻繁に利用するディレクトリです。このディレクトリの中に、MVCモデルに対応するcontrollers（コントローラー）、models（モデル）、views（ビュー）の他、helpers（ヘルパー）、assets（アセット）、mailers（メーラー）といったディレクトリが配置されます（図4.6）。

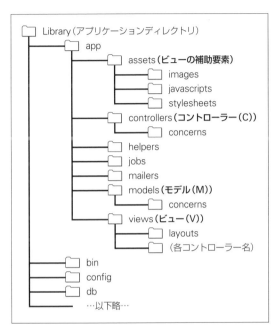

❖図4.6　appディレクトリ内のディレクトリ

　controllers、modelsの2つのディレクトリには、concernsサブディレクトリが生成され、コントローラー、モデルそれぞれの共通コードを記述するファイルを配置することもできます。

　viewsディレクトリには、コントローラー名に対応するディレクトリが作成されます。これにより、コントローラーから指示されるビューテンプレートをディレクトリ名なしで対応付けられます。

　appディレクトリ内にある各ディレクトリとその役割は、次のとおりです。

assets

　Railsアセットファイルを管理するディレクトリです。

　ここでいう**アセット**とは、ビューに組み込むHTML以外のCSSやJavaScript、画像などの要素を表しています。それらアセットのために、assetsディレクトリ内に以下のようなディレクトリが配置されています。

- images：背景図やマークなどのシステム画像を配置するためのディレクトリです。
- javascripts：jQueryなどで使用するJavaScriptファイル（CoffeeScriptを含む）を配置するためのディレクトリです。マニフェストファイル（application.js）によって、各.jsファイルのHTMLへの一括組み込みが管理されています。

4.2.3　appディレクトリ内のファイルとディレクトリ

- stylesheets：スタイルシート用のCSSファイル（SCSSを含む）を配置するためのディレクトリです。マニフェストファイル（application.css）によって、各CSSファイルのHTMLへの一括組み込みが管理されています。

controllers

コントローラークラスを管理するディレクトリです。各コントローラーの継承元となるApplicationController（application_controller.rb）が生成されます。

controllersディレクトリには、さらに以下のディレクトリが配置されています。

- concerns：コントローラー共通のコードを管理するためのディレクトリです。

helpers

ヘルパーモジュールを管理するディレクトリです。共通のヘルパーメソッドを提供するためのApplicationHelper（application_helper.rb）が生成されます。

jobs

ジョブクラスを管理するディレクトリです。各ジョブの継承元となるApplicationJob（application_job.rb）がデフォルトで生成されます。

mailers

メーラークラス（メール制御クラス）を管理するディレクトリです。各メーラーの継承元となるApplicationMailer（application_mailer.rb）がデフォルトで生成されます。

models

モデルクラスを管理するディレクトリです。各モデルの継承元となるApplicationRecord（application_record.rb）がデフォルトで生成されます。

modelsディレクトリには、さらに以下のディレクトリが配置されています。

- concerns：モデル共通コードを管理するディレクトリです。

views

ビューテンプレートを管理するディレクトリです。ビューの共通フレームであるレイアウトを提供するためのlayoutsディレクトリがデフォルトで生成されます。

viewsディレクトリには、以下のディレクトリが配置されています。

- layouts：共通のレイアウトを管理するディレクトリです。ビューテンプレート用のapplication.html.erbファイルとメーラー用のmailer.html.erbファイル、mailer.text.erbファイルがデフォルトで生成されます。
- 各コントローラー名のディレクトリ：各コントローラーに対応するビューテンプレートを管理します。ここで管理されるテンプレートは、共通のレイアウトに埋め込まれてHTMLに変換されます。

例 Libraryアプリケーション

　Chapter 3で作成したLibraryアプリケーションには、すでに図書管理機能「Book」をScaffoldで組み込みました。この結果、appディレクトリのcontrollers、models、viewsには、図4.7のようなファイルが新たに生成されています。

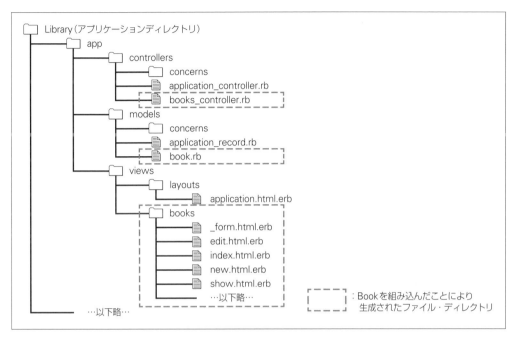

❖図4.7　Bookを組み込んだ際に作成されたファイルとディレクトリ

　図書管理機能を制御するためのBooksController（books_controller.rb）、図書をデータベースのテーブルと連携させるBookモデル（book.rb）、図書のビューを提供するbooksディレクトリ下の各ビューテンプレート（〜.html.erb）など、それぞれの役割に応じて利用されます。

4.2.4　configディレクトリ

　configディレクトリは、実行環境に関する設定情報が入ったディレクトリです。
　configディレクトリ内にある各ディレクトリ／ファイルを図4.8に示します。
　それらの役割は、次のとおりです。

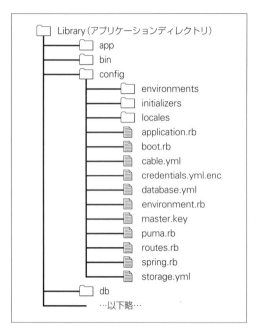

❖図4.8　configディレクトリ

environments
実行環境（開発用のdevelopoment、テスト用のtest、運用用のproductionなど）ごとの設定情報を管理するディレクトリです。Railsサーバー、Railsコンソールを起動する時にどの環境にするかを指定することができますが、何も指定しない場合（デフォルト）は、developmentモードとなります。

initializers
アプリケーションで使用する、さまざまな初期化情報の設定ファイルを管理するディレクトリです。

locales
各国言語別の表示文を管理する国際化対応辞書の役割のロケールファイル（.yml形式）を管理するディレクトリです。

application.rb
各実行環境（開発／テスト／運用）に共通の設定を行うファイルです。ただし、environmentsディレクトリ内の個別設定が優先されます。また、initializersディレクトリ内にあるすべての.rbファイルの初期化情報を組み込む役割を担います。

boot.rb

Gemfileの場所を管理し、起動時にGemfileの一覧からgemのセットアップを行うファイルです。

cable.yml

Action Cable用の、環境別のデフォルトキューアダプターを管理するためのファイルです。

credentials.yml.enc

暗号化キー（secret_key_baseなど）を管理するためのファイルです。このファイル自身も暗号化され、Rails 5.2以前にあったsecrets.ymlの内容を統合しています。

内容を確認するには、次のコマンドを使用して復号します。

```
EDITOR=vi rails credentials:show
```

また、

```
EDITOR=vi rails credentials:edit
```

とすると、viを使用した編集が可能です。ただし、このファイルは通常Railsが自動的に管理するものであり、特別な理由がない限り触るべきではありません。

database.yml

各実行環境（開発／テスト／運用）について、データベースの環境設定を行うためのファイルです。rails newコマンド実行時に指定されたデータベースが設定されます。

environment.rb

Railsサーバーの起動時に、application.rbの初期化を行うファイルです。

master.key

credentials.yml.encの情報を復号するためのキーが保存されているファイルです。

puma.rb

Puma（Rails 5のデフォルトRailsサーバー）の実行環境を設定するためのファイルです。

routes.rb

ルーターの定義ファイルです。HTTPリクエストをコントローラーのアクションに対応付けるためのルート情報を管理します。

spring.rb

Springの制御の設定を行うファイルです。Springとは、Railsアプリケーションの初回起動時に必要なライブラリをロード（プリロード）する役割を担い、効率的な開発を行えるようにするためのプログラムです。

4.2.4　configディレクトリ

storage.yml

Rails 5.2で導入されたActive Storageの環境設定を行うためのファイルです。

練習問題　4.2

1. 次に挙げる、Railsのそれぞれのディレクトリ（フォルダー）の役割を簡単に説明してください。

   - app
   - assets
   - controllers
   - models
   - views
   - config
   - db
   - environments

2. controllers、models配下のconcernsの役割について説明してください。

3. ルートを設定するファイルとその管理場所について説明してください。

4. 環境設定の3つのモードとは何かを説明してください。

5. config/application.rb とenvironments ディレクトリとの関係について説明してください。

6. credentials.yml.encの役割とmaster.keyの関係を説明してください。

7. GemfileとGemfile.lockの関係を説明してください。

8. 次のファイルの生成場所について、簡単に説明してください。

   - schema.rb
   - database.yml

9. レイアウトと他のビューの関係を説明してください。

10. HTML以外の画面構成要素と、その管理方法を説明してください。

4.3　railsコマンド

railsコマンドは、Railsアプリケーションを作成していくうえで使用するコマンドです。すでに、いくつかのコマンドを紹介しましたが、改めて一連のコマンドについて、詳しく見ていきましょう。

4.3.1 rails new：Railsアプリケーションの生成

　Railsアプリケーションを作成する場合、最初に実行するコマンドです。作成したいアプリケーション名を指定して、これから開発する新しいアプリケーションのフレームワークセットを生成します。

```
$ rails new アプリケーション名 [オプション]
```

　指定したアプリケーション名に相当するディレクトリが作成され、その中に、先ほど説明した、一連の標準のフレームワークのセットが生成されます。

　オプションには次のようなものがあります。

-O（--skip-active-record）オプション

　Active Recordを使用しない場合、Active Recordの生成をスキップするためのオプションです。

　例えば、MongoDBなどの固定のテーブルを持たないデータベースの場合、Active Recordに代わるORマッパーを使用します。

-d（--database）オプション

　使用するデータベースを指定するオプションです。指定しない場合は、SQLite3（デフォルト）が使用されます。

　dオプションで指定できるデータベースの種類は、コマンド「rails new -h」で確認できます。

-T（--skip-test-uni）オプション

　標準で用意されている、テスト関連ツールのフレームセットを生成しないためのオプションです。このオプションを付けると、testディレクトリも作成されません。

-B（--skip-bundle）オプション

　bundle installをスキップするオプションです。このオプションを指定しないと、フレームセット生成後、自動でbundle install が実行されます。

--skip-keepsオプション

　標準フレームを構成するディレクトリのうち、空のディレクトリ（concernsやimagesなど）を生成しない場合に使用するオプションです。通常、標準状態で生成されるディレクトリのうち初期時に空のディレクトリは、その中に.keepファイルが自動で生成されます。

--apiオプション

　Rails 5で追加されたAPI（アプリケーションシステム間連携）アプリを作るために有用なオプションです。生成されるコントローラーは、ActionController::APIを継承し、ビューに関連した機能の生成を行わず、軽量なフレームワークを生成します。

4.3.2　rails generator：Railsアプリケーション要素の生成

　Railsアプリケーションに新しい機能を追加していく場合、目的に応じてジェネレーターの種類を選択し、新しいモデルやコントローラーなどのひな型ファイルを生成します。「generator」は、省略して次のように「g」と記述できます。

```
$ rails g ジェネレーター種類 引数 [オプション]
```

　指定できるジェネレーターには次のようなものがあります。

controller

　コントローラーを生成するジェネレーターです。アクション名を指定すると、対応するルートをルーター（routes.rb）に追加し、ビューテンプレートのスケルトン（骨格）をviewsディレクトリに生成します。

```
$ rails g controller コントローラー名 [アクション名 [……]]
```

　アクション名は複数指定できます。モデルに対応するコントローラーを作成する場合、モデル名が英字単数形（例：book）なのに対して、コントローラー名は、英字複数形（例：books）にするのが一般的なルールです。

model

　モデルおよび、データベーステーブルを生成するマイグレーションファイルをdb/migrateディレクトリに生成するジェネレーターです。

```
$ rails g model モデル名 [属性名:タイプ [……]]
```

　属性は、属性名とタイプの組み合わせで複数指定できます。

mailer

　メーラーを生成するジェネレーターです。メソッド名を指定すると、対応するメールテンプレートのスケルトンをviewsディレクトリに生成します。

```
$ rails g mailer メーラー名 [メソッド名 [….]]
```

　メソッド名は、スペースで区切ることで複数指定できます。

migration

　マイグレーションファイルを単独で生成するジェネレーターです。既存モデルの属性や、データベース、テーブルなどの変更を行う場合に使用します。マイグレーションファイルは、名前に生成日時に基づくバージョンIDが付くため、マイグレーションを過去のものに戻すといった操作が可能です。

```
$ rails g migration マイグレーション名 [カラム属性:タイプ […]]
```

4.3　railsコマンド

詳細については、「5.3 マイグレーションとシード機能」で解説します。

scaffold
MVCモデルにのっとり、コントローラー・モデル・ビュー・ルート・マイグレーションファイルといった一連のファイルを生成するジェネレーターです。

```
$ rails g scaffold モデル名 [属性名:タイプ [……]]
```

オプションの指定は、モデルの生成と基本的に同じです。

resource
MVCモデルにのっとり、コントローラー・モデル・ルート・マイグレーションファイルといった一連のひな型を生成するジェネレーターです。ただし、scaffoldの場合と異なり、コントローラー上の標準的な7つのアクションおよび、ビューのテンプレートは生成しません。

```
$ rails g resource モデル名 [属性名:タイプ [……]]
```

オプションの指定は、モデルの生成と基本的に同じです。

task
独自のRakeタスクを作成する場合に使用するジェネレーターです。Rakeタスクは、特別なバッチ（一括）処理を常備する場合に適しています。詳細については、後述します。

> **note** ビューのみを生成するviewジェネレーターはありません。通常、コントローラーのアクション指定に伴って生成するか、Scaffoldで生成する場合にひな型として生成されます。単独で作成したい場合は、エディターでRailsのルールに従って作成します。
>
> 図4.9に、各種rails gコマンドと、それによって生成されるRailsコンポーネントとの関係を示します。

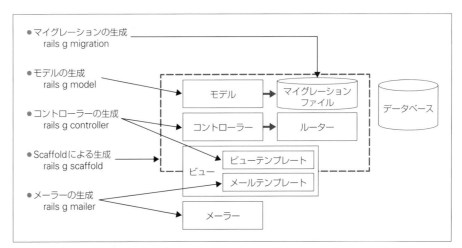

❖図4.9　各種rails gコマンドにより生成されるRailsコンポーネント

4.3.3　rails destroy：generatorコマンドの取り消し

generatorコマンドで生成した一連のファイルを削除する場合には、次のように使用したコマンドの「generator（省略形 g）」を「destroy（省略形 d）」に変更することで簡単に実行できます。

```
$ rails d ジェネレーター種類 引数 [オプション]
```

4.3.4　Railsアプリケーションの起動・運用

Railsアプリケーションの起動・運用に関するコマンドは次のとおりです。

rails server（rails s）

Railsサーバー（Puma）を立ち上げて、Railsアプリケーションを実行する時に使用します（詳細は「4.3.6 rails server：Railsサーバーの起動」で後述します）。なお、一般的なAppatch、Nginxなどの Webサーバーを使用する場合は、別途設定が必要になります。

rails console（rails c）

Railsサーバーを立ち上げずに、対話的にRailsアプリケーションの実装を確認する時に使用します。なお、--sandbox オプションを付けて起動すると、コマンド終了時にデータベースに対する更新処理をロールバックする（戻す）ことができます（詳細は137ページを参照）。

rails dbconsole（rails db）

実装されているデータベースのコマンドラインツールを起動する時に使用します。起動したあとは、それぞれのデータベースツールの操作に従います。

現時点で対象となるデータベースは、SQLite3/MySQL/PostgreSQLの3種となります。なお、rails consoleのような--sandbox オプションは使用できません。

rails runner（rails r）

Webアプリケーションの外から、Railsアプリケーションの環境上で動くバッチ処理（非対話処理）を実行したい場合に使用します。

例えば、UNIX上ではcronコマンドを使用して、定期的なバッチ処理を実行することができます。

次は、Sweeperクラスオブジェクトとして作成したバッチジョブのクラスメソッドstartを実行する例です。

```
$ rails runner Sweeper.start
```

4.3.5　ヘルプオプション

railsコマンドには、使い方を表示するためのヘルプオプション（-h または --help）を使用できます。

```
$ rails -h
```

　railsコマンドのヘルプオプションを使用すると、次のような一覧が表示されます。この中で、「Rails:」として示される一覧と、「Rake:」として示されるサブコマンドの一覧に大きく分かれます。Rake:で示されるサブコマンドについては、さらに「4.5 Rakeタスクコマンド」で説明します。

```
$ rails -h
…… (省略) ……
Rails:
  console
  credentials:edit
  credentials:show
  dbconsole
  destroy
…… (省略) ……

Rake:
  about
  active_storage:install
  app:template
  app:update
  assets:clean[keep]
  assets:clobber
  assets:environment
  assets:precompile
…… (省略) ……
```

　また、-h オプションは、各サブコマンド単位でも使用できます。例えば、「rails server -h」を実行すると、Railsサーバー起動に関するオプションの一覧が表示できます。

```
$ rails server -h
Usage:
  rails server [puma, thin etc] [options]
Options:
  -p, [--port=port]                    # Runs Rails on the specified …
  -b, [--binding=IP]                   # Binds Rails to the specified …
  -c, [--config=file]                  # Uses a custom rackup config…
                                       # Default: config.ru
  -d, [--daemon], [--no-daemon]        # Runs server as a Daemon.
  -e, [--environment=name]             # Specifies the environment to…
…… (省略) ……
```

4.3.5　ヘルプオプション

主なコマンドのまとめ

図4.10に、主なRailsコマンドとその関係をまとめます。

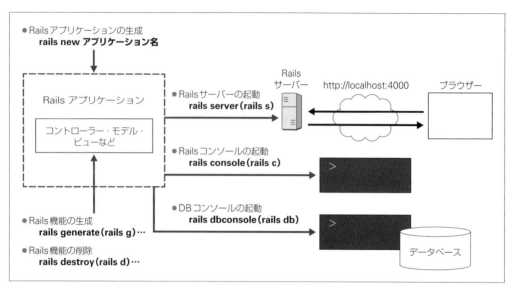

❖図4.10　主なRailsコマンド

4.3.6　rails server：Railsサーバーの起動

　Railsアプリケーションを動かすためには、Railsサーバーを立ち上げます。そのためのコマンドは、「rails server（省略形：rails s）」を使用します。オプションのうち、主なものを表4.2にまとめます。

❖表4.2　rails serverの主なオプション

オプション	役割
-p	Railsサーバー起動時のポート番号を指定する場合に使用します。デフォルトでは3000です。 例：rails s -p 4000
-b	Railsサーバー起動時に特定のIPアドレスに対応付ける場合に使用します。
-d	デーモン（常駐プロセス）として、バックグラウンドで立ち上げる時に使用します。立ち上げ後はコンソール操作から切り離されるため、Linuxのpsコマンド（プロセス一覧）で実行状況を確認できます。 例：rails s -d
-e	Railsサーバーを立ち上げる時の実行環境を指定できます。デフォルトでは、開発環境（development）です。 例：rails s -e test

-bオプションのデフォルト値は起動する環境やバージョンなどによって異なります。
本書で利用している環境においては、開発モードではlocalhost(127.0.0.1)で起動されるため、
-b 0.0.0.0という指定が必要です。

作成済みのLibraryアプリケーションを起動する（rails sを実行する）と次のように表示されます。
なお、オプションとして-b 0.0.0.0を指定してください。

```
$ rails s -b 0.0.0.0
=> Booting Puma
=> Rails 5.2.3 application starting in development
=> Run `rails server -h` for more startup options
Puma starting in single mode...
* Version 3.12.1 (ruby 2.6.3-p62), codename: Llamas in Pajamas
* Min threads: 5, max threads: 5
* Environment: development
* Listening on tcp://0.0.0.0:3000
Use Ctrl-C to stop
```

この状態で、ブラウザーからこのアプリケーションを利用することができます。

Railsサーバーは、tcp://0.0.0.0:3000とあるように、住所であるIPアドレスは0.0.0.0で、宛名であるポート番号は3000になっています。ただし、本書では、vagrantを通じて仮想サーバーとの接続を行っており、その際、ポート番号を4000に変更しています。アドレスは127.0.0.1（localhost）を使用するため、ブラウザーから仮想サーバー経由でRailsサーバーに接続する時は、http://localhost:4000で接続することになります。アプリケーションを終了する（Railsサーバーを終了させる）時は、表示されているように Ctrl + C キーを押しましょう。

4.4 Railsコンソールを使用したRubyの実行

　Railsコンソールは、作成中のRailsアプリケーションの環境を利用して、Railsサーバーを起動せずに、対話的にRubyのコードを実行・検証できるツールです。もちろん、生成されたフレームワークのコンポーネントに対しての検証も可能です。
　そこで、MVCの重要な役割を担うモデル（M）のコンポーネントActive Recordについて、Railsコンソールを使用して検証してみましょう。

4.4.1　モデルとActive RecordとRailsコンソールで検証する

　すでに作成したLibraryアプリケーションのBookモデルを例にします。Bookモデルは、リスト

4.1のようなクラスとして生成され、ApplicationRecordクラスを継承しています。

▶リスト4.1　Library/app/models/book.rb

```
class Book < ApplicationRecord
end
```

また、継承元のApplicationRecordクラスも、リスト4.2のように生成されています。

▶リスト4.2　Library/app/models/application_record.rb

```
class ApplicationRecord < ActiveRecord::Base
  self.abstract_class = true
end
```

ApplicationRecordは、ActiveRecord::Base（Active Recordコンポーネントの核となる部分）を継承していることがわかります。Railsコンソールを使用して、このActiveRecord::Baseについて、いくつか確認をしてみましょう。

まず、作成したアプリケーションディレクトリLibraryに移動して、Railsコンソールを起動します。

```
$ rails c
Running via Spring preloader in process 3169
Loading development environment (Rails 5.2.3)

irb(main):001:0>
```

「rails c」コマンドを実行することで、コマンド入力位置を表示するプロンプトが「irb(main):001:0>」のように変わりました。これで、Rubyの会話型実行ツール「irb」が動いていることが確認できます。

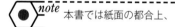

note　本書では紙面の都合上、

```
irb(main):001:0>
```

という表示を

```
>
```

と省略しています。

ただし、単にirbを動かしたのとは違って、Railsアプリケーションの環境の下で動いているため、アプリケーションフレームワークの生成内容をすべて使用することができます。

Railsコンソールを終了させたい場合は、プロンプトから、exitコマンドを実行します。

ここで、ActiveRecord::Baseというクラスがどのようなメソッドを持っているかを確認してみましょう。どのようなメソッドを持っているかは、methodsメソッドを使用して確認できます。実行結果の一部を次に表示します。

```
> ActiveRecord::Base.methods
=>
……（省略）……
:all, :scope, :default_scoped, :scope_for_association,
:default_extensions, :before_remove_const, :scope_attributes?,
:unscoped, :current_scope, :current_scope=, :scope_attributes,
:new, :base_class, :abstract_class?, :finder_needs_type_condition?,
:sti_name, :descends_from_active_record?, :abstract_class,
:polymorphic_name, :compute_type, :abstract_class=, :table_name,
:columns, :table_exists?, :column_names, :attribute_types,
:columns_hash, :prefetch_primary_key?, :sequence_name,
:protected_environments, :_default_attributes, :type_for_attribute,
:inheritance_column, :yaml_encoder, :attributes_builder,
:next_sequence_value, :protected_environments=,
:inheritance_column=, :ignored_columns=,
:initialize_load_schema_monitor, :reset_table_name, :table_name=,
:reset_column_information, :quoted_table_name,
:full_table_name_prefix, :full_table_name_suffix, :ignored_columns,
:reset_sequence_name, :sequence_name=, :column_defaults,
:content_columns, :readonly_attributes, :attr_readonly, :delete,
:update, :create, :create!, :destroy, :instantiate,
:_insert_record, :_update_record, :_delete_record, :===, :inspect,
:allocate, :find, :type_caster, :find_by, :find_by!,
:arel_attribute, :initialize
……（省略）……
```

この中に、「:all」「:delete」「:update」「:create」「:find」「:find_by」といったメソッドを確認することができます。これらはすべて、データベースのテーブルと連携するための、よく利用するメソッドです。つまり、ActiveRecord::Baseクラスは、データベースを処理するためのメソッドを持ち、それをモデルが継承していることを確認することができます。

> *note* クラスに対して、methodsメソッドを使用するとクラスメソッドの一覧を表示します。インスタンスに対してmethodsメソッドを使用するとインスタンスメソッドの一覧を表示します。クラスに対して、インスタンスメソッドの一覧を表示させたい場合は、instance_methodsを使用してください。

4.4.1 モデルとActive Recordの関係をRailsコンソールで検証する

では、ActiveRecord::Baseというクラスがどのように作成されているかを確認しましょう。継承元の親クラスを確認するには、superclassメソッドを使用できます。

```
> ActiveRecord::Base.superclass
=> Object
```

この結果を見ると、ActiveRecord::Baseクラスは、Objectクラスを継承していることがわかります。すでにRubyのオブジェクトは、文字列も数字もインスタンスとして扱われ、そのもととなるクラスは、Objectクラスにさかのぼることは学習しました。つまり、ActiveRecord::Baseの先祖クラスも文字列の先祖クラスも、すべてObjectクラスであり、それぞれの目的に合わせて必要なメソッドを追加して継承されているのです（図4.11）。

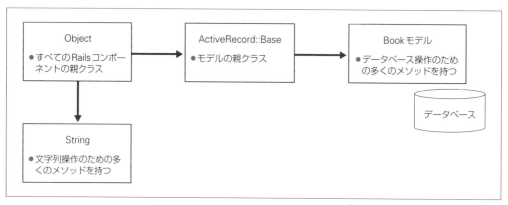

❖図4.11　すべてのクラスがObjectクラスから継承されている

ActiveRecord::Baseが、Objectから継承されているクラスであり、データベースを処理するためのメソッドが追加されていることは確認できました。そこで、すでに生成したBookモデルの状況を確認しましょう。

```
> Book.superclass
=> ApplicationRecord(abstract)

> Book.superclass.superclass
=> ActiveRecord::Base
```

この結果を見ると、BookモデルクラスのｶﾟクラスはApplicationRecordであり、さらにその親クラスはActiveRecord::Baseであることがわかります。

それでは、次のようにBookモデルをインスタンス化し、そのメソッドを確認しましょう。

```
> book = Book.new
=> #<Book id: nil, title: nil, description: nil, created_at: nil, updated_at: nil>
```

```
> book.methods
=> [:updated_at, :title, :description=, :created_at, :title=,
:id_came_from_user?, :id_changed?, :id_change, :id_will_change!,
:id_previously_changed?, :id_previous_change, :restore_id!,
:saved_change_to_id?, :saved_change_to_id, :id_before_last_save,
:will_save_change_to_id?, :id_change_to_be_saved,
:title_before_type_cast, :description,
……（省略）……
```

この中に、「:update_at」「:title」「:created_at」「:description」といったメソッドが存在することがわかります。これは、モデルを作る時に指定したtitle（タイトル）やdescription（説明文）に相当します。また、update_atやcreated_atは、モデルを生成する時に自動的に付加される更新日、作成日に相当します。つまり、モデルで指定される属性（データベースとの関係でいうと「テーブル」の項目）は、インスタンスbookのメソッドに組み込まれていることが確認できます。

ということはつまり、「book.title」「book.description」「book.update_at」「book.created_at」といった使い方が可能だということです。Railsコンソールでは、このようなことが簡単に確認できます。

 ちなみにbook.titleは、インスタンス化された特定のbookオブジェクトが持つ図書のタイトルを取得するための記述です。

さらに次の内容は、Railsコンソール上で、Bookモデルにtitle、descriptionの値を与えてインスタンス化し、saveメソッドでデータベースに保存し、保存したインスタンスのtitle/description/updated_at/created_atを確認している様子を示しています。

```
> book = Book.new(title: "よくわかるRuby", description: "初心者 でも簡単に
学べます")
=> #<Book id: nil, title: "よくわかるRuby", description: "初心者でも簡単に
学べます", created_at: nil, updated_at: nil>

> book.save
   (0.1ms)  begin transaction
  Book Create (15.4ms)  INSERT INTO "books" ("title", "description",
"created_at", "updated_at") VALUES (?, ?, ?, ?)
[["title", "よくわかるRuby"], ["description", "初心者でも簡単に学べます"],
["created_at", "2018-06-14 13:06:08.341337"],
["updated_at", "2018-06-14 13:06:08.341337"]]
   (4.0ms)  commit transaction
=> true

> book.title
```

4.4.1 モデルとActive Recordの関係をRailsコンソールで検証する

```
=> "よくわかるRuby"

> book.description
=> "初心者でも簡単に学べます"

> book.updated_at
=> Thu, 14 Jun 2018 13:06:08 UTC +00:00

> book.created_at
=> Thu, 14 Jun 2018 13:06:08 UTC +00:00
```

　また、次は、すでに登録済みの図書を呼び出している様子です。この時、find_byメソッドを使用して、タイトル名が「Rubyの冒険」という図書を呼び出しています。また、呼び出された図書のidが2であることがわかったため、findメソッドを使用して、直接idで呼び出しています。

```
> Book.find_by(title: "Rubyの冒険")
  Book Load (3.1ms)  SELECT  "books".* FROM "books" WHERE "books"."title"
= ? LIMIT ?  [["title", "Rubyの冒険"], ["LIMIT", 1]]
=> #<Book id: 2, title: "Rubyの冒険", description: "Rubyを通してRailsの
不思議な世界を探検します。", created_at: "2018-09-02 14:06:32",
updated_at: "2018-09-02 14:07:57">

> Book.find(2)
  Book Load (2.7ms)  SELECT  "books".* FROM "books" WHERE "books"."id" =
? LIMIT ?  [["id", 2], ["LIMIT", 1]]
=> #<Book id: 2, title: "Rubyの冒険", description: "Rubyを通してRailsの
不思議な世界を探検します。", created_at: "2018-09-02 14:06:32", updated_at:
"2018-09-02 14:07:57">
```

　以上のように、Railsコンソールを使用すると、作成したモデルを確認し、モデルと連携するデータベースのテーブルへの保存やテーブルデータリソースの状況確認を簡単に行うことができます。なお、ここで登場したfind_byやfindなどのメソッドは、次の章で詳しく説明します。

　ひとまず本章では、モデルがRubyのオブジェクト指向と緊密に結び付いていることを理解しておいてください。

4.4.2　Railsコンソールでルーターの状況を検証する

　ルーターは、クライアントからのHTTPリクエストを最初に認識し、該当のルートを通じてコントローラーのアクションへ振り分ける、重要な入り口です。ルーターが現在どのようなルートを実装しているかは、実装されているルート（一部省略）を次のようなコマンドで確認できます。

```
$ rails routes
    Prefix  Verb    URI Pattern               Controller#Action
     books  GET     /books(.:format)          books#index
            POST    /books(.:format)          books#create
  new_book  GET     /books/new(.:format)      books#new
 edit_book  GET     /books/:id/edit(.:format) books#edit
      book  GET     /books/:id(.:format)      books#show
            PATCH   /books/:id(.:format)      books#update
            PUT     /books/:id(.:format)      books#update
            DELETE  /books/:id(.:format)      books#destroy
……（省略）……
```

　Railsコンソールでは、appオブジェクト（ActionDispatch::Integration::Sessionクラスのインスタンス）を利用して、ルートの実装状態を確認することができます。Railsのルートヘルパー（後述）から実際の宛先URIを確認することや、リクエストを構成するHTTPメソッドと宛先URIの組み合わせから正しくコントローラーのアクションが実行できるかを確認したりすることもできます。

```
> app.books_path
=> "/books"

> app.books_url
=> "http://www.example.com/books"

> app.edit_book_path(1)
=> "/books/1/edit"

> app.get "/books"
Started GET "/books" for 127.0.0.1 at 2019-01-08 09:54:45 +0000
   (1.8ms)  SELECT "schema_migrations"."version" FROM ⏎
"schema_migrations" ORDER BY "schema_migrations"."version" ASC
Processing by BooksController#index as HTML
  Rendering books/index.html.erb within layouts/application
  Book Load (1.6ms)  SELECT "books".* FROM "books"
  Rendered books/index.html.erb within layouts/application (9.1ms)
Completed 200 OK in 700ms (Views: 651.7ms | ActiveRecord: 4.3ms)
=> 200
```

　以上のように、appオブジェクトを使用することで、ルーターの動作確認もRailsコンソール上から実行できます。

4.4.2　Railsコンソールでルーターの状況を検証する

4.5 : Rakeタスクコマンド

ここまで紹介してきたrailsコマンドの他に、よく利用するコマンドとしてRakeタスクコマンドが挙げられます。以前はrakeコマンドとして別のコマンドでしたが、Rails 5からrailsコマンドの中に統合されました。したがって、Rakeタスクは、railsコマンドとして実行します。

railsコマンドの中のこれらRakeタスクコマンドは、マイグレーション（データベースの生成）やテストなどのRailsアプリケーションにかかわる、さまざまなタスクの実行を次の形式で実行します。

```
$ rails [タスク] [オプション]
```

Railsアプリケーションで使用できるRakeタスクは、「rails new」で生成されたRakefileによって管理されます。Rakeタスクの一覧を表示するには、rails -T（または rails --tasks）を実行します。なお、-Tオプションの引数に文字列パターンを指定するとその文字列パターンで絞り込んで表示できます。

次は「rails -T 'ro'」コマンドの実行結果です。

```
$ rails -T 'ro'
rails assets:environment  # Load asset compile environment
rails db:drop             # Drops the database from DATABASE_URL or
config/...
rails db:environment:set  # Set the environment value for the database
rails db:rollback         # Rolls the schema back to the previous version
(...
rails routes              # Print out all defined routes in match order,
wi...
```

右に表示される説明文は、長い場合省略されます。すべてを表示する場合は、-D（または --describe）オプションを使用します。

4.5.1 主なタスクコマンド

ここでは、主なRakeタスクコマンドを紹介します（表4.3）。

❖表4.3 主なRakeタスクコマンド

種別	コマンド	概要
アプリケーションの状態確認・操作	rails stats	コード統計
	rails routes	ルート一覧
	rails notes	ノート情報
	rails about	Rails関連の情報表示
	rails log:clear	ログのクリア

種別	コマンド	概要
データベースに対する構築操作	rails db:migrate	マイグレーションの実行
	rails db:seed	初期データの登録
	rails db:setup	スキーマからテーブルを作成し、seedを実行
	rails db:drop	データベース削除
Rails標準テスト操作	rails test	標準テストの実施
	rails db:fixtures:load	テストデータのロード
その他		

rails routes

ルーターの実装状況を確認するコマンドです。configディレクトリにあるroutes.rbファイルに設定されている、現在利用可能なルートの一覧を表示します。利用可能なURIパターンと「コントローラー＃アクション」の対応関係が、一覧で確認できます。詳細は、「8.2 ルート設定とルーティングヘルパー」で説明します。

rails db:migrate

マイグレーション（データベーステーブルなどの生成作業）を実行するコマンドです。マイグレーションファイルを利用して、対応するデータベース・テーブルやインデックスなどの作成や変更・追加を行うことができます。詳細は「5.3 マイグレーションとシード機能」（マイグレーション）で説明します。

rails db:create

Rails側から連携するデータベース領域を確保するコマンドです。SQLite3を使用する場合は、Railsがあらかじめデフォルトで確保するため不要です。

rails db:setup

データベースをスキーマから再作成するコマンドです（詳細は後述）。

rails db:drop

データベースを削除するコマンドです（詳細は後述）。

rails db:reset

drop、setup を一連で行うコマンドです（詳細は後述）。

rails db:seed

データベースの存在するテーブルへあらかじめ用意した初期データを投入する際に使用するコマンドです（詳細は後述）。

4.5.1 主なタスクコマンド

rails test

アプリケーションのテストを行う時に使用するコマンドです。詳細は、Chapter 13で説明します。

rails db:fixtures:load

rails testで使用するテストデータをフィクスチャファイルからデータベースに投入する時に使用するコマンドです。rails testの実行で自動的に組み込むことができます。

rails stats

現在のアプリケーションのRubyコード統計情報を表示するコマンドです。コントローラーの総行数、メソッドの数などが表示されます。

rails notes

アプリケーションのソースコードに埋め込んだコメントのうち、TODO（やるべきこと）、FIXME（修正）、OPTIMIZE（最適化）のキーワードがあるものを抽出し、その行の内容と場所を一覧で表示するコマンドです。

例えば、Rubyコード中に次のようなコメントとして記載しておくと、notesコマンドで表示してくれます。

```
# TODO: 追加が必要です。
# FIXME: 修正内容（・・・・・）
# OPTIMIZE: 最適化したい内容（・・・・・）
```

rails about

使用しているRails関連ライブラリのバージョンを確認するコマンドです。

rails log:clear

現在のログファイルを空にするコマンドです。

以上で、Railsのフレームワークの概略および、Railsのアプリケーション開発作業を進めるうえで必要な、各ディレクトリの役割やコマンドについて、その概要を解説しました。

特にRailsコンソールを使用することで、Railsの仕組みをいろいろ確認していくことが可能です。本書に記載した例にならって、ぜひ、自分自身でいろいろ確認してみることをおすすめします。

146　4.5　Rakeタスクコマンド

練習問題 4.3

1. Railsアプリケーションを作成するうえで、最初に行うことは何ですか。

2. Railsアプリケーションで、データベースとしてSQLite3を使用する場合とPostgreSQLを使用する場合でのアプリケーションの生成方法の違いについて説明してください。

3. ビューを生成するジェネレートコマンドについて説明してください。

4. Railsコマンドの「c（console）、s（server）、db（dbconsole）」のオプションの違いについて説明してください。

☑ この章の理解度チェック

1. Reservationアプリケーションで、Railsサーバーを起動して、現在のRoom モデル（会議室）の登録件数をRoom一覧で確認してください。登録がない場合は、数件登録してください。

2. **1.** の結果を踏まえて、Railsコンソールで次の内容を実行してください。

   ● 現在のRoomの登録されたすべてのデータおよび件数を確認する。
   ● 現在の登録されたRoomデータのうち、任意の1件だけをインスタンス化する。
   ● 任意のインスタンス化したオブジェクトのメソッドを確認する。

   ただし、上記確認のために次のメソッドを使用してください。

   ● 登録済みのすべてのデータを取得するモデルのクラスメソッド：all
   ● 登録済みのデータ件数を取得するモデルのクラスメソッド：count
   ● 特定のidデータを取得するモデルのクラスメソッド：find(id値)
   ● インスタンスの持つメソッドをすべて取得するメソッド：methods

   ※putsを使用し、sortを付加して「puts インスタンス.methods.sort」のようなコマンドを実行すると、アルファベット順に改行され表示されます。

3. ReservationアプリケーションのTopコントローラーのindexアクションに、次のコメントを追加し、Rakeタスクコマンドで挿入場所を確認してください。

   # TODO: トップページです。（適切なあいさつ文をビューに記載してください）

4. Rakeタスクコマンドを使用して、Reservationアプリケーションの現在のコードのソース行数（lines数）を確認してください。

モデルに命を与える Active Record

この章の内容

- 5.1 モデルの役割
- 5.2 モデルの作成
- 5.3 マイグレーションとシード機能
- 5.4 CRUD操作と標準装備のメソッド
- 5.5 まとめ

本章では、Railsアプリケーションを構築するうえで重要な役割を担うMVCのうち、Mにあたる**モデル**について見ていきます。

5.1 モデルの役割

5.1.1 モデルとActiveRecord

初めに、モデルについて改めて考えてみましょう。MVCの構成において、**モデル**とは、データベースとやり取りする役割を持ちます。

モデルは次のように記述します。モデル名は通常、先頭が大文字の、英字の単数形で表します。

```
class モデル名 < ApplicationRecord
end
```

これを見てわかるように、モデルは、**ApplicationRecord**クラスを継承したクラスオブジェクトです。ApplicationRecordはActiveRecord::Baseを継承しているクラスでしたね。改めて、Libraryアプリケーションでも Railsコンソールを使用して「ApplicationRecord.superclass」と入力することで確認しておきましょう。

```
$ rails c

> ApplicationRecord.superclass
=> ActiveRecord::Base
```

先述したとおり、ActiveRecord::Baseは、データベースを操作するための多くのメソッドを有しています。そのことは、モデルがデータベースを操作するメソッドを継承しており、それらのメソッドを利用できることを意味しています。モデルは、それらのメソッドを利用して、自らと連携するデータベースのテーブルに存在する個々のデータを、それぞれインスタンスとして生成できます。つまり、データを利用する時、そのデータに相当する値のセットをモデルクラスの初期値としてインスタンス化するのです（図5.1）。

モデルの役割は、アプリケーションに必要なものを「実体」であるインスタンスとして生み出すことです。Libraryアプリケーションにおける貸し出しのシステムを例にすると、図書モデルや借り主モデルだけでなく、貸し出す手続きそのものも、貸し出しを記録するもの（貸し出し台帳）という実体です。これらはすべて、Libraryアプリケーションで利用されるモデルオブジェクトです。

つまり、モデルについて理解することは、Railsアプリケーションの中で活躍する主要なオブジェクトをどのように作成していくか、を理解することに他なりません。まずは、モデルの役割の理解を深め、モデルのインスタンスをどのように用意して、利用するかを知ることがこの章の大きなテーマになります（図5.2）。

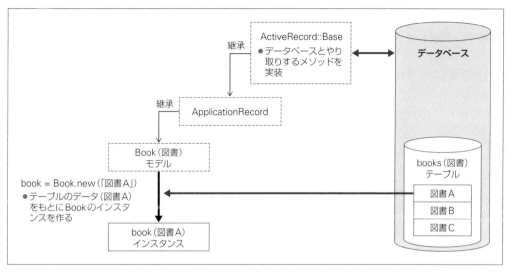

❖図5.1 テーブルのデータをもとにモデルインスタンスを作成する

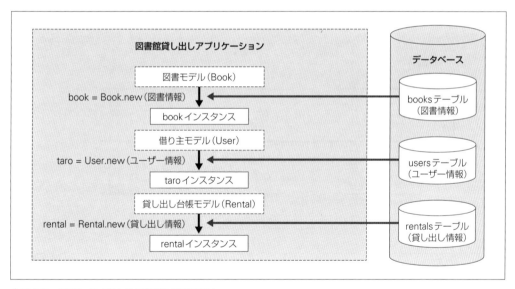

❖図5.2 モデルインスタンスの準備と利用の流れ

　実際にモデルをインスタンス化し、利用するのは、制御を担当するコントローラー（C）です。となると、「モデルはコントローラーがなければ何もできないのでは？」と思うかもしれません。しかし、皆さんはChapter 4ですでに、コントローラーがなくてもモデルを活躍させる手段を手に入れています。そう、Railsコンソールです。

　本章では主にRailsコンソールを使いながら、モデルに対して直接指示し、操作・確認を行います。

5.1.1　モデルとActiveRecord

Active Recordの役割

Active Recordとは、モデルの重要な役割を担うRailsコンポーネントの一つです。具体的には、データベースのテーブルとモデルの関係付けを行う役割を担っています。一般的に、そのように関係付けの役割を果たす仕組みを**ORM**（Object-Relational Mapping）といい、Active RecordはRailsが提供するORMといえます。

それでは、ORMによる関係付けとは、具体的にはどのようなことなのでしょうか。

通常、データベースを操作するには**SQL文**という言語を使用します。SQL文は利用するデータベースの種類ごとに方言があり、どのデータベースを使用するかによってアプリケーションを変更する必要がありますが、これは決して楽なことではありません。ORMの役割の一つが、それら方言の違いを一手に引き受けて、共通語のメソッドで利用できるようにしている、ということです。

データベースを処理するためのモデルのメソッドを呼び出すと、裏で実際に利用しているデータベースのSQL文に変換され、テーブルに対してSQL文が実行されます（図5.3）。そのため皆さんは、データベースの種類が違っても、SQL文の形式や文法の違いを考えることなく同じメソッドを使用して同じように処理ができるのです。

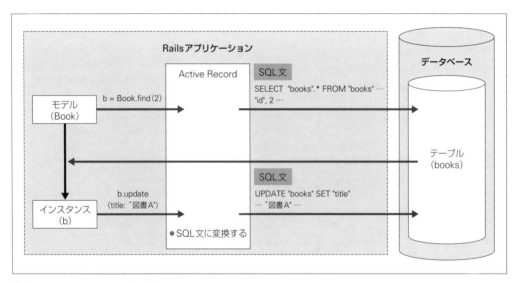

❖図5.3　Active Recordの役割

Active Recordは、テーブルの1行（1件のデータリソース）を、1つのモデルのインスタンスとして生成します。そして、テーブル行の各カラム（項目）の名前と同じメソッドを使って、そのインスタンスが持つ属性とやり取りすることになります。例えば、Bookモデルのtitle属性は、booksテーブルのtitleカラムに対応しており、Bookモデルのインスタンスは、titleメソッドを使用して、タイトルの値を取得できます（図5.4）。

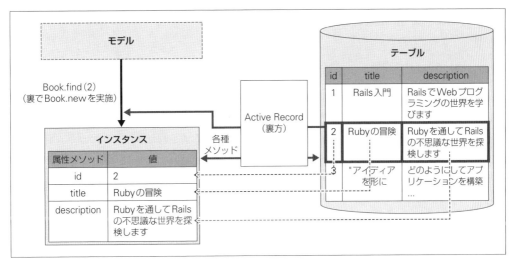

❖図5.4　モデルとテーブルの関係

　このように、Railsアプリケーションにおいてモデルを操作してデータベースとやり取りする際は、裏方としてActive Recordが活躍しているのです。

5.1.2　モデル属性とテーブルカラムの関係例

　LibraryアプリケーションのBookモデルについて、改めて確認してみましょう。Bookモデルは、リスト5.1のようなコードとして生成されています。

▶リスト5.1　app/models/book.rb

```
class Book < ApplicationRecord
end
```

　モデルに指定したはずのtitleやdescriptionといった属性は、この中には明示されていません。一方、マイグレーションを行った時に生成された**スキーマ**（リスト5.2）を見ると、次のように記述されていることがわかります。

▶リスト5.2　db/schema.rb

```
……（省略）……
create_table "books", force: :cascade do |t|
  t.string "title"
  t.text "description"
  t.datetime "created_at", null: false
```

```
    t.datetime "updated_at", null: false
  end
……（省略）……
```

　スキーマとは、生成されたデータベースのテーブルを示す情報です。例えば、create_table "books"という記述を見ることでbooksテーブルが生成されていることがわかります。また、do〜endブロックの中に指定されているtitleやdescriptionという項目から、作成されたテーブルのカラムもわかります。

　さらに、モデルインスタンスの「項目名と同名のメソッド」で、テーブルに登録された値を取得することができます。Active Recordがモデルに対して項目の名前に相当するメソッドをインスタンスメソッドとして組み込んでくれるため、モデルをインスタンス化することで、それぞれのメソッドを使用して、属性項目の値を取得することができるのです。例えば先ほどのBookモデルでは、booksテーブルのtitleとdescriptionに登録された値を、titleメソッドやdescriptionメソッドで取得できるというわけです。

　Railsコンソールを使用して確認してみましょう。

```
> book = Book.find(2)
  Book Load (2.9ms)  SELECT  "books".* FROM "books" WHERE "books"."id" = ⏎
? LIMIT ?  [["id", 2], ["LIMIT", 1]]
=> #<Book id: 2, title: "Rubyの冒険", description: "Rubyを通してRailsの不思議⏎
な世界を探検します。", created_at: "2018-09-02 14:06:32", updated_at: "2018-⏎
09-02 14:07:57">

> book.title
=> "Rubyの冒険"

> book.description
=> "Rubyを通してRailsの不思議な世界を探検します。"
```

　この例では、すでに登録してある「id: 2」の図書の情報を、Bookモデルのfindメソッドを使用して取得し、インスタンス化しています。この場合、findメソッドは内部で「booksテーブルのidが2に相当するデータを取得し、インスタンス化する」という一連の作業を行っています。次に、そのインスタンスをローカル変数bookに代入しており、「book.title」「book.description」としてメソッドを実行し、各データの値を参照しています（図5.5）。

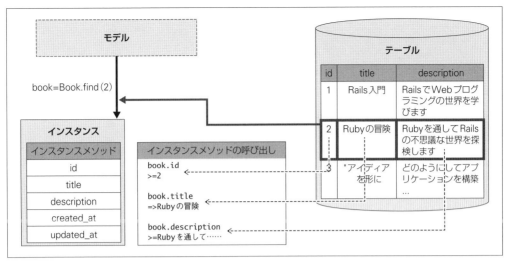

❖図5.5　findメソッドによって、id: 2の図書情報をインスタンス化する

5.1.3　モデルに実装される機能

　ここまで見てきたように、モデルとは、データベースのテーブル（一般的には表のような形式）で管理されるデータリソースを、Railsの中で一手に引き受けて取り扱うためのオブジェクトです。

　一般的に、さまざまな種類のデータリソースは、それぞれ別のテーブルで管理されます。したがって、モデルもテーブルごとに必要になると考えるのが自然です。そのため、通常、モデルは1種類のデータリソースを表現するオブジェクトだと考えることができます。

　Chapter 2ですでに学習したように、オブジェクトのメソッドは、カプセル化することで相互の処理の関係をシンプルに、かつ、わかりやすくすることができます。モデルはデータリソースを表現するオブジェクトであり、そのデータリソースに関するメソッドは、モデルの中に組み込むことになります。

　実際にRailsでは、次のようなメソッドを標準でモデルに組み込むことができます（図5.6）。

- データリソースのライフサイクル（新規登録〜削除）を実現する機能：CRUD操作・コールバックなど
- データリソースの個々の属性の正当性を保証し、正常に保つ機能（バリデーション）：外部から入力される値の妥当性の検証など
- データリソースの処理の対象範囲（のぞき窓）を制御する機能：スコープ
- モデル同士の相互の関係（効率的なリソースの関係）を適切に保つ機能：アソシエーション
- データリソース内の整合性を保証する機能：ロック機能
- データリソースをよりスマートに管理する機能：attributes API・仮想的な属性

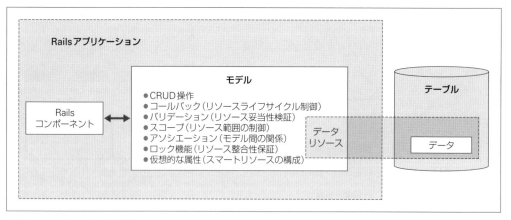

❖図5.6　モデルに必要な機能

また、データベーステーブルと連携するためのツールとして、次のものが用意されています。

- モデルにひも付くテーブルをデータベースに実現するツール：マイグレーション
- テーブルに初期のデータリソースを供給するツール：シード機能

後ほど「5.4 CRUD操作と標準装備のメソッド」以降で、これらの内容を個別に取り上げ、より詳細に説明していきます。それぞれの機能や組み込み方法を理解することによって、モデルをより有効に、そしてスマートに活用することができるようになります。

練習問題　5.1

1. Active RecordとORMの関係について説明してください。
2. モデルに定義した属性は、どこにどのように実装されているか説明してください。
3. モデルの属性の値を取得する場合、どのように行うのかを説明してください。
4. Railsコンソールを利用して、以下の操作を行ってください。
   - Chapter 3の理解度チェックで作成したReservationアプリケーションのRoomモデルを使い、データベースのroomsテーブルにすでに登録されている会議室データのインスタンスを作成（findメソッドを実行）してください。
   - 属性メソッドを通して、個々のデータリソースのカラム内容（属性値）を確認してください。（なお、現在登録されている全データのインスタンスを取得するには、Bookモデルのallメソッド（Book.all）を使用できます）
5. モデルに実装される機能には、どのようなものがあるか例示してください。

5.2　モデルの作成

Railsアプリケーションは、モデルを通してデータベースのテーブルとやり取りすることでデータを蓄積したり呼び出したりして、さまざまな処理を行います。したがって、モデルはアプリケーションの中でも中心的な役割を果たしているといえます。そのため、どのようにモデルを生成するかや、モデルを通してどのようにデータリソースのライフサイクル（登録から削除までの一連の操作）管理を行うかを理解することは、大変重要です。

5.2.1　モデルの作成手順とモデル生成

それではまず、モデルの作成手順から見ていきましょう。モデルを作成する手順は次のとおりです。

1. 対象となるモデルを生成する
2. マイグレーションを行い、モデルに対応するテーブルを作成する
3. モデルの基本の検証を行う
4. 動作検証に基づいて、モデルに必要な機能を追加する

以上の手順に従って、一つ一つ理解を深めていきましょう。

すでに見てきたように、モデルはActive Recordコンポーネントに含まれるActiveRecord::Baseを継承したクラスとして作成します。

note　その際、Rails 5からはApplicationRecordクラスを経由することになります。

この結果、モデルは、ActiveRecord::Baseが持つデータベースを処理するためのさまざまなメソッドを利用できるようになります。例えばデータベースのテーブルに追加されるカラムの値は、モデルインスタンスを通じ、属性と同じ名前のメソッドで取得することができます。

モデルを生成するには通常、Railsコマンドで次のようにモデル生成コマンドを実行します（図5.7）。もちろん、Scaffoldを指定することで、モデルを含むMVCに即したファイル一式を生成することも可能です。

　　$ rails g model モデル名 [モデル属性] [オプション] ….

なお、生成されるモデル（モデルクラス）はapp/modelsディレクトリに配置されます。

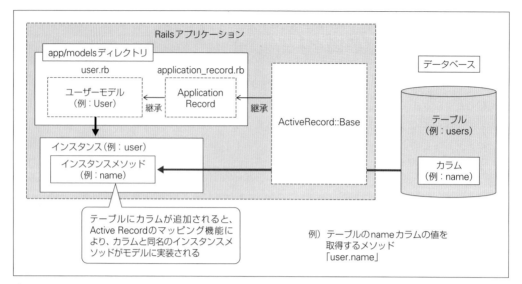

❖図5.7　モデルの生成

　コマンド引数のうち「モデル名」は通常、英語の小文字単数形で指定します。生成されるモデルクラス名は、Railsのルールに従って先頭が英大文字の名前となりますが、もし途中に「_」がある場合は、「_」を省略して、先頭が大文字のキャメル形式に変換されます。また、マイグレーションによってモデルに対応して生成されるデータベースのテーブル名は、モデル名の英小文字複数形となります。

　例えば、モデル名をそれぞれ「book」「user」「user_address」「person」「mouse」と指定して先ほどのコマンドを実行すると、生成されるモデルのクラス名は「Book」「User」「UserAddress」「Person」「Mouse」となり、テーブル名は「books」「users」「user_addresses」「people」「mice」となります。

　コマンド引数のうち「モデル属性」は、対応するデータベースのテーブル項目（カラム）に相当します。モデル属性の指定形式は、次のとおりです。

　　　属性名[:データ型][:オプション]

　「属性名」（カラム名）には、任意の名前（半角アルファベット小文字、数字、および「_」）を指定できます。「データ型」「オプション」の詳細は後述します。

　図5.8に、Userモデルを生成する際の例を示します。モデル属性としてname、emailの2つを指定し、それぞれのデータ型（後述：163ページ）にはstring（文字列）を指定しています。

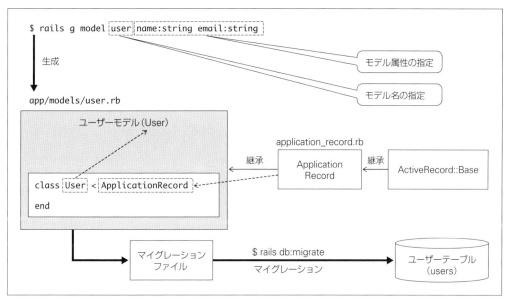

❖図5.8 モデル生成とテーブル生成

5.2.2 モデル生成の例

それでは、モデルを実際に生成してみましょう。一例として、すでに生成済みのLibraryアプリケーションに対し、名前（name）、住所（address）、メールアドレス（email）、誕生日（birthday）という属性を持つユーザー（User）モデルを生成・追加します。

rails generate modelの実行

各属性に対して、nameとaddressのデータ型（後述）はstring（文字列）、birthdayのデータ型はdate（日付）として指定します。具体的には、それぞれのモデル属性をname:string、address:string、email:string、birthday:dateと設定することになります。すると、データベースにも、それぞれの属性に相当するカラムを持つユーザーテーブル（users）が生成されます。

ユーザーモデルを生成するコマンドは次のとおりです。

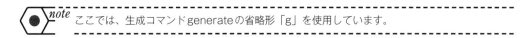
note ここでは、生成コマンドgenerateの省略形「g」を使用しています。

```
$ rails g model user name:string address:string email:string
  birthday:date
```

実行すると、次のような内容が表示されます。

```
$ rails g model user name:string address:string email:string ⏎
  birthday:date
Running via Spring preloader in process 8698
      invoke  active_record
      create    db/migrate/20190110092703_create_users.rb
      create    app/models/user.rb
      invoke    test_unit
      create      test/models/user_test.rb
      create      test/fixtures/users.yml
```

この結果、ユーザーモデルファイル（app/models/user.rb）だけでなく、同時にいくつかのファイルが生成されていることがわかります。

マイグレーションファイルの確認

まず、db/migrateディレクトリ直下に生成された「＜数字14桁＞_create_users.rb」といった名前のファイルを見てみましょう。このファイルは**マイグレーションファイル**といい、ユーザーモデルに相当するデータベースのユーザーテーブルを作成するためのファイルです。マイグレーションファイルの内容はリスト5.3のようになっています。

ファイル名の先頭に付いている14桁の数字はバージョンID（後述）であり、生成タイミングごとに異なった値になります。

▶リスト5.3　Library/db/migrate/20190110092703_create_users.rb

```ruby
class CreateUsers < ActiveRecord::Migration[5.2]
  def change
    create_table :users do |t|
      t.string :name
      t.string :address
      t.string :email
      t.date :birthday
      t.timestamps
    end
  end
end
```

CreateUsersクラスは、ActiveRecord::Migration[5.2]を継承することで、マイグレーションのメソッドを有しています。そしてchangeメソッドの中で、create_tableメソッドを使用してusersテーブルを作成し、属性として、name/address/email/birthdayの4つを追加するように設定されていま

す。さらに、t.timestampsという属性も追加されていますが、これは、created_at（登録日）、updated_at（更新日）を生成する属性です。

なお、ここには記述されていませんが、特定のデータリソースを一意に認識する主キーid（データ型：integer）も自動的に付加されています。

 テーブルのid/created_at/updated_atカラムは、一般的にどのデータリソースでも必要な項目であるため、モデルの生成時に自動的に付加されます。
Railsは、設定を自動で行うためのさまざまな規約を用意しており、それを理解して従うことで、特に気にすることなくシンプルなアプリケーションの作成ができるようになります。これこそが、冒頭で掲げたCoC（設定より規約）の一例です。

rails db:migrateの実行

Rakeタスクコマンドのrails db:migrateを実行することで、このマイグレーションファイルに対応するusersテーブルを生成することができます。

 データベースとしてデフォルトのSQLite3以外を使用する場合は、データベースの領域を確保するコマンド（rails db:create）を先に実行しておく必要があります。なお、rails db:createは各アプリケーションについて一度実行していれば問題ありません。

```
$ rails db:migrate
== 20190110092703 CreateUsers: migrating =====================================
-- create_table(:users)
   -> 0.0072s
== 20190110092703 CreateUsers: migrated (0.0079s) ============================
```

この結果、データベースのテーブルと連携したモデルが利用できるようになります。実際にモデル生成時に使用する属性のタイプやマイグレーションについては、後ほどさらに理解を深めていきましょう。

5.2.3 生成されたモデルの挙動確認

次に、Railsコンソールを使って、生成されたUserモデルに対して最低限の挙動確認を行ってみましょう。詳しい挙動については、「5.4 CRUD操作と標準装備のメソッド」で説明します。

挙動の確認は、次のような手順で行います。

1. 新規のユーザーインスタンスを1つ作ります。この時、Userモデルのname属性とemail属性に値を設定してインスタンス化します。

   例：taro = User.new(name: "山田太郎", email: "taro@samplemail.com")

2. インスタンス化したオブジェクトをsaveメソッドで保存します。例：taro.save

3. 保存されたかどうかを確認するために、allメソッドを使用して、保存されているすべてのUserをインスタンスとして呼び出します。例：User.all

4. さらにもう1つの新しいインスタンスを作成して、同じことを繰り返します。

   例：hanako = User.new(name: "佐藤花子", email: "hana@samplemail.com")

実際の作業例は次のようになります。皆さんも自身で行ってみましょう。

```
$ rails c
Running via Spring preloader in process 8781
Loading development environment (Rails 5.2.3)

> irb(main):001:0> User.all
…… (省略) ……
=> #<ActiveRecord::Relation []>

> taro = User.new(name: "山田太郎", email: "taro@samplemail.com")
=> #<User id: nil, name: "山田太郎", address: nil, email: ↵
"taro@samplemail.com", birthday: nil, created_at: nil, updated_at: nil>

> taro.save
   (0.2ms)  begin transaction
…… (省略) ……
   (7.8ms)  commit transaction
=> true

> User.all
…… (省略) ……
=> #<ActiveRecord::Relation [#<User id: 1, name: "山田太郎", address: nil, ↵
email: "taro@samplemail.com", birthday: nil, created_at: "2018-09-07 07:↵
14:51", updated_at: "2018-09-07 07:14:51">]>

> hanako = User.new(name: "佐藤花子", email: "hana@samplemail.com")
=> #<User id: nil, name: "佐藤花子", address: nil, email: ↵
"hana@samplemail.com", birthday: nil, created_at: nil, updated_at: nil>

> hanako.save
   (0.1ms)  begin transaction
```

```
……（省略）……
    (6.5ms)  commit transaction
=> true


> User.all
……（省略）……
=> #<ActiveRecord::Relation [#<User id: 1, name: "山田太郎", address: nil, ↵
email: "taro@samplemail.com", birthday: nil, created_at: "2018-09-07 07:↵
14:51", updated_at: "2018-09-07 07:14:51">, #<User id: 2, name: "佐藤花↵
子", address: nil, email: "hana@samplemail.com", birthday: nil, created_↵
at: "2018-09-07 07:16:05", updated_at: "2018-09-07 07:16:05">]>
```

User.allメソッドは、存在するデータをすべてインスタンス化して配列として参照する、Active Recordのメソッドです。ここでは、ユーザーが存在しているかどうかを確認するために使用しています。

この例では最初にUser.allを実行していますが、もちろんユーザーは1件も存在しないため、結果としては空の配列ActiveRecord::Relation []が返ってきています。

次に

```
taro = User.new(name: "山田太郎", email: "taro@samplemail.com")
```

によって、新しいユーザーインスタンスを生成し、taroという変数に代入しています。この結果、taroは「山田太郎」というname属性と「taro@samplemail.com」というemail属性を持ったインスタンスになっています。それから、Userモデルに継承されているActive Recordのsaveメソッドを使用して、usersテーブルに保存しています。

この結果、再度User.allを呼び出すと、保存された「山田太郎」の値を持つインスタンスが配列の中に生成されます。さらに「佐藤花子」でインスタンス化して同じ作業を繰り返してからUser.allを呼び出すと、2つのインスタンスを持つ配列を取得できます。

正常に処理が実行できていれば、以上のようにUserモデルがusersテーブルと連携してインスタンスを生成する、という挙動が正しいことを確認できました。

5.2.4　モデルの属性タイプ（データ型）

一般的な属性のタイプ

モデルの属性を指定する時に、文字タイプや日付タイプといった属性の種類を指定する必要があります。指定できるモデルの属性の**タイプ**（**データ型**）には次のようなものがあり、それぞれ扱える値が変わります。

表5.1に、一般的な属性タイプの例を示します。

❖表5.1　一般的な属性タイプの例

種類	データ型	役割
文字列系	string	短い文字列を扱う（ワード型）
	text	長い文字列を扱う（複数行の文章型）
数値系	integer	整数を扱う
	bigint	大桁整数を扱う
	float	2進形式の浮動小数（精度を要求しない一般的な小数値）を扱う
	decimal{精度,スケール}	10進形式の浮動小数（精度の高い小数）を扱う。「精度」には全体の桁数を、「スケール」には小数点以下の桁数を指定する。なお、{精度,スケール}を指定する場合は、必ず項目全体を文字列として指定する。 例：'price:decimal{5,2}'
日付・時刻	date	日付のみの場合に利用
	time	時間のみの場合に利用
	datetime	日時の場合に利用
	timestamp	日時を自動更新する場合に利用
その他	boolean	真偽値を扱うブーリアン型（真（true）、偽（false）の2つの値のみの型）を扱う
	binary	バイナリ（2進数値）を扱う
キー関連 （主キー、外部キー）	primary_key	主キーを設定する。Railsでは、idが自動で主キーになる
	references{polymorphic}	アソシエーション、ポリモーフィック型を扱う

データベースの種類に特有なデータ型

　データベースの種類ごとに、特有のデータ型が用意されています。ただし、あるデータベースに特有のデータ型を使用してしまうと、他の種類のデータベースに変更する際に考慮が必要です。なお、デフォルトのSQLite3では特別なデータ型は存在しないため、特に意識する必要はありません。

　表5.2に、PostgreSQLで有効なデータ型の例を示します。

❖表5.2　PostgreSQLで有効なデータ型

データ型	クラス	役割
inet	IPAddr	IPアドレスを保存
cidr	IPAddr	IPネットワークアドレスを保存
macaddr	String	MACアドレス（通信機器固有のアドレス）を保存
json、 jsonb	JSON	JSON形式で配列やハッシュを保存（bはバイナリの意味）
daterange	Range	日付の範囲を保存

属性のオプション

モデルの属性（テーブルのカラム）に対して、表5.3のようなオプションを付加することができます。オプションは、モデル属性の指定に続けて、次のように「:」を付加して指示します。

```
email:string:uniq
```

❖表5.3　属性の主なオプション

オプション	役割
uniq	属性の値をユニーク（一意）にしたい場合に付加するオプション。同じ値をテーブルに登録しようとすると例外エラーが発生する。例：同じメールアドレスの登録を禁じる場合
index	対象の属性をインデックスキー（検索用のキー）として使用するためのオプション

練習問題　5.2

1. モデルの生成時に自動で付加される属性（テーブルカラム）を列挙し、それぞれの役割を説明してください。

2. Chapter 3の理解度チェックで作成したReservationアプリケーションに、新しく「Entry」（予約エントリ）モデルを次の要件に従って作成してください。モデルの生成は、Scaffoldではなく、modelを使用してください。

属性名	属性内容	属性のタイプ	属性オプション
user_name	予約者名	文字タイプ	
user_email	予約者のメールアドレス	文字タイプ	ユニーク制約
reserved_date	予約日時	日時タイプ	
usage_time	使用時間（0.5時間単位で入力可）	浮動小数点タイプ	
room_id	予約会議室のID	整数	
people	参加人数	整数	

3. 2.で作成したモデルに対し、マイグレーション(rails db:migrate)を行ってから、Railsコンソールを使用して、Entryモデルの次の挙動を確認してください。

- 新規のインスタンス化を行う：属性の値を適当に設定してください。予約日時の値を指定する場合は、"2019-05-01 13:30:00"という形式で指定してください。なお、日時は、to_datetimeメソッドを付加することで「"2019/5/1 13:30:0".to_datetime」または「"20190501 1330".to_datetime」のように指定してもかまいません。
- 新規作成したインスタンスを保存する
- allメソッド・findメソッドを実行

5.2.4　モデルの属性タイプ（データ型）

5.3 マイグレーションとシード機能

5.3.1 マイグレーションとは

　Railsの世界でいう**マイグレーション**（移行）とは、**マイグレーションファイル**を使って、Rails側から別の世界にあるデータベースを作成・更新するための作業です。先述のとおり、モデルを生成することによって、モデルと連携するデータベースのテーブルやインデックスを作成するためのマイグレーションファイルが作られます。通常、このファイル情報をもとにマイグレーションを行います。

　本来、データベースは利用するデータベースが持つツールで独自に作成する必要があるため、そのデータベースを十分理解したうえで作成すべきとされています。しかしRailsでは、マイグレーションの機能によって、データベースの深い知識がなくても、必要なデータベースのテーブルをRails側から簡単に生成することができます（図5.9）。テーブルの新規作成だけでなく、テーブルのカラムやインデックスの追加・更新・削除などを含め、データベースの構造定義（スキーマ）に対する最新の更新も行うことができます。

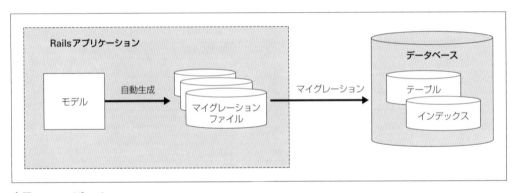

❖図5.9　マイグレーション

　また、マイグレーションファイルを使うと、さまざまなデータベースの種類に依存せずにテーブル、インデックスおよびスキーマを容易に管理できます。マイグレーションを行うためには、マイグレーションファイルを目的別（基本はモデル／テーブル単位）に作成します。各マイグレーションファイルには、ファイル名に**バージョンID**（UTCタイムスタンプ。マイグレーション作成の日時）が付与されます。それらバージョンIDを、マイグレーションの結果としてデータベース上に保持されるバージョンID情報（schema_migrationテーブル上に保持）と照合して、反映済みのものと未反映のものとがわかるよう管理されています。

　通常、新規テーブル作成のためのマイグレーションファイルは、モデルを生成する時に自動的に作成されます。それ以外の目的を持つものは、マイグレーションファイルの生成機能を使用して独自に

作成する必要があります。**マイグレーションファイルの生成機能**（rails generate migration）を使用することで、作成日時に応じたバージョンIDが付加されたファイル名でマイグレーションファイルが自動生成され、バージョン管理されます。

マイグレーションファイルのファイル名は、次のような形式です。

```
{バージョンID}_{マイグレーション名}.rb
```

マイグレーションは、この「バージョンID」が若い順に実行されます。ただし、すでにデータベースに保持しているバージョンよりも若い番号のものは、実行対象とはなりません。マイグレーションの各ファイルは、バージョンIDを持つことでデータベースおよびスキーマの生成・変更のバージョン履歴を管理し、どのマイグレーションまでが行われたかを判断しています。

マイグレーションファイルの内容

マイグレーションファイルには、データベーステーブルの作成・変更などの処理内容が**マイグレーションクラス**として記述されています。マイグレーションクラスは、次のようにActiveRecord::Migrationクラスのサブクラスとして記述されます。

```
class マイグレーション名 < ActiveRecord::Migration
    マイグレーションの内容（作成・変更・削除）
end
```

classに続く「マイグレーション名」は、「バージョンID_」を除いたマイグレーションファイル名と一致させる必要があります。一致していない場合は、マイグレーション（rails db:migrate）の実行時にエラーとなります。一般的に、ファイル名は、Railsの他のクラスと同様「_」で接続するスネーク型であり、クラス名はキャメル型で表現します。

今回もLibraryアプリケーションを使い、usersテーブルを作成するためのマイグレーションクラスを作成・確認していきましょう。

5.3.2　マイグレーションのコマンドと操作

図5.10に、マイグレーションの流れを示します。

独自のマイグレーションファイルを生成するためには、先述したようにコマンド「rails generate migration マイグレーション名」（省略形は「rails g migration」）を使用します。また、生成したファイルを削除する場合は、「rails destroy migration マイグレーション名」（省略形は「rails d migration」）を使用します。

作成したマイグレーションファイルは、マイグレーション作業を行うことによって、データベースやスキーマに反映させることができます。また、マイグレーションの取り消しや、データベースの削除なども、マイグレーションのコマンドとして用意されています。

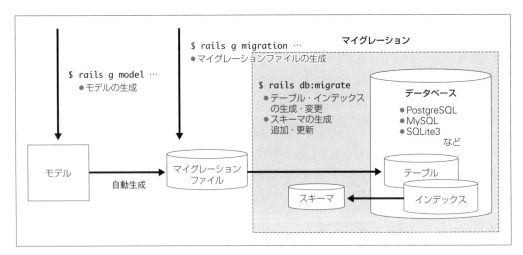

❖図5.10 マイグレーションの流れ

以降は、マイグレーション作業にかかわるコマンドを紹介します。

rails db:migrate

未反映のマイグレーションファイルをもとに、データベースおよびschema.rbを更新します。

「RAILS_ENV=環境モード」オプションを指定して、デフォルトの開発環境（developmentモード）以外でマイグレーションも実行できます。

VERSION=20080906120000のようにバージョンを指定することで、未実行のバージョンまでマイグレーションを実行することもできます。

rails db:version

現在の（実行済みの）マイグレーションのバージョンを表示します。

rails db:migrate:status

マイグレーションの実行状況を、マイグレーションID（バージョンID）、マイグレーション名とステータスで一覧表示します。

rails db:migrate:reset

データベースやスキーマを一度削除し、すべてのマイグレーションを再実行します（留意点は169ページnoteを参照）。

rails db:setup

データベースの作成（rails db:create）、スキーマからのテーブル作成（rails db:schema:load）、初期データの登録（rails db:seed）を一連の作業として行います。

rails db:reset

データベースの削除（rails db:drop）、データベースの再作成（rails db:setup）を一連の作業として行います（留意点は本ページnoteを参照）。

rails db:rollback [STEP=戻す数]

マイグレーションを1つ前のバージョンの状態に戻します（**ロールバック**）。データを含む場合、そのデータは削除されます。

STEPパラメーターを指定すると、指定した数だけロールバックできます。

```
$ rake db:rollback STEP=3
```

rails db:migrate:redo [STEP=戻す数]

ロールバックと再マイグレーションを一度に実行します。STEPパラメーターを指定すると指定した数だけ戻して再実行します。戻したテーブルは、再構成されるため初期状態になります。

rails db:schema:load

現在のスキーマファイル（schema.rb）からデータベースを作成します。データベースは削除され、作り直されます。

rails db:schema:dump

現在のデータベースからスキーマ（schema.rb）を作成します。

rails db:drop

現在のデータベースをすべて削除します。rails db:reset、rails db:migrate:resetの時にも自動で実行されます（留意点は次のnoteを参照）。

Vagrantを使用した環境でSQlite3データベースを利用する場合、データベースの削除を含むrails db:drop（db:migrate:reset、db:resetも同様）のコマンドを実行すると次のエラーが発生します（実害はありません）。

```
Errno::ETXTBSY: Text file busy @ unlink_internal - …/development.sqlite3
```

この原因は、SQLite3のデータベースファイルが、VagrantとWindowsの共有ディレクトリにあるためです。この場合データベースを削除するには「rails db:drop:_unsafe」のように「:_unsafe」オプションを付加する必要があります。

この場合、それぞれのデータベースに設定されている場所をvagrantの共有ディレクトリ以外（本書の環境では、workspaceディレクトリ内ではない場所）に移すと問題は解消します。なおデフォルトでは、SQLite3のデータベースファイルは、dbディレクトリ直下に、development.sqlite3のように拡張子sqlite3を付けたファイルとして保存されます。データベースファイルが保存されるディレクトリ情報はconfig/database.ymlファイルに設定されています（リスト5.4）。

▶リスト5.4　Library/config/database.yml

```
·············（省略）··············
development:
  <<: *default
  database: db/development.sqlite3
·············（省略）··············
```

なお、他のデータベース（PostgreSQLなど）の場合は、共有ディレクトリ内に作成されないので、問題は発生しません。

マイグレーションコマンドの動作例

マイグレーションの実行状況（ステータス）および、マイグレーションの1つ前のバージョンへの戻し（ロールバック）を実行した場合のステータスを次に示します。Statusがupのものはマイグレーションが実行済みであることを、downのものは未実行であることを意味します。upのものをロールバックして戻すとdownになります。

```
$ rails db:migrate:status
database: /home/vagrant/workspace/Library/db/development.sqlite3

 Status    Migration ID     Migration Name
--------------------------------------------------
   up      20180902135910   Create books
   up      20180905110940   Create users


$ rails db:rollback
== 20180905110940 CreateUsers: reverting ===============================
-- drop_table(:users)
   -> 0.0158s
== 20180905110940 CreateUsers: reverted (0.0333s) ======================


$ rails db:migrate:status
database: /home/vagrant/workspace/Library/db/development.sqlite3

 Status    Migration ID     Migration Name
--------------------------------------------------
   up      20180902135910   Create books
  down     20180905110940   Create users
```

5.3　マイグレーションとシード機能

5.3.3　マイグレーション名の付け方

通常、モデルから自動で生成されるマイグレーションファイルを利用するだけであれば、特別なマイグレーションファイルを作成する必要はありません。しかし、モデルに必要になった属性（カラム）を存在するテーブルに追加する際など、例外的な対応を行う場合は、独自にマイグレーションファイルを作成する必要があります。

マイグレーション名

作成するマイグレーションの名前は任意に付けることが可能ですが、Railsの標準的な規約に従って名前を付けることにより、付加するオプションに応じて、マイグレーションに必要なメソッドを記述したスケルトン（骨組み）を自動で生成してくれます。この機能は、単独でマイグレーションファイルを作成する時に役立ちます。

- テーブルを新規に作成する：create_テーブル名
- 既存テーブルに新しいカラムを追加する：add_カラム名_to_テーブル名
- 既存テーブルからカラムを削除する：remove_カラム名_from_テーブル名
- 多対多の関係の仲介テーブル「habtm（has_belongs_to_many）用のテーブル」を作成する：create_join_table_モデル名_モデル名

note　create_join_table_……は、後述する「モデル間のアソシエーション」を理解したうえで、使用してください。

5.3.4　マイグレーションのパターン

実際は基本的ないくつかのパターンに基づいてマイグレーションを行うため、それらのパターンを覚えておくと役立ちます。代表的な個々のパターンについて、Railsテスト用のアプリケーションを作り、例に従って実際にやってみましょう。

新規にテーブルを作成するパターン

一般的にモデルを生成することによって自動で作成します。直接マイグレーションファイルを作成する場合は、ルールに従って「create_テーブル名」を使用すれば良いのですが、本書では、特に支障がない限りモデルから生成することを推奨します。モデルから生成することで、規約に従ったマイグレーションファイルが生成されます。

例えば、Foodモデル（name属性を持つ）を次のように生成しましょう。

```
$ rails g model food name:string
```

この結果、生成されたマイグレーションファイルはリスト5.5のとおりです。

▶リスト5.5　db/migrate/20190111015625_create_foods.rb

```ruby
class CreateFoods < ActiveRecord::Migration[5.2]
  def change
    create_table :foods do |t|
      t.string :name

      t.timestamps
    end
  end
end
```

　上記の内容は、foodsテーブルを作成し、そのカラムとして、nameを追加することを表しています。また、t.timestampsは、自動で追加される更新日と作成日に相当します。

既存のテーブルにカラムを追加するパターン

　次に、生成したFoodモデル（foodsテーブル）に新しい属性（カラム）を追加したい場合を考えましょう。ここでは、新しい属性として、description（属性タイプはstring）を追加します。その場合のマイグレーションファイルを生成するには、「add_カラム名_to_テーブル名」を名前にして、追加するカラムを次のように指定します。

```
$ rails g migration add_description_to_foods description:string
```

　この結果、生成されたマイグレーションファイルはリスト5.6のようになります。

▶リスト5.6　db/migrate/20190111015822_add_description_to_foods.rb

```ruby
class AddDescriptionToFoods < ActiveRecord::Migration[5.2]
  def change
    add_column :foods, :description, :string
  end
end
```

　リスト5.6は、foodsテーブルに「add_column」を使用し、新しい属性（カラム）descriptionを追加するように生成されています。このファイルは、そのままマイグレーションファイルとして使用できます。

既存のテーブルのカラム属性を変更するパターン

　例えば、Foodモデルに追加した属性descriptionを、複数行の文字列に対応させたいと考えたとし

172　5.3　マイグレーションとシード機能

ましょう。すると、属性タイプはstringではふさわしくないため、textタイプに変える必要があります。また、同時に初期値を付加しておきましょう。さて、このようなマイグレーションファイルを作るにはどうしたら良いのでしょうか。

この場合、変更するための適正な名前ルールがありません。ここでは、次のような名前でマイグレーションファイルを生成することにします。

```
$ rails g migration change_datatype_description_of_foods
```

生成されたファイルはリスト5.7のようになり、実際のマイグレーションの内容を自分で記述することになります。

▶リスト5.7　db/migrate/20190111020054_change_datatype_description_of_foods.rb

```
class ChangeDatatypeDescriptionOfFoods < ActiveRecord::Migration[5.2]
  def change
  end
end
```

この時、属性を変更するための記述を行うchange_columnメソッドを使用します。これを使用して、リスト5.8のようなマイグレーションファイルに変更します。

▶リスト5.8　db/migrate/20190111020054_change_datatype_description_of_foods.rb

```
class ChangeDatatypeDescriptionOfFoods < ActiveRecord::Migration[5.2]
  def change
    change_column :foods, :description, :text, default: "食事の内容を記述"
  end
end
```

ここでは、foodsテーブルのdescriptionの属性タイプをtextとし、初期値として"食事の内容を記述"を設定するようにしています。

このように、通常は自分自身でマイグレーションのコードを記述していく必要があります。なお、コードを記述するうえで必要なメソッドは後ほど紹介します。

既存のテーブルのカラムを差し替えるパターン

カラム属性を変更する場合、さらに汎用的なやり方としては、古いカラムを削除して、新しいカラムを追加するという方法もあります。その方法でマイグレーションファイルを作成すると、リスト5.9のようになります。

5.3.4　マイグレーションのパターン　173

▶リスト5.9　db/migrate/20190111020728_change_attributes_of_foods.rb

```ruby
class ChangeAttributesOfFoods < ActiveRecord::Migration[5.2]
  def up
    change_table :foods do |t|
      t.change :name, :string, default: "食事の名前"
    end
  end

  def down
    change_table :foods do |t|
      t.change :name, :string
    end
  end
end
```

　ここでは、foodsテーブルのnameの初期値に「"食事の名前"」を設定しています。

　リスト5.5、5.6、5.8、5.9の4つのマイグレーションファイルに基づいてマイグレーションを行うと、次のようになります。

```
$ rails db:migrate
== 20190111015625 CreateFoods: migrating ============================
-- create_table(:foods)
   -> 0.0067s
== 20190111015625 CreateFoods: migrated (0.0068s) ===================
== 20190111015822 AddDescriptionToFoods: migrating =================
-- add_column(:foods, :description, :string)
   -> 0.0108s
== 20190111015822 AddDescriptionToFoods: migrated (0.0109s) =========
== 20190111020054 ChangeDatatypeDescriptionOfFoods: migrating ========
-- change_column(:foods, :description, :text, {:default=>"食事の内容を記述"})
   -> 0.0259s
== 20190111020054 ChangeDatatypeDescriptionOfFoods: migrated (0.0262s) =
== 20190111020728 ChangeAttributesOfFoods: migrating ================
-- change_table(:foods)
   -> 0.0276s
== 20190111020728 ChangeAttributesOfFoods: migrated (0.0303s) ========
```

> *note* 次のように、up、downを使用して変更を行うマイグレーションを「reversible」を使って記述することもできます。

```
class ChangeAttributesOfFoods < ActiveRecord::Migration[5.2]
  def change
    reversible do |dir|
      change_table :foods do |t|
        dir.up    { t.change :name, :string, default: "食事の名前" }
        dir.down  { t.change :name, :string }
      end
    end
  end
end
```

既存のカラム属性をインデックスにするパターン

例えば、Userモデル（usersテーブル）が持つemailカラムを検索処理に使用するとしましょう。この場合も、特別な生成ルールはないため、自分でわかりやすいファイル名のマイグレーションファイルを次のように作成します。

```
$ rails g migration add_index_email_to_users
```

生成されたマイグレーションファイルに、インデックスを一意にするための記述を行います（リスト5.10）。

▶リスト5.10　db/migrate/20190411024203_add_index_email_to_users.rb

```
class AddIndexEmailToUsers < ActiveRecord::Migration[5.2]
  def change
    add_index :users, :email, unique: true
  end
end
```

この内容でマイグレーションを実施すると、usersテーブルのemail属性に基づく、ユニークなインデックスが生成されます。

5.3.5　マイグレーションのメソッド

マイグレーションのコードを記述するうえで必要なメソッドを表5.4および表5.5に示します。実際に使用するうえでは、すでに説明したマイグレーションパターンと併せて理解することが望ましいです。

❖表5.4　マイグレーションのテーブル操作メソッド

メソッド	役割
change	テーブルの作成、カラムの追加、削除を行う場合に使用する。最もよく利用されるメソッド
up	rollbackが働くよう、スキーマに対する変更を記述する。up（変更記述）/down（戻し記述）は対になって利用される
down	rollbackが働くよう、upメソッドによって追加されたスキーマの変更を「元に戻す」方法を記述する。up/downは対になって利用される
reversible	changeメソッドだけで簡単にマイグレーションのロールバックを判定できないような場合に、up/downを使用して「変更」と「戻し」の処理をreversibleの中に取り込み、どちらの向きの変更処理でも常に同じ方向の処理ができるようする
revert	実行済みのマイグレーションの一部のみをロールバックする（元に戻す）場合に使用する。戻したい実行済みのマイグレーション記述をコピーし、revertブロックの中に組み込むことでロールバックを実現する

❖表5.5　テーブル操作メソッドの中で使用できるメソッド

メソッド	構文	役割
create_table	create_table :テーブル名 [, オプション]	テーブルを作成する
drop_table	drop_table :テーブル名 [, オプション]	テーブルを削除する
rename_table	rename_table :現在のテーブル名, :新しいテーブル名	テーブル名を変更する
change_table	change_table :テーブル名 [, オプション]	テーブル設定を変更する
add_column	add_column :テーブル名, :カラム名, :データ型 [, オプション]	カラムを追加する
add_reference	add_reference :テーブル名, :リファレンス名 [, オプション]	外部キーリファレンスを追加する（親子のアソシエーションで使用可能）
add_timestamps	add_timestamps :テーブル名	タイムスタンプ（登録日、更新日）を追加する
rename_column	rename_column :テーブル名, :変更するカラム名, :新しいカラム名	カラム名を変更する
change_column	change_column :テーブル名, :カラム名, :データ型 [, オプション]	カラム設定を変更する
remove_column	remove_column :テーブル名, :カラム名 [, :データ型, オプション]	カラムを除去する
remove_reference	remove_reference :テーブル名, :リファレンス名 [, オプション]	外部リファレンスキーを除去する
remove_timestamps	remove_timestamps :テーブル名	タイムスタンプ（登録日、更新日）を除去する
add_index	add_index :テーブル名, :インデックスを付与するカラム名 [, オプション]	インデックスを追加する
rename_index	rename_index :テーブル名, :旧インデックス名, :新インデックス名	インデックス名を変更する
remove_index	remove_index :テーブル名 [, オプション]	インデックスを削除する

5.3.6 スキーマとデータベーステーブルの確認

マイグレーションを実行することで、データベースのテーブル、インデックスの生成、テーブル内のカラム追加・変更などが行われ、最新のデータベースに基づいて、スキーマファイルというファイルが作成・更新されます。

スキーマファイル（schema.rb）

スキーマ（スキーマファイルの内容）とは、最新のデータベースのテーブル構造などを反映した情報です。

スキーマファイル（schema.rb）は、rails db:migrateコマンドによってマイグレーションを実行した結果、dbディレクトリ上に生成されるファイルです。モデルクラスで指定した属性は、モデルが保持するインスタンスメソッドとして確認できます。また、schema.rbの各テーブルのカラム情報としても確認できます。

生成されたschema.rbの例はリスト5.11のとおりです。この例では、Foodモデルのマイグレーションの結果、生成されたfoodsテーブルの構造体が確認できます。

▶リスト5.11　db/schema.rb

```
ActiveRecord::Schema.define(version: 2019_01_11_020728) do

  create_table "foods", force: :cascade do |t|
    t.string "name", default: "食事の名前"
    t.datetime "created_at", null: false
    t.datetime "updated_at", null: false
    t.text "description", default: "食事の内容を記述"
  end

end
```

ここで、created_atとupdated_atは、標準で付加されるカラム情報です。また、idはスキーマ内にはありませんが、実際のテーブルには追加されています。

なお、descriptionカラム情報が最後にあるのは、マイグレーションによってあとから追加変更されたためです。

作成されたデータベーステーブルの確認

マイグレーションによって生成されたデータベース情報を直接確認するには、rails dbconsole（rails db）コマンドを使用します。rails dbコマンドを実行すると、アプリケーション生成時に環境設定されたデータベース（SQLite3/PostgreSQL/MySQL、……）に対応するデータベースツールを呼び出し、それぞれのデータベースに相当するコマンド操作を行うことで、データベースの状況を確認

することができます。

　デフォルトのデータベースであるSQLite3の場合、rails dbconsole（rails db）コマンドでコンソールを起動します。コンソールで「.schema」コマンドを実行するとスキーマ情報の一覧を表示でき、「.table」コマンドを実行するとテーブル一覧を確認できます。

　次の実行例では、SQLite3のデータベースを使用する環境上で、rails dbを実行してSQLite3のツールを呼び出し、foodsテーブルの情報を「.table foods」「.schema foods」として確認しています。

```
$ rails db
SQLite version 3.11.0 2016-02-15 17:29:24
Enter ".help" for usage hints.

sqlite> .table foods
foods

sqlite> .schema foods
CREATE TABLE "foods" ("id" integer NOT NULL PRIMARY KEY, "name" varchar
DEFAULT '食事の名前', "created_at" datetime NOT NULL, "updated_at"
datetime NOT NULL, "description" text DEFAULT '食事の内容を記述します');
```

> *note* PostgreSQLの場合は、rails dbコマンドによって、psqlコンソール（PostgreSQLの操作画面）が呼ばれます。例えば、「\d」コマンドを利用してテーブル一覧を表示したり、「\d テーブル名」コマンドを利用してテーブルのカラム一覧などを表示したりできます。

5.3.7　シード（seed）機能

　マイグレーションによってテーブルを作成しても、テーブルはまだ何も登録されておらず、空の状態です。アプリケーションを確認するため、テーブルに初期データや確認のためのデータが必要な場合、何らかの方法でデータリソースを登録する必要があります。そのために、**シード機能**（seed：種）は、あらかじめテーブルに入れておきたい固有情報を登録する方法を提供します。また、テストのためのデータをあらかじめ登録することで、開発に役立てることもできます。

　シード機能は、dbディレクトリ下に生成されているseeds.rbファイル（シードを登録するファイル）を利用します。seeds.rbには、実行者が必要なRubyコードを自由に記述できます。あらかじめseeds.rbファイルに必要なデータの登録コードを記述しておき、次のようにRakeタスクコマンドを実行してシード機能を利用します（図5.11）。

```
$ rails db:seed
```

178　5.3　マイグレーションとシード機能

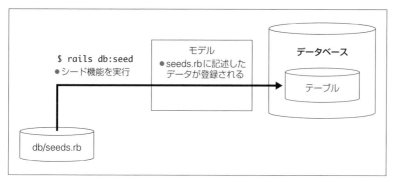

❖図5.11　シード処理とデータベースの関係

> ただし、このコマンドはすでに登録されているデータを考慮しないため、繰り返し実行すると、データ関係に矛盾が発生しない限り、同じものが繰り返し登録されていきます。データの追加ではなく、データベースを再作成したい場合は、「rails db:setup」を使用すると、テーブルの初期化とseed再実行を一括して行ってくれます。

シードの実装例

それでは、シード機能を利用してデータを登録する簡単な実装例を見ていきましょう。

モデルのcreateメソッドを使用して各データを登録するコードを、seeds.rbファイルに記述していきます。リスト5.12では、seeds.rbに記述した2件のFoodモデルのデータ作成のコードを使用して、foodsテーブルにデータを登録していきます。

▶リスト5.12　db/seeds.rb

```
Food.create(name: "ラーメン", description: "中国から伝わった麺が日本流にさまざまに
アレンジされています。")
Food.create(name: "寿司", description: "日本独特の食文化を作り出しています")
```

シード機能を実行し、結果をRailsコンソールで検証してみましょう。

次の内容は、rails db:seedを実行し、Railsコンソールから、Foodモデルを通して全データ内容を呼び出しています。seeds.rbに記述した2件のデータが呼ばれていることがわかります。

```
$ rails db:seed

$ rails c

> Food.all
  Food Load (5.1ms)  SELECT  "foods".* FROM "foods" LIMIT ?  [["LIMIT", 11]]
```

```
=> #<ActiveRecord::Relation [#<Food id: 1, name: "ラーメン", created_at:
"2018-09-07 05:12:37", updated_at: "2018-09-07 05:12:37", description:
"中国から伝わった麺が日本流にさまざまにアレンジされています。">, #<Food id: 2,
name: "寿司", created_at: "2018-09-07 05:12:37", updated_at: "2018-09-07
05:12:37", description: "日本独特の食文化を作り出しています">]>
```

シード機能の利点

　seeds.rbを使えば、テストデータやサンプル用のデータなど、仮の名前で多くのデータを作成することが簡単にできます。例えば、100件のデータを入力することは大変ですが、リスト5.13のように100回繰り返してデータを登録するようなプログラムを記述しておけば簡単に入力できます。

▶リスト5.13　db/seeds.rb

```
…… (省略) ……
100.times do |n|
  Food.create!(
    name: "パスタ#{n}",
    description: "パスタ#{n}はイタリア料理の定番です ",
  )
end
```

　このシードファイルを「rails db:seed」で実行し、Railsコンソールで確認すると、foodsテーブルに新たにデータが登録されていることがわかります（先ほどの2件は省略しています）。またFood.countを実行することで、Foodモデルの登録されているデータ件数が102件であることが確認できます。

```
$ rails db:seed

$ rails c
Running via Spring preloader in process 3873
Loading development environment (Rails 5.2.3)

> Food.all
  Food Load (5.6ms)  SELECT "foods".* FROM "foods" LIMIT ?  [["LIMIT", 11]]
=> #<ActiveRecord::Relation [#<Food id: 1, name: "ラーメン", created_at:
"2018-
…… (省略) ……
#<Food id: 3, name: "パスタ0", created_at: "2018-09-07 05:59:56", ↵
updated_at: "2018-09-07 05:59:56", description: "パスタ0はイタリア料理の定番↵
です ">, #<Food id: 4, name: "パスタ1", created_at: "2018-09-07 05:59:56", ↵
updated_at: "2018-09-07 05:59:56", description: "パスタ1はイタリア料理の定番↵
です ">, #<Food id: 5, name: "パスタ2", created_at: "2018-09-07 05:59:56", ↵
```

```
updated_at: "2018-09-07 05:59:56", description:"パスタ2はイタリア料理の定番⏎
です ">,
……（省略）……
#<Food id: 10, name: "パスタ7", created_at: "2018-09-07 05:59:56", ⏎
updated_at: "2018-09-07 05:59:56", description: "パスタ7はイタリア料理の定番⏎
です ">, ...]>

> Food.count
   (5.0ms)  SELECT COUNT(*) FROM "foods"
 => 102
```

　以上のように、seeds.rb ファイルをいろいろアレンジすることで、独自の方法で自由に初期データを作成・登録することが可能です。

　なお、シード機能で登録するデータはモデルを通して保存されるため、後述するバリデーションにより検証を行います。バリデーションを設定してある場合は、そのバリデーションに合致するデータを設定しないとエラーとなります。

練習問題　5.3

1. マイグレーションの目的について説明してください。

2. マイグレーションファイルを作成する方法を2つ挙げてください。

3. 一度マイグレーションを行って作成したデータベースをすべて取り消し、作り直す手順を、具体的に説明してください。また、その操作をLibraryアプリケーションに対して、実際に行ってみてください。

4. rails db:migrate、rails db:migrate:reset、rails db:resetの違いについて説明してください。

5. Reservationアプリケーションの Room モデルに、使用条件である terms_of_use 属性（タイプ：text）を追加する専用のマイグレーションファイルを作ってください。その後マイグレーションを行い、roomsテーブルに反映させてください。

6. **5.** で追加された属性がテーブルに正しく反映されているかを確認しましょう。確認方法はいくつかあります。Rails側から確認する方法、データベースを確認する方法、それぞれについて具体的に行ってください。

7. マイグレーションの結果が正しくなかった場合に、最新のマイグレーションとテーブルの内容を取り消す方法を具体的に説明してください。

8. マイグレーションファイルのファイル名について、最低限必要なルールを説明してください。

9. スキーマの役割とマイグレーションとの関係について説明してください。また、スキーマの生成場所について説明してください。

10. Reservationアプリケーションの Room モデルで、シード機能を利用して最低30件の会議室のデータリソース（Roomデータ）を登録してください。正しく登録されたかをhttp://localhost:4000/rooms で確認してください。

5.3.7　シード（seed）機能

5.4 CRUD操作と標準装備のメソッド

　モデルの果たす重要な役割とは、データベースとの連携により、テーブルのデータリソースをインスタンスとして実現し、データリソースに対するさまざまな指示を実行することです。

　その際、データベースのテーブルに関する4つの指示、

- データリソースの作成（Create）
- データリソースの読み出し（Read）
- データリソースの更新（Update）
- データリソースの削除（Delete）

は、モデルの操作を通して行います。

　データリソースに対するこれら一連の操作の頭文字をまとめて**CRUD操作**といいます。モデルは、Active Recordを継承することによって、CRUD操作のためのメソッドを標準で装備しています。

　各メソッドは、モデルクラスのメソッド

　　　モデルクラス.操作メソッド

として、またはモデルインスタンスのメソッド

　　　モデルインスタンス.操作メソッド

として、テーブルのデータリソースに対するCRUD操作を行います。

5.4.1 データベーステーブルとは

　ここで、データベーステーブルとは何かについて、改めて簡単に説明をしておきましょう。

　以前触れたとおり、データベースとは、アプリケーションを利用する利用者（ユーザー）が取り扱うデータを後日活用するために蓄積・保存できる仕組みです。データベースにはいくつかの種類がありますが、ここでは、その中でも通常皆さんが利用することになる、表形式のデータ構造を持つ**関係データベース（リレーショナルデータベース）**について説明します。

　関係データベースには、広く利用されているMySQL/PostgreSQLなどのオープンソースデータベースや、Oracle社やMicrosoft社が提供する有償のデータベースがあります。それらはどれも、基本的に1種類のデータリソースの集合を表形式の**テーブル**で管理しています。

　関係データベースである限り各データベースの構造はほぼ同じですが、それぞれが独自の特徴を持っているため、利用するためのSQL文にはさまざまな方言が生じました。Railsは、これらの方言をActive Recordが吸収し、なおかつ、より簡単な操作方法でデータリソースをやり取りできるようにしています。

表形式のテーブルは、1件1件のデータを「**行**」として扱い、1件のデータが持つ各項目を「**カラム（列）**」として管理しています（図5.12）。つまり、複数のデータが、Excelなどの表計算ツールで扱うような、データ行と項目列で表現される表のような構造と考えるとわかりやすいでしょう。また、1件ごとのデータ行を識別するために、必ず**主キー**（**プライマリキー**）を指定する必要があります。

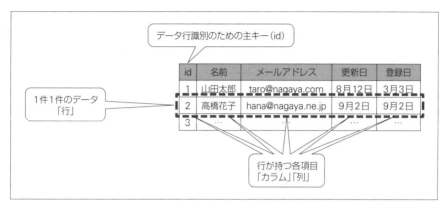

❖図5.12　テーブルのデータ構造

　Railsでは、idとして、この主キーを必ずデータ行に与えるようにしています。RailsのActive Recordは、このidをもとに列の持つ値を参照しながら、データリソースの取得を行うと考えてください。

　ここからは、Railsでデータベースのcrud操作を行う際に使うメソッドをそれぞれ紹介していきます。

5.4.2　Create：作成メソッド（新規保存）

　データベースのテーブルに、新規データ、つまり新規インスタンスのデータリソースを保存（テーブルに挿入）する時に使用するメソッドを紹介します。

save

　インスタンスを保存する時に使用するメソッドです。この際、引数を指定しても意味を持ちません。

　このメソッドは、新規データリソースのインスタンスを保存するか、既存のリソースから呼び出されたインスタンスを書き戻す時に使用するため、新規インスタンスにすでに存在するid値をセットして保存することはできません。

　Scaffoldで実装されるコントローラーのcreate（登録）アクションやupdate（更新）アクションの処理を参考にしてください。

- 例：idが未登録の場合
  ```
  user = User.new(name: '山田太郎')
  user.save      ➡ 新しいidで保存される

  user = User.new(name: '山田太郎', id: 100)
  user.save      ➡ id: 100で保存される
  ```

- 例：idが存在する場合
  ```
  user = User.new(name: '山田太郎', id: 100)
  user.save      ➡ ActiveRecord::RecordNotUnique例外エラー
  ```

create

モデルクラスのメソッドを直接呼び出して利用可能な、new（インスタンス化）とsave（保存）を一連で行うメソッドです。したがって、テスト用のデータなど、あらかじめ初期データを登録するような場合に有効です（図5.13）。

- 例：モデルの属性を引数で指定して一気に作成する場合
  ```
  User.create(name: '山田太郎', email: 'taro@aaa.com')
  ```

create実行時に「値の検証処理（バリデーション）」でエラーが発生した場合は、再処理を行う必要がありますが、createメソッドではこのエラーをfalseとして評価できません。インスタンスに対して何らかの編集を行う必要がある場合も含めて、通常の処理ではsaveメソッドを使用しましょう。

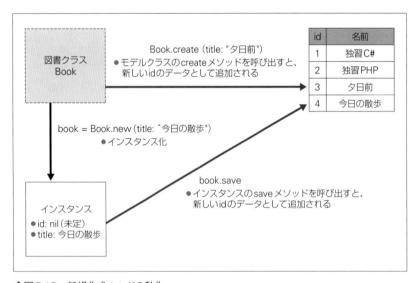

❖図5.13　新規作成メソッドの動作

5.4.3 Read：読み出しメソッド（取得）

データベースのテーブルから指定したデータを取り出し、インスタンスを作成するためのメソッドです。取り出す方法は、目的に合わせてさまざまな方法を選択できます。

find(id値)

指定されたid（主キー）を持つデータを取得し、対応するモデルのインスタンスを生成します。idを複数指定することも可能ですが、その場合は、複数のインスタンスを作成し、インスタンスの配列（Arrayクラスのインスタンス）を生成します。

id値がnilの場合やデータが見つからない場合は、ActiveRecord::RecordNotFound例外が発生します。

● 例：Itemモデルのid: 1のデータを取得し、インスタンス化する場合

```
Item.find(1)
=> #<Item id: 1, name: "Pen", number: nil, created_at: "2018-03-05 09:29:
45", updated_at: "2018-03-05 09:29:45">
```

> *note* 引数の括弧は、スペースを使うことで省略できます。例えば、Item.find(1)はItem.find 1と書くことができます。

● 例：IDを複数指定した場合。複数データを取得し、それぞれのインスタンスを配列化する

```
Item.find(1,4,101)
=> [#<Item id: 1, name: "Pen", number: nil, created_at: "2018-03-05 09:
29:45", updated_at: "2018-03-05 09:29:45">, #<Item id: 4, name: "Bat",
number: nil, created_at: "2018-03-05 09:33:46", updated_at: "2018-03-05
09:33:46">, #<Item id: 101, name: "Paper", number: nil, created_at:
"2018-03-05 10:40:48", updated_at: "2018-03-05 10:40:48">]
```

find_by(条件)

指定された条件（「属性: 値」の組み合わせ）に一致するデータを取得し、対応するモデルのインスタンスを生成します。ただし、データが複数存在する場合は、最初に一致するデータのみをインスタンス化します。つまり、取得するデータは常に1件です。

● 例：「name: '山田太郎'」であるUserモデルのオブジェクトを取得する場合

```
User.find_by(name: '山田太郎')
```

● 例：「email: "hana@sample.com"」かつ「name: '高橋花子'」であるUserモデルのオブジェクトを取得する場合

```
User.find_by(email: "hana@sample.com", name: "高橋花子")
```

> **note** find_byメソッドによるid属性を指定したインスタンス生成も可能ですが、id値がわかっている場合はfindメソッドを使用するほうが効率的です。

first

データベーステーブルに存在する先頭（idの1番小さいデータ）を取得し、対応するモデルのインスタンスを生成します。データがない場合はnilを返します。

second（2番目）、third（3番目）といったメソッドも使用できます。firstの場合、引数に数値を指定すると、先頭からidの順に複数取り出し、インスタンスを配列化（Arrayクラスのインスタンス）します。

● 例：先頭から3件取得する場合

```
User.first(3)
```

last

データベーステーブルに存在する最後（idが最も大きいデータ）を取得し、対応するモデルのインスタンスを生成します。データがない場合はnilを返します。引数で数を指定すると、最後から複数件取り出し、インスタンスを配列化（Arrayクラスのインスタンス）します。

● 例：最後から3件取得する場合

```
User.last(3)
```

take

ランダムにデータを取得し、対応するモデルのインスタンスを生成します。データがない場合はnilを返します。サンプルデータを取得するのに有効な手段です。

ActiveRecord::RecordNotFound例外エラーにする場合は、take!を使用します。引数を指定すると、ランダムに複数のインスタンスを生成し、Arrayクラスのインスタンスとして配列化します。

● 例：ランダムに3件取得する場合

```
User.take(3)
```

all

テーブルにあるモデルの全データを取得し、インスタンス配列（ActiveRecord::Relation のサブクラスのインスタンス）を作ります。

● 例：全データのインスタンス配列を取得する場合

```
Book.all
```

findメソッドにidを複数指定することで、複数のデータリソースをインスタンス配列として取得す

5.4 CRUD操作と標準装備のメソッド

ることができます。

　しかし、この all メソッドと次の where メソッド、find_by_sql メソッドは、元々複数のデータを取得し、インスタンス配列を生成することを目的に提供されているメソッドです。ただし、all/where メソッドでにおいて、配列を管理するクラスは Array クラスではなく、ActiveRecord の機能の使用できる ActiveRecord::Relation クラスであるため、使えるメソッドが変わってきます。

where

　テーブルから指定された条件を満たす全データを取得し、インスタンス配列（ActiveRecord::Relation のサブクラスのインスタンス）を作ります。

　詳細については、後ほど「5.4.7 条件による読み出しメソッド（where）」で解説します。

find_by_sql(SQL文)

　データベース操作言語である SQL を使用してデータを取得したい場合に使用します。取得したインスタンスは Array クラスのインスタンスとして配列化されます。特別な理由がなければ、わざわざ ORM の役割を無視して SQL を使用するメリットはないため、このメソッドの利用は控えましょう。

- 例：title が「Ruby入門」の図書を全件取得する場合

```
Book.find_by_sql(['select * from books where title = ? ', "Ruby入門"])
```

5.4.4　Update：更新メソッド

　モデルの属性値を変更し、対応するデータの内容を置き換える（データ内容を更新する）時に使用するメソッドです。

update

　モデルのインスタンスに対して更新するインスタンスメソッドと、直接、モデルのクラスに対して更新するクラスメソッドの2つの方法を利用できます。save メソッドとは異なり、属性カラムを指示する引数を指定する必要があります。

- 例：id: 1のデータの price を2500に更新する場合（インスタンスメソッド）

```
pd = Product.find(1)
pd.update(price: 2500)
```

- 例：id: 1のデータの price を2500に更新する場合（クラスメソッド）

```
Product.update(1, {price: 2500})
```

update_all

指定された属性の値に従って、テーブル上の、モデルに相当するデータの値をすべて更新します。更新するデータをwhereメソッド（後述）などの条件で絞り込むことで、更新対象を限定できます。複数のデータの特定の属性値を一括して初期化するような場合に有効です。

- 例：すべてのデータのpriceを0に更新する場合

    Product.update_all(price: 0)

- 例：name: cupを満たす全データのpriceを0に更新する場合

    Product.where(name: 'cup').update_all(price: 0)

5.4.5　Delete：削除メソッド

モデルに対応するテーブルのデータを削除する時に使用するメソッドです。

destroy

データをインスタンス化してから削除します。updateと同様に、インスタンスメソッドとクラスメソッドの両方を使用できます。

- 例：id: 1のデータを削除する場合（インスタンスメソッド）

    User.find(1).destroy

- 例：id: 1のデータを削除する場合（クラスメソッド）

    User.destroy(1)

destroy_all

すべてのデータを削除する場合に使用します。削除対象の絞り込みも可能です。

- 例：全データを削除する場合

    User.destroy_all

delete

データをインスタンス化せずに直接削除します。コールバック（後述）が働かないため、業務処理には適していません。インスタンスメソッドとクラスメソッドの両方が使用できます。

- 例：データを直接削除する場合（インスタンスメソッド）

    User.find(1).delete

- 例：データを直接削除する場合（クラスメソッド）

  `User.delete(1)`

destroy/deleteなどの削除メソッドを使用した場合、削除されたidがまた利用できるわけではありません。idは、テーブルごとの利用されている最大id値によって管理されているため、それ以降の番号が常に使用されます。

delete_all

すべてのデータを、インスタンス化せず直接削除する場合に使用します。削除対象の絞り込みも可能です。

- 例：すべてのデータを直接削除する場合

  `User.delete_all`

追加・更新系のメソッドのクラスメソッドとインスタンスメソッドの有無は表5.6のとおりです。

❖表5.6　追加・更新系メソッドにおけるクラス／インスタンスメソッドの有無

メソッド	クラスメソッド	インスタンスメソッド
save	なし	あり
create	あり	なし
update	あり	あり
destroy	あり	あり
delete	あり	あり
update_all	あり	なし
destroy_all	あり	なし
delete_all	あり	なし

また、create/save/updateメソッドは、テーブル操作の前に検証（バリデーション：後述）を実装できます。バリデーションに失敗した場合はロールバック（戻し処理）を行い、createメソッドはインスタンスを、save/updateメソッドはfalseを返します。この際、ActiveRecord::RecordInvalid例外エラーを発生させたい場合は、それぞれに「!」を付加した、create!、save!、update!メソッドを使用します。

以上で、モデルを通して、データリソースの登録、更新、削除、呼び出のメソッドを扱えるようになりました。ぜひこれらの例に従って、RailsコンソールのなかでLibraryアプリケーションのUserモデル、Bookモデルに対する操作をいろいろ試してください。

5.4.6 コントローラーと標準的なモデル操作との関係

「3.3 Scaffoldを使ったアプリケーションの作成」で、LibraryアプリケーションのBook機能（図書管理機能）を、Scaffold機能を使用して生成しました。Scaffoldは、標準的なRails処理のひな型を提供しています。したがって、このモデル操作を確認しておくことは、非常に意味あることです。

モデルに対する指示は、コントローラーが行います。そのためここでは、BooksコントローラーとBookモデルとの関係部分についてだけ、対応関係を見ておきましょう。

Booksコントローラーは、おおむねリスト5.14のような構成をしています。

▶リスト5.14　app/controllers/books_controller.rb

```ruby
class BooksController < ApplicationController
  before_action :set_book, only: [:show, :edit, :update, :destroy]

  def index
    @books = Book.all
  end

  def show
  end

  def new
    @book = Book.new
  end

  def edit
  end

  def create
    @book = Book.new(book_params)
    if @book.save
      ……（省略）……
    end
  end

  def update
    if @book.update(book_params)
      ……（省略）……
    end
  end
```

5.4　CRUD操作と標準装備のメソッド

```
    def destroy
      @book.destroy
      …… (省略) ……
    end

    private
      def set_book
        @book = Book.find(params[:id])
      end
      …… (省略) ……
end
```

これは、BooksコントローラーのアクションのアクションのアクションのBookモデルに対する指示を明示しています。先ほど説明したfind/new/save/update/destroyといったメソッドが使用されています。

 アクションの中の詳細な記述については、Chapter 8で説明します。
ちなみに、show/edit/update/destroyアクションのBook.find(id)は、before_action（アクションの前に実行する処理）で指定されたメソッド、set_bookによって実行されています。

例えば、createアクションでは入力されたbook登録情報をもとにBookインスタンスを生成し、saveメソッドでデータベースのbooksテーブルへ登録しています。updateアクションでは、受け取った図書idのBookインスタンスを生成し、入力された更新情報でbooksテーブルの更新を行っています。destroyアクションでは、受け取った図書idのBookインスタンスを生成し、booksテーブルから削除しています。

このように、モデルに対するCRUD操作の指示は、コントローラーの各アクションで行っていることがわかります。

5.4.7　条件による読み出しメソッド（where）

データベースからデータをインスタンス化する方法として、id値や特定の属性・値を指定する方法を説明しました。ここでは、複数の属性条件の組み合わせを満たすデータリソースを一括して取得し、インスタンスの配列を作る方法を説明します。

whereメソッドを使用して条件に一致する複数インスタンスを取得する

複数の属性の組み合わせ条件を指定して、条件を満たすデータをデータベーステーブルからインスタンスとして取得するには、**where**メソッドを使用します。一般的には、検索ワードに合致するようなデータをすべて抽出するといった検索処理に使用します。

whereメソッドの条件指定は、「モデル.where(属性値の列)」または「モデル.where(条件式)」という書式で行います。

属性値の列で指定する場合、and条件（「〜かつ〜」という組み合わせ条件）で扱われます。

Userモデルでの例

実際の使い方について見ていくために、Libraryアプリケーションで作成したUserモデルを使用して、実際に検証してみましょう。あらかじめ、seed機能を利用してリスト5.15のような検証用データを登録しておきます。

▶リスト5.15　Library/db/seeds.rb

```
User.create(name: "山田太郎", address: "東京都港区", email: "ta@abc.jp")
User.create(name: "田中花子", address: "東京都港区", email: "hk@abc.jp")
User.create(name: "山崎隆文", address: "東京都品川区", email: "tn@abc.jp")
User.create(name: "佐々一郎", address: "東京都品川区", email: "ic@abx.jp")
User.create(name: "大友裕子", address: "東京都港区", email: "to@abx.net")
User.create(name: "山田太郎", address: "北海道札幌市", email: "yt@abc.jp")
```

データベースをいったん空にしてseedでこのデータを登録するほうが簡単ですが、他のテーブルもすべて消えてしまうので、usersテーブルの現在のデータだけを削除することにしましょう。したがって、ここでは、RailsコンソールからCRUDメソッドのdestroy_allを使用します。そのあと、Railsコンソールを終了して、seed機能を使って登録します。

```
$ rails c

> User.destroy_all
……（省略）……

> exit

$ rails db:seed
```

これで、検証のデータの準備は整いました。Railsコンソールで確認すると次のように見えるはずです。User.countを実行するとわかるとおり、現在のデータ数は6件となっています（countメソッドについては後述）。

また、User.allを実行するとidが7〜12のデータが表示されます。これは、destroy_allを実行する時にすでに6件のデータがあり（id: 6まで使われており）、それが削除された結果、新しいデータはid: 7から登録されたことになります。つまり、destroy_allは、テーブルを初期状態の空にするという操作とは意味が異なっていることがわかります。

5.4　CRUD操作と標準装備のメソッド

```
$ rails c
……（省略）……

> User.count
   (2.6ms)  SELECT COUNT(*) FROM "users"
=> 6

> User.all
  User Load (4.7ms)  SELECT  "users".* FROM "users" LIMIT ?  [["LIMIT", 11]]
=> #<ActiveRecord::Relation [#<User id: 7, name: "山田太郎", address: ⏎
"東京都港区", email: "ta@abc.jp", birthday: nil, created_at: "2018-09-08 ⏎
07:54:04", updated_at: "2018-09-08 07:54:04">, #<User id: 8, name: "田中花⏎
子", address: "
……（省略）……
#<User id: 12, name: "山田太郎", address: "北海道札幌市", email: ⏎
"yt@abc.jp", birthday: nil, created_at: "2018-09-08 07:54:04", ⏎
updated_at: "2018-09-08 07:54:04">]>
```

属性値の列でwhere条件を指定する方法

次の例は、Userモデルに対して「where(address: "東京都港区")」を使用して対象を絞り込み、条件を満たすデータのインスタンスを配列化して、その内容をusers変数に関係付けています。また、その内容を利用して、データ数を「users.count」で確認し、かつ、インスタンス配列のusersに対して、さらに「where(name: "田中花子")」で絞り込んでいる様子を示しています。

このように、whereメソッドは、クラスに対しても、インスタンス配列に対しても有効です。

```
> users = User.where(address: "東京都港区")
  User Load (2.7ms)  SELECT  "users".* FROM "users" WHERE "users".
"address" = ? LIMIT ?  [["address", "東京都港区"], ["LIMIT", 11]]
=> #<ActiveRecord::Relation [#<User id: 7, name: "山田太郎", address:
"東京都港区", email: "ta@abc.jp", birthday: nil, created_at: "2018-09-08
07:54:04", updated_at: "2018-09-08 07:54:04">, #<User id: 8, name: "田中花
子", address: "東京都港区", email: "hk@abc.jp", birthday: nil, created_at:
"2018-09-08 07:54:04", updated_at: "2018-09-08 07:54:04">, #<User id: 11,
name: "大友裕子", address: "東京都港区", email: "to@abx.net", birthday: nil,
created_at: "2018-09-08 07:54:04", updated_at: "2018-09-08 07:54:04">]>

> users.count
   (3.1ms)  SELECT COUNT(*) FROM "users" WHERE "users"."address" = ?
[["address", "東京都港区"]]
=> 3

> users.where(name: "田中花子")
```

5.4.7　条件による読み出しメソッド（where）

```
    User Load (3.0ms)  SELECT  "users".* FROM "users" WHERE "users".
"address" = ? AND "users"."name" = ? LIMIT ?  [["address", "東京都港区"],
["name", "田中花子"], ["LIMIT", 11]]
=> #<ActiveRecord::Relation [#<User id: 8, name: "田中花子", address:
"東京都港区", email: "hk@abc.jp", birthday: nil, created_at: "2018-09-08
07:54:04", updated_at: "2018-09-08 07:54:04">]>
```

　また、同じ属性に対して複数の値を指定することも、複数の属性に対して指定を行うことも可能です。ただし、複数の値を指定する場合は、配列を使用します（同じ属性を複数並べると、最後のもののみが有効になります）。

　次の3つの例は、where条件で取得した結果を件数メソッドcountで検証しています。

```
where(address: ["東京都港区", "東京都品川区"])                    ➡ 5件
where(address: ["東京都港区", "東京都品川区"], name: "山田太郎")    ➡ 1件
where(address: ["東京都港区", "北海道札幌市"], name: "山田太郎")    ➡ 2件
```

　条件に一致するデータの取得の結果、インスタンス化された配列のインスタンス数が異なることがわかります。

```
> users = User.where(address: ["東京都港区", "東京都品川区"]).count
   (2.3ms)  SELECT COUNT(*) FROM "users" WHERE "users"."address" IN
(?, ?)  [["address", "東京都港区"], ["address", "東京都品川区"]]
=> 5

> users = User.where(address: ["東京都港区", "東京都品川区"], name:
"山田太郎").count
   (2.7ms)  SELECT COUNT(*) FROM "users" WHERE "users"."address" IN
(?, ?) AND "users"."name" = ?  [["address", "東京都港区"], ["address",
"東京都品川区"], ["name", "山田太郎"]]
=> 1

> users = User.where(address: ["東京都港区", "北海道札幌市"], name:
"山田太郎").count
   (2.9ms)  SELECT COUNT(*) FROM "users" WHERE "users"."address" IN
(?, ?) AND "users"."name" = ?  [["address", "東京都港区"], ["address",
"北海道札幌市"], ["name", "山田太郎"]]
=> 2
```

　すでにお気づきかとも思いますが、モデルに対するメソッドを実行すると、「SELECT ～」というメッセージが最初に表示されています。これは、Active Recordが提供するメソッドが、実行時にSQL文（データベースの操作言語）に変換され、実行されていることを表しています。

　このことでわかるようにRailsのアプリケーションでは、モデル操作のメソッドさえ理解していれば、データベースを操作するSQL文を知らなくても、正しいデータベースの処理ができるのです。

where条件を条件式で指定する方法

　属性の項目だけでは記述できないような条件には、条件式を使用することができます。条件式の指定の形式として、**直接指定**、**配列指定**、**ハッシュ指定**の3つがあります。

　直接指定は、文字列だけで条件を指定しますが、**SQLインジェクション**という攻撃（SQL改ざん攻撃）の対象になりかねません。したがって本書では、配列指定もしくはハッシュ指定の利用を推奨します。

　次の例はどれも、同じ検索条件を指定していますが、3つの指定の仕方で記述しています。

1. 直接指定：条件の値を文字列で直接指定する方式

モデル.where(条件の値を文字列で指定)

文字列直接指定では、「属性 比較演算子（=, >, …）"値"」として設定します。

```
User.where('name = "山田太郎" and birthday > "1975-02-02"')
=> #<ActiveRecord::Relation [#<User id: 1, name: "山田太郎", address:
nil, email: nil, birthday: "1975-02-15", created_at: "2018-03-05 15:31:
20", updated_at: "2018-03-05 15:31:20", owner_id: nil>]
```

2. 配列指定（プレースホルダー形式）：条件を「?」で指定して、配列のように?の順に値を指定する方式

モデル.where(条件の値をプレースホルダーで指定)

プレースホルダーでは、「属性 比較演算子（=, >, …）?」と設定し、配列順に「?」に値を対応付けます。

```
User.where("name = ? and birthday > ?", "山田太郎", "1975-02-1")
=> #<ActiveRecord::Relation [#<User id: 1, name: "山田太郎", address: ↵
nil, email: nil, birthday: "1975-02-15", created_at: "2018-03-05 15:31:↵
20", updated_at: "2018-03-05 15:31:20", owner_id: nil>]
```

3. ハッシュ指定（名前付きプレースホルダー形式）：条件をシンボルキーで指定して、ハッシュのようにシンボルに対する値を指定する方式

モデル.where(条件の値を名前付きプレースホルダーで指定)

名前付きプレースホルダーでは、「属性 比較演算子（=, >, …）:キー」を設定し、「キー: "値"」として対応付けます。

```
User.where("name = :k1 and birthday > :k2", k1: "山田太郎", k2: "1975-02-1")
=> #<ActiveRecord::Relation [#<User id: 1, name: "山田太郎", address: nil, ↵
email: nil, birthday: "1975-02-15", created_at: "2018-03-05 15:31:20", ↵
updated_at: "2018-03-05 15:31:20", owner_id: nil>]
```

5.4.7　条件による読み出しメソッド（where）

あいまい検索の指定の仕方

すでに説明した条件式の検索を使用すると、**あいまい検索**（属性の値の一部を使用した検索）が可能になります。

あいまい検索には、比較演算子（比較条件記号）として、「like」を使用します。検索対象となる値に「%」を付加することで、その部分の文字をあいまいにします。例えば「%太郎」と指定すると、太郎の前に何らかの文字を持つか、持たないデータを探しに行きます。また「山田%」とすると、山田の後ろに何らかの文字を持つか、持たないデータを探しに行きます。これを組み合わせると「%田%」は、田を含むデータを探しに行きます。

この機能を利用して、Userモデルで「太郎」という文字を含む名前のユーザーを取り出す場合、あるいは「田」という文字を含む名前のユーザーを取り出す場合、次のように記述できます。検索結果は紙面の都合上件数のみを掲載していますが、皆さんは内容も確認しておきましょう。

```
> User.where('name like ?', '%田%').count
   (3.0ms)  SELECT COUNT(*) FROM "users" WHERE (name like '%田%')
=> 3


> User.where('name like ?', '%太郎%').count
   (3.1ms)  SELECT COUNT(*) FROM "users" WHERE (name like '%太郎%')
=> 2
```

where条件の否定の仕方

whereメソッドで指定した条件と逆の条件でデータを抽出したい場合、否定条件「not」を使うと簡単に記述できます。具体的には、次のように、whereメソッドに続けて記述します。

```
モデル.where.not(条件)
```

notを使った条件を満たすデータ数を確認する例を次に示します。

```
> User.all.count
   (5.7ms)  SELECT COUNT(*) FROM "users"
=> 6


> User.where(address: '東京都品川区').count
   (2.8ms)  SELECT COUNT(*) FROM "users" WHERE "users"."address" = ?  ⏎
[["address", "東京都品川区"]]
=> 2


> User.where.not(address: '東京都品川区').count
   (3.5ms)  SELECT COUNT(*) FROM "users" WHERE "users"."address" != ?  ⏎
[["address", "東京都品川区"]]
=> 4
```

ただし、検索対象の属性の値がnil値（空）の場合、notメソッドの結果は、nil値のデータは除外
されます。

where条件に対するorメソッド条件

where条件をorで複数連結することができます。

```
モデル.where（条件）.or(モデル.where（条件）.or(…))
```

次に、実際の使用例を示します。この場合、「where(address: '東京都品川区').or(User.where(address: '
東京都港区'))」は、「where(address: ['東京都品川区', '東京都港区'])」と同じ結果になります。

```
> User.where(address: '東京都品川区').or(User.where(address: '東 京都港区')).
count
  (3.1ms)  SELECT COUNT(*) FROM "users" WHERE ("users"."address" = ? OR ⏎
"users"."address" = ?)  [["address", "東京都品川区"], ["address", "東京都港⏎
区"]]
=> 5
```

5.4.8　インスタンス配列の取得を支援するメソッド

モデルクラスには、複数のデータをインスタンスオブジェクトの配列として取得するためのall/
whereといったメソッドもあります。

実際には、複数のデータをインスタンス化するうえで、並び替えや、一部の属性だけを含むインス
タンス配列の作成など、さまざまな取得方法が考えられます。以降は、そのような目的を支援するた
めに用意されたメソッドについて解説します。

これから紹介するメソッドは、一度例にならって試して目的を理解しておき、必要な場合に参照し
て活用することをおすすめします。

select(対象属性)

モデルの属性の中で、取得したい属性（テーブルカラム）を指示して、対象のインスタンス配列を
作成します。その際、複数の属性を指示できます。

findメソッドなどがテーブルの行単位（データリソース単位）で取得するのに対し、selectはテー
ブルの列単位（属性列）で取得するメソッドです。

> *note* 取得したインスタンスに対して、存在しない属性にアクセスしようとするとActiveModel::Missi
> ngAttributeErrorが発生します。

また、重複する値を持つオブジェクトを一意にする場合、distinctメソッドを付加することもでき
ます。

- 例：Userモデルの、名前と誕生日のみのインスタンス配列を取得する場合（idは、指定されない場合nilになる）

```
User.select(:name, :birthday)
=> #<ActiveRecord::Relation [#<User id: nil, name: "山田太郎", birthday:
"1975-02-15">, …… #<User id: nil, name: "田中一郎", birthday: "1968-05-
28">]>
```

- 例：distinctで重複する名前を1つにする場合

```
User.select(:name).distinct
```

limit/offset

limitメソッドは、取得データの数を指定します。offsetメソッドは、取得データの開始位置を指定します。limitとoffsetを組み合わせることで、offsetで指定された位置からlimitで指定された数だけを対象にできます。

- 例：ユーザーデータを先頭から3件目まで取得する場合

```
User.limit(3)
```

- 例：3件目までスキップし、4件目のユーザーから取得する場合

```
User.offset(3)
```

- 例：4件目から8（3+5）件目まで取得する場合

```
User.offset(3).limit(5)
```

order

指定された属性の値に従って並び替えます。属性ごとに昇順（asc）／降順（desc）のいずれかを指定できます。指定のない場合、昇順として処理されます。並び順は、左から順に優先されます。

- 例：名前を昇順、年齢を降順に名前・年齢順のユーザーを取得する場合

```
User.order(:name, age: :desc)
```
➡ `User.order('name, age desc')`とも書ける

- 例：名前を昇順、データ作成時刻を降順に並べてユーザーを取得する場合

```
User.order(name: :asc, created_at: :desc)
```
➡ `User.order(name: :asc).order(created_at: :desc)`とも書ける

group

指定された属性でグループ化します。グループ化された単位の件数、合計、平均値をcount/sum/averageメソッドでハッシュとして参照できます（SQL文のgroup_by句に相当）。

グループ化されたキー以外の値は、グループごとの複数件データの最終データの値のみが有効となります。

- 例：addressでグループ化し、グループごとのデータ数を取得する場合

```
User.group(:address).count
➡ {"北海道札幌市"=>1, "東京都品川区"=>2, "東京都港区"=>3}
```

having

groupメソッドに対する条件として指定できます。

- 例：group を使ってaddress単位のグループ化を行い、「東京都港区」に相当するユーザー件数を表示する場合

```
User.group(:address).having(address: "東京都港区").count
➡ {"東京都港区"=>3}
```

unscope/only

unscopeメソッドは、上位メソッドのうち指定したものを取り除きます。onlyメソッドは、上位メソッドのうち指定したもののみを有効にします。

- 例：orderメソッドを取り除く場合

```
Article.where('id > 10').limit(20).order('id asc').unscope(:order)
➡ Article.where('id > 10').limit(20)と同じ意味となる
```

- 例：group メソッドのみを有効にする場合

```
User.group(:name).order(:updated_at).only(:group)
➡ User.group(:name)と同じ意味となる
```

reverse_order

上位のorderメソッドを逆順にします。もしorderメソッドがない場合は、id順を降順にします。

- 例：名前を降順にする場合

```
User.order(:name).reverse_order
```

reorder

モデルに設定したデフォルトスコープ（後述）の並び順を書き換える時に使用します。

- 例：Userモデルのhas_manyアソシエーションメソッドに設定しているスコープ「-> { order('rental_date desc')」を作成日順に変更する場合

```
User.find(1).rentals.reorder('created_at')
```

rewhere

上位のwhereメソッドの同じ属性条件を書き換えます。

5.4.8　インスタンス配列の取得を支援するメソッド

- 例：addressの条件を書き換える場合

  User.where(address: "東京都港区", name: "山田太郎").rewhere(address: ⏎
  "北海道札幌市")

none

クラス、インスタンス配列に対して使い、空インスタンス配列を返します。

- 例：Userモデルについて、空のインスタンス配列を取得する場合（クラスメソッド）

  User.none　　　　　　　　　　　　　　　➡ #<ActiveRecord::Relation []>

- 例：Userモデルについて、空のインスタンス配列を取得する場合（インスタンスメソッド）

  User.where(address: "東京都港区").none　➡ #<ActiveRecord::Relation []>

メソッドチェーン

　今まで取り上げてきたインスタンスオブジェクトの配列を取得するメソッドは、ActiveRecord::Relationクラスおよびサブクラスのインスタンス配列を返す一方、そのインスタンス配列に継承されたメソッドでもあります。したがって、メソッドを実行した結果に対して、さらに「.」で同様のメソッドをつなげて実行できるため、相互に連結したメソッド（**メソッドチェーン**）を実現できます。

　例えば、次のようなメソッドの組み合わせを考えます。

    User.where.not(name: 'administrator').limit(100).order(:name)

この例は、

1. 名前がadministrator以外のユーザーを
2. 先頭から100件
3. 名前順（昇順）で

取得することを意味します。

> note　テーブルのデータリソースの読み取りメソッドを実行する前にreadonlyメソッドを実行することによって、取得したインスタンスオブジェクトを書き換え不可にすることができます。つまり、readonly実行後に生成されるインスタンスに値を変更し、saveやupdateを行うと、ActiveRecord::ReadOnlyRecordの例外エラーを発生させることができます。
> 次にその例を示します。
>
>   > u = User.readonly.first
>   ……（省略）……
>
>   > u.name = "Taro"
>   => "Taro"

```
> u.save
   (0.1ms)  begin transaction
   (0.1ms)  rollback transaction
ActiveRecord::ReadOnlyRecord: User is marked as readonly
        from (irb):34
```

5.4.9　その他便利なメソッド

pluck

　pluckは属性配列を取得する軽量なメソッドです。

　pluckメソッドを使うと、モデル、またはモデルのインスタンス配列から必要な属性のみを指定して、条件を満たす属性のみの配列を作成することができます。ただし、今まで見てきた抽出のメソッドと大きく異なるのは、生成される結果がArrayクラス（配列クラス）のインスタンスになる点です。したがって、このメソッドを実行した結果に、今まで説明してきたActiveRecord::Relationインスタンスのメソッドは使用できません。

　pluckメソッドに対してモデルの属性（データベーステーブルのカラム）をリストで指定することで、属性配列を取得できます。条件を指定する場合は、whereメソッド条件のあとにpluckメソッドをチェーンするようにします（pluckは引き抜くという意味）。

　selectで取得した結果がActive Recordの管理下にあるのに対し、pluckで取得すると通常の配列であるため、使用できるメソッドが大きく異なります。

●例：Userモデルの名前とメールアドレスだけの配列を取得する場合

```
User.pluck(:name, :email)
```

重複を一意にする場合は、distinctのあとに実行します。

```
User.distinct.pluck(:name)
```

 抽出は、mapメソッドで行うこともできますが、pluckメソッドを使うとさらに簡潔に記述できます。

　例えば、mapメソッドを利用した以下の3つの記述は、

```
User.select(:id).map { |u| u.id }

User.select(:id).map(&:id)

User.all.map(&:id)
```

pluckメソッドを使うと

```
User.pluck(:id)
```

と記述できます。

----

ids

id属性だけの配列を取得するメソッドであり、pluck(:id)と同じ結果になります。

count

モデルと連携するデータ総数を取得するメソッドです。属性を指定すると値が空（null）以外のものを取得します。

●例：ユーザー数を取得する場合

```
User.count    ➡ User.count(:name)でも良い
```

sum

モデルと連携するデータについて、指定された属性値の合計を取得するメソッドです。

●例：Productモデルについて、priceの合計値を取得する場合

```
Product.sum(:price)
```

average

モデルと連携するデータについて、指定された属性値の平均を取得するメソッドです。平均値の結果は、to_f/to_iメソッドで浮動小数点数／整数に変換する必要があります。

●例：Productモデルについて、priceの平均値を浮動小数点数で取得する場合

```
Product.average(:price).to_f
```

minimum

モデルと連携するデータの、指定された属性値の最小値を取得するメソッドです。

●例：Productモデルについて、priceの最小値を取得する場合

```
Product.minimum(:price)
```

maximum

モデルと連携するデータの指定された属性値の最大値を取得するメソッドです。

●例：Productモデルについて、priceの最大値を取得する場合

```
Product.maximum(:price)
```

5.4　CRUD操作と標準装備のメソッド

練習問題　5.4

1. CRUD操作とは何かを、データリソースとの関係を使って説明してください。

2. CRUD操作を実現する代表的なメソッドについて、1つのモデルを例に具体的な使い方を説明してください。

3. save、create、updateのメソッドについて、役割、および関係をメソッドの対象となるオブジェクトの種類も含めて説明してください。

4. selectメソッドとfind_byメソッドの違い、およびselectとpluckメソッドの違いを具体的に説明してください。selectとpluckについては、LibraryアプリケーションのBookモデルに対して実行し、それぞれの実行結果でオブジェクトクラスが何かを、Railsコンソールを使って確認してください。

5.5　まとめ

　本章を通じて、「モデルは、Active Recordを継承することによって、さまざまなデータベースのデータと連携するためのメソッド（振る舞い）を持つ」ということが理解できたはずです。これらの標準的なメソッドを使用して、Railsコンソール上でモデルを自由に操れるようにしていきましょう。

☑ この章の理解度チェック

1. Reservationアプリケーションの Room モデルに対して、Rails コンソールを使用して新しい部屋情報を登録してみましょう。初めに、新しい Room インスタンスを作成します。少なくとも部屋名（name）だけは任意の名前で初期値を与えてください。次に、作成したインスタンスで save メソッドを使用してデータベースの rooms テーブルに保存します。登録がうまくいったら、all、find、find_by、where メソッドなどを使用して確認しましょう。また、Rails サーバーを起動して、Rails コンソールで登録した結果が Room 一覧など（http://localhost:4000/rooms）に反映されているかを確認してください。そこで、Room 一覧の edit（編集）機能を利用して、追加した部屋の不足の属性（場所、収容人数）を変更してください。

2. Reservationアプリケーションで改めて Rails コンソールを使用して、現在の全会議室（Room の全データリソース）の合計収容人数、平均人数が、正しく表示されるか確認してみてください。Rails サーバーで対応した結果と Rails コンソールで操作した結果がうまく同期が取れていることを確認してください。

モデルに実装すべき役割

この章の内容

- 6.1 バリデーション
- 6.2 コールバック（割り込み呼び出し）機能
- 6.3 スコープ
- 6.4 ロック機能

6.1 バリデーション

バリデーション（検証）とは、画面フォームなどから入力されたデータが妥当かどうかを評価し、適正なデータだけをデータベースに取り込むための機能です。入力データのチェックと考えておくと良いでしょう（図6.1）。

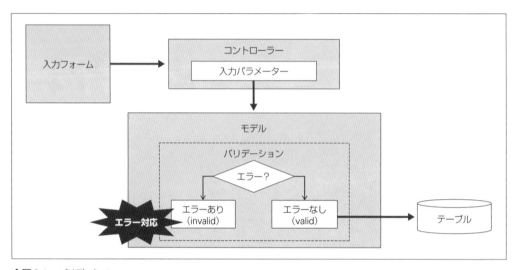

❖図6.1　バリデーション

6.1.1　バリデーションの実装場所

それでは、検証機能であるバリデーションは、一体どこに実装すれば良いのでしょうか？

前章で学んだように、データベースの情報（データリソース）はモデルを通してテーブルへ登録されるので、バリデーションは、該当するモデルの役割にするのが自然です。それは、モデルによって検証された適正なデータだけが、該当テーブルに登録されるべきだからです。そこで、モデルはActive Recordの役割として、バリデーションを実装するためのメソッドを提供しています。

しかし、「データベースの登録に直接結び付かない情報」のバリデーションはどうするか、という疑問が残ります。そのような場合は、モデルに代わる入力されるフォームに対応するオブジェクト（フォームオブジェクト：後述）を利用します。この場合、RailsのActive Modelモジュール（Active Recordのデータベース機能を取り除いたもの）をオブジェクトにincludeする（組み込む）ことで、バリデーション機能を実装します。実際には、次の2つのモジュールのどちらかをincludeすることで、バリデーションのメソッドを実装できます。

- ActiveModel::Model
- ActiveModel::Validations（ActiveModel::Modelにインクルードされているモジュール）

それでは、モデルの中に、どのようにバリデーションを実装すれば良いのでしょうか？

6.1.2　バリデーション評価のタイミング

　バリデーションの実装方法を考える前に、モデルはバリデーションをどの時点で評価するかを考えましょう。

バリデーションの評価を呼び出すメソッド

　バリデーションは、モデルに対してデータベースのテーブルを更新するメソッドを呼び出した時に、自動的に実行されます。それは、テーブルにcreate/save/updateを行う前に、入力されたデータに基づいて、その妥当性を検証するためです。

　これらのメソッドの呼び出し時にバリデーションのチェックを実行し、バリデーションのエラーが発生した場合にエラーを通知します。ただし、メソッドの記述の仕方によって、その振る舞いが少し異なります。create/save/updateメソッドは、createとcreate!というように、それぞれ最後に「!」を付加したものと付加しないものを用意しています。「!」がないsave/updateメソッドは、バリデーションのエラー時にfalseを返し、createメソッドはエラーとなったインスタンスを返します。「!」があるメソッドは、バリデーションのエラー時に例外（システムエラー）を発生させます。

note　バリデーションを無視したい場合は、save(validate: false) のように validate: false オプションを指定することで無効になります。

任意のタイミングでバリデーションを評価するメソッド

　バリデーション評価を更新メソッド呼び出しのタイミングではなく、それ以外の任意のタイミングで実行したい場合にはどうすれば良いのでしょうか？

　Active Recordは、任意のタイミングでバリデーションを評価するためのメソッドも用意しています。任意のタイミングでバリデーションを評価するためのメソッドは、valid?メソッドまたはinvalid?メソッドです。valid?メソッドは、その時点でバリデーション評価を行い、エラーがなければtrueを、エラーがあればfalseを返します。invalid?メソッドは真偽逆の値を返します。

　特定のモデルに結び付かないフォームオブジェクトを使用する場合、更新メソッドを伴わないタイミングでバリデーションを評価する必要があります。また、新規のデータを登録する前に確認フェーズを挟む場合は、その時点でバリデーション評価を行う必要があります。そのような時に、これらのメソッドが活躍します（リスト6.1）。

▶リスト6.1　バリデーション評価の例

```
# 引数「topic_paramsのメソッドの結果」に基づくインスタンス@topicを生成し、⏎
バリデーションエラーが発生しているかを次のように評価します
@topic = Topic.new(topic_params)

# インスタンスの保存（save）時にバリデーション評価
if @topic.save
  # 正常な処理を記述します
else
  # エラー処理を記述します
end

# 任意の時点でのバリデーション評価
if @topic.valid?
  # 正常な処理を記述します
else
  # エラー処理を記述します
end
```

　なお、バリデーション評価の結果に対するエラー情報は、バリデーション評価メソッドを実行した
レシーバー（対象インスタンス）に組み込まれ、そのインスタンスに対してerrorsメソッドで確認で
きます。

6.1.3　バリデーションの実装方法

　次に、バリデーションをどのように実装すれば良いかを考えましょう。

　バリデーションを実装するには、バリデーションのための標準のバリデーションヘルパーメソッド
が用意されています。複合的なバリデーションを実行したい場合などはバリデーションヘルパーだけ
では不十分なため、独自にヘルパーメソッドを作成することもできます。そのように、バリデーショ
ンの実装には、大きく分けると標準のバリデーションヘルパーを利用する方法と、独自のバリデー
ションヘルパー（カスタムバリデーション）を利用する方法の2つがあります。

　また、独自のバリデーションヘルパーを作成するには、モデル内でメソッドを設定する方法と
Validatorクラスを使用して作成する方法があります。したがって、バリデーションの実装方法は、
次のように3つに整理されます。

- ● 標準のバリデーションヘルパーを使用してvalidatesメソッドで実装する方法
- ● モデル内に独自メソッドを設定し、validateメソッドで実装する方法
- ● 独自Validatorクラスを使用する方法

6.1.4 標準バリデーションヘルパー

標準で用意されているバリデーションヘルパーは、validatesメソッドを使用して実装します。RailsのActive Record（Active Modelを含む）は、一般的によく利用される次のようなバリデーションヘルパーを用意しています。これを利用することで、一般的なバリデーションを容易に実装できます。

presence/absence

値が存在する（presence）／空である（absence）ことを検証します。

length

文字列の長さが妥当であるかを検証します。

numericality

数値であるかや、数値の範囲が妥当かなどを検証します。numericalityヘルパーメソッドで利用できるオプションの例を表6.1に示します。

❖表6.1　numericalityヘルパーメソッドのオプション例

オプション名	意味
only_integer	整数であるか
odd	奇数であるか
even	偶数であるか
greater_than	「>」指定された値より大きいか
less_than	「<」指定された値より小さいか
equal_to	「=」指定された値と等しいか
greater_than_or_equal_to	「>=」指定された値以上であるか
less_than_or_equal_to	「<=」指定された値以下であるか

format

文字列が正規表現（後述）に一致するかを検証します。

confirmation

2つの入力内容の値が等しいかを検証します。confirmationフィールド（比較する属性と同じ属性名に「_confirmation」を付加したもの）に入力がされた時（nilでない時）のみ比較します。

confirmationフィールドは、入力とバリデーションのためだけに使用する、テーブルカラムに存在しない属性であるため、attr_accessor（「2.5.4 異なるインスタンス間の情報のやり取り」参照）を使用して、仮想的な属性として設定する必要があります。

例えば、passwordという属性を確認するための属性password_confirmationを利用するためには、

対象オブジェクト（モデルなど）において「attr_accessor :password_confirmation」のような設定が必要になります。

inclusion/exclusion

文字列が配列などに含まれている（inclusion）／いない（exclusion）かを検証します。

acceptance

チェックボックスにチェックがあるかを検証します。実際の使用例としては、承認、承諾などの同意を得る際などが挙げられます。この属性は、一般的にテーブルに保存するカラム属性ではないため、confirmation属性と同様に、attr_accessorを使用してオブジェクト内の仮想的な属性として扱います。

- 例：「利用規約」の同意チェックの場合

  validates :terms_of_service, acceptance: { accept: 'yes' }
  ➡ { accept: 'yes' }のように、true以外に受け入れ値の値を指定できます。指定しない場合は、「1」となります。

uniqueness

値がユニークである（重複しない）ことを検証します。

validates_associated

関連付いているモデル（後述）に対して、バリデーションを一括して行う場合に使用します。ただし、どれか1つのモデルのみで実装することが前提となります。

- 例：Product（製品）モデルと関連付いているPart（部品）モデルに対して、バリデーションを一括して行う場合

```
class Product < ApplicationRecord
  has_many :parts
  validates_associated :parts
end
```

6.1.5　バリデーションヘルパーの使用例

LibraryアプリケーションのBookモデルに次のようなバリデーション要件を設定します。

- title（タイトル）が入力されていない場合はエラーとする
- titleが入力されていないのにdescription（説明文）が入力されている場合は、エラーとする
- descriptionの長さは最大100文字とする

この場合、Bookモデルのバリデーションは、リスト6.2のようになります。

210　6.1　バリデーション

▶リスト6.2　Library/app/models/book.rb

```
class Book < ApplicationRecord
  validates :title, presence: true
  validates :description, absence: true , unless: :title?
  validates :description, length: { maximum: 100 }
end
```

「maximum: 100」は、最大値が100であることを示しています。また、「title?」は、モデルの属性titleを登録することで、Active Recordが用意するメソッドの一つです。titleが存在するかどうか（入力されているかどうか）をチェックすることができます。そうしたチェックのためには、ifやunlessといった条件メソッド（後述）が用意されています。

この設定のあと、LibraryアプリケーションのRailsサーバーを立ち上げ、ブラウザーでhttp://localhost:4000/books に接続し、図書の新規登録を行ってみてください。タイトルを入力しない場合や説明文をタイトルなしで入力した場合、説明文の長さが100文字を超えた場合は、図6.2のようなエラー画面が表示されます。

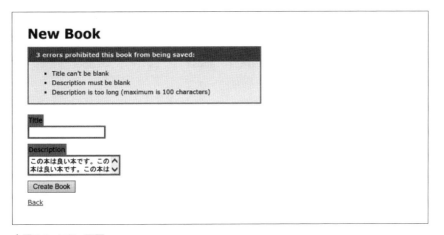

❖図6.2　エラー画面

特に実装を行っていないのにこのようなエラーが表示されるのは、Scaffoldを使用してBookの機能を生成しているため、ビューテンプレートにすでにエラーを表示する仕組みが組み込まれているためです。なお、エラーメッセージなどは英文で表示されていますが、日本語に変更することも簡単にできます。また、Railsは各国語での表示対応の仕組みを標準で備えていますが、それについては「11.3　i18n国際化対応機能」で詳しく説明します。

バリデーションの使用例を、他にもいくつか紹介します。それぞれ、テスト用にアプリケーションを作成して、組み込んで確認してみることをおすすめします。

```
# name（名前）の長さ（length）の最小値が5、つまり5文字以上の長さが必要
validates :name, length: { minimum: 5 }

# height（高さ）は0より大きい値でなければならない
validates :height, numericality: { greater_than: 0 }

# postal_code（郵便番号）の形式（フォーマット）を「先頭3桁の数字とハイフンと末尾数字
4桁」という正規表現（後述）で指定
validates :postal_code, format: { with: /\A\d{3}-\d{4}\z/ }

# password（入力されたパスワード）の値がpassword_confirmation（確認入力されたパス
ワード）の値と等しいかどうかをチェックする
# 比較チェックする項目は、「_confirmation」を付加した名前で、ビュー上に設定する必要がある
validates :password, confirmation: true

# place（場所）の値は「東京」「大阪」「九州」のいずれかでなければならない
validates :place, inclusion: { in: [ '東京', '大阪', '九州' ] }
  # validates :place, inclusion: [ '東京', '大阪', '九州' ]  とも記述可能

# name（名前）の値は「admin」「guest」「owner」「member」のいずれにも該当してはならない
validates :name, exclusion: { in: [ 'admin', 'guest', 'owner', 'member' ] }
   # validates :name, exclusion: ['admin', 'guest', 'owner', 'member']とも
記述可能

# agreeという名前のチェックボックスのチェックが必須
validates :agree, acceptance: true

# メールアドレスemailはユニークでなければならない
validates :email, uniqueness: true
```

 複数の属性（例えばname、email、addressなど）が同じバリデーション条件の場合は、次のように1行で記述することができます。この場合は、「name、email、addressのすべての入力が必須」という条件を意味しています。

```
validates :name, :email, :address, presence: true
```

正規表現について

　入力された値など、文字列が決められたパターンに該当しているかどうかを評価（パターンチェック）する時には、**正規表現**を使用します。正規表現は、/……/ のように、「/」で囲むことで1つの表現パターンを表します。パターンを構成する要素は、主に表6.2のようなものがあります。

❖表6.2　正規表現の主な要素

表現	意味
\A	先頭位置
\z	末尾位置
a-z	英小文字のみ
\w	単語構成文字：[a-zA-Z0-9_]
\W	非単語構成文字：[^a-zA-Z0-9_]
\s	空白文字：[\t\r\n\f\v]
\S	非空白文字：[^\t\r\n\f\v]
\d	10進数字：[0-9]
\D	非10進数字：[^0-9]
\h	16進数字：[0-9a-fA-F]
\H	非16進数字：[^0-9a-fA-F]
*	0回以上
+	1回以上
?	0回もしくは1回
{n}	ちょうどn回（nは数字）
{n,}	n回以上（nは数字）
{,m}	m回以下（mは数字）
{n,m}	n回以上m回以下（n、mは数字）
\p{Katakana}	カタカナ、長音が含まれないため[ーー]を追加する
\p{Hiragana}	ひらがな
.	任意の文字

> *note* 上記表の中の「\」は、環境によっては「¥」で表示されます。

例えば、212ページで使った「郵便番号の正規表現」を再度見てみましょう。

$$/\A\d\{3\}-\d\{4\}\z/$$

郵便番号は、「001-1234」のように「数字3桁-数字4桁」で表現される必要があります。つまり、

- 先頭3桁は数字：\A\d{3}
- 次はハイフン：-
- 最後は数字4桁：\d{4}\z

という表現になるわけです。

irbまたはRailsコンソール上で、Rubyのmatchメソッドを使用して確認してみましょう。リスト6.3とリスト6.4に、郵便番号とメールアドレス（正規表現：/\A[\w+\-.]+@[a-z\d\-.]+\.[a-z]+\z/）について実行した結果を示します。なお、パターンに一致していない場合はnilが返ります。

6.1.5　バリデーションヘルパーの使用例　213

▶リスト6.3　郵便番号の例

```
> yubin = /\A\d{3}-\d{4}\z/
=> /\A\d{3}-\d{4}\z/

> yubin.match("123-4567")
=> #<MatchData "123-4567">

> yubin.match("12-45678")
=> nil

> yubin.match("s1245678")
=> nil

> yubin.match("012-9678")
=> #<MatchData "012-9678">
```

▶リスト6.4　メールアドレスの例

```
> email = /\A[\w+\-.]+@[a-z\d\-.]+\.[a-z]+\z/
=> /\A[\w+\-.]+@[a-z\d\-.]+\.[a-z]+\z/

> email.match("abc@sample.com")
=> #<MatchData "abc@sample.com">

> email.match("11abc@sample.com")
=> #<MatchData "11abc@sample.com">

> email.match("11abc@sample")
=> nil

> email.match("11abc@sample.co.jp")
=> #<MatchData "11abc@sample.co.jp">
```

6.1.6　バリデーションオプション

　ここまでもすでに登場してはいましたが、バリデーションには、実行条件やエラーメッセージの指定など、共通で利用できるオプションがいくつか用意されています。代表的なものは次のとおりです。

allow_nil

allow_nilオプションにtrueを指定すると、入力内容にnilを許可します。

- 例：name属性の入力に、nilは許可するが、それ以外の空白要素は許可しない（presence: true）場合

  ```
  validates :name, presence: true, allow_nil: true
  ```

例えば、nameの入力が""や" "の場合などは、バリデーションエラーとなります。

allow_blank

allow_blankオプションにtrueを指定すると、入力内容が空（nilや空文字の場合）を許可します。

message

エラーメッセージを指定します。指定しない場合は、各バリデーションで設定されたデフォルトのメッセージを表示します。

on

バリデーションの実行対象を指定します。デフォルトではcreate、save、updateが実行タイミングになります。例えば、新規作成時のみ実行したい場合は「on: :create」のように指定します。

if

バリデーションの実行条件を任意に指定します。条件が真（true）の時、対象のバリデーションが実行されます。条件はメソッドなどを使って指定できます。

unless

ifオプションと逆の条件を指定できます。条件が偽（false）の時、対象のバリデーションが実行されます。

6.1.7　フォームオブジェクトの簡単な例

すでに記載したように、1つのモデルに特定したバリデーションを実行する場合、そのモデルにバリデーションを実装します。しかし、特定のモデルに限定されないか、データベースの登録に直接関係がない入力のバリデーションは、入力フォームとモデルを切り離した入力専用のオブジェクト（フォームオブジェクト）を使用することで整理できます。

例えば、Webサイトを使用するうえで最初に行う「利用許諾」のページを作成するとしましょう。その時に、利用条件を承認するためのチェックボックスを作り、チェック（承諾）をした場合のみ、利用者情報の登録に進めるようにします。

その場合、最初に表示する許諾ページにフォームオブジェクトを利用します。フォームオブジェクトは、モデルと区別して管理するため、app/formsディレクトリに配置するのが一般的です。そこ

で、Libraryアプリケーションにも、このフォームオブジェクトを利用した受け入れ許諾ページを作成することにしましょう。

formsディレクトリを作成し、そのディレクトリ（app/forms）に、Acceptance（承諾）というクラス名を持つフォームオブジェクトをacceptance.rbとして作成します。ただし、app/formsディレクトリを有効にするためには、稼働中のSpringの再立ち上げが必要なため、Springを停止コマンド（spring stop）によって停止するか、vagrant sshで接続し直す必要があります。

フォームオブジェクトは、ActiveModel::Modelをインクルードすることで、バリデーションの機能を実装します。フォームオブジェクトは、コントローラーやモデルのように生成ツールが提供されていないため、エディターを使用して新規のファイルとして作成します。バリデーションの対象となる入力項目accepting（受け入れ）を、attr_accessorメソッドを使用して設定します。また、入力項目acceptingに対するバリデーションは、バリデーションヘルパーであるacceptanceを使用して、'yes'と入力した場合のみ妥当（エラーなし）であるように実装します。

フォームオブジェクトAcceptanceは、リスト6.5のようになります。

▶リスト6.5　Acceptance（app/forms/acceptance.rb）

```
class Acceptance
  include ActiveModel::Model
  attr_accessor :accepting

  validates :accepting, acceptance: { accept: 'yes' }
end
```

次に、このフォームオブジェクトを処理するためのコントローラーを作成します。コントローラーの作成に当たっては、次のコマンドで作成すると簡単に基本のスケルトン（骨格）を生成することができます。

```
rails g controller acceptances new create
```

この結果、リスト6.6のようなコントローラーが生成されます。

▶リスト6.6　Library/app/controllers/acceptances_controller.rb

```
class AcceptancesController < ApplicationController
  def new
  end

  def create
  end
end
```

6.1　バリデーション

コントローラーやアクションについてはまだ詳細を説明していませんが、このコントローラーの
new、createのアクションをリスト6.7のように置き換えてください。newアクションは承諾ページ
の入力フォームを表示するアクションであり、createアクションは承諾処理を行うアクションです。
Scaffoldで作成したLibraryアプリケーションのBookコントローラーなどと比較しながら見ていくと
良いでしょう。

▶リスト6.7　コントローラー AcceptancesController（acceptances_controller.rb）

```ruby
class AcceptancesController < ApplicationController

  def new
    @acceptance = Acceptance.new
  end

  def create
    @acceptance = Acceptance.new(acceptance_params)
    if @acceptance.valid?
      puts "承諾されました !!"
      redirect_to books_path
    else
      render :new
    end
  end

  private
  def acceptance_params
    params.require(:acceptance).permit(:accepting)
  end
end
```

このケースの場合、モデルの操作を伴わない（saveメソッドがない）ので、valid?メソッドを使用
して、バリデーションの評価を行います。

また、Acceptancesコントローラーの生成時に生成されたビューテンプレートとルートを書き換え
る必要もあります。生成されているnewアクションに対応するビュー「acceptances/new.html.erb」
をリスト6.8のように書き換えてください。なお、create.html.erbは使用しないので、ファイルを削
除しておきましょう。

6.1.7　フォームオブジェクトの簡単な例　　217

▶リスト6.8　Library /app/views/acceptances/new.html.erb

```erb
<h1>規約承諾</h1>
<p>本規約書に同意する場合は、「yes」を入力して承諾ボタンを押してください</p>
<%= form_with(model: @acceptance, local: true) do |form| %>
  <% if @acceptance.errors.any? %>
    <div id="error_explanation">
      <h2><%= pluralize(@acceptance.errors.count, "error") %> prohibited ⏎
this acceptance from being saved:</h2>
      <ul>
      <% @acceptance.errors.full_messages.each do |message| %>
        <li><%= message %></li>
      <% end %>
      </ul>
    </div>
  <% end %>

  <div class="field">
    <%= form.label :accepting %>
    <%= form.text_field :accepting, id: :acceptance_accepting %>
  </div>

  <div class="actions">
    <%= form.submit "承諾" %>
  </div>
<% end %>
```

また、ルートがリスト6.9のように生成されています。

▶リスト6.9　Library/config/routes.rb

```ruby
Rails.application.routes.draw do
  get 'acceptances/new'
  get 'acceptances/create'
  resources :books
end
```

Acceptancesのルートをリスト6.10のように書き換えます。詳細はChapter 8で説明します。

▶リスト6.10　Library/config/routes.rb

```
Rails.application.routes.draw do
  resources :acceptances, only: [:new, :create]
  resources :books
end
```

　rails db migrateコマンドを実行してから、Railsサーバーを立ち上げてLibraryアプリケーションの承諾ページを動かしてみましょう。ブラウザーでhttp://localhost:4000/acceptances/new に接続し、図6.3のような画面が表示されれば正常に起動しています。

❖図6.3　起動画面

　入力せずに承諾ボタンを押すと、図6.4のようなエラー画面が表示されます。

❖図6.4　エラー画面

　ここで、「yes」と入力し、[承諾]ボタンを押すと図書一覧の画面が表示されればOKです。
　以上のように、フォームオブジェクトを使用することで、特定のモデルと結び付かない入力情報のバリデーションを、モデルのバリデーションと同じように行うことができます。

6.1.7　フォームオブジェクトの簡単な例　　219

6.1.8　独自のバリデーションヘルパーを実装する

標準のヘルパーメソッドで対応できないような複雑なバリデーションを実現するためには、独自のメソッドを作成する必要があります。バリデーションを設定するオブジェクトクラス内にバリデーション用のプライベートメソッドを定義し、そのメソッドをvalidateメソッドで指定することで、専用のバリデーションを実装することができます。定義したプライベートメソッドは、次のようにシンボルでメソッド名を指定します。

```
validate :メソッド名
```

例として、独自のメソッドによるバリデーションを、Libraryアプリケーションに作成したUserモデルに対して実装してみましょう。Userモデルの属性emailが適正なメールアドレスの形式になっているかをチェックするバリデーションを、正規表現としてプライベートメソッドに定義します（リスト6.11）。

▶リスト6.11　Library/app/models/user.rb

```ruby
class User < ApplicationRecord
  validate :email_check

  private
  def email_check
    email_pattern = /\A[\w+\-.]+@[a-z\d\-.]+\.[a-z]+\z/
    unless email_pattern.match(self.email)
      errors.add(:email, "正しいメールアドレスを入力してください")
    end
  end
end
```

バリデーションが有効に働いているかを、Railsコンソールを使用して確認してみましょう。この場合、メールアドレスとして「i_s@@sample.jp」を入力することで、saveメソッド実行時に「正規表現のパターンに一致しない」ためエラーを検出し、このアクションの処理をロールバック（rollback transaction）します。結果として、対象インスタンス「user」をerrorsメソッドで確認すると、emailエラー情報として「正しいメールアドレスを入力してください」という文字列が追加されていることがわかります。

```
$ rails c
························ （省略） ························...

> user = User.new(name: "佐々木一郎", email: "i_s@@sample.jp")
=> #<User id: nil, name: "佐々木一郎", address: nil, email: ↵
```

6.1　バリデーション

```
"i_s@@sample.jp", birthday: nil, created_at: nil, updated_at: nil>

> user.save
   (0.1ms)  begin transaction
   (0.1ms)  rollback transaction
=> false

> user.errors
=> #<ActiveModel::Errors:0x0055899e2905b8 @base=#<User id: nil, name: ⏎
"佐々木一郎", address: nil, email: "i_s@@sample.jp", birthday: nil, ⏎
created_at: nil, updated_at: nil>, @messages={:email=>["正しいメールアドレス⏎
を入力してください"]}, @details={:email=>[{:error=>"正しいメールアドレスを入力し⏎
てください"}]}>
```

正常なメールアドレスを指定すると、次のように正常に更新が行われます。

```
> user = User.new(name: "佐々木一郎", email: "i_s@sample.jp")
=> #<User id: nil, name: "佐々木一郎", address: nil, email: ⏎
"i_s@sample.jp", birthday: nil, created_at: nil, updated_at: nil>

> user.save
   (0.1ms)  begin transaction
·················· (省略) ··················
   (10.4ms)  commit transaction
=> true
```

皆さんも実際に手を動かして、この処理の流れを追えるようにしましょう。

6.1.9　Validatorクラスで共通の独自ヘルパーを実装する

　先ほど、プライベートメソッドを使用して、専用のバリデーションを作成しました。しかし、それ
はあくまでも、1つのオブジェクト内だけに限定されたバリデーションメソッドでしかありません。
Validatorクラスを使用すると、特定のオブジェクト内に限定されずに、共通で使用できる独自のバ
リデーションヘルパーを作成できます。

　Validatorクラスは、次のどちらかのクラスを継承して作成することができます。作成する
Validatorクラスは、app/validatorsディレクトリを作成し、このディレクトリの中に置きます。

- ActiveModel::Validator：モデル単位での検証を行うクラス

- ActiveModel::EachValidator：項目属性単位での検証を行うクラス

　ActiveModel::EachValidatorは、ActiveModel::Validatorのサブクラスですが、ここでは、使い勝
手が良いActiveModel::EachValidatorクラスを使用して、独自バリデーション機能の実装を行ってみ

ましょう。

　ActiveModel::EachValidatorクラスを使用すると、属性単位で実行が可能です。そのため、属性単位で処理するためのvalidate_eachメソッドを使用し、record/attribute（属性名）/value（属性に入力された値）という3つの引数を使用します。

　まず、Libraryアプリケーションのapp/validatorsフォルダーにメールアドレスをチェックするValidatorクラスを作成します（リスト6.12）。

▶リスト6.12　Library/app/validators/email_address_validator.rb

```
class EmailAddressValidator < ActiveModel::EachValidator
  def validate_each(record, attribute, value)
    unless /\A[\w+\-.]+@[a-z\d\-.]+\.[a-z]+\z/ === value
      record.errors[attribute] << (options[:message] || \
        "メールアドレスが正しくありません")
    end
  end
end
```

　record（第1引数）には実装するオブジェクト名が、attribute（第2引数）には実装時に指定した属性名が、value（第3引数）には指定された属性の値が自動的にセットされます。また、エラー時のメッセージとして「メールアドレスが正しくありません」という文字列を設定します。

　これを利用して、先に実装したプライベートメソッドによるバリデーションをリスト6.13のように置き換えましょう。その際、validatesを使用します。

▶リスト6.13　Library/app/models/user.rb

```
class User < ApplicationRecord
  validates :email, email_address: true
end
```

　リスト6.13において、email_address: trueは「ValidatorクラスがEmailAddressValidatorである」ことを示しており、trueは「その結果が真（true）の時に有効となる」ことを示しています。falseであれば偽（false）の時に有効となります。ActiveModel::EachValidatorを使うと、メールアドレス検証のような独自のバリデーションを、Validatorクラスとして実装し、標準のバリデーションメソッドと同じように利用することが可能になります。

　皆さんも実際に、先の実装と同じ結果が得られることを確認してみてください。

222　6.1　バリデーション

6.1.10　エラーメッセージの操作方法

　バリデーションの結果、発生する Active Record（Active Model を含む）のエラーメッセージは、errors メソッドによって返される ActiveModel::Errors クラスのインスタンスによって管理されます。そのため、バリデーションの対象となったオブジェクトの errors メソッドを通して、エラーの情報を取得することができます。また、独自ヘルパーの実装時に行ったように、errors メソッドを通して、エラーメッセージを追加することもできます。

エラーメッセージの追加と取得

　バリデーションの独自メソッドを作成する場合、バリデーションメソッドの中で妥当性を判断し、不適当な属性に対して、エラークラス ActiveModel::Errors を使って適切なオブジェクトにエラーメッセージを追加する必要があります。

　該当のオブジェクトに対するエラーメッセージの追加の方法は、属性名を指定して、次のいずれかの方法で行います。対象となる属性名はシンボルで指定し、:base を指定した場合は、オブジェクト全体に対するエラーメッセージとして追加されます。

```
オブジェクト.errors.add(属性名, エラーメッセージ)
```

　または

```
オブジェクト.errors[属性名] << エラーメッセージ
```

　追加されたエラーメッセージを取得するには、errors メソッドを使用します。オブジェクトの属性名を指定した場合は、該当する属性に対するエラーメッセージの配列を返します。

```
オブジェクト.errors[属性名]
```

　full_messages メソッドを指定すると、エラーメッセージ全体を含む配列を返します。全体メッセージを意味する「:base」属性以外の個々の属性に対するエラーメッセージは、その先頭にそれぞれの属性名が付加されます。

```
オブジェクト.errors.full_messages
```

　実際に Rails コンソールを利用して、Library アプリケーションの Book モデルに対して、動作を確認してみましょう。すでに実装しているバリデーションを使用し、Book モデルの新規インスタンスの保存で検証してみましょう。

```
> b = Book.new(description: "Rubyのわかりやすい本です")
=> #<Book id: nil, title: nil, description: "Rubyのわかりやすい本です",
created_at: nil, updated_at: nil>

> b.errors.full_messages
=> []
```

```
> b.save
  (0.1ms)  begin transaction
  (0.1ms)  rollback transaction
=> false


> b.errors.full_messages
=> ["Title can't be blank", "Description must be blank"]

> b.errors[:title]
=> ["can't be blank"]

> b.errors[:description]
=> ["must be blank"]

> b.errors[:base]
=> []

> b.errors[:base] << "エラーが発生しています"
=> ["エラーが発生しています"]

> b.errors.full_messages
=> ["Title can't be blank", "Description must be blank", "エラーが発生しています"]
```

Bookモデルの新規インスタンスbを、descriptionのみ値を与えて生成します。この時点で、b. errors.full_messagesの結果は、空の状態です。ここでb.saveを実行すると、バリデーションの評価が行われます。その結果、再度b.errors.full_messagesを実行すると、エラーメッセージの配列が「["Title can't be blank", "Description must be blank"]」となっていることを確認できます。

また、b.errors[:title]またはb.errors[:description]のように、属性単位でメッセージを取り出すこともできます。errors[:base]にメッセージを追加することによって、全体を表現するメッセージも追加できます。

エラーメッセージの件数

エラーメッセージの総数を取得するにはerrors.sizeメソッドを実行します。この場合、:base属性も件数にカウントされます。

```
オブジェクト.errors.size
```

または、

```
オブジェクト.errors.count
```

224   6.1　バリデーション

エラーメッセージの有無の判別には、errors.any?メソッドを使用します。エラーメッセージが1つ以上ある時はtrueを返します。

　　オブジェクト.errors.any?

先ほどのBookモデルのケースでは、次のようになります。

```
> b.errors.full_messages
=> ["Title can't be blank", "Description must be blank", "エラーが発生しています"]

> b.errors.count
=> 3

> b.errors.any?
=> true
```

Scaffoldで生成されたBookの、登録フォームのエラー表示部分は、リスト6.14のように実装されています。読みづらい場合は、「<%」や「%>」を無視すると読みやすくなります。

▶リスト6.14　app/views/books/_form.html.erb

```erb
<% if book.errors.any? %>
  <div id="error_explanation">
    <h2><%= pluralize(book.errors.count, "error") %> prohibited…:</h2>
    <ul>
    <% book.errors.full_messages.each do |message| %>
      <li><%= message %></li>
    <% end %>
    </ul>
  </div>
<% end %>
```

　リスト6.14のコードを見ると、errors.any?メソッドでエラーの有無を判断し、エラーがある時にはerrors.countを使用してエラー件数を表示し、errors.full_messagesを使用してエラーメッセージを取得して、eachメソッドにより一覧表示しています。

　この結果表示されるエラーは、図6.5のように表示されます。

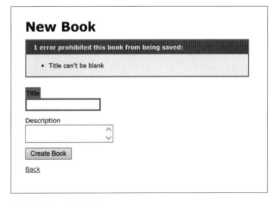

❖図6.5　エラー画面

6.1.10　エラーメッセージの操作方法　225

> **note** 特定のバリデーションに対して「{ strict: true }」のようにstrict オプションを付加すると、バリデーションの特定のエラーに対して、エラーメッセージではなく、ActiveModel::StrictValidationFailedの例外を発生させることができます（図6.6）。

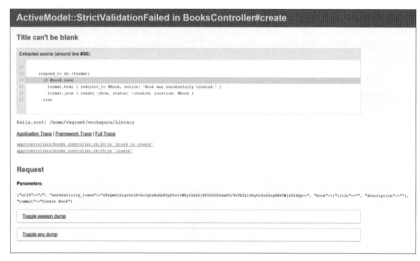

❖図6.6　ActiveModel::StrictValidationFailed例外の画面

練習問題　6.1

1. バリデーションの目的は何か、またバリデーションはどこに実装すべきかを説明してください。
2. バリデーションの実装の種類、実装方法について説明してください。
3. フォームオブジェクトはどのような目的で使用するのか説明し、バリデーション機能を使用するためのActive Modelコンポーネントの具体的な実装方法を説明してください。

6.2 コールバック（割り込み呼び出し）機能

6.2.1 コールバックとは

　Active Recordが提供する**コールバック**とは、モデルオブジェクトのライフサイクルの検証（バリデーション）・作成・保存・更新・削除のイベントタイミングで、あらかじめ用意した特定の処理を呼び出し、実行させる機能です（図6.7）。

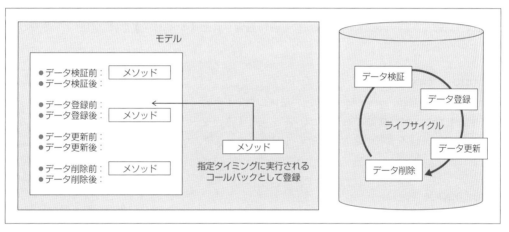

❖図6.7　ライフサイクルとコールバック

　コールバックは、モデルの振る舞いに付随して呼び出される振る舞いです。したがって、コールバックの処理内容はあくまでも、そのモデルに関連する属性の処理に限定すべきです。

　コールバックのメソッドは、1つのモデルインスタンス内部でだけ使用するため、**プライベートメソッド**（private宣言のあとに記述するローカルなメソッド）として実装します。例えば、モデルの属性として入力された名前を検証しやすい形式に整えるメソッド（例：normalize_name）をバリデーション（値の妥当性検証）の前に実行させるとしましょう。その場合、normalize_nameメソッドは、before_validationを使用し、次のように指定します。

　　　before_validation :normalize_name

　もし、次のようなオプション「on: :create」が指定されると、「データを作成（create）する時」のバリデーション実行前（before_validation）に限定して呼び出すことになります。

　　　before_validation :normalize_name, on: :create

　他にも、:if、:unless、:onなどの条件オプションを指定することで、条件に基づいてコールバック

の実行を制御することができます。

コールバックメソッドは、ライフサイクルメソッドの実行前（before_）か、実行後（after_）か、実行前後（around_）のパターンに分かれます。主なコールバックのメソッドは、次のとおりです。

before_validation

バリデーションの直前に指定されたメソッド（またはブロック）を呼び出します。

after_validation

バリデーションの直後に指定されたメソッド（またはブロック）を呼び出します。

before_xxxx

xxxx（save/update/create/destroy）の直前に指定されたメソッド（またはブロック）を呼び出します。

around_xxxx

xxxx（save/update/create/destroy）の前後に指定されたメソッド（またはブロック）を呼び出します。ただし、どの位置でxxxxメソッドを実行するかを示す必要があるため、呼び出されるメソッドの中にxxxxを実行する位置を示すyieldの指定が必須になります。yieldが見つからない場合、実行されません。

after_xxxx

xxxx（save/update/create/destroy）の直後に指定されたメソッド（またはブロック）を呼び出します。

複数のコールバックを設定する

1つのモデルに複数のコールバックを指定することも可能です。ライフサイクルメソッド（save/updateなど）が実行された時点で、それぞれのコールバックは、コールバックの呼び出しの優先順位に従って実行されます。

次項で実際に確認してみると、1回のsave/updateメソッドの実行に対して、複数のコールバックが優先順位に従って呼び出され動作していることがわかります。

6.2.2 コールバックの実装と呼び出されるタイミング

それでは、Itemモデルを作成し、ライフサイクルの特定のイベント（新規インスタンスのsave実行時と既存インスタンスのupdate実行時）において、それぞれのコールバックが呼び出される順序を確認してみましょう。

そのため、リスト6.15のように一連のコールバックの実装を行ってください。実行すると、実際に呼び出されるタイミングを目で確認できます。ここでは、コールバックで呼び出されるメソッドを

コールバック名と対応する名前でプライベートメソッドとして定義しています。Railsテスト用のアプリケーションの中で、Itemモデルを作成して実行してみましょう。モデルを作成した時にマイグレーションを忘れないようにしてください。

▶リスト6.15　Itemモデルの例

```
class Item < ApplicationRecord
  after_validation :after_valid_message
  before_validation :before_valid_message
  after_create :after_create_message
  after_save :after_save_message
  before_create :before_create_message
  before_save :before_save_message
  around_create :around_create_message
  around_save :around_save_message
  before_update :before_update_message
  after_update :after_update_message
  around_update :around_update_message

  private

  def after_save_message
    puts "save終了です"
  end
  def after_create_message
    puts "create終了です"
  end
  def after_update_message
    puts "update終了です"
  end
  def after_valid_message
    puts "バリデーション終了です"
  end
  def before_valid_message
    puts "バリデーション開始です"
  end
  def before_update_message
    puts "update開始です"
  end
  def before_save_message
    puts "save開始です"
  end
```

6.2.2　コールバックの実装と呼び出されるタイミング　　229

```ruby
def before_create_message
  puts "create開始です"
end
def around_save_message
  puts "around save開始です"
  yield
  puts "around save終了です"
end
def around_create_message
  puts "around create開始です"
  yield
  puts "around create終了です"
end
def around_update_message
  puts "around update開始です"
  yield
  puts "around update終了です"
end
```

Itemモデルを新規登録した際の実行結果は、次のようにログに表示されます。

```
   (0.0ms)  begin transaction
バリデーション開始です
バリデーション終了です
save開始です
around save開始です
create開始です
around create開始です
  SQL (15.5ms)  INSERT INTO "items" ……
around create終了です
create終了です
around save終了です
save終了です
   (31.1ms)  commit transaction
```

Itemモデルを編集・更新した際の実行結果は、次のようになります。

```
   (0.0ms)  begin transaction
バリデーション開始です
バリデーション終了です
save開始です
around save開始です
```

```
update開始です
around update開始です
around update終了です
update終了です
around save終了です
save終了です
    (0.0ms)  commit transaction
```

このメッセージの表示で、コールバックの優先度が確認できます。

6.2.3　その他の特別なコールバック

ここまでに紹介したコールバック以外にも、モデルの状態に応じて、次のようなコールバック処理
を実行できます。

after_initialize/after_find

データリソースのインスタンス化ごと（after_initialize）／取得するごと（after_find）に、指定さ
れたメソッド（またはブロック）を呼び出します。

例として、Railsコンソールを使用して、Bookモデルのインスタンス化やデータの取得時にどのよ
うにafter_findとafter_initializeのコールバックが実行されるかを確認してみましょう。Bookモデル
にリスト6.16のようなコールバックを設定します。

▶リスト6.16　app/models/book.rb

```ruby
class Book < ApplicationRecord
  after_find :find_message
  after_initialize :initialize_message
  ……（省略）……

  private
  def find_message
    puts "読みました"
  end
  def initialize_message
    puts "インスタンス化しました"
  end
end
```

Book.newとBook.allを実行した結果は、次のようになります。Book.allでは4件のデータを読み込
んでそれぞれをインスタンス化し、インスタンス配列を作っていることがわかります。

6.2.3　その他の特別なコールバック　　231

```
> Book.new
インスタンス化しました
=> #<Book id: nil, title: nil, description: nil, created_at: nil, updated_
at: nil>

> Book.all
  Book Load (2.2ms)  SELECT  "books".* FROM "books" LIMIT ?  [["LIMIT", 11]]
読みました
インスタンス化しました
読みました
インスタンス化しました
読みました
インスタンス化しました
読みました
インスタンス化しました
=> #<ActiveRecord::Relation [#<Book id: 1, title: "Rails入門",
description: "Rails初心者向けのテキストです。", created_at: "2018-06-07 13:
45:33", updated_at: "2018-06-07 13:45:33">, #<Book id: 4, title: "誰でもわ
かるRuby", description: "Rubyを初めて学ぶ人向けのやさしい入門書です。",
created_at: "2018-06-12 09:58:19", updated_at: "2018-06-12 09:58:19">,
#<Book id: 5, title: "みんなで楽しいRuby勉強", description: nil, created_at:
"2018-06-14 12:30:19", updated_at: "2018-06-14 12:30:19">, #<Book id: 6,
title: "よくわかるRuby", description: "初心者でも簡単に学べます", created_at:
"2018-06-14 13:06:08", updated_at: "2018-06-14 13:06:08">]>
```

after_touch

　対象のモデルオブジェクトのtouchメソッドが実行されるごとに指定されたメソッド（またはブロック）を呼び出します。touchメソッドの詳細は省略します。

after_create_commit/after_update_commit/after_destroy_commit

　モデルに対するデータベース変更のコミットが完了した時に指定されたメソッド（またはブロック）を呼び出します。コミットは、1つの処理が完結し、更新を確定するために宣言されます。

after_rollback

　エラー発生時に呼び出されるロールバックが完了した時に指定されたメソッド（またはブロック）を呼び出します。

6.2.4 コールバッククラスによる共通化

バリデーションの時と同じように、各モデルに共通のコールバックメソッドを、コールバック専用クラスを作成して実装することができます。複雑なコールバック処理の場合、コールバッククラスを利用することで、モデルクラスをシンプルにすることができます。

コールバッククラスの作り方

ここでは、動作を確認するために、MessageOutという名前の簡単なコールバッククラスを作成しましょう。コールバッククラスのファイルは、appディレクトリの中に作成したcallbacksディレクトリに保存するようにします。

コールバッククラスのメソッドは、呼び出す側のオブジェクトで指示されるコールバックメソッド名に対応する名前で組み込まれます。例えば、before_validationでメソッドを呼び出す場合、コールバッククラス内の同名のクラスメソッド「self.before_validation(引数)」として実装します。この時、引数を指定することで、コールバックの呼び出し元のオブジェクトクラスのインスタンスが渡されます（リスト6.17、図6.8）。

▶リスト6.17　app/callbacks/message_out.rb

```
class MessageOut
  def self.before_validation(obj)
    puts "#{obj.model_name}バリデーション前メッセージ ！！"
  end
  def self.before_save(obj)
    puts "#{obj.model_name}保存前メッセージ ！！"
  end
end
```

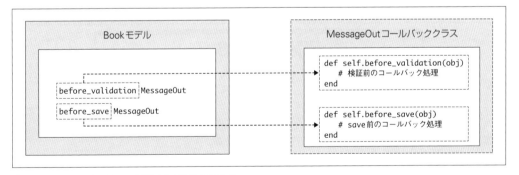

❖図6.8　コールバッククラスと利用するモデルの関係

このコールバッククラスを使用して、LibraryアプリケーションのBookモデルで、コールバックメソッドbefore_validationとbefore_saveを次のように指定します。

```
class Book < ApplicationRecord
  before_save MessageOut
  before_validation MessageOut
  ……（省略）……
end
```

Bookの新規インスタンスを作成してsaveを行うと、次のようにコールバックが呼び出されます。

```
> b = Book.new(title: "良い仕事の仕方")
インスタンス化しました
=> #<Book id: nil, title: "良い仕事の仕方", description: nil, created_at: nil,
updated_at: nil>

> b.save
   (0.2ms)  begin transaction
Bookバリデーション前メッセージ ！！
Book保存前メッセージ ！！
  Book Create (11.2ms)  INSERT INTO "books" ("title", "created_at", ⏎
"updated_at") VALUES (?, ?, ?)  [["title", "良い仕事の仕方"], ⏎
["created_at", "2018-09-11 05:53:15.343059"], ["updated_at", "2018-09-⏎
11 05:53:15.343059"]]
   (11.6ms)  commit transaction
=> true
```

引数を通して、モデル名がメッセージとともに表示されているのがわかりますね。共通のコールバックであれば、コールバッククラスを変更するだけで済みます。新しいコールバックメソッドの追加も簡単に行えます。

練習問題　6.2

1. コールバックとは何かを説明し、コールバックがモデルの中でどのような役割を果たすかを説明してください。

2. コールバックの種類と、それぞれの実行の優先順位について説明してください。

6.3 : スコープ

スコープは、対象となるモデルのデータリソースの検索に便利な機能です。スコープとは、モデルに対して、よく利用する検索条件をあらかじめ用意し、それをメソッドとして簡単に利用できる機能であり、scopeメソッドを使用して、対象となるモデルクラス内に実装します。

6.3.1　基本的なスコープの例

スコープは、引数あり／なしという2通りの検索方法で設定できます。どちらかの方法を使い、「->」記法（ラムダ記法）によって、次のような形式で検索条件を指定します。

```
class モデル名 < ApplicationRecord
  scope :メソッド名, -> { 検索条件 }        # 引数なしの場合
  scope :メソッド名, ->(引数) { 検索条件 }   # 引数ありの場合
end
```

一般的にスコープのような検索条件は、whereメソッドを使用します。

例えば、距離の情報をキロメートル単位のdistance属性で保持するモデルを前提にして、10km範囲の距離のデータリソースを取得するスコープの例で説明します。スコープメソッド名を「target_area」とすると、次のように記述できます。

● 例：文字列で条件を指定する場合

```
scope :target_area, -> { where("distance <= 10") }
```

● 例：プレースホルダー型で条件を指定する場合

```
scope :target_area, -> { where("distance <= ?", 10) }
```

● 例：引数を使用したプレースホルダー型で条件を指定する場合

```
dist = 10
scope :target_area, -> (dist){ where("distance <= ?", dist) }
```

6.3.2　スコープの組み合わせ

一般的に、スコープは目的別に設定しますが、それぞれのスコープを組み合わせて利用したい場合もあります。その場合、それぞれのスコープメソッドを**メソッドチェーン**として結合することで簡単に実現できます。

Productモデルに、price（価格）による絞り込みとcreated_at（登録日）による絞り込みという

2つのスコープを設定します（リスト6.18）。なお、Productモデルは、少なくともprice属性を持つように生成し（created_atは自動で付加されるため）、マイグレーションを実行する必要があります。

▶リスト6.18　Productモデルの例

```
class Product < ApplicationRecord
  scope :price, ->(price_value) {where(price: price_value)}
  scope :date_regist, ->(date) {where("created_at <= ?", date)}
end
```

登録日が「2018-03-13 01-01-01」以前、かつ、価格が2000円のものを対象とする場合、

```
Product.date_regist("2018-03-13 01-01-01").price(2000)
```

のように、date_registとpriceの各スコープメソッドをつなげて呼び出すことができます。ただし、この場合、priceカラムは円単位の金額として登録されることを前提にしています。実際に実行して、次のように絞り込みができることを確認してみましょう。

```
> Product.date_regist("2018-03-13 01-01-01").price(2000)
=> #<ActiveRecord::Relation [#<Product id: 2, name: "ボールペン", price:
2000.0, created_at: "2018-03-12 16:18:43", updated_at: "2018-03-12
16:18:43">]>
```

6.3.3　デフォルトスコープ

デフォルトスコープは、該当モデルを呼び出す際にあらかじめ用意されたスコープが常に実行される仕組みです。この場合、scopeではなくdefault_scopeメソッドを使用して設定しておきます。

通常、Product.allメソッドは、Productモデルに相当するデータベースのproductsテーブルから全件のデータを取得し、インスタンス配列を作成します。次の例の場合、default_scopeを使用して、デフォルトのスコープ「{ where("price <= 500") }」が設定されています。Product.allを実行すると、価格が500円以下のもののみに絞り込まれて呼び出されます。もちろん、priceの値が円単位であることが前提です。

```
class Product < ApplicationRecord
  default_scope { where("price <= 500") }
end
```

通常はデフォルトスコープを利用して、「ある時だけデフォルトスコープを無視したい」時もあります。デフォルトのスコープ条件を解除して呼び出したい場合は、unscopedメソッドを使用します。したがってProduct.unscoped.allとすると、すべてのものを呼び出すことができます。

また、デフォルトスコープは、他のスコープより先に評価されます。

236　6.3　スコープ

練習問題 6.3

1. スコープの役割と設定場所について説明してください。
2. 複数のスコープを組み合わせる方法について説明してください。
3. デフォルトスコープがどのような場合に有効か、例を挙げて説明してください。また、デフォルトスコープを無視する検索方法を説明してください。

6.4 ロック機能

　モデルには、あらかじめ用意（予約）された属性がいくつかあります。それらの属性は、モデルにおいて特別な意味を持つため、他の目的で使用することはできません。今まで、登場した作成日（created_at）や更新日（updated_at）もその一つです。この節では、lock_versionという属性について説明します。

　lock_versionは、モデルを通して処理されるリソースに対して同時にアクセスがあった時に、更新の整合性を確保するために利用される属性です。例えば図6.9のように、AさんとBさんが同じデータリソースに対して更新を試みたとします。AさんもBさんも、同じようなタイミングで同じデータを取得し、それに対して修正を行い、変更・登録をすると、先に更新したAさんの情報は、Bさんの更新によって上書きされてしまう可能性が生じます。その場合Bさんは、Aさんが更新したことを知らずに上書きしてしまうのです。

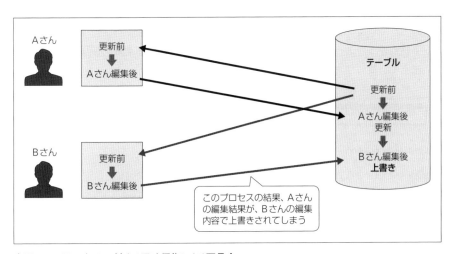

❖図6.9　同じデータに対する同時編集による不具合

6.4.1 楽観的ロック機能

このような不整合を防止するために、データを読んだ時のバージョンと更新する時のバージョンを比較することにします。もしバージョンが異なっていれば、自分が読んで修正作業を行っている間に、誰かが先に更新をしたことになります。その場合は、更新をさせないように例外エラー（ActiveRecord::StaleObjectError）を発生させます。

そのために、モデル属性としてlock_version（属性タイプinteger）を組み込み、デフォルト値を0にセットしておきます。更新されるたびに、対象となるデータのlock_versionの値を1ずつ増加させることで、更新の有無を管理します。

実際のところ、異なるユーザーが同じデータを更新するケースは、個人ごとのデータを扱う一般的なWebアプリケーションでは多くありません。そのため、このような例外が発生する確率は少なく、「いざというための保険である」という考え方であるとして、**楽観的**（Optimistic）**ロック機能**といいます。

6.4.2 悲観的ロック機能

楽観的ロック機能に対し、データを取得する時点で他が読めないようにロックをかけ、ロック中は更新を許可しないようにすることで、データの完全な整合性を確保する方法を**悲観的**（Pessimistic）**ロック機能**といいます。ただし、この場合は、1人のユーザーが画面を通して修正作業を行っている間、他のユーザーは、更新をかけることができず、待たされます。

> *note* Railsは、楽観的／悲観的ロック機能いずれの方法もサポートしていますが、悲観的ロック機能は、一般的にはデータベース側の仕組みによって実現します。

皆さんは、ロック機能がどのような場合に必要かを理解しておき、必要とするアプリケーションを構築する時に思い出して、改めて考えるようにしてください。

練習問題　6.4

1. ロック機能の目的は何かを簡単に説明してください。
2. ロック機能にはどのような方法があるか、2つ挙げて簡単に説明してください。

☑ この章の理解度チェック

1. Reservationアプリケーションに次の要件のバリデーションを設定し、Railsサーバーを起動してRoom（会議室）の新規登録・編集で有効に働くかどうかを検証してください。その際は、一つ一つ組み込みながら検証していくと良いでしょう。

   - Room の新規登録・編集時の会議室名(name)、場所（place）、収容人数（number）を入力必須の項目とする
   - Room 名は、最大30文字とする
   - Roomの場所として、「東京」「大阪」「福岡」「札幌」「仙台」「名古屋」「金沢」以外を選択した場合はエラーとする
   - Room の収容人数の登録数を5〜30人の範囲とする
   - Room名を「任意の名前#2桁の数字」という形式で登録する。例：2Fルーム#25、フリースペース#51 など

2. 1.で設定したバリデーションに、次の要件を追加し、検証してください。

   - Room名の形式に一致しない場合のエラーメッセージを「会議室名が正しくありません」とする
   - 収容人数は5の倍数とし、エラーメッセージを「収容人数は5の倍数で指定してください」とする

3. Reservationアプリケーションの Roomモデル（会議室モデル）に対して次のようなコールバックを設定します。Railsサーバーを立ち上げ、実際のRoom登録・修正を行って、正しくコールバック要件が呼び出されるか確認してみてください。

   - バリデーション実行前に、入力された「会議室名」に前後のスペースがあればすべて取り除き、文字間にスペースがあれば詰めて1つの「_」に置き換えること
   - なお、オブジェクトに対して前後のスペースを取り除くメソッドには「オブジェクト.strip」が使用できる。複数の文字を置換するメソッドには、「オブジェクト.gsub(置換対象, 置換文字)」が使用できる。置換対象は正規表現で記述すること

4. Reservationアプリケーションの Entry（予約エントリ）モデルに対して、指定された基準日付を中心に前後7日間の予約データを取得するスコープ「least_entries」を設定し、「Entry.least_entries(基準日付)」で対象範囲の日付の予約エントリデータを取得できるようにしてください。
   日付を文字列で指定する場合は、to_dateメソッドで日付タイプに変換してください。例えば、「"2019-02-10".to_date」は、2019年2月10日の日付を表します。また、7.daysで7日間を表します。実装できたら、シード機能を使用して、適正な対象データを含む20件以上のデータを登録し、Rails コンソールで正しく取得できることを確認してください。

この章の理解度チェック

Chapter
7

モデルを豊かにする
仕組み

この章の内容

7.1 モデルの関係（アソシエーション）
7.2 仮想的な属性（attributes API）
7.3 タイプオブジェクト

7.1 モデルの関係（アソシエーション）

7.1.1 モデルの親子関係

前章までで、モデルの役割が、CRUD操作でデータリソースを固有値として取り込み、インスタンスとして活躍させることだと理解したはずです。

ここで、学校のアプリケーションを作ることを考えてみましょう。

学校が持つオブジェクトの一つが生徒です。そこで、生徒の管理を行うための生徒モデルを考えてみましょう。生徒モデルを考えるうえで大切なことは、対応する生徒のデータリソースにどのような属性を持たせるかだといえます。

正規化

生徒モデルは、属性として、生徒の名前・住所・生年月日・学年・学級・担任の先生・成績など、生徒に関するさまざまな情報を持っている必要があります。しかし、名前・住所といった個人に属するものはともかく、学年・学級・担任の先生などは、同じ学年・学級に所属する生徒に共通の情報となります。それらは重複した内容のデータであり、情報を変更する際は、対応するすべての生徒のデータを変更しなければなりません。そのように複数の生徒についてデータを変更するのは容易な作業ではないため、このような場合は一般的に、共通する重複情報をひとまとめにして分離し、所属する生徒とひも付けられるようにすれば十分だと考えられます。

また、成績は個人に属する情報ですが、生徒1人に対し、学期ごとに別々の情報を持つ必要があります。それだけでなく、まだ1学期分の成績しかないのであれば、それ以降の成績を空の状態にしてあげる必要もあります。さらに臨時テストの成績なども考慮すると、成績の欄を増やさなければならないでしょう。これらの理由で、1人の生徒に複数の成績を持たせることも、あまりよい方法だとはいえません。この場合も成績の情報を分離して、対応する生徒とひも付けておけばよいでしょう。

データリソースを管理するデータベーステーブルに対して、このような分離作業を行うことを**正規化**といいます。正規化の結果、モデル構成として望ましい姿は図7.1のような形になります。

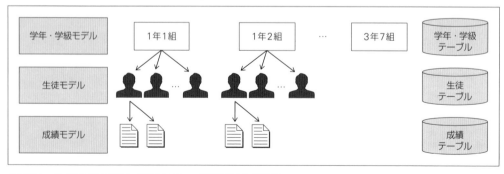

❖図7.1　生徒モデルと学年・学級モデル、成績モデルとの関係

Railsにおいて、正規化を用いてモデル間の関係をシンプルかつスマートに実現する仕組みが**アソシエーション**です。

1対多の親子関係

　アソシエーションの例として、先ほどの学年・学級と生徒の関係を使って考えてみましょう。1つの学年・学級には複数の生徒が所属しています。こういった、「1つの学年・学級から見た、所属する複数生徒」のような関係を、**1対多の関係**といいます。また、学年・学級（所属先）と生徒（所属するもの）の関係を親子関係で表し、学年・学級モデルは**親モデル**、生徒モデルは**子モデル**ということもできます。

　つまり、学年・学級モデルは、生徒という子モデルに対して1対多の関係にあり、生徒モデルは、親モデルである学年・学級モデルに対して所属関係にあるというわけです。もちろん、先ほどもう一つの例として示した、生徒と成績の関係も同様の関係として表せます。

1対1の親子関係

　今度は、「生徒の家庭状況」という情報について考えてみます。

　生徒の家庭状況を生徒モデルに持たせることも可能ですが、家庭状況に関する情報が多岐にわたると、生徒モデルの属性が膨れ上がってしまうため、情報を分離しておきましょう。

　すると、1人の生徒モデルに対して、1つの家庭状況モデルがひも付くため、生徒モデルと家庭状況モデルとの関係は、**1対1の関係**といえます。この場合、親子関係としてはどちらが親でも良いのですが、生徒モデルを親とすると、家庭状況モデルは生徒モデルに対して所属関係にあるといえます（図7.2）。

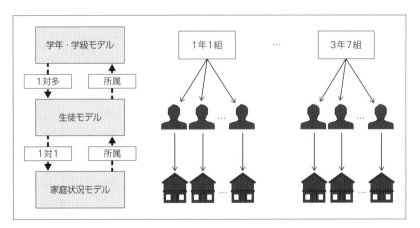

❖図7.2　学年・学級モデルと生徒モデル、家庭環境モデルの関係

親モデルを識別するID

　もう一度、学年・学級と生徒の関係に戻りましょう。

生徒は、複数ある中の特定の学年・学級に所属しています。そのことを示すため学年・学級番号のような、どの学年・学級に所属するかを示す「何か」が必要になります。同様に、生徒の家庭状況についても、家庭状況がどの生徒の情報であるかを示すための「何か」が必要です。生徒から見た学年・学級、家庭状況から見た生徒など、それぞれを一意に結び付ける「何か」がないと、どの学年・学級の生徒なのか、誰の家庭状況なのか分からなくなってしまいます。

　その「何か」として、Railsでは親モデルのIDを利用します。子モデルの各リソースに、親モデルを一意に識別するリソース識別番号として、親モデルのIDを持たせています（図7.3）。

❖図7.3　子モデルは親モデルを一意に識別するために親モデルのIDを持っている

多対多の関係

　モデル間には、もう1つ重要な関係があります。引き続き学校を例に考えてみましょう。

　学校には部活があり、何かの部活動に所属している生徒もいれば、所属していない生徒もいます（図7.4）。

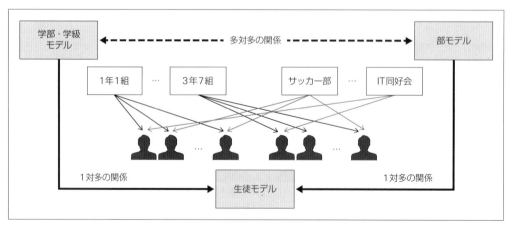

❖図7.4　部活動モデル、生徒モデル、学年・学級モデルの関係

7.1　モデルの関係（アソシエーション）

例えばサッカー部に所属する生徒を考えましょう。ある学校のサッカー部には、いろいろな学年・学級の生徒が所属しています。それを学年・学級を中心に捉えてみると、1つの学年・学級にいろいろな部活動に所属する生徒がいるということができます。

つまり、複数の学年・学級は、所属する生徒を通して複数の部活動と関係しています。同様に、複数の部活動は、所属する生徒を通して複数の学年・学級と関係しているともいえます。学年・学級と部活動のような関係を、**多対多の関係**といいます。

モデル間関係のまとめ

ここまで学校の例で見てきたように、モデル間の関係は、

- 1対多
- 1対1
- 所属関係
- 多対多

に分けることができます。

以降は、その中でも基本となる1対多・1対1・所属という3つの関係を表すアソシエーションを、どのように記述・利用するかを学んでいきましょう。

実は、すでにデータベーステーブルの外部キー（後述）について知識があれば、アソシエーションを使用することなく、モデルのCRUD操作（特にfindやwhereメソッド）を利用してこれらの関係を構築することはできます。しかし、モデル間の関係が複雑になればなるほど処理が煩雑になり、トラブルの原因になりかねません。
Active Recordは、モデル間の相互関係を抽象化、つまり、SQLなどの煩雑な処理を整理してシンプルなインターフェースを提供しています。

7.1.2　Railsにおけるアソシエーション

Railsにおいて、1対多・1対1・所属という3種のアソシエーションは、それぞれhas_many/has_one/belongs_toというメソッドを使って示します。まずは、それら3つのメソッドについて解説します。

has_many：複数の子モデルインスタンスを持つ

親となるモデルから見て、子となるモデルとの関係が1対多である時に使用するメソッドです。1対多の関係とは、親モデルから作られた特定のインスタンスが、そのインスタンスにひも付く子モデルのインスタンスを（0以上）複数持つという関係性です。

親モデルクラスの定義時にhas_manyメソッドを使用することで、1対多のアソシエーションを設定します。先ほどの学校の例では、学部・学級モデルや部活動モデルから生徒モデルに対するアソシ

エーションに相当します。

```
# 部活動モデルから生徒モデルを見た時の関係
class ClubActivity < ApplicationRecord
  has_many :students
end
```

なお、has_manyメソッドのアソシエーション名は子モデル名の小文字複数形で表現するのがルールです。

> モデルに設定したアソシエーションは、内部的には相手モデルのインスタンスを参照するインスタンスメソッドになります。
> したがって、設定したモデルのインスタンスから呼び出し、実行することができます。

has_one：1つの子モデルインスタンスを持つ

親となるモデルから見て、子となるモデルとの関係が1対1であるときに使用するメソッドです。1対1の関係とは、親モデルから作られた特定のインスタンスが、そのインスタンスに紐づく子モデルのインスタンスを（0または）1件持つという関係性です。

親モデルクラスの定義時にhas_oneメソッドを使用することで、1対1のアソシエーションを設定します。先ほどの学校の例では、生徒モデルから家庭状況モデルに対するアソシエーションに相当します。

```
# 生徒モデルから家庭状況モデルを見た時の関係
class Student < ApplicationRecord
  has_one :family
end
```

なお、has_oneメソッドのアソシエーション名は子モデル名の小文字単数形で表現するのがルールです。

belongs_to：1つの親モデルインスタンスに属する

子となるモデルが、親モデルに所属する関係を持つ時に使用するメソッドです。子モデルクラスの定義時にbelongs_toメソッドを使用することで、親モデルに対するアソシエーションを設定します。先ほどの学校の例では、生徒モデルから学部・学級モデルや部活動モデル、家庭状況モデルから生徒モデルに対するアソシエーションに相当します。

```
# 家庭状況モデルから生徒モデルに対する関係
class Family
  belongs_to :student
end
```

また、belongs_to関係を設定する子モデル側には、親モデルのどのリソースと紐付けるかを識別する外部キー（後述）が必要になります。
　なおアソシエーション名は、親モデルと一意に紐づけられるため親モデル名の小文字単数形で表現するのがルールです。
　外部キーとは、子モデルが、belongs_toのアソシエーションで指定した親モデルのインスタンスを参照するための識別子のことです。モデルと連携するテーブルにおいて、テーブルが自分以外のテーブルを参照する目的で使用するために、外部キーといいます。
　Railsでは、所属関係を持つ親モデルのデータリソースのid（主キーに相当）の値を持つことで、親のリソースと一意にひも付いています。

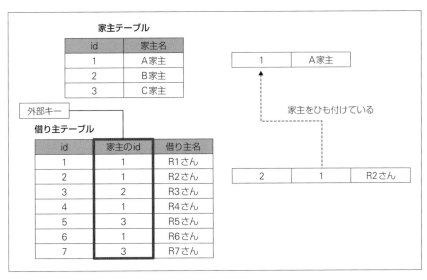

❖図7.5　外部キー

親子をひも付ける外部キーの設定方法

　Railsの標準ルールでは、親モデルIDを子モデルの属性（属性名は英小文字で「親モデル名_id」。属性タイプはinteger）として設定することで、親モデルに対する外部キー属性と見なしてくれます。他にも、子モデルに「親モデル名」（属性タイプはreferences）という属性を設定する方法もあります。
　つまり、親モデルに対する外部キー属性は、子モデルのモデル生成時に次のような2種類の方法で指定し、生成できます。

- 属性：「親モデル名_id」（英小文字）を整数型（integerまたはbigint）として指定する方法
- 属性「親モデル名」（英小文字）を参照型（references）として指定する方法

　references型を使用すると、子モデル側にbelongs_toのアソシエーションも自動的に生成してくれます。

7.1.2　Railsにおけるアソシエーション

例えば、親モデル「Landlord」、子モデル「Borrower」があるとき、Borrower生成時に、以下のような指定を行うことになります。

- landlord_id:integer
- landload:references（landload:belongs_to）

> **note** 正確に言えば、belongs_to型はreferences型の**エイリアス**（別名）であり、同じことを表しています。

図7.6は、親子関係を持つモデルと、外部キーによるテーブル同士の関係を表しています。

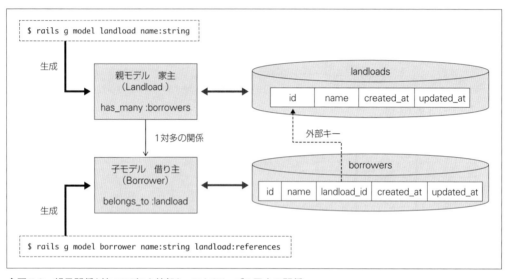

❖図7.6　親子関係を持つモデルと外部キーによるテーブル同士の関係

アソシエーションの具体例

それでは、プロジェクト構成の例（図7.7）を使って具体的なアソシエーションの関係を説明していきましょう。

新しいアプリケーション「management」を作成し、図のような関係にあるプロジェクトマネージャー、プロジェクト、メンバーのモデルを次のように生成します。

まず、プロジェクトマネージャーモデル（ProjectManager）です。

```
$ rails g model project_manager name:string
```

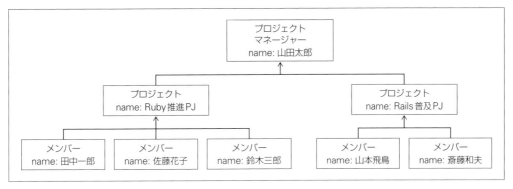

❖図7.7　プロジェクト構成の例

次に、プロジェクトモデル（Project）を生成します。

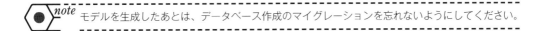

```
$ rails g model project name:string project_manager:references
```

最後に、メンバーモデル（Member）を生成します。

```
$rails g model member name:string project:references
```

> *note*　モデルを生成したあとは、データベース作成のマイグレーションを忘れないようにしてください。

has_manyメソッドは自動で設定されないため、ProjectManagerモデルとProjectモデルを図7.8のように修正します。

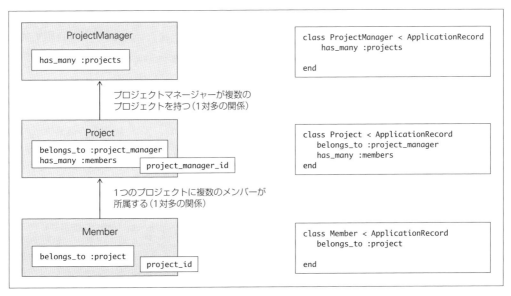

❖図7.8　ProjectManagerモデルとProjectモデルの修正

Memberモデルのインスタンスからは、belongs_to :projectとして設定されたprojectメソッドを使用して、親であるProjectモデルのインスタンスを参照しています。

逆にProjectモデルのインスタンスからは、has_many :membersとして設定されたmembersメソッドを使用して、ひも付いている子のMemberモデルのインスタンスを参照できます。

これらのメソッドは、関係する相手先を参照するために使われ、**アソシエーションメソッド**と呼ばれます。

Railsコンソールを使用して実際にアソシエーションの動作を確認してみましょう。

まず次のように、ローカル変数pmとして新規のプロジェクトマネージャー（例：マネージャー名を山田太郎とする）のインスタンスを作成します。createメソッドを使用しているため、データベーステーブルにも登録されます。

```
> pm = ProjectManager.create(name: '山田太郎')
……（省略）……
=> #<ProjectManager id: 1, name: "山田太郎", created_at: "2018-09-11 10:16:26", updated_at: "2018-09-11 10:16:26">
```

pmに属するプロジェクトを、アソシエーションメソッドを使用して、pm.projectsのように関係モデルを参照し、新しいプロジェクトインスタンス（proj）を作成します。その際、次の例ではプロジェクト名を"Ruby推進PJ"としています。

なお、プロジェクトマネージャーの際と同様に、createメソッドを使用しているためデータベーステーブルにも登録されています。

```
> proj = pm.projects.create(name: 'Ruby推進PJ')
……（省略）……
=> #<Project id: 1, name: "Ruby推進PJ", project_manager_id: 1, created_at: "2018-09-11 10:18:28", updated_at: "2018-09-11 10:18:28">
```

インスタンスを作成するだけの場合は、createではなく、new（または、build）メソッドを使用します。

note newは、build（アソシエーションモデルのインスタンス化メソッド）のエイリアスです。

次に、プロジェクト参加メンバー（名前："佐藤花子"）をひも付けるため、proj.membersのように、projの子モデルMemberをmembersメソッドで参照し、createメソッドで登録します。

```
> proj.members.create(name: '佐藤花子')
……（省略）……
=> #<Member id: 1, name: "佐藤花子", project_id: 1, created_at: "2018-09-11 10:24:53", updated_at: "2018-09-11 10:24:53">
```

この結果、プロジェクトマネージャー「山田太郎」にひも付くプロジェクト「Ruby推進PJ」が登録され、それにひも付くメンバー「佐藤花子」が登録されました。この状態で、proj.membersを呼び出すと、次のように、「佐藤花子」を含むメンバーインスタンス配列が表示されます。したがって、projインスタンスの子として登録することは、このインスタンス配列に追加することを意味します。

```
> proj.members
   Member Load (4.1ms)   SELECT  "members".* FROM "members" WHERE "members"."project_id" = ? LIMIT ?  [["project_id", 1], ["LIMIT", 11]]
=> #<ActiveRecord::Associations::CollectionProxy [#<Member id: 1, name: "佐藤花子", project_id: 1, created_at: "2018-09-11 10:24:53", updated_at: "2018-09-11 10:24:53">]>
```

 アソシエーションを使用して参照するインスタンス配列は、ActiveRecord::Associations::CollectionProxyのクラスによって管理されます。

それでは、別なメンバー「高橋一郎」を新規に生成して直接この配列に追加することで、「子として登録される候補にする＝インスタンス配列への追加」であることを確認してみましょう。

次のように、「name: "高橋一郎"」としてメンバーのインスタンス化を行います。それから、「<<」メソッドを使用して、生成されたインスタンス（ichi）をproj.membersの配列に追加します。

```
> ichi = Member.new(name: "高橋一郎")
=> #<Member id: nil, name: "高橋一郎", project_id: nil, created_at: nil, updated_at: nil>

> proj.members << ichi
……（省略）……
=> #<ActiveRecord::Associations::CollectionProxy [#<Member id: 1, name: "佐藤花子", project_id: 1, created_at: "2018-09-11 10:24:53", updated_at: "2018-09-11 10:24:53">, #<Member id: 2, name: "高橋一郎", project_id: 1, created_at: "2018-09-12 05:43:28", updated_at: "2018-09-12 05:43:28">]>
```

結果、proj.membersには、新しいメンバーが追加されたことが確認できました。そこで、ichiをsaveメソッドで保存することで、データベースのmembersテーブルにも反映されます。

```
> ichi.save
   (0.1ms)  begin transaction
   (0.1ms)  commit transaction
=> true
```

 子の役割を持つインスタンスは、親とひも付ける外部キーに親のid（例：project_id）の値が入っている必要があります。単独で新規のインスタンスを作った時点では、この値はnilになって

います。したがって、createをいきなり行うとエラーになって登録ができません。そこで、親のメンバーに参加させる（メンバー配列に追加する）ことで、project_idに親の値がセットされ、データベースへの登録が可能になります。

さらに、子のインスタンスから親のインスタンスを確認する場合についても見ておきましょう。追加した「高橋一郎」のプロジェクト名を確認し、さらにそのプロジェクトマネージャーを確認することを考えてみます。そのためには、それぞれのモデルで設定したbelongs_toメソッドを使用します。

改めて、追加された「高橋一郎」をインスタンス化し、そのプロジェクト名、そのプロジェクトマネージャー名を次のように確認しましょう。

```
> mem = Member.find_by(name: "高橋一郎")
……（省略）……
=> #<Member id: 2, name: "高橋一郎", project_id: 1, created_at: "2018-09-12 05:43:28", updated_at: "2018-09-12 05:43:28">

> pj = mem.project
……（省略）……
=> #<Project id: 1, name: "Ruby推進PJ", project_manager_id: 1, created_at: "2018-09-11 10:18:28", updated_at: "2018-09-11 10:18:28">

> pj.name
=> "Ruby推進PJ"

> pj.project_manager.name
……（省略）……
=> "山田太郎"
```

以上のように、アソシエーションメソッドを利用することで、シンプルに関係する相手の情報を得ることができます。もちろん、アソシエーションメソッドを使用しなくても、findメソッドやwhereメソッドを使用することで、同じように情報を得ることは可能ですが、Railsでは、アソシエーションメソッドをうまく使用して処理をシンプルに記述することが推奨されています。

以上で、最も基本的な、1対多のアソシエーションモデルの作成・参照の方法を理解できたはずです。

もし、mem.projects（正しくはmem.project）のような、設定されていない（間違った）メソッドを実行すると、当然ながら「メソッドがない」という例外エラーNoMethodErrorが発生します。

1対1のhas_oneで設定したアソシエーションの場合、has_oneで参照する子のインスタンスは、1対多のhas_manyのようにインスタンス配列ではなく単独のインスタンスとなるため、扱いが異なる点に注意してください。

7.1.3 多対多の関係

親子モデルだけの関係を考えると、多対多の関係はありません。しかし、対等な関係にある（親同士など）モデル同士では、多対多の関係が発生します。

多対多の関係を実装する方法は、hmt型とhabtm型の2種類の方法があります。

hmt型を使用する一般的な方法

1つ目は、hmt（has_manyメソッドのthroughオプション）を使用する方法です。具体的には、2つのモデルを、双方の子モデルを通して（throughを介して）関係付けていきます。

一般的には、2つのモデルの関係が直接多対多の関係になることはありません。2つのモデルの間には必ず、双方に関連する（仲介する）子モデルが存在します。例えば、

- グループと人のモデルをつなぐ、グループメンバーに関するモデル
- 貸主と借り主とをつなぐ、貸借契約モデル

などです。仲介する子モデルと言ってもあくまで普通のモデルであり、子モデルにも任意の属性を付加することができます。

それでは、Libraryアプリケーションについて、図書館の図書と、利用するユーザーとの関係モデルを考えてみましょう。図書館では、1タイトルの図書を複数の人（ユーザー）に貸し出すことができます。また1人のユーザーは、数冊の異なる図書を借りることができます。

つまり、貸し出すという手続き（貸し出し台帳モデル）を考えると、図書と貸し出し台帳モデルは、1対多の関係になり、ユーザーと貸し出し台帳モデルは、1対多の関係になります。さらに図書とユーザーの関係も考えていくと、図7.9のようになります。

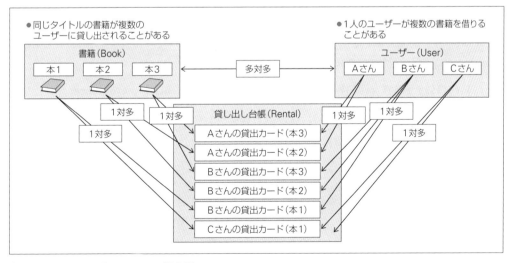

❖図7.9　Libraryアプリケーションの概念図

図7.9の内容をそれぞれモデルとして描いたのが、図7.10です。

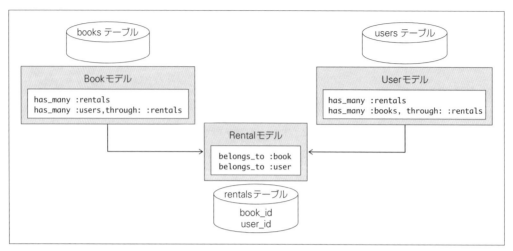

❖図7.10　RentalモデルとBookモデル、Userモデルとの関係

それでは実際に、LibraryアプリケーションにRentalモデルとして貸し出し機能を追加していきましょう。

 ただし貸し出し処理自体は、コントローラーとして実装することになります。ここでは、貸し出し機能のためのRentalモデルについてだけ考えます。

まず、Userモデル、Bookモデルと連携するためのRentalモデルを新しく生成します。

RentalモデルはBookとUserを親に持つため、外部キーの設定が必要になります。そこで「user:references」と「book:references」を指定します。他にも、Rentalモデルには属性として貸し出し日（rental_date）を日付型で指定します。

```
$ rails g model rental user:references book:references rental_date:date
```

この結果、生成されたRentalモデルは、次のようになります。

```
class Rental < ApplicationRecord
  belongs_to :user
  belongs_to :book
end
```

これで、Rentalモデルからは、「どの図書」が「どのユーザー」に貸し出されたかを、belongs_toで指定されたそれぞれのアソシエーションメソッド（book/user）を使用して確認することができるようになりました。

次に、Bookモデルから、Rentalモデルを通して該当図書の貸し出し状況を確認できるようにするために、「has_many :rentals」を設定します。同様に、Userモデルから、Rentalモデルを通してそのユーザーへの貸し出し状況を確認できるようにするために、「has_many :rentals」を設定します。

　しかし、ここで、あるユーザーが借りているすべての図書のタイトルを確認したい場合はどうすれば良いのでしょうか？　また、ある図書を借りている全ユーザーの名前を確認したい場合はどうでしょうか？

　図書名やユーザーの名前は、Rentalモデルの属性にはありません。したがって、ユーザーが貸し出し台帳を経由してBookモデルから図書情報のタイトルを取得する必要があります。また、ある図書に関する貸し出し台帳の情報を経由して、それにひも付いているユーザーの名前をUserモデルから取得する必要があります。

　そこで、それぞれのモデルに、Rentalモデルを経由した1対多の関係を設定していきましょう。Rentalモデルを経由するメソッドはrentalsなので、throughオプションを使用して、リスト7.1、リスト7.2のように記述します。

▶リスト7.1　Userモデル（Library/app/models/user.rb）

```
class User < ApplicationRecord
  has_many :rentals
  has_many :books, through: :rentals
……（省略）……
end
```

▶リスト7.2　Bookモデル（Library/app/models/book.rb）

```
class Book < ApplicationRecord
  has_many :rentals
  has_many :users, through: :rentals
  ……（省略）……
end
```

　この結果、UserモデルとBookモデルとが、相互にhas_manyとして関係付けられることになります（多対多の関係）。また、この方法を**hmt**（has_many through）と呼びます。

　モデル間のアソシエーション設定は完了しましたが、連携するデータベースのrentalsテーブルは、まだ生成されていません。マイグレーションの作業が必要です。

　Rentalモデルを生成した時にできたマイグレーションファイルは、リスト7.3のようになっています。references型として設定したuserとbookは外部キーであり、そのためオプションとしてforeign_key: trueが付加されています。

7.1.3　多対多の関係

▶リスト7.3　Library/db/migrate/20180911114030_create_rentals.rb

```
class CreateRentals < ActiveRecord::Migration[5.2]
  def change
    create_table :rentals do |t|
      t.references :user, foreign_key: true
      t.references :book, foreign_key: true
      t.date :rental_date
      t.timestamps
    end
  end
end
```

これをマイグレーションすることで、Rentalモデルに対応するrentalsテーブルと外部キーが生成されます。

```
$ rails db:migrate
== 20180911114030 CreateRentals: migrating ============================
-- create_table(:rentals)
   -> 0.0229s
== 20180911114030 CreateRentals: migrated (0.0230s) ====================
```

それでは、Railsコンソールを使用して、アソシエーションがうまく機能するか検証してみましょう。

ユーザー（name: 山田花子）と図書（title: Railsの夜明け）を新規に登録して、ユーザー「山田花子」が図書「Railsの夜明け」を借りる場合を想定して実行します。

まず、インスタンスuserを作成しましょう。

```
> user = User.create(name: "山田花子", email: "hanako@sample.com")
……（省略）……
=> #<User id: 1, name: "山田花子", address: nil, email: "hanako@sample.
com", birthday: nil, created_at: "2018-09-12 08:16:19", updated_at:
"2018-09-12 08:16:19">
```

user.booksを呼び出すと、ユーザーから見た貸し出し図書のインスタンス配列ActiveRecord::Associations::CollectionProxy []が作成されます。空（[]）であるため、まだ1件も貸し出し図書を持っていないことがわかります。

```
> user.books
……（省略）……
=> #<ActiveRecord::Associations::CollectionProxy []>
```

そこで、新しい図書インスタンスbookを作成し、この配列に追加することで、貸し出し図書を持

7.1　モデルの関係（アソシエーション）

たせましょう。user.books << book によって、貸し出し情報がインスタンス配列に追加されることが確認できます。

```
> book = Book.create(title: "Railsの夜明け")
……省略……

> user.books << book
……（省略）……
=> #<ActiveRecord::Associations::CollectionProxy [#<Book id: 1, title:
"Railsの夜明け", description: nil, created_at: "2018-09-12 08:16:46",
updated_at: "2018-09-12 08:16:46">]
```

続いて、現在のインスタンス user（山田花子）が、他の新しい本（小説 Ruby の冒険）を借りるとしましょう。その場合も、同様に関係付けを行います。

```
> book = Book.create(title: "小説Rubyの冒険")
……（省略）……
=> #<Book id: 2, title: "小説Rubyの冒険", description: nil, created_at:
"2018-09-12 08:29:28", updated_at: "2018-09-12 08:29:28">

> user.books << book
……（省略）……
=> #<ActiveRecord::Associations::CollectionProxy [#<Book id: 1, title:
"Railsの夜明け", description: nil, created_at: "2018-09-12 08:16:46",
updated_at: "2018-09-12 08:16:46">, #<Book id: 2, title: "小説Rubyの冒険",
description: nil, created_at: "2018-09-12 08:29:28", updated_at: "2018-
09-12 08:29:28">]
```

この結果、ユーザーである「山田花子」は、2冊の本と Rental モデルを通して関連付けされていることがわかります。

それでは、「山田花子」が借りている（関連付けられている）図書名の一覧を取得してみましょう。

```
> hanako = User.find_by(name: "山田花子")
……（省略）……

> hanako.books.pluck(:title)
……（省略）……
=> ["Railsの夜明け", "小説Rubyの冒険"]
```

まず、User.find_by(name: "山田花子")で改めてインスタンス hanako を生成し、次にアソシエーションメソッドを使用して、hanako.books として貸し出し情報の図書を取得しています。タイトル名だけを取り出すため、pluck メソッドでタイトル（:title）を指定して配列で取得しています。

同様に、図書側から借り主を参照することも可能です。例えば、図書名「小説 Ruby の冒険」を借

7.1.3　多対多の関係　257

りている人（関係付いている人）を参照するためには、次のように該当図書のインスタンスを生成して、usersメソッドを実行しましょう。

```
> book = Book.find_by(title: "小説Rubyの冒険")
……（省略）……

> book.users.pluck(:name)
……（省略）……
=> ["山田花子"]
```

habtm型メソッドを使用する方法

2つ目に紹介するのは、**has_and_belongs_to_many**メソッドを使用する方法（**habtm**）です。具体的には、意味のある子モデルを介した結合ではなく、仲介・結合のためだけのテーブル（中間テーブル）を作成し、それを利用して関係付けていきます。

中間テーブルとは、対応するモデルを持たないテーブルであり、結合する双方のモデルで外部キーとして使うidのみを有するテーブルです。中間テーブルのテーブル名は、結合する双方のモデル名の複数形をアルファベット順に「_」で区切って並べたもの（**結合名**）になります。例えば、BookモデルとUserモデルの中間テーブル名は、books_usersとなります。

それでは、has_and_belongs_to_manyメソッドを使用して、ユーザーと図書モデルの多対多の関係（図7.11）を作っていきましょう。

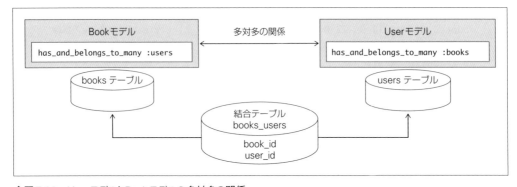

❖図7.11　UserモデルとBookモデルの多対多の関係

まず、それぞれのモデルに、相互のモデルを参照するためのメソッドを設定します。その際、次のようにhas_and_belongs_to_manyを使用します。

```
class Book < ApplicationRecord
  has_and_belongs_to_many :users
……（省略）……
end
```

```
class User < ApplicationRecord
  has_and_belongs_to_many :books
……（省略）……
end
```

　habtmでは子モデルを必要としないため、仲介テーブルを作成するためのマイグレーションファイルのみを作成します。rails g migrationを使えば、仲介テーブルのマイグレーションファイルを簡単に生成できます。その際、双方のモデル名のidを属性として指定し、マイグレーション名は各テーブルの結合名を使ったもの（create_books_users）にします。

```
$ rails g migration create_books_users book:references user:references
```

　この結果、次のマイグレーションファイルが生成されます。

```
class CreateBooksUsers < ActiveRecord::Migration[5.2]
  def change
    create_table :books_users do |t|
      t.references :book, foreign_key: true
      t.references :user, foreign_key: true
    end
  end
end
```

　動作の確認は、Libraryアプリケーションとは別のアプリケーションを作成して、そちらで行うことをおすすめします。アソシエーションを利用したメソッドの使用方法は、hmtの場合と変わりません。
　この例では、親同士の関係（多対多）だけで見れば、同じアソシエーションメソッドを使用しており、テーブル同士の処理の関係は変わりません。したがって、アソシエーションメソッドの使用方法は、hmtの場合と基本的に同じです。
　例えば、この例の場合、次のように使用できます。

```
> user = User.first
……（省略）……
=> #<User id: 1, name: "山田太郎", created_at: "2019-03-18 12:10:35",
updated_at: "2019-03-23 03:11:11">

> user.books
……（省略）……
=> #<ActiveRecord::Associations::CollectionProxy []>

> user.books << Book.first
=> #<ActiveRecord::Associations::CollectionProxy [#<Book id: 1,
name: "Railsの力", created_at: "2019-03-18 12:11:05",
updated_at: "2019-03-23 03:16:09">]>
```

7.1.3　多対多の関係

```
> book2 = Book.find(2)
…… (省略) ……
=> #<Book id: 2, name: "Rubyの冒険", created_at: "2019-03-18 12:12:09",
updated_at: "2019-03-23 03:16:13">

> user.books << book2
…… (省略) ……
=> #<ActiveRecord::Associations::CollectionProxy [#<Book id: 1,
name: "Railsの力", created_at: "2019-03-18 12:11:05",
updated_at: "2019-03-23 03:16:09">, #<Book id: 2, name: "Rubyの冒険",
created_at: "2019-03-18 12:12:09", updated_at: "2019-03-23 03:16:13">]>
```

> *note* 以下は、モデルの関係性についての筆者の考えです。
> 一般的に、モデルとモデルが対等な関係を持つ場合、契約や取引のような双方向の「手続き」に
> 相当するオブジェクトが存在すると考えるのが自然です。その際、「手続き」に関する属性を持つ
> 1つのモデルとして考えることができ、つまり通常、多対多の関係はhmtの関係で構築するのが
> 自然で拡張性があると考えられます。
> そのように、単純に相互のひも付けだけを行うような関係においては、habtmは手軽で便利だと
> いえます。

7.1.4 アソシエーションメソッドのオプション

Railsでは、モデル間の関係に関して、「親データを削除した場合の、親にひも付いている子データ
の扱い」など、いくつかのオプションが用意されています。

class_name

アソシエーションのメソッド名をモデルと異なる名前で利用したい場合に、実際のモデル名を対応
付けるオプションです。

dependent

親子関係のあるモデルで、親モデルのデータリソースを削除（destroy）する場合、それとひも付
く子モデルのデータリソースをどう扱うかを指定するオプションです。

has_one または、has_manyのオプションとして、以下に示す方法のうち、いずれかを指定します。
通常使用するのは、以下の3つの方法です。

- :destroyの指定：子のデータリソースがある場合に子のデータリソースも同時に削除される
- :restrict_with_errorの指定：子のデータリソースがある場合に親のインスタンスにエラーを通
  知する

7.1 モデルの関係（アソシエーション）

- :restrict_with_exceptionの指定：子のデータリソースがある場合に例外エラーが発生する

その他、特別な指定方法には以下のものがあります。これらの指定では、コールバックは実行されません。

- :deleteの指定：ひも付いたデータリソースをデータベースから直接削除する。そのため、コールバックは実行されない
- :nullifyの指定：親のリソースが削除された時に子モデルのデータリソースの外部キーがNULLに設定される。結果として、親のない子ができてしまうので注意が必要

次の例では、親を削除するとひも付く子も削除されます。

```
has_many :rentals, dependent: :destroy
```

foreign_key

子モデルに設定する親モデルの外部キー名は、デフォルトで「親モデル名_id」となります。これを別の名前にしたい場合、:foreign_keyオプションを使って対応付けます。

- 子モデルHobbyの外部キーをperson_idとして設定する例

```
has_many :hobbies, foreign_key: "person_id"
```

association_foreign_key

has_and_belongs_to_many（habtm）で自己結合モデルを実現する時には、association_foreign_keyをforeign_keyと組み合わせることでシンプルに記述することが可能です。

例えばPersonモデルを次のように設定し、Personモデルを通して実現されるリソース相互の友達関係を記述してみましょう。

```
class Person < ApplicationRecord
  has_and_belongs_to_many :friends,
      class_name: "Person",
      foreign_key: "self_person_id",
      association_foreign_key: "other_person_id"
end
```

has_and_belongs_to_manyを使用して、friendsというアソシエーションメソッドを設定しています。また、自身のPersonリソースを参照する外部キー（foreign_key）をself_person_id、他のPersonリソースを参照する外部キー（association_foreign_key）をother_person_idとして設定しており、結合テーブルを通して相互にひも付けています。このように、habtmを使うと、1つのアソシエーション設定で自己結合モデルの関係をスマートかつシンプルに表現できます。

結合テーブル生成のためには、次のようなマイグレーションファイルを作成します。ただし、外部キーの指定で、必ずindex: trueを指定してください。foreign_key: trueを指定すると、外部キーに指定している名前と同じテーブルを探しに行ってしまいます。

7.1.4　アソシエーションメソッドのオプション　261

```
class CreatePeoplePeople < ActiveRecord::Migration[5.2]
  def change
    create_table :people_people do |t|
      t.references :self_person, index: true
      t.references :other_person, index: true
    end
  end
end
```

これをマイグレーションすると、同じPersonモデルのリソース同士で、friendsメソッドを使用した友達関係のひも付けを実現できます。

 自己結合モデルとは、1つのモデルに2役、3役させるためのモデル結合方法です。立場によって仮想モデル名を付け、仮想モデル名に対してのアソシエーションを設定します。
先ほどのPersonの例では、self_person/other_personが仮想モデル名に相当します。

autosave

親モデルのアソシエーションメソッド（has_many）に対してautosaveをtrueにすることで、親インスタンスを保存した時、その時点でひも付いている新規の子インスタンスもすべて保存されます（親インスタンスの新規インスタンス化時のみ有効です）。

子モデルのアソシエーション設定（belongs_to）に対してautosaveをtrueにすることで、子オブジェクトを保存した時、ひも付いている親のインスタンスもすべて保存・更新されます。

autosaveについてのデフォルト値は、次のとおりです。

- 親モデル（has_manyの場合）：autosave: true
- 子モデル（belongs_toの場合）：autosave: false

 ビューの章で扱うaccepts_nested_attributes_forを使用する場合、親モデルのautosaveオプションはtrue（デフォルト値）になっている必要があります。

validate

アソシエーション設定している親子モデルにおいて、バリデーションも併せて実行するか、しないかを設定します。

trueの場合、関係モデルのインスタンスも併せてバリデーションを実行し、falseの場合は、関係モデルのインスタンスは無視します。

デフォルト値は、次のとおりです。

- 親モデル（has_manyの場合）validate: true
- 親モデル（has_oneの場合）validate: false
- 子モデル（belongs_toの場合）validate: false

7.1.5　単一テーブル継承（STI）などのモデルの応用関係

データベースの1つのテーブルに対応するモデルをもとにして、複数の異なるモデルに継承させる**単一テーブル継承**（**STI**：Single Table Inheritance）という関係があります。

単一テーブル継承を利用すると、同じような情報を持つ目的別の複数モデルを1つのテーブルだけで対応させることができます。対象となるモデルはそれぞれ異なるので、おのおののモデルで、目的別のバリデーション等の処理を実装できます。

図7.12は、ペットを管理するペット（Pet）モデルとそれを継承する犬（Dog）モデルや猫（Cat）モデルとの関係を表しています。データベースのテーブルはPetモデルにだけひも付いており（petsテーブル）、Dog、Catそれぞれのデータは、petsテーブルの中で管理されます。

petsテーブルのデータはtypeフィールドを持っており、継承されるモデルのクラス名が保存されます。つまり、このtypeフィールドの値で、おのおのの異なる継承モデルを区別しているのです。

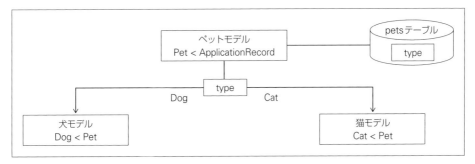

❖図7.12　ペットモデルと犬モデル、猫モデル

まず、Petモデルを次のように生成します。

```
$ rails g model pet type:string name:string
```

すると、Petモデルがapp/models/pet.rbとして作成されます（リスト7.4）。

▶リスト7.4　app/models/pet.rb

```
class Pet < ApplicationRecord
end
```

継承するDogモデルとCatモデルは、リスト7.5とリスト7.6のようにエディターで作成します。

▶リスト7.5　app/models/dog.rb

```
class Dog < Pet
end
```

▶リスト7.6　app/models/cat.rb

```
class Cat < Pet
end
```

これで、Dog、Catモデルそれぞれのインスタンスを生成し、利用することができるようになりました。

Railsコンソールで確認すると、テーブルのtype属性にはモデル名が自動的にセットされていることがわかります。

```
> Dog.new(name: 'ポチ')
=> #<Dog id: nil, type: "Dog", name: "ポチ", created_at: nil, updated_at:
nil>

> Cat.new(name: 'みけ')
=> #<Cat id: nil, type: "Cat", name: "みけ", created_at: nil, updated_at:
nil>
```

このモデル関係は、次のような情報を管理する場合に極めて有効です。

1. 異なるユーザー種類を管理する場合

管理ユーザー、一般ユーザーというようにユーザーを分ける場合などです。データベース上は同一のユーザーテーブルで管理し、モデルとしては「管理者モデル」「一般ユーザーモデル」など、目的ごとに別モデルとして扱うと便利です。

2. 異なる種類のコードや情報を同じ形式で管理したい場合

さまざまなコードや情報を1つのテーブルで管理しつつ、目的ごとに個々のモデルとして取り扱いたい場合などです。

ポリモーフィックな関係

親子の関係を設定するためには、子モデルで、belongs_toメソッドを使用して親とのアソシエーションを設定する必要があります。そのため、複数の親から参照される子モデルでは、親の数だけbelongs_toメソッドを設定しなければなりません。そのような場合に、共通のbelongs_toメソッドを使用して複数の親モデルに関係付ける、**ポリモーフィックな関係**を利用します。

さらに、ポリモーフィックな関係を利用するメリットとして、新たな親モデルの対応付けを行う際

264　　7.1　モデルの関係（アソシエーション）

にも、子モデル側でのbelongs_toメソッドの追加が不要になります。また、親モデルのデータとのひも付けを行う外部キーのカラムを親ごとに（親モデル_idとして）持つ必要もなくなります。つまり、新しく追加したモデルが同じ子モデルを参照したい場合には、子モデル側の変更が不要になるのです。

このように、ポリモーフィックな関係を利用するということは、子となるモデルに、どの親とも接続可能なユニバーサルな（汎用的な）インターフェースを設定することに他なりません。

ポリモーフィックな関係の例として、Picture（画像）モデルと、2つの親モデル（UserとBook）を用いて説明しましょう。このケースでは、書籍のカバー画像や、ユーザーのプロフィール画像など、画像を利用するモデルは、すべてこのPictureモデルを通して画像を管理しています。

図7.13では、ポリモーフィックでない関係を用いた関係図です。この例では、PictureモデルはUserモデルとのインターフェースをそれぞれ持っており、かつpicturesテーブルには、外部キーとして2種類の親それぞれのidをuser_idとbook_idというカラムで持っています。

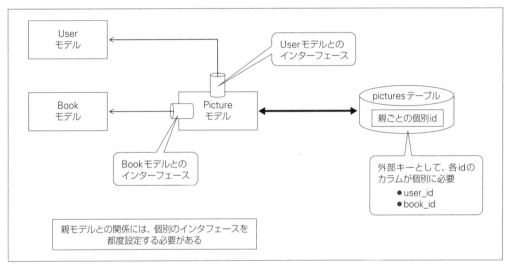

❖図7.13　ポリモーフィックでない関係

この場合、親モデルは2種類しかないため、さほど複雑ではありませんが、親モデルが多くなるに従って、インターフェースの数や、外部キー保存用のカラムの数が増え続けていくことになります。

そこで、ポリモーフィックな関係を使って関係付けし直したのが図7.14です。Pictureモデルはユニバーサルなインターフェースを持っており、またpicturesテーブルには、外部キーとして「仮想親」のidと、親の種類を区別するtypeという2つのカラムを持っています。

7.1.5　単一テーブル継承（STI）などのモデルの応用関係

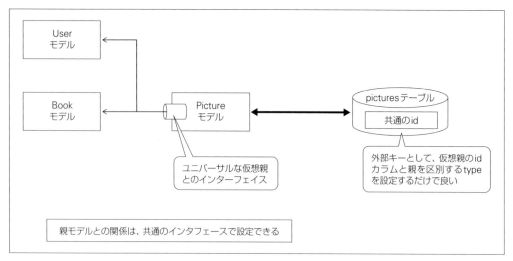

❖図7.14　ポリモーフィックな関係

「仮想親」とは一体何なのでしょうか。

ポリモーフィックな関係では、子モデルから見た仮想的な親モデル名をあらかじめ設定しておきます。この仮想的な名前が、共通の親モデル（仮想親）として扱われることになるのです。

一般的にポリモーフィックな関係では、子モデルから見て親の種類を気にする必要がないため、仮想親に対するbelongs_toメソッドだけを1つだけ設定し、各対象となる親モデル側では、仮想的な親名と自分自身のモデル名（クラス名）を関係付けます。

> note 子となるモデルのテーブルでは、関係するそれぞれのデータが、どの親（カラム名：type）のどのデータ（カラム名：id）と関係を持つかという属性情報を、カラムとして持つことになります。

それでは、図7.14に基づいて、ポリモーフィックとなるPictureモデルを生成しましょう。この時、仮想的な親モデル名をimageableとしておきます。この仮想親名を利用して、次のコマンドを実行し、Pictureモデルを生成します。なお、ポリモーフィック参照属性は「:references{polymorphic}」として指定します。

```
$ rails g model picture imageable:references{polymorphic}  path_name:string
```

その結果、生成されたマイグレーションファイルは次のようになります。

```ruby
class CreatePictures < ActiveRecord::Migration[5.1]
  def change
    create_table :pictures do |t|
      t.references :imageable, polymorphic: true
      t.string :path_name
```

```
      t.timestamps
    end
  end
end
```

このマイグレーションファイルに基づいてマイグレーションを行うと、次のようなデータベースのスキーマが生成されます。

```
create_table "pictures", force: :cascade do |t|
  t.string "imageable_type"
  t.integer "imageable_id"
  t.string "path_name"
  t.datetime "created_at", null: false
  t.datetime "updated_at", null: false
  t.index ["imageable_type", "imageable_id"], name: "index_pictures_on_
imageable_type_and_imageable_id"
end
```

生成されたスキーマを見ると、ポリモーフィックの指定により、親を参照するためのid（imageable_id）とどの親を参照するかのtype（imageable_type）カラムをテーブル上に生成してくれることがわかります。

> *note* データ登録時にtypeカラムにセットされるのは、参照する親モデルの実際のクラス名です。

次に、生成されたPictureモデルを見てみると、次のような内容になっています。

```
class Picture < ApplicationRecord
  belongs_to :imageable, polymorphic: true
end
```

Pictureモデルでは、belongs_to :imageable, polymorphic: trueという表現で、imageableモデル（仮想親）を親とするアソシエーションが設定されています。「polymorphic: true」というオプションが、ポリモーフィックな対応関係であることを示しています。

一方、Pictureモデルを参照する親モデル（BookモデルとUserモデル）は、一般的に複数の画像を持つ可能性があるため、has_manyメソッドを使用し、has_many :pictures, as: :imageableのように指定します。as: :imageableオプションを付加することで、imageableモデルが、pictuteから見た仮想的な親に相当することを示しています。

```
class Book < ApplicationRecord
  has_many :pictures, as: :imageable
end
```

7.1.5　単一テーブル継承（STI）などのモデルの応用関係　267

```
class User < ApplicationRecord
  has_many :pictures, as: :imageable
end
```

　こうして、UserモデルとBookモデルのそれぞれにPictureモデルを関連付けて、データベースにデータを作成できるようになりました（図7.15）。

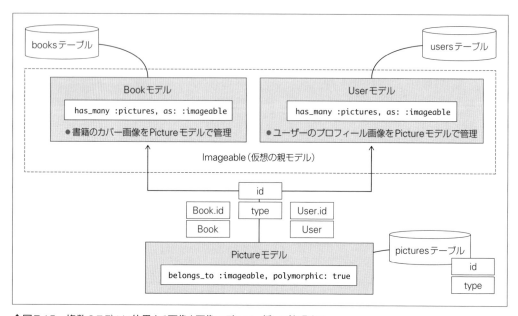

❖図7.15　複数のモデルに使用する画像を画像モデルで一括して管理する

　それでは、UserモデルとBookモデルそれぞれに2件ずつ、Pictureモデルのデータを作成してみましょう。

```
user = User.create(name: "taro")
user.pictures.create(path_name: "user_image1")
user.pictures.create(path_name: "user_image2")

book = Book.create(title: "Rails Book")
book.pictures.create(path_name: "book_image1")
book.pictures.create(path_name: "book_image2")
```

　実行結果は次のようになります。

```
> user = User.create(name: "taro")
=> #<User id: 5, name: "taro", address: nil, email: nil, birthday: nil,
created_at: "2018-02-26 14:12:38", updated_at: "2018-02-26 14:12:38">
```

```
> user.pictures.create(path_name: "user_image1")
=> #<Picture id: 12, imageable_type: "User", imageable_id: 5, path_name:
"user_image1", created_at: "2018-02-26 14:13:36", updated_at: "2018-02-26
14:13:36">

> user.pictures.create(path_name: "user_image2")
=> #<Picture id: 13, imageable_type: "User", imageable_id: 5, path_name:
"user_image2", created_at: "2018-02-26 14:13:42", updated_at: "2018-02-26 >

>book = Book.create(title: "Rails Book")
=> #<Book id: 2, title: "Rails Book", created_at: "2018-02-26 14:16:44",
updated_at: "2018-02-26 14:16:44">

> book.pictures.create(path_name: "book_image1")
=> #<Picture id: 14, imageable_type: "Book", imageable_id: 2, path_name:
"book_image1", created_at: "2018-02-26 14:17:27", updated_at: "2018-02-26
14:17:27">

> book.pictures.create(path_name: "book_image2")
=> #<Picture id: 15, imageable_type: "Book", imageable_id: 2, path_name:
"book_image2", created_at: "2018-02-26 14:17:32", updated_at: "2018-02-26 >

> User.find(5).pictures
=> #<ActiveRecord::Associations::CollectionProxy [#<Picture id: 12,
imageable_type: "User", imageable_id: 5, path_name: "user_image1", created_
at: "2018-02-26 14:13:36", updated_at: "2018-02-26 14:13:36">, #<Picture id:
13, imageable_type: "User", imageable_id: 5, path_name: "user_image2",
created_at: "2018-02-26 14:13:42", updated_at: "2018-02-26 14:13:42">]>

> Book.find(2).pictures
=> #<ActiveRecord::Associations::CollectionProxy [#<Picture id: 14,
imageable_type: "Book", imageable_id: 2, path_name: "book_image1", created_
at: "2018-02-26 14:17:27", updated_at: "2018-02-26 14:17:27">, #<Picture id:
15, imageable_type: "Book", imageable_id: 2, path_name: "book_image2",
created_at: "2018-02-26 14:17:32", updated_at: "2018-02-26 14:17:32">]>
```

　Userモデルを親とするPictureモデルのデータは、imageable_typeが"User"となり、imageable_idにはUserのidがセットされています。また、Bookモデルを親とするPictureモデルのデータは、imageable_typeが"Book"となり、imageable_idにはBookのidがセットされていることがわかります。

7.1.6　モデル結合を利用したインスタンス配列の取得

最後に、データベーステーブルに関する、より技術的な内容に踏み込んだ解説をしておきましょう。

> *note* 初めての方は、276ページの「課題7.1」まで読み飛ばしてもかまいません。

モデル結合とは、関係する複数モデルのデータリソースを、まるで1つのモデルのデータリソースのように取り扱う方法です。複数のデータリソースに対応するそれぞれのテーブルをまとめて1つの一時的な仮想テーブルにすることで、検索処理などを効果的に行うことができます（図7.16）。

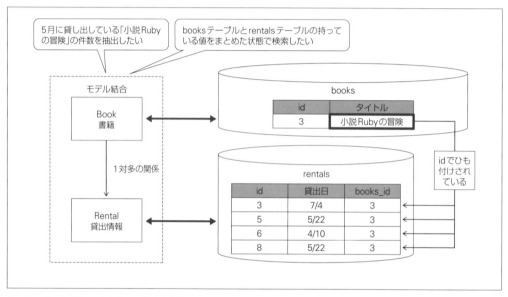

❖図7.16　モデル結合を使って検索を行う

左外部結合と内部結合

Railsでは、モデル結合の主たる方法として、左外部結合と内部結合という2つの方法を用います。

左外部結合（**left outer join**）とは、結合メソッドを呼び出したインスタンスのテーブル（**左側のテーブル**）のデータを基準にして、相手方のテーブル（**右側のテーブル**）の外部キーidでひも付くデータのみ結合する方法です。**左基準結合**と呼ぶこともあります。

一方、**内部結合**（**inner join**）とは、お互いに外部キーでひも付くidの一致するデータリソースだけを結合する方法（マッチング結合）です。

左外部結合と内部結合の比較を、図7.17に示します。

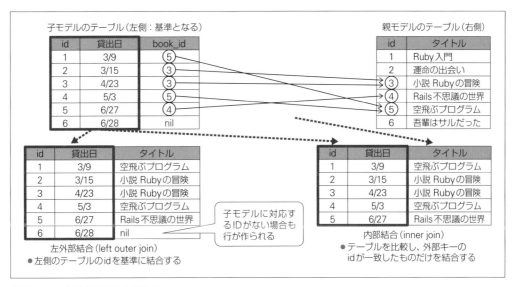

❖図7.17　左外部結合と内部結合

> note　子モデルの外部キーが、親モデルのキーをすべて満たしているときは、左外部結合と内部結合の
> 結果は同じになります。

結合メソッド

アソシエーション関係を持つモデル同士をあらかじめ結合するためには、表7.1のようなメソッドを使用できます。

❖表7.1　結合メソッド

メソッド	役割
joins	内部結合を行う
left_outer_joins left_joins	left_joinsはleft_outer_joinsの別名。左外部結合を行う。Rails 5から追加されたが、親子モデルの外部キー整合があるような、通常のケースでは使う必要はない
includes	joinsメソッドによる結合とは異なり、モデル間にまたがる処理で発生するN＋1問題（後述）を解決する手段として有効

結合メソッドは、次のように使用します。基準となるモデル（またはモデルインスタンス）に対し、アソシエーションメソッドで取得される関係モデルのインスタンスを結合します。

構文　結合メソッド

基準となるモデル.結合メソッド（:関係モデルのアソシエーションメソッド）

7.1.6　モデル結合を利用したインスタンス配列の取得

実際には、データベースに応じたSQLに変換され、基準モデルに対応するテーブルと、アソシエーションメソッドで取得された関係モデルに対応するテーブルとを、外部キーを使って結合します。

joinsメソッドの特徴

　親子関係など、アソシエーションの関係にあるモデル間で、属性値をもとに横断的なデータリソースの検索を行う場合、joinsメソッドは極めて有効です。ここで、親子関係にあるモデル間の一番シンプルな例を考えます。

　結合メソッドを使用してからwhereメソッドを使用すると、モデル間にまたがる複数の属性の条件で検索することが可能です。親子モデルにわたってwhere(条件)という検索を行う場合は、あらかじめ、

　　　親モデル.joins(:子モデルメソッド)

あるいは

　　　子モデル.joins(:親モデルメソッド)

のように、joinsを使用して親子それぞれのテーブルを結合した仮想テーブルを生成しておきます。

　なお、どちらを基準（左側）にすれば良いか悩んだ時は、結果のインスタンス配列を取得したいほうを基準にしておきましょう。

 joinsメソッドは、SQLのINNER JOINを使用するため、親のidと子の外部キー（「親_id」）が一致するデータリソースのみが対象となります。つまり、親子関係に基づいて、相互に正しくひも付いてリソースが生成されている必要があります。
　1つの親に複数の子リソースが対応する場合、親リソースに同じリソース項目が重複します。重複をなくすには、「親モデル.joins(:子モデルメソッド).uniq」とします。

 複数のモデル間で結合する場合は、次のように指定します。

構文 複数の関係モデルを持つ結合メソッド

基準となるモデル.joins(:関係モデルメソッド1, :関係モデルメソッド2, …)

joinsメソッドの利用例

それでは実際に、RailsコンソールでLibraryアプリケーションのBookモデルとRentalモデルの結合を行い、whereメソッドを使った条件検索がどのように見えるかを確認しましょう。

次の例は、Rentalモデルと親であるBookモデルとを、Rentalモデルを中心にjoinsメソッドで結合しています（Rental.joins(:book)）。それからwhere条件を使用して、titleが「小説Rubyの冒険」であり、貸出日が「2018-09-12」であるRentalモデルのインスタンス配列を取得しています。

```
> rentals = Rental.joins(:book).where('title = "小説Rubyの冒険" and rental_
  date = "2018-09-12"')
  Rental Load (2.6ms)  SELECT  "rentals".* FROM "rentals" INNER JOIN
"books" ON "books"."id" = "rentals"."book_id" WHERE (title = "小説Rubyの
冒険" and rental_date = "2018-09-12") LIMIT ?  [["LIMIT", 11]]
=> #<ActiveRecord::Relation [#<Rental id: 3, user_id: 1, book_id: 2,
rental_date: "2018-09-12", created_at: "2018-09-12 12:47:37", updated_at:
"2018-09-12 12:47:37">, #<Rental id: 4, user_id: 2, book_id: 2,
rental_date: "2018-09-12", created_at: "2018-09-12 12:51:48", updated_at:
"2018-09-12 12:51:48">]>
```

結果として、親子にまたがる条件である、

- book_idが2（小説Rubyの冒険）
- rental_dateが「2018-09-12」

を満たす2件（id:3、id:4）の貸し出しデータを取得できていることがわかります。

生成されるデータベースのSQL文は次のようになります。

- Rentalモデルを主にする場合：Rental.joins(:book)
  SELECT "rentals".* FROM "rentals" INNER JOIN "books" ON "books".
  "id" = "rentals"."book_id" LIMIT ? [["LIMIT", 11]]

- Bookモデルを主にする場合：Book.joins(:rentals)
  SELECT "books".* FROM "books" INNER JOIN "rentals" ON "rentals".
  "book_id" = "books"."id" LIMIT ? [["LIMIT", 11]]

includesメソッドとN+1問題

includesメソッドは、joinsメソッドとは異なるモデル結合の機能を持っています。joinsメソッドと違い、

- SQL文「INNER JOIN」を使用せずに、結合するモデルの対応リストを作成

- それをもとにデータを取得

という2段階の処理が実行されます。そのため、whereメソッドを使ったモデル間をまたぐ、属性の横断的検索には使えません。

それでもincludesメソッドを使うことがあるのは、膨大なSQL操作を発生させるN+1問題を解決してくれるためです。

N+1問題とは、テーブルに対するn件のデータ検索を行う場合に、n+1件のSQL検索命令（SELECT文）が発行されることにより、処理速度が大幅に悪化する状況を指します。

例えば、一覧表示のリクエスト1回につき10万件のデータを検索する場合、10万+1件のSQL検索命令（SELECT文）が発行されることになります。こういったリクエストを何回も繰り返すことを考えると、対象件数が多くなるに従って、SQL発行が処理速度に与える影響が、爆発的に増加することがわかります。

一般的に、SQLはデータベースを保持している物理的なストレージに対して実行されます。コンピューター処理の中でストレージの処理時間は、全体の処理時間に大きな影響を与えます。したがって、N+1問題に対する対策がなければ、Webアプリケーションのレスポンスは、信じられないほどのダメージを受けることがあります。N+1問題は、Webアプリケーションサービスを提供するうえで、常に意識すべき問題です。

Railsでは、Active Recordがデータベースとのやり取りを担ってくれるため、データベース操作をするためのSQL文を意識して使うことがありません。Active Recordが持つメソッドを使用することで、裏でSQL文が勝手に動作して、データベースとやり取りを行います。そのため、裏で動作するSQL文の数が多くなることに気がつきづらく、データベースの処理時間が飛躍的に増えてしまうことがあるため、includesメソッドを使ってそれを防止するというわけです。

それでは、includesメソッドの使い方を、LibraryアプリケーションのBookとRentalの親子関係モデルの例を用いて確認しましょう。生成されるデータベースのSQL文は次のようになります。

- Rentalモデルを主にする場合：Rental.includes(:book)

```
SELECT  "rentals".* FROM "rentals" LIMIT ?  [["LIMIT", 11]]

SELECT "books".* FROM "books" WHERE "books"."id" IN (?, ?, ?)  [["id", ⏎
1], ["id", 2], ["id", 3]]
```

- Bookモデルを主にする場合：Book.includes(:rentals)

```
SELECT  "books".* FROM "books" LIMIT ?  [["LIMIT", 11]]

SELECT "rentals".* FROM "rentals" WHERE "rentals"."book_id" IN (?, ?, ?, ⏎
?, ?, ?, ?, ?)  [["book_id", 1], ["book_id", 2], ["book_id", 3], ["book_⏎
id", 6], ["book_id", 7], ["book_id", 8], ["book_id", 9], ["book_id", 10]]
```

274　7.1　モデルの関係（アソシエーション）

このSQL文（SELECT）は、2段階で実行されていることがわかります。最初に、指定されたモデルに基づく外部キーリストを生成し、それをもとに関係モデルの外部キーと関係したインスタンス配列を生成しています。

ここで、すべての貸し出しリストを取得し、その貸し出しごとに図書のタイトルを出力する処理を考えてみます。そのためには、次のような検索を行います。

```
Rental.all.each { |d| d.book.title }
```

図書のタイトルはBookモデルを通して取得するため、RentalモデルのBookに対するアソシエーションメソッド（book）で図書を取得し、そのタイトルを出力します。

それでは、Railsコンソールを使用して実行してみましょう。

まずは、includesを使用しない場合の例を示します。

```
> Rental.all.each { |d| d.book.title }
  Rental Load (27.5ms)  SELECT "rentals".* FROM "rentals"
  Book Load (3.6ms)  SELECT  "books".* FROM "books" WHERE "books"."id" =
? LIMIT ?  [["id", 2], ["LIMIT", 1]]
  Book Load (2.9ms)  SELECT  "books".* FROM "books" WHERE "books"."id" =
? LIMIT ?  [["id", 2], ["LIMIT", 1]]
  Book Load (2.4ms)  SELECT  "books".* FROM "books" WHERE "books"."id" =
? LIMIT ?  [["id", 2], ["LIMIT", 1]]
  Book Load (2.7ms)  SELECT  "books".* FROM "books" WHERE "books"."id" =
? LIMIT ?  [["id", 2], ["LIMIT", 1]]
=> [#<Rental id: 3, user_id: 1, book_id: 2, rental_date: "2018-09-12",
created_at: "2018-09-12 12:47:37", updated_at: "2018-09-12 12:47:37">,
#<Rental id: 4, user_id: 2, book_id: 2, rental_date: "2018-10-11",
created_at: "2018-09-12 12:51:48", updated_at: "2018-10-25 09:15:32">,
#<Rental id: 5, user_id: 3, book_id: 2, rental_date: "2018-09-12",
created_at: "2018-09-12 14:57:08", updated_at: "2018-09-12 14:57:08">,
#<Rental id: 6, user_id: 4, book_id: 2, rental_date: "2018-09-12",
created_at: "2018-09-12 14:58:13", updated_at: "2018-09-12 14:58:13">]
```

次に、あらかじめincludesメソッドを使用して、RentalモデルとBookモデルを結合した状態で実行すると、次のようになります。

```
> Rental.includes(:book).all.each { |d| d.book.title }
  Rental Load (2.9ms)  SELECT "rentals".* FROM "rentals"
  Book Load (2.6ms)  SELECT "books".* FROM "books" WHERE "books"."id" =
?  [["id", 2]]
=> [#<Rental id: 3, user_id: 1, book_id: 2, rental_date: "2018-09-12",
created_at: "2018-09-12 12:47:37", updated_at: "2018-09-12 12:47:37">,
#<Rental id: 4, user_id: 2, book_id: 2, rental_date: "2018-10-11",
created_at: "2018-09-12 12:51:48", updated_at: "2018-10-25 09:15:32">,
```

7.1.6　モデル結合を利用したインスタンス配列の取得

```
#<Rental id: 5, user_id: 3, book_id: 2, rental_date: "2018-09-12",
created_at: "2018-09-12 14:57:08", updated_at: "2018-09-12 14:57:08">,
#<Rental id: 6, user_id: 4, book_id: 2, rental_date: "2018-09-12",
created_at: "2018-09-12 14:58:13", updated_at: "2018-09-12 14:58:13">]
```

結果はまったく同じですが、SQL文（SELECT文）の発行回数を見ると違いは明らかです。

includesを使用しない場合は5回（SELECT文1回＋4回）のSELECT文が発行されています。「＋4回」というのは、対象となったBookインスタンス数（4個）によるものです。もし、対象のBookインスタンス数が10000個なら、10001回のSELECT文が発行されることになります。これこそが、N+1問題の実態です。

それに対し、includesを使用する場合はSELECT文の発行が2回に抑えられています。includesを使用する場合は、インスタンス数によらず、常に2回です。

したがって、このようなケースでは、includesを使用するのが望ましいと言えます。

練習問題　7.1

1. アソシエーションとは何かを説明し、どのようなアソシエーションの関係があるかをピックアップしてください。

2. アソシエーションを設定する基本の3つのメソッドについて、具体的なモデルで相互の設定方法を説明してください。

3. 親子モデルのアソシエーションで、外部キーの役割と標準の設定ルールについて説明してください。

4. 多対多の関係を作る2つの方法をそれぞれ具体的に説明してください。

5. 単一テーブル継承の目的、およびテーブルと関係付ける方法について説明してください。

6. N＋1問題は、どのようなケースで発生するか、対処方法を含めて具体的に説明してください。

7.2 仮想的な属性（attributes API）

モデルは、その機能が増えるほど、多くの振る舞いを持って大きなオブジェクトになってしまいます。そこで、Railsではモデルができるだけスマートでわかりやすくあり続けるために、さまざまな工夫がされています。本節は、その一つ、Rails 5で追加されたattributes APIの機能について、扱い方を説明します。

モデルについての理解がまだ十分でない方は、本節と次節は少し難しく感じるかもしれません。その場合は、いったん読み飛ばして、Railsの一連の機能を十分理解したうえで見返すと良いでしょう。

7.2.1 モデルの属性とattributes API

モデルの属性は通常、対応するデータベースのテーブルカラムと結び付いています。

テーブルのカラムは持たせずに、モデル上だけで操作する属性を扱いたい場合は、Rubyが提供しているattr_accessorメソッドを使用することになります。しかしその属性は、ActiveRecordの中で管理されるものではなくなるので、必ずしも他のモデルの属性と同じように取り扱うことができませんでした。

そこでRails 5からは、ActiveRecordの通常の属性と同様の扱いが可能な、テーブルカラムを持たない「**仮想的な属性**」（**仮想属性：attributes API**）が追加され、より柔軟にActiveRecordの機能を利用できるようになりました。

つまり、Rails 5以降で利用できる属性は、次のように3つの種類に整理できます。

- 従来の属性：モデルの生成時等でテーブルに設定された属性
- 仮想的な属性：attributeメソッドでモデルに直接設定するテーブルカラムにない新たな属性
- 仮想的な型や異なる初期値に変更した属性：テーブルカラムの初期設定と異なる型（独自型を含む）を与える属性や初期値をオーバーライド（上書き）した属性

属性の型に対して、標準で提供されている文字型、整数型といった従来の型以外に、タイプオブジェクト（型オブジェクト）を使用して独自の型を提供することができます。独自型をひも付けるために、config/initializers下のtypes.rb を使用します。詳細については「7.3 タイプオブジェクト」で後述します。

attributes API（仮想的な属性）では、従来の属性に加えて、2種類の機能を利用できます。1つは、テーブルに存在するカラムの属性型やデフォルト値などをオーバーライド（上書き）して、あたかも別の型の属性や異なる初期値を与えるように振る舞う機能です。そしてもう1つは、テーブルに存在しない属性を仮想的に設定する機能です。

7.2.2　テーブルに存在しない仮想属性を設定する場合の例

例えば、次のようなアドレスモデル（Address）をRailsテスト用のアプリケーションに生成しましょう。

```
$ rails g model address prefecture:string city:string town:string
```

生成された次のマイグレーションファイルで、アドレステーブルaddressesを生成します。

```
class CreateAddresses < ActiveRecord::Migration[5.2]
  def change
    create_table :addresses do |t|
      t.string :prefecture
      t.string :city
      t.string :town
      t.timestamps
    end
  end
end
```

このアドレスモデル（Address）に、addressesテーブルのカラムにない仮想属性locationをリスト7.7のように設定します。この場合、属性型として、文字型のstringを指定しています。

▶リスト7.7　app/models/address.rb

```
class Address < ApplicationRecord
  attribute :location, :string, default: "東京都中央区銀座4丁目"
end
```

 defaultとは、初期値を設定するための指定です。

この結果、Railsコンソールを使用して、Addressの新規のインスタンスを確認すると、本来の属性や追加した仮想属性（初期値あり）を含むインスタンスが生成されています。

```
$ rails c

> ads = Address.new
=> #<Address id: nil, prefecture: nil, city: nil, town: nil, created_at:
nil, updated_at: nil, location: "東京都中央区銀座4丁目">
```

　さらに、次のようにテーブルに存在する属性に値をセットして、テーブルへ保存します。仮想属性はテーブルにないため保存されません。再度保存したデータをインスタンス化すると、仮想属性にはデフォルト値がセットされています。このようにインスタンス上では、他の属性と同じように仮想属性を扱うことができます。

```
> ads.prefecture = "北海道"
=> "北海道"

> ads.city = "札幌市"
=> "札幌市"

> ads.town = "西区"
=> "西区"

> ads.location = ads.prefecture + ads.city + ads.town
=> "北海道札幌市西区"

> ads.save
……（省略）……
=> true

> ads = Address.find(1)
……（省略）……
=> #<Address id: 1, prefecture: "北海道", city: "札幌市", town: "西区",
created_at: "2018-09-30 15:04:41", updated_at: "2018-09-30 15:04:41",
location: "東京都中央区銀座4丁目">
```

7.2.2　テーブルに存在しない仮想属性を設定する場合の例

7.3 タイプオブジェクト

7.3.1 独自のモデル属性型を設定するためのオブジェクト

タイプオブジェクトとは、モデルの属性に対して、標準の属性型ではない独自の属性型（**カスタマイズ属性型**）を提供するためのオブジェクトです。これを利用することで、今までの属性の扱い方が格段に広がります。

例えば、モデルの属性として扱える型は、文字型（string）、整数型（integer）、浮動小数点型（float）のような、限られた種類の型でした。しかしタイプオブジェクトを使うと、属性を、セ氏単位の温度型（celsius）やkm単位の距離型（kilometer）など、本来の「文字」「数字」以外にさまざまな目的や意味を与えた型にすることが可能です。

本節では、例として、セ氏の温度型（celsius）を考えていきましょう。

7.3.2 独自型の属性を持ったモデルの例

テスト用のRailsアプリケーションでモデルWeatherを作成し、このモデルの属性として、「今日の温度」today_tempを記録することとします。温度は、日本では、セ氏（℃）を使いますが、アメリカでは、華氏（F）を使用しています。温度の属性に対して、どちらで指定されても、同じ単位（セ氏）に変換されて登録できる仕組みを考えます。この時、温度に対し、単なる整数（integer）ではなく、セ氏温度（celsius）の型を定義します。

まずWeatherモデルは、次のように従来ある型（integer）で生成します。生成コマンドは次のとおりです。

```
$ rails g model weather today_temp:integer
```

マイグレーションの結果、生成されるスキーマはリスト7.8のようになります。

▶リスト7.8　スキーマの内容（schema.rb）

```
ActiveRecord::Schema.define(version: 2018_08_15_103112) do
  create_table "weathers", force: :cascade do |t|
    t.integer "today_temp"
    t.datetime "created_at", null: false
    t.datetime "updated_at", null: false
  end
end
```

生成されたWeatherモデルに対し、リスト7.9のように「today_temp」属性を上書き定義しましょう。この記述によって、テーブルに設定されている属性を上書きすることになります。その際、型は「celsius」とします。もちろんcelsius型はまだ存在しない型です。

▶リスト7.9　Weatherモデルの設定

```
class Weather < ApplicationRecord
  attribute :today_temp, :celsius
end
```

 属性などの上書きのことを、**オーバーライド**と言います。

7.3.3　タイプオブジェクトのメソッド

　celsius型のような独自型の定義のためには、タイプオブジェクトを作成します。ここでは、タイプオブジェクトで使用する特別なメソッドを見ていきましょう。

cast

　入力された値に基づいて、newメソッドなど、モデルのみ（テーブルを参照しない）で実行されるメソッドです。その際、モデルで定義された属性型をそのまま使用して実行します。
　castメソッドを再定義（オーバーロード）しなければ、デフォルトのまま実行されます。

serialize/deserialize

　serializeメソッドは、データベースのテーブルを検索するメソッド（where、find_by）などを実行する時に、モデルで指定された属性のタイプ（型）からデータベーステーブルで理解できるタイプ（型）に変換するためのメソッドです。
　deserializeメソッドは、serializeの逆の変換を行うメソッドです。つまり、データベーステーブルで理解できる型から、モデルで指定された属性の型への変換を行います。
　serialize/deserializeメソッドをオーバーロードしなければ、デフォルトのまま実行されます。

7.3.4　実装①：属性の値を単一で与える

タイプオブジェクトクラスの実装

　それでは実際に、Temperatureタイプオブジェクトを次のようなクラスとして実装しましょう。
　タイプオブジェクトクラスの名前には、接尾辞としてTypeを付加しなければなりません。タイプオブジェクトクラスは、専用のtypesディレクトリをappディレクトリの中に作成し、そこに保存し

ておくとよいでしょう。

　今回のTemperatureTypeは、ActiveRecord::Type::Integerクラスを継承しています（リスト7.10）。このクラスは、型の変換結果を整数（Integer）として扱うための親クラスです。

▶リスト7.10　app/types/temperature_type.rb

```ruby
class TemperatureType < ActiveRecord::Type::Integer
  def cast(temperature)
    # 与えられた値をFで分割
    temp = temperature.split('F')
    # 分割されたものが1要素で数字のみの場合、変換処理を行う
    if !/\D/.match?(temp[0]) && temp.length < 2
      degree = temp[0].to_f
      # 華氏からセ氏への変換
      super(degree = (degree - 32) / 1.8 )
    else
      super
    end
  end
end
```

属性とのひも付け

　また、このTemperatureTypeクラスとWeatherモデルで設定した属性「celsius」とのひも付けが必要です。

　タイプオブジェクトと実際のモデル定義の型とをひも付けるためには、リスト7.11のような**型定義**（**タイプ定義**）を登録しておく必要があります。型定義は、config/initializersディレクトリの中に、types.rbファイルとして記述します。

▶リスト7.11　config/initializers/types.rb

```ruby
ActiveRecord::Type.register(:celsius, TemperatureType)
```

　ActiveRecord::Type.registerメソッドによって、celsius型とTemperatureTypeタイプオブジェクトがひも付きます。

動作確認

　以上で準備は整いました。それでは実際に、新しい型がうまく動作するか、Railsコンソールを使用して確認してみましょう。

```
> Weather.new(today_temp: '100F')
```

7.3　タイプオブジェクト

```
=> #<Weather id: nil, today_temp: 37, created_at: nil, updated_at: nil>

> Weather.new(today_temp: '37C')
=> #<Weather id: nil, today_temp: 37, created_at: nil, updated_at: nil>

> Weather.new(today_temp: '37')
=> #<Weather id: nil, today_temp: 37, created_at: nil, updated_at: nil>
```

today_temp属性に「100F」「37C」「37」と与えた時、どれもすべて、インスタンスの値がセ氏（セルシウス）温度で設定されているのがわかります。

7.3.5　実装②：属性の値を複数の要素として与える

前項で実装した方法は、値を「100F」といった形で、単一の値で指定する必要がありました。それでは、「温度の値」と「単位」のような複数の要素で属性値を設定できるようにするには、どうすれば良いのでしょうか？

オブジェクトクラスを引数として利用する

その場合は、タイプオブジェクトを少し変更して、複数の要素を与えるオブジェクトを渡すようにします。このような場合、タイプオブジェクトはActiveRecord::Type::Valueを継承して実装します。

TemperatureTypeも、温度と単位を分けて与えることでよりシンプルに実装できます（リスト7.12）。

▶リスト7.12　app/types/temperature_type.rb

```ruby
class TemperatureType < ActiveRecord::Type::Value

  def cast(temperature)
    degree = temperature.degree
    unit = temperature.unit
    if unit == 'F'
      # 華氏からセ氏への変換
      super(degree = (degree - 32) / 1.8 )
    else
      super(degree)
    end
  end

end
```

castメソッドの引数temperatureは、温度と単位の属性メソッドを持つオブジェクトです。具体的には、Rubyで用意されているStructクラスの機能を利用して、degreeとunitという複数の要素を持つオブジェクトクラスTemperatureを作成します（リスト7.13）。

▶リスト7.13　app/types/temperature.rb

```ruby
class Temperature < Struct.new(:degree, :unit)
end
```

このTemperatureオブジェクトを利用することで、Weatherモデルのtoday_temp属性に、複数の要素（温度の値、単位）による温度を与えることができます。

動作確認

Railsコンソールを使用して、実際に確認してみましょう。

次の例では、属性の値として、「122, 'F'」（華氏122度）と「50, 'C'」（セ氏50度）という2種類の指定を行い、インスタンスを生成しています。

```ruby
> w = Weather.new(today_temp: Temperature.new(122, 'F'))
=> #<Weather id: nil, today_temp: 50.0, created_at: nil, updated_at: nil>

> w.today_temp
=> 50.0

> w = Weather.new(today_temp: Temperature.new(50, 'C'))
=> #<Weather id: nil, today_temp: 50, created_at: nil, updated_at: nil>

> w.today_temp
=> 50
```

today_temp（今日の温度）の属性には、50という値がセットされていることがわかります。

7.3.6　タイプオブジェクトの継承元クラスの比較

先ほどの実装例において、複数の要素で指定する場合と単一の要素で指定する場合とで、タイプオブジェクトを作成する際に継承元となるクラスが異なっていました。

このように、タイプオブジェクトの継承元になるクラスは、対象となる型に合わせて、表7.2のようないくつかの種類が用意されています。

❖表7.2　タイプオブジェクトの主な継承元クラス

継承元クラス	対象となる属性型
ActiveModel::Type::BigInteger	単一の大整数型
ActiveModel::Type::Binary	単一のバイナリ（2進数）型
ActiveModel::Type::Boolean	単一のブーリアン（真偽値）型
ActiveModel::Type::Decimal	単一の10進数型
ActiveModel::Type::Float	単一の浮動小数点型
ActiveModel::Type::Integer	単一の整数型
ActiveModel::Type::String	単一の文字型
ActiveModel::Type::Value	複数要素

7.3.7　実装③：テーブルの検索条件に型を使用する

　これまでの例では、タイプオブジェクトを、castメソッドをオーバーライドしたうえで、インスタンスの新規作成時のモデル属性として使用してきました。

　もう1つの例として、whereメソッドやfind_byメソッドなどを使用して、すでに登録済みのデータベーステーブルのデータリソースを検索する場合を考えましょう。

　そのためには、仮想属性型をテーブルでの実属性型に変換して検索する必要があります。その際は、castメソッドではなく、serializeメソッドをオーバーライドする必要があります。

　オーバーライドしないと、デフォルトのserializeメソッドが使用されるため、仮想属性型を前提にした検索は行われません。

serializeメソッドのオーバーライド

　それでは、TemperatureTypeオブジェクトを検索にも対応させるため、serializeメソッドのオーバーライドを追加しましょう。ただし、castメソッドとserializeメソッドの型変換処理は同じため、リスト7.14ではプライベートメソッドtransとして共通化しています。

▶リスト7.14　app/types/temperature_type.rb

```
class TemperatureType < ActiveRecord::Type::Value

  # データベース検索のメソッドを使用するため
  def serialize(temp)
    if temp && !temp.kind_of?(Numeric)
      super(trans(temp))
    else
```

```
      super
    end
  end
  def cast(temp)
    if temp && !temp.kind_of?(Numeric)
      super(trans(temp))
    else
      super
    end
  end

  private
  def trans(temperature)
    degree = temperature.degree
    unit = temperature.unit
    if unit == 'F'
      degree = (degree - 32) / 1.8      # 華氏からセ氏への変換
    else
      degree = degree
    end
  end
end
```

リスト7.14を見ると、serializeメソッドやcastメソッドでif temp && !temp.kind_of?(Numeric)〜endという場合分けを行っています。これは、テーブル保存のためのsaveメソッドなどで、タイプオブジェクトによる値が入ってこない場合、デフォルトのcast/serialize処理を行えるようにするためのものです。

動作確認

それでは実際に、Railsコンソールを使用してwhereメソッド、find_byメソッドの検証をしてみましょう。

次のように、today_tempにセ氏50という値を設定したインスタンスを1件登録し、そのあとで、whereとfind_byを使用して、華氏122度（セ氏50度）という条件で検索しています。

```
> w = Weather.new(today_temp: Temperature.new(50, 'C'))
=> #<Weather id: nil, today_temp: #<struct Temperature degree=50, unit=
"C">, created_at: nil, updated_at: nil>

> w.save
……（省略）……
```

```
         (7.0ms)  commit transaction
irb(main):003:0> Weather.where(today_temp: Temperature.new(122, 'F'))
……（省略）……
=> #<ActiveRecord::Relation [#<Weather id: 1, today_temp: 50, created_at:
"2018-08-20 13:15:43", updated_at: "2018-08-20 13:15:43">, #<Weather id:
3, today_temp: 50, created_at: "2018-08-20 13:26:55", updated_at: "2018-
08-20 13:26:55">]>

> Weather.where(today_temp: Temperature.new(50, 'C'))
……（省略）……
=> #<ActiveRecord::Relation [#<Weather id: 1, today_temp: 50, created_at:
"2018-08-20 13:15:43", updated_at: "2018-08-20 13:15:43">, #<Weather id:
3, today_temp: 50, created_at: "2018-08-20 13:26:55", updated_at: "2018-
08-20 13:26:55">]>

> Weather.find_by(today_temp: Temperature.new(122, 'F'))
……（省略）……
=> #<Weather id: 1, today_temp: 50, created_at: "2018-08-20 13:15:43",
updated_at: "2018-08-20 13:15:43">

> Weather.find_by(today_temp: Temperature.new(50, 'C'))
……（省略）……
=> #<Weather id: 1, today_temp: 50, created_at: "2018-08-20 13:15:43",
updated_at: "2018-08-20 13:15:43">
```

先ほどすでに1件登録していたため、whereではそれぞれ同じデータが2件取得でき、find_byでは同じデータが1件取得できているのがわかります。

以上のように、仮想属性を使用して独自の属性型を設定することで、モデルの中に設定のためのコードを付加せずに、よりスマートな検索の実装が実現できます。

仮想属性は、Rails 5における新機能であり、今後さらに優れた拡張が期待されることでしょう。

タイプオブジェクトの最新実装を反映させるには、springを終了させるか、vagrant sshコマンドで再起動する必要があります。

springとは、開発モードの高速化のための仕組みであり、最初に一回だけ、自動的に起動されます。

練習問題 7.3

1. attributes APIの使用目的は何か説明してください。

2. タイプオブジェクトの目的と設定の仕方について説明してください。

3. castメソッドとserializeメソッドの違いについて説明してください。

☑ この章の理解度チェック

1. Reservationアプリケーションの Room モデル（会議室モデル）と Entry モデル（予約エント
   リモデル）の関係について、1対多の親子関係を設定してください。親子関係の設定では、
   Entry モデルに Room の id 属性を持たせる必要がありますが、モデル作成時点で作成済みです
   ので、その確認も併せて行ってください。

2. 1.で設定した親子関係に基づいて、Rails コンソールで（会議室予約の機能は未作成のため）、
   次の動作を確認してください。

   ＜動作確認要件＞
   登録されている1つの Room モデルのデータ（会議室）に対して、それにひも付く予約データ
   （Entry モデルのデータ）を登録します。少なくとも次の3つの手順を行ってください。

   ● 最初に、Room モデルから first メソッド（find メソッドなどでもかまいません）を使用し
     て、特定の Room モデル（対応する1件の会議室データ）のインスタンスを作ります。そ
     の Room インスタンスの id を持つ、新しい予約データ（Entry モデルのデータ）を作成し
     てください。この時、アソシエーションメソッドを使わずに、新規の Entry モデルのイン
     スタンスを生成し、save する方法で作成しましょう。ただし、Entry モデルインスタンス
     化の初期値として room_id 属性に、Room インスタンスの id をセットします。これで、該
     当の Room インスタンスのデータにひも付けられた予約データが作成できるはずです。
   ● 次に、同じ Room モデル（会議室）のインスタンスにひも付くもう1つの予約データ
     （Entry モデルのデータ）を Entry モデルに対するアソシエーションメソッドを使用して作
     成してください。
   ● 以上の結果、first メソッドで呼び出された会議室には、少なくとも2件以上の予約データ
     がひも付いて作成されているはずです。該当の会議室データのインスタンスを find メソッ
     ドで再度生成し、その子としての予約データをアソシエーションメソッドで取得して、正
     しく取得できることを確認してください。

3. Reservationアプリケーションの Room モデルにおいて、親のデータリソースを削除した時
   に、ひも付く子 Entry モデルのデータリソースもすべて削除するように設定してください。そ
   のうえで、Rails コンソールを使用して、Room モデルの特定のデータリソースを削除した時
   に、それにひも付く子の Entry モデルのデータが削除されることを確認してください。

ルーターとコントローラー

この章の内容

8.1 ルーティングとは
8.2 ルート設定とルーティングヘルパー
8.3 リソースフルルートをより有効に使う方法
8.4 コントローラーの役割

本章では、MVCのうち、Cであるコントローラーを中心に扱います。また、コントローラーを呼び出すために必要な仕組みであるルーターについても解説します。

> *note* 前章までで、モデル（M）についての基本的な理解はできているはずなので、それを前提にして解説していきます。

ルーターとコントローラーは、**Action Pack**コンポーネントのサブコンポーネントにより提供される機能です。ルーターは**Action Dispatch**（アクション実行振り分け）、コントローラーは**Action Controller**（アクション実行制御）というサブコンポーネントを使います（図8.1）。

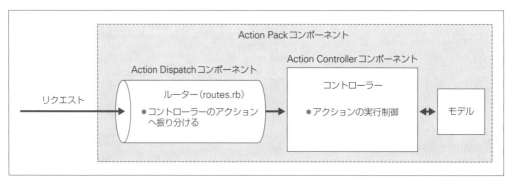

❖図8.1　ルーターとコントローラー

ルーターの役割は、クライアントからの要求をアクションに割り付けることであり（ルーティング）、コントローラーは、ルーターにより割り付けられた要求の実行を制御する一連の働きを行います。一方、モデルは、コントローラーの指示を受けてデータベースとのやり取りを行います。したがって、Railsアプリケーションとしてクライアントユーザーが望む機能を実現するには、モデルだけでなくルーターとコントローラーも必須なのです。

8.1　ルーティングとは

Railsにおいて、**ルーター**は「クライアントのブラウザーから発信されたURIによる要求（**HTTPリクエスト**）を、どのコントローラー（制御オブジェクト）の、どのアクションに引き渡すか」を判断し、振り分ける役割を担います。簡単に言うと、HTTPサーバーを通して受け取ったクライアントからの要求を最初に受け付ける「窓口」の役割を果たします。

ルーターが行うアクションへの振り分け作業のことを**ルーティング**と呼びます（図8.2）。また、URIで指定される宛先と要求内容（HTTPメソッド）の組み合わせによって、どのコントローラーのどのアクションを呼び出すかという振り分けの設定を**ルート**（**ルーティング設定**）と呼びます。ルー

トを設定するには、configディレクトリの中にあるroutes.rbというファイルを使います。

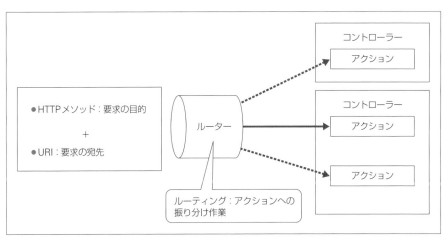

❖図8.2　ルーティング

8.1.1　HTTPメソッド

Webアプリケーションでは、URIによって「要求の宛先」を指示し、**HTTPメソッド**によってリクエストの「要求目的」を指示します。表8.1に、主なHTTPメソッドを紹介します。

❖表8.1　主なHTTPメソッドと目的

HTTPメソッド	目的
GET	情報をサーバーから取得するための要求
POST	情報をサーバーに取り込むための要求
PUT	情報を置き換えるための要求
PATCH	情報の一部を置き換えるための要求
DELETE	情報を削除するための要求

8.1.2　ルートの対応関係と実装例

ルートの振り分けを決定する重要な要素が、HTTPメソッド（要求の目的）とURI（要求の宛先）です。この組み合わせによって、呼び出されるコントローラーのアクションを決定します。

ルートは、routes.rbに次のように記述されます。実装された各行が一つ一つのルートに該当します。

```
GET /users users#index
GET /users/:id users#show
```

```
GET /books books#index
GET /books/:id books#show
GET /rentals rentals#index
……（省略）……
```

図8.3に、上の記述をもとにした、処理の振り分けのイメージを示します。

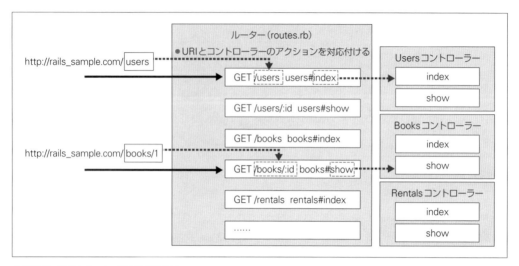

❖図8.3　URIとルーターによる振り分け

図8.3の中で、routes.rbに書かれている以下の1行を例に、ルートの対応関係を確認しましょう。

```
GET /users users#index
```

先頭の「GET」は、HTTPメソッドを示しています。次の「/users」は、URIを表しており、これは実際には、http://ドメイン:ポート番号/usersという宛先に相当します。また、最後の「users#index」は、UsersControllerのindexアクションであることを示しています。

8.1.3　リソースフルルート

Webアプリケーションの働きを単純化すると、HTTPリクエストを受け取って、リクエストに応じたデータベースのデータを利用することだと言えます。Railsでは、データベースのデータは、オブジェクトとして実装されたモデルを通して利用されるということは、すでに学習しました。モデルオブジェクトを操作することで、モデルと連携したデータの集合（データリソース）を操作するというわけです。

モデルを介したリソースに対するデータの追加、既存データの更新、削除、取得、および複数データの一覧表示といった、一連の「お決まりの作業」を、リソース操作を満たすルート（**リソースフルルート**）としてひとまとめに表現できます。

Railsでは、リソースフルルートをresourcesルートとして表現します。従来は、それぞれのルートを単独のルートとして個別に設定する必要がありましたが、resourcesルートを設定すると、対象となるモデルに対する7つの標準的なアクション（後述）に対応するルートを一括して設定してくれます。

　これら7つのルートは、リソースに対する基本操作に対応しています。基本操作に対応するコントローラーのアクションをルールに従って設定すると、自動的にこれらのルートに一致する名前のアクション（new/create/edit/update/destroy/show/index）へと振り分けてくれます（図8.4）。

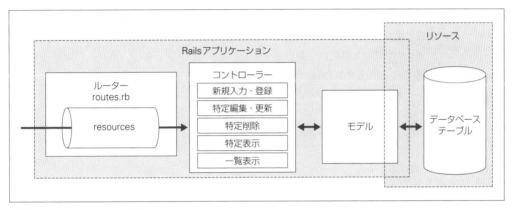

❖図8.4　ルーターとリソース操作

ユーザーモデルのリソースフルルートの例

　それでは実際に、ユーザーモデル（User）に対するリソースフルルートの設定について確認しましょう。対応するコントローラーは、Railsルールに従って、UsersController（users_controller.rb）となります。

　Userモデルに対する標準のリソースフルルートを設定するには、routes.rbに次の1行を記述します。

```
resources :users
```

　この設定の結果、表8.2のような複数の個別ルートが実装されます。

❖表8.2　リソースフルルートの設定で実装される個別ルート

Prefix（接頭辞）	HTTPメソッド	URI	コントローラー#アクション
users	GET	/users(.:format)	users#index
	POST	/users(.:format)	users#create
new_user	GET	/users/new(.:format)	users#new
edit_user	GET	/users/:id/edit(.:format)	users#edit
user	GET	/users/:id(.:format)	users#show
	PATCH / PUT	/users/:id(.:format)	users#update
	DELETE	/users/:id(.:format)	users#destroy

※Prefix（接頭辞）はルーティングヘルパー（後述）で使用される

Railsでは、たった1行のリソースフルルートを設定すれば、リソースに対して通常必要とされる7つのルートを自動で生成してくれます。もしこの中で必要のないルートがあればそれを除外することもできますし、足りないルートがあれば追加することもできます（方法は後述）。もちろん、自動で実装されるこれらのルートを個別に設定することも可能ですが、リソースフルルートを使用することで、見た目もシンプルに表現できるため、できるだけこの方法を使って設定することを推奨します。

7つのルートとは

　それでは、先ほどから出てきている7つのルートとは、一体どのような役割を持つルートなのでしょうか？

　一般的に、リソースに対する機能は、個別データの新規登録、変更、参照、削除、一覧データ参照といった操作が必要になります。Railsでは、リソースに対して、通常行うであろう操作を、**アクション**（コントローラーのインスタンスメソッド）として用意し、ルーティングによってそれらのアクションへ処理を振り分けます。

　それぞれのアクションを機能別に分けると、表8.3のようになります。

❖**表8.3　機能別に分けた7つのアクション**

機能	アクション	処理	概要
新規登録	new	新規画面表示	新規画面を表示し、入力されたデータを送信・登録するという2段階の処理
	create	登録処理	
変更登録	edit	編集画面表示	登録済みの特定のデータを編集画面に表示し、編集された内容を送信・変更するという2段階の処理
	update	更新処理	
照会処理	show	詳細画面表示	登録されている特定のデータを呼び出し、表示する処理
一覧照会	index	一覧画面表示	登録されている複数のデータを呼び出し、一覧で表示する処理
削除	destroy	削除処理	登録されている特定のデータを指定して削除する処理

　Railsでは、これらのアクションを標準的な名前で用意し、1種類のリソース（対象モデル）に対する操作をこれらの標準のアクション名に基づいて取り扱うことで、全体の処理をシンプルに記述できるようにしています。

> 標準のアクション名をうまく活用することは、Railsの基本理念であるCoC（設定より規約）の一つの大きな要素です。作成する機能の役割を考え、できるだけそれぞれのアクションの目的にならい標準のアクション名を利用することで、より他の作成作業に集中できる自由を得ましょう。

　モデルを介してリソースを処理するルートは、7つのアクションすべてを利用する／しないにかかわらず、リソースフルルートに従うことが求められます。また、リソースを対象としない機能に対しても、全体の概要を表示するなどの処理では、indexアクションを利用することが一般的です。

　対象となるリソースが（複数ではなく）1つである場合、一覧を表示するindexルートは不要になります。つまり、必要となるルートは6つ（7－1=6）ということになります。

このような、1つのリソースに対するリソースフルルートとして、Railsでは、単数形で表現するresourceルートが用意されています。

8.1.4 非リソースフルルート

リソースフルルート以外のルート（resourcesまたはresourceを使用しないルート）をまとめて非リソースフルルートと呼びます。言い換えると、非リソースフルルートとは、従来どおり個別に設定するルートのことといえます。

リソースフルルートは実装上、個別のルート（非リソースフル形式のルート）に展開されるため、ルーティング動作の点で非リソースフルルートとの違いはありません。

リソースフルルートの設定は、見た目が非常にシンプルであり、複数の個別ルートをリソース型に1文で設定できれば、管理も楽になります。詳しい設定方法については、後述します。

非リソースフルルートを設定する場合、それぞれのルートの目的に応じてHTTPメソッドを指定します。また、GETメソッド、POSTメソッドのようなHTTPメソッド以外にも、汎用的なメソッドであるmatchメソッドも使用できます。

note　すでにリソースフルルートで説明したように、リソースフルルートで設定しても、実際に動作するルートは、非リソースフルルートの形式で実装されます。

詳細なルートの設定方法については、次節以降で説明します。

練習問題　8.1

1. ルートの役割について説明してください。
2. リソースフルルートと個別のルート（非リソースフルルート）との関係と、その違いについて説明してください。

8.2　ルート設定とルーティングヘルパー

8.2.1　ルート設定ファイルと実装ルートの確認方法

configディレクトリにあるroutes.rbは、ルートを設定するためのファイルです。routes.rbに設定されたルートは、上から順に、HTTPメソッドと宛先URIのパターンの組み合わせに一致したもの

が利用されます。

ルートがどのように設定・実装されているかを確認するには、次のいずれかの方法があります。

railsコマンドを使用する方法

アプリケーションディレクトリで、次のコマンドによって確認できます。

```
$ rails routes
```

ブラウザーから確認する方法

Railsサーバーを立ち上げ、ブラウザーで宛先URLにhttp://localhost:4000/rails/info/routesを指定することでも確認できます（図8.5）。

Routes

Routes match in priority from top to bottom

Helper	HTTP Verb	Path	Controller#Action
Path / **Url**		Path Match	
acceptances_path	POST	/acceptances(.:format)	acceptances#create
new_acceptance_path	GET	/acceptances/new(.:format)	acceptances#new
users_path	GET	/users(.:format)	users#index
	POST	/users(.:format)	users#create
new_user_path	GET	/users/new(.:format)	users#new
edit_user_path	GET	/users/:id/edit(.:format)	users#edit
user_path	GET	/users/:id(.:format)	users#show
	PATCH	/users/:id(.:format)	users#update
	PUT	/users/:id(.:format)	users#update
	DELETE	/users/:id(.:format)	users#destroy

❖図8.5　ルート確認画面

8.2.2　アプリケーションルート（root）の設定方法

それでは、ルートはどのように設定すればよいのでしょうか？　まずは、トップページを表示する時に使用するルート（**アプリケーションルート**）から説明しましょう。

アプリケーションルート（URLのホストルート）は、http://localhost:4000またはhttp://www.something.comのように、ドメイン名・ホスト名（＋ポート番号）のみで指定されるルートです。つまり、サーバーに接続した時、最初に表示されるトップページのことだと言えます。アプリケーションルートを設定していない場合は、デフォルトのRails標準ページが呼び出されます。

publicディレクトリの中にindex.htmlファイルを配置すると、Rails標準ページの代わりにトップページとして表示することができます。

特定のアプリケーションページをルートに設定したい場合、**rootメソッド**を使用します。指定するコントローラーのアクションで、特定ページを表示する処理を行います。routes.rbファイルへの記述は、次のような内容になります。

    root to: 'コントローラー名#アクション名'

「root」による指定は、宛先URIをルートパス「/」と指定するのと同じ意味を持ちます。そのため、本来は次のように記述することも可能です。

    get '/', to: 'コントローラー名#アクション名'

しかし、rootメソッドを使用することで、アプリケーションルートをより明示的に、よりシンプルに表現できます。

例えば、ルートに接続した時のトップページをUserモデルの一覧ページ（Usersコントローラーのindexアクションで表示されるページ）にしたい場合、rootメソッドを使用して、次のように設定します。

    root to: 'users#index'

rootメソッドを使用したリダイレクト設定方法

アプリケーションルートの設定を使い、リダイレクトを指定することもできます。**リダイレクト**（再接続要求）とは、要求された宛先で受け取ったルートを、異なる宛先への接続要求を出し直すことで、別なページへ接続させる仕組みです。

redirectメソッドを使用して次のように指定できます。この場合、リダイレクトの宛先をhttp://ドメイン:ポート番号/users/index というURIとして指定しています。「コントローラー#アクション」ではないことに注意してください。

    root to: redirect('users/index')

アプリケーションルートの表示ルール

ここまで見てきたように、Railsではいくつかの方法でアプリケーションルートの表示設定を行うことができます。それらの方法には優先度があり、優先度が高い順に

1. publicディレクトリにindex.htmlが存在する場合：public/index.htmlを表示する
2. routes.rbにルート設定がされている場合：ルートに従ったページを表示する
3. ルート設定がされていない場合：Railsデフォルトのページを表示する

という順番で評価されます。

2.のケースの一例として、routes.rbにroot to: "users#index"というルート設定がされている場合を考えると、views/users/index.html.erbテンプレートをもとにした表示が行われることになります。

8.2.3 非リソースフルルートの設定方法

非リソースフルルートの設定には、getメソッドやpostメソッドなどを使用することができます。基本的に、これらはHTTPメソッドに対応しています。その際、リクエストされる宛先は「'URIパターン'」として指示します。

設定の基本形式は次のようになります。

```
HTTPメソッド 'URIパターン' ,  to: 'コントローラー#アクション'
```

この記述で、HTTPメソッドと'URIパターン'の組み合わせが、to: オプションで指定される「どのコントローラー」の「どのアクション」を呼び出すか、を表しています。

ここで、例としてhttp://ドメイン:ポート番号/login となるようにURI「/login」を指定して、ログイン画面を表示するリクエストを考えます。

ログイン画面を表示するためのアクションがAuthentications（認証）コントローラーのnewアクションとすると、このアクションを呼び出す場合、「authentications#new」のように設定します。HTTPメソッドには、ログイン画面の情報を得るためのリクエストとしてgetを指定しています。

```
get '/login', to: 'authentications#new'
```

> 従来から、Railsにはmatchメソッドを利用したルートの設定方法が用意されてきました。しかし現在、matchメソッドは特別な理由がない限り使用しません。
>
> もしmatchメソッドを利用する場合は、次のようにviaオプションを使用して、HTTPメソッドを指定する必要があります。
>
> ```
> # getのみを指定
> match '/login' , to: 'authentications#new', via: :get
>
> # get/postのみを指定
> match '/notices', to: "notices#treat", via: [:get, :post]
>
> # すべてのHTTPメソッドを指定
> match '/infos', to: "infos#access", via: :all
> ```
>
> viaオプションには、複数のHTTPメソッドを同時に指定することができ、またすべてのHTTPメソッドを一括で指定することもできます。

呼び出し先の省略

一般的なルート設定の形式にならって、次のようなルートの設定を考えます。

```
get 'introduction/index', to: 'introduction#index'
```

　このルートは、宛先URIがhttp://ドメイン:ポート番号/introduction/index で指示され、その宛先で呼び出されるアクションがIntroductionコントローラーのindexアクションに対応することを示しています。

　記述をよく見ると、URIで指示されたパス名が、コントローラーとアクションに相当しています。この場合、コントローラーとアクションの指定を省略し、次のようにシンプルに記述できます。

```
get 'introduction/index'
```

　to: オプションが省略されると、URIに指定されているパス名をコントローラーとアクションとに見なして呼び出されます。もし指定が正しくない場合は、例外エラーが発生します。

URIパターンで使用するパラメーター

　ルート設定において**URIパターン**は、対象となるリソースの宛先（URI）を表現するために使われます。URIパターンには、リソースの特定などに使用する（任意の名前の）パラメーターを含むことができ、それらのパラメーターはシンボル形式（「:パラメーター名」を続ける）によって指定します。

　Railsでは、クライアントから受信するデータをパラメーターとして扱い、ルーティングによって呼び出されるコントローラーのアクションを通して、paramsオブジェクトのハッシュ形式で受け取ることができます。

パラメーターの詳細については、「8.2.5 ルーティングヘルパー」で後述します。

　例として、次のようなルートのパターンを考えます。

```
get 'introduction/:id', to: 'introduction#show'
```

　そのうえで、クライアントのブラウザーから次のような2種類のURIにアクセスしたとします。

- http://localhost:4000/introduction/1
- http://localhost:4000/introduction/2

　このURIを受け取ったルーターは、'introduction/:id'という文字列のうち「:id」というパラメーター部分に相当する値が入っているものと認識し、このURIパターンに一致すると判断します。そこで、ルート「get 'introduction/:id', to: 'introduction#show'」を採用し、introduction#showに相当するアクションを呼び出すことになります。

　つまり、この例のどちらのURIもIntroductionコントローラーのshowアクションを呼び出します。そのうえで、showアクションに対して、ハッシュ形式のparamsオブジェクトを通して、パラメーターid: 1、または、id: 2を渡すことができます。

　なお、実際には、params[:id] のようなハッシュの要素として取得できます。

> *note* パラメーターの値が正しいかどうかは、ルーターでは判断できません。
> ルーターは、そのパターンに一致するURIルートが存在するかどうかを**ルート定義**（routes.rb ファイルの定義の順に実装されたルート）の上から順にチェックし、一致したと判断した時に、そのルートで指定されているアクションを呼びに行きます。したがって、もしhttp://localhost:4000/introduction/aaa のような宛先URIのリクエストがされた時に、ルーターが最初に'introduction/:idというURIパターンを見つけると、idの値が「aaa」のパターンに一致したと判断するので、ルートの設定順には注意が必要です。

例として、次のようなパラメーターを持つURIパターンをルートとして設定した場合を考えます。この場合の:controller、:actionは、Railsがデフォルトで用意しているパラメーターです。

```
get ':controller/:action'
```

このような指定は、to:オプションの「コントローラー#アクション」を指定していないため、すでに説明した省略形にならって、URIで指定される値が、コントローラー名とアクション名として使用されます。

そのうえで、宛先としてhttp://localhost:4000/introduction/index というURIを指定したとします。

ルーターは、上から定義されている順にマッチングを行い、この宛先に相当するURIパターンが':controller/:action'で指定されるURIパターンに一致すると判断すると、introduction#index に従って、introductionコントローラーのindexアクションを呼び出します。

呼び出されるindexアクションは、:controller、:actionで設定したパラメーターの値を、paramsオブジェクトを使用して、params[:controller]やparams[:action]のように取得できます。この場合、params[:controller]とparams[:action]それぞれが保持する値は、'introduction'と'index'となります。

ただし、このようなルートの設定はセキュリティ上あまり好ましくなく、混乱を招くも恐れもあるため、特別な事情がない限り明示的にルートを設定すべきです。

クエリパラメーターを含むURIの扱いについて

問い合わせや情報検索などのURIでは、一般的に問い合わせ条件に指定する**クエリパラメーター（条件パラメーター）** を付加することができます。

Google検索などで、検索ワードを入れて検索を行うと検索に相当するワードが付加されているのを見たことがあるはずです。このようなURIに付加されたクエリパラメーターも、同様にparams変数で受け取ることができます。

例えば、URIを次のように指定したルートを設定したとします。

```
get 'introduction/show
```

そして、次のようなURIのHTTPリクエストがあったとします。

http://localhost:4000/introduction/show?user_id=5

このうち、「?」以降の部分がクエリパラメーターです。

8.2　ルート設定とルーティングヘルパー

クエリパラメーターは、ルートの定義には無関係です。ルーターは、「introduction/show」までのURIパターンを利用してルーティングを行って、introductionコントローラーのshowアクションを呼び出します。呼び出されたshowアクションは、paramsオブジェクトを通して、クエリパラメーターを次のように受け取ることができます。

```
params[:user_id]
=> "5"
```

ルートに設定するパラメーターのワイルドカードについて

ルートのURIパターンに設定するパラメーターに、「*ワイルドカード名」という記述でワイルドカードを指定することができます。**ワイルドカード**とは、あらかじめ特定できない任意のパターンをひとくくりで指定するやり方です。

例えば、次のように「*secstion」と指定することで、/division/の次からパラメーター/:idの直前までの部分を1つのパラメーター:secstionと見なします。

```
get '/divisions/*section/:id', to: 'sections#show'
```

したがって、http://localhost:4000/divisions/some/group11/5 というURIがリクエストされた時、次のように取得できます。

```
params[:secsion]
=> 'some/group11'

params[:id]
=> '5'
```

また、存在しないルートを指定された時には、次のようなルートをルーターの最後に指定することで、適切なエラー画面を表示させることができます。この場合、Errorsコントローラーのinfo404アクションに処理を渡し、適切なエラー画面を表示させています。

```
get '*unkown_route', to: 'errors#info404'
```

ただし、ワイルドカード指定は、使い方を間違えるとパラメーターとしてなんでも取り込めてしまうので、使用する際にはセキュリティ面で注意が必要です。

8.2.5　ルーティングヘルパー

ルーティングヘルパー（Path／URLヘルパー）とは

Railsのルートを設定すると、宛先URLを1語で表現する**Pathヘルパー**（または**URLヘルパー**）が自動的に実装されます。この、宛先URLを1語で表現するためのメソッドを**ルーティングヘルパー**といいます。

このルーティングヘルパー表現を使用することで、コントローラーやビューなどRailsアプリケーションの中で、遷移先をわかりやすく簡潔に指示することができます。

自動で生成されるルーティングヘルパーを確認するには、「rails routes」コマンドでルーティング情報の一覧を表示した時、左に表示されるPrefix欄で確認することができます。Prefix欄で表示されている名前に「_path」を付加することでPathヘルパーとして、「_url」を付加することでURLヘルパーとして使用できます（図8.6）。

❖図8.6　ルーティング情報

Pathヘルパーは、アプリケーションルートからの相対パスを簡潔な1語（例：new_user_path）で表現します。同様にURLヘルパーは、ドメイン名（ホスト名、ポート番号を含む）を含めた完全なURIを簡潔な1語（例：new_user_url）で表現します。

例えば、Usersコントローラーのindexアクション「users#index」を呼び出す宛先URIは、Prefixが「users」となっているため、users_path、またはusers_urlとして利用できます。

Prefixが表示されていないルートは、上位のルートのPrefixと同じであることを意味しています。したがって、Usersコントローラーのcreateアクション「users#create」のルートも同様に、同じusers_path、またはusers_urlとなります。ただし、HTTPメソッドがGETかPOSTかという違いがあるので、この差を用いて正しく振り分けられます。

Prefixがnew_userの時、ルーティングヘルパーは次のようになります。

- new_user_path → /users/new
- new_user_url → http://localhost:4000/users/new

このようにルーティングヘルパーを使うことで、コントローラー内やビュー内における遷移先の指定をすっきりと表現することができます。

図8.7は、ルートの設定の違いによるPrefixの生成の様子を示しています。

❖図8.7　ルート設定とPrefixの比較

標準的なパラメーターを含むルーティングヘルパーについて

　すでに説明しましたが、ルートの設定には、リソースを特定するために、関係するパラメーターを含めることができます。それでは例えば、標準的なリソースを特定するようなidを含むルートの設定でルーティングヘルパーを使用する場合、どのようにパラメーターを指定すればよいのでしょうか？

　一例として、LibraryアプリケーションのBookモデルに対するルートを考えましょう。Bookモデルを通して特定idのリソースを取得するためのアクションとして、Booksコントローラーのshowアクションを呼び出すとします。

　scaffoldで自動生成したBooksコントローラーのアクションへのルートは、リソースフルのルートとして次のように生成されています。

　　　resources :books

　それをもとに、Booksコントローラーのshowアクションへのルートは、次のように実装されることになります。

　　　book　GET　/books/:id(.:format)　books#show

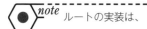 ルートの実装は、

　　　$ rails routes

　を実行した結果として確かめることができます。

8.2.5　ルーティングヘルパー　305

このURIパターンのうち、シンボルで指定される:idはパラメーターに相当します。このidパラメーターは、対象となるリソースを特定するために使われる値です。なお、:formatもパラメーターですが、これについては後述しますので、ここでは無視してください。

この場合、URIのパスは、リソースを特定するidが2の時、/books/2となります。このルートに対するルーティングヘルパーは、Prefixとして表示されている「book」を使用して、book_path、またはbook_urlと記述します。しかし、パラメーターであるidは、このままでは指定できないため、コントローラーのアクションやビューの中で使用する場合は、次のように、ルーティングヘルパーの引数として記述して、パラメーターを組み込みます。

```
book_path(2)
```

```
book_url(2)
```

Booksコントローラーのeditアクションに対するルートも同様です。

```
edit_book  GET  /books/:id/edit(.:format)  books#edit
```

Bookモデルのidが2の場合、次のように、editアクションに対するルート（/books/2/edit）をルーティングヘルパーの引数として記述することで、パラメーターを組み込みます。

```
edit_book_path(2)
```

```
edit_book_url(2)
```

クエリパラメーターを含む場合の指定について

すでに説明したように、ルーティングヘルパーは、パラメーターを引数として組み込むことが可能です。クエリパラメーターの場合も、引数として与えることができます。例えば、次のようなクエリパラメーターについて考えてみましょう。

```
http://localhost:3000/books?authcode=22&pubcode=5
```

「?authcode=22&pubcode=5」のように記述することで、authcodeという名前のキーの値が22、pubcodeという名前のキーの値が5というように、2つのクエリパラメーターを指定しています。この場合、ルーティングヘルパーにクエリパラメーターを組み込むには、キーとともに次のように記述します。

```
books_path(pubcode: 5, authcode: 22)
```

以上のようにルーティングヘルパーは、どのようなケースのパラメーターでも、引数として簡単に組み込むことが可能です。ルーティングヘルパーを使用して、よりわかりやすい、すっきりした記述を行いましょう。

練習問題　8.2

1. ルートにおいて、HTTPメソッドとURIはどのような役割をするのか説明してください。

2. Reservationアプリケーションで、Room機能をscaffoldコマンドで生成したときのルートがどのようになっているかを確認してください。

3. 実装されているルートの確認方法を2つ挙げ、Reservationアプリケーションの現在のルートの実装状況を確認してください。

4. Reservationアプリケーションで、rails routesコマンドを実行した時に表示されるルートの中で「POST　/rooms(.:format)　rooms#create」に該当するルーティングヘルパーを説明してください。

5. Reservationアプリケーションで、

   ```
   rooms  GET  /rooms(.:format)  rooms#index
   ```

   と

   ```
   room  GET  /rooms/:id(.:format)  rooms#show
   ```

   という2つのルートのルーティングヘルパーの使い方および違いを、パラメーターの指定の仕方を含めて説明してください。ただし、formatパラメーターについては無視してかまいません。

8.3　リソースフルルートをより有効に使う方法

　本節では、リソースフルルートの活用方法について、いろいろなバリエーションを含めて説明します。ルートについての理解がまだ不十分な場合は、いったんここを飛ばして先へ読み進めてもかまいません。

8.3.1　リソースフルルートのオプション

　resourcesメソッドを使用することで、モデルリソースへアクセスするための標準的な7つのアクションへのルートを、たった1行の設定で実装できることはすでに学びました。しかし、リソースによってはすべてのアクションを必要としない場合もあり、また7つ以外のアクションを設定したい場合もあります。また、標準のルート名を変更したい場合もあるでしょう。

　そのような要求に応えられるように、オプションを指定して、より実態に合った活用ができるよう

になっています。

ここでは、リソースフルルートのオプションを紹介します。Railsアプリケーションを使って、実際に各オプションを試してみると良いでしょう。

as

ルーティングヘルパーのPrefixを変更したい時に使用します。

- usersをcustomersに変更する例

```
resources :users, as: :customers
```

この例では、Prefixのusersやnew_userが、customersやnew_customerに変わります。つまり、asを使って指定することで、users_pathがcustomers_pathであるかのように扱われます。

controller

リソースルートの、対応するコントローラー名を変更する場合に指定します。これを使用すると、外部のURIに表示される名前と内部で実際に使用するコントローラー名を異なるものとして見せる（コントローラー名を隠す）ことができます。

- コントローラー名をcustomersに変更する例

```
resources :users, controller: :customers
```

この結果、/usersとして指定されたURIは、customersコントローラーへルーティングするようになります。

path

リソース名に相当する標準のURIを変更したい時に使用します。このオプションは、コントローラーを置き換える代わりにURI側の表示を変更することができます。つまり、:controllerオプションの逆の役割を果たします。

- リソース名に相当するURIをusersからcustomersに置き換える例

```
resources :users, path: :customers
```

この結果、/usersではなく、/customersというURIに置き換わります。

path_names

リソースフルパスにおける、デフォルトのnew、editなどのパス構成名を、ハッシュ形式で変更できます。ただし、対応するアクションを変えるわけではありません。アクション名に相当するパスを使いたくない場合に使用できます。

- newアクションに対応するパス構成名をfirstに、editアクションに対応するパス構成名をchangeに変更する例

```
resources :books, path_names: { new: 'first', edit: 'change' }
```

この結果、次のようなパス名になります。

- /books/first
- /books/1/change

only

リソースフルルートの7つのアクションルートのうち、指定したアクションのみのルートを生成します。つまり、指定しなかったアクションを制限することができます。複数指定する場合は、配列を使います。

- 7つのアクションのindex/new/createのアクションルートのみを有効にする例

```
resources :books, only: [:index, :new, :create]
```

except

リソースフルルートのうち、指定したアクションのルートを除外します。onlyオプションの逆の機能を提供します。

- 7つのアクションのうち、show/edit/update/destroyのアクションルートのみを有効にする例

```
resources :books, except: [:index, :new, :create]
```

format

URIの特定の拡張子（.html/.json/.js/.xml/.cssなど）で識別されるフォーマットパラメーター（:format）の指示について必須・無効を指定します。

- format: trueの場合：フォーマット指示必須
- format: falseの場合：フォーマット指示無効
- 指定なしの場合：併用可
- usersルートに対し、フォーマット指示を無効にする例

```
resources :users, format: false
```

フォーマットを指示しない場合、フォーマットは、htmlと見なされます。フォーマットは、ブラウザーからリクエストするURIの最後に、拡張子として指示します。例えば/books/3の場合は、/books/3.htmlとになります。

constraints

パラメーターの内容を制限する場合に使用します。制限エラーに引っかかると、ActionController::UrlGenerationError（URLを生成できない）例外を発生させます。

- 正規表現「/[1-9]/」を使用し、idパラメーターの値を1〜9の値に制限する例
  resources :users, constraints: {id: /[1-9]/}

collection

コレクションルートの設定に使用します。**コレクションルート**とは、idを特定できないリソース（複数リソース、新規リソース）を対象としたルートです。リソースフルルートで標準に設定される、index、new、createアクションに対するルートが該当します（詳細は後述）。

member

メンバールートの設定に使用します。**メンバールート**とは、idを特定できる単一リソースを対象とした（:idパラメーターを含む）ルートです。リソースフルルートで標準に設定される、edit/update/show/destroyアクションに対するルートが該当します（詳細は後述）。

shallow

親子関係を持つ入れ子のルートに対して、直接、子のidだけでアクセスできるようにshallowルート（浅いルート）表現に変更します（詳細は後述）。

shallow_path

指定されたパス名を、入れ子のshallowルートのURLの前に付加します（詳細は後述）。

shallow_prefix

指定されたプレフィックス名を、入れ子のshallowルーティングヘルパーの接頭辞に付加します（詳細は後述）。

8.3.2 独自アクションのルートを追加する方法

リソースフルルートが自動的に生成する標準の7つのアクションうち、特定のアクションルートのみに制限したい場合は、先ほど説明したonlyオプション、またはexceptオプションを使用することができます。それでは、同じデータリソースに対し、標準以外の独自のアクションルートを設定したい場合は、どのようにすれば良いのでしょうか？

非リソースフルの単独ルートとして設定することも可能ですが、リソースフルルートの中に組み込むことができれば、同じリソースのルートとして一括して管理できます。

ここでは、リソースフルルートに独自ルートを追加する方法について説明します。

コレクションルートとメンバールート

まず、リソースに対するルートは、

- リソースidを特定できるルート
- リソースidを特定できないルート

という2種類があることを理解しておく必要があります。

リソースidを特定できないルートとは、具体的には、複数のリソースを対象とするルート、または、まだidを持っていない新規のリソースに対するルートです。これを**コレクションルート**（集合ルート）と呼びます。それに対して、idを特定できる既存のリソース1件に対するルートを**メンバールート**と言います。

標準の7つのアクションのルートは、以下の2種類に分類されます。

- コレクションルート（集合ルート）：idパラメーターなし。index/new/createアクションのルートに相当
- メンバールート（特定ルート）：idパラメーターで特定できる。show/edit/update/destroyアクションのルートに相当

コレクションルートの設定にはcollectionオプションを、メンバールートの設定にはmemberオプションを使用します。メンバールートを指定することによって、リソースを特定するための:idパラメーターが、パスの中に自動的に組み込まれます。

これら独自ルートの設定には、ブロック（do〜end）を使って組み込む方法と、onオプションを使って組み込む方法という2種類の方法があります。どちらを使って設定しても基本的に変わりませんが、onオプションで設定するほうがすっきりします。

次に個々の例を記載します。

ブロックを使用して追加する

usersリソースフルルートに、コレクションルートとメンバールートを追加する例を考えます。次の例では、Userモデルの複数リソースを対象に検索するため、searchアクションとひも付けるsearchコレクションルートを設定しています。また、Userモデルの特定のユーザーの情報をダウンロードするためのdownloadアクションに対応する、downloadメンバールートを設定しています。

```
resources :users do
  # コレクションルートの設定
  collection do
    get 'search'
  end
  # メンバールートの設定
  member do
    get 'download'
  end
end
```

8.3.2　独自アクションのルートを追加する方法

onオプションを使用してメンバールートを追加する

同じUserモデルのケースですが、onオプションを使用すると次のように設定できます。結果は同じですが、コレクションルートとメンバールートがより簡潔に、それぞれ1行で表現できています。

```
resources :users do
  get :search, on: :collection    # コレクションルートの設定
  get :download, on: :member      # メンバールートの設定
end
```

メンバールートを追加した結果

この結果、リソースフルルートに独自のルート（search_users、download_user）が追加されています。実装されたルートは、次のように1つのリソースフルルートに組み込まれたように見えます。

search_users	GET	/users/search(.:format)	users#search
download_user	GET	/users/:id/download(.:format)	users#download
users	GET	/users(.:format)	users#index
	POST	/users(.:format)	users#create
new_user	GET	/users/new(.:format)	users#new
edit_user	GET	/users/:id/edit(.:format)	users#edit
user	GET	/users/:id(.:format)	users#show
	PATCH	/users/:id(.:format)	users#update
	PUT	/users/:id(.:format)	users#update
	DELETE	/users/:id(.:format)	users#destroy

コレクションルートとして設定したルートはURIに:idパラメーターを含みませんが、メンバールートとして設定したルートは:idパラメーターが付加されています。

メンバールートは、このURIパターンに従った:idパラメーターの値が指示されると、HTTPメソッドとURIに一致したルートに対応するコントローラーのアクションを呼び出します。

8.3.3　親子関係を持つ入れ子ルートについて

親子関係を持つモデルがあり、子のモデルのリソースには親を通してしかアクセスする必要がない場合、ルート上でもそのような制約を設けることは、セキュリティ面や管理面からも望ましいことです。また、親リソースと子リソースの関係をルート面で明確にすることで、より理解がしやすくもなります。

ここでは、親子関係に従ってルートを入れ子にする方法を説明します。

入れ子関係のルートの設定

Userモデルと、その子モデルとしてのHobby（趣味）モデルを考えます。それぞれのリソースに相当するデータベースのテーブル名は、usersとhobbiesとなります。

8.3　リソースフルルートをより有効に使う方法

親子関係のルートを入れ子にするには、次のように、親のリソースルート（resources :users）の
ブロックの中に子のリソースルート（resources :hobbies）を設定します。

```
resources :users do
  resources :hobbies
end
```

この結果、次に示すように入れ子の新たなルートが生成されます。新たなルートは、すべて
/users/:user_id配下のルートとして関係付けられています。つまり、Hobbyリソースへのルート
は、:user_idのパラメーターで指示される特定のユーザーIDを持ったユーザーリソースと関係付けら
れたルートとしてのみ、ルーティングされます。

```
   user_hobbies GET    /users/:user_id/hobbies(.:format)          hobbies#index
                POST   /users/:user_id/hobbies(.:format)          hobbies#create
 new_user_hobby GET    /users/:user_id/hobbies/new(.:format)      hobbies#new
edit_user_hobby GET    /users/:user_id/hobbies/:id/edit(.:format) hobbies#edit
     user_hobby GET    /users/:user_id/hobbies/:id(.:format)      hobbies#show
                PATCH  /users/:user_id/hobbies/:id(.:format)      hobbies#update
                PUT    /users/:user_id/hobbies/:id(.:format)      hobbies#update
                DELETE /users/:user_id/hobbies/:id(.:format)      hobbies#destroy
          users GET    /users(.:format)                           users#index
                POST   /users(.:format)                           users#create
       new_user GET    /users/new(.:format)                       users#new
      edit_user GET    /users/:id/edit(.:format)                  users#edit
           user GET    /users/:id(.:format)                       users#show
                PATCH  /users/:id(.:format)                       users#update
                PUT    /users/:id(.:format)                       users#update
                DELETE /users/:id(.:format)                       users#destroy
```

これにより、ユーザーが自分の子リソースであるHobbyモデルにアクセスするためには、
/users/:user_id/hobbies/idのように、自分を特定するユーザーID（:user_id）と、該当する趣味の
ID（:id）の両方のID値を指定しないとアクセスできません。

以上のように、親子関係にあるリソースに対し、親の特定のリソースにひも付いてルーティングを
行う仕組みを持たせることができます。

ただ実際は、このような場合であっても、子Hobbyのリソースを識別するIDは、Hobbyモデルで
登録されるすべてのリソースでユニーク（一意）になっています。Railsはすべてのモデルのリソー
スをユニークなIDを振って登録するためです。

したがって、HobbyモデルのIDで一意にリソースを特定できるのであれば、子のIDが必須なメン
バールートの場合は、子のIDだけのURIでアクセスすることができます。このようなルートの使い
方を**shallowルート**（浅いルート）と言います。

8.3.3　親子関係を持つ入れ子ルートについて　　313

shallow ルートの使い方

shallow ルートを利用するには、該当のリソースフルルートを shallow メソッドのブロックで囲む方法と、shallow オプションを指定する方法とのいずれかを用いることができます。

入れ子ルートに対して shallow メソッドのブロックを使う場合は、次のように記述します。

```
shallow do
  resources :users do
    resources :hobbies
  end
end
```

shallow オプションを使用する場合は、次のような2パターンの記述ができます。

```
resources :users, shallow: true do
  resources :hobbies
end
```

```
resources :users do
  resources :hobbies, shallow: true
end
```

どちらも、実装としては同じものになり、hobby に対する show/edit/update/destroy で子のリソース ID を指定したメンバールートは、次のような1階層の URI ルートに変更されます。また同時に、ルーティングヘルパーも変更されています。

```
    user_hobbies  GET     /users/:user_id/hobbies(.:format)      hobbies#index
                  POST    /users/:user_id/hobbies(.:format)      hobbies#create
 new_user_hobby  GET     /users/:user_id/hobbies/new(.:format)  hobbies#new
     edit_hobby  GET     /hobbies/:id/edit(.:format)            hobbies#edit
          hobby  GET     /hobbies/:id(.:format)                 hobbies#show
                  PATCH   /hobbies/:id(.:format)                 hobbies#update
                  PUT     /hobbies/:id(.:format)                 hobbies#update
                  DELETE  /hobbies/:id(.:format)                 hobbies#destroy
```

また、shallow_path、shallow_prefix オプションを使用すると、1階層化された shallow ルートの URI またはルーティングヘルパーに対し、あえて修飾辞を挿入することもできます。

```
resources :hobbies, shallow: true, shallow_path: 'people', ↵
shallow_prefix: 'person'
```

ルート一覧の Prefix（ルーティングヘルパー）と URI は、次のように変わります。

```
    user_hobbies  GET     /users/:user_id/hobbies(.:format)      hobbies#index
                  POST    /users/:user_id/hobbies(.:format)      hobbies#create
```

314　8.3　リソースフルルートをより有効に使う方法

```
      new_user_hobby GET    /users/:user_id/hobbies/new(.:format)  hobbies#new
    edit_person_hobby GET    /people/hobbies/:id/edit(.:format)     hobbies#edit
         person_hobby GET    /people/hobbies/:id(.:format)          hobbies#show
                      PATCH  /people/hobbies/:id(.:format)          hobbies#update
                      PUT    /people/hobbies/:id(.:format)          hobbies#update
                      DELETE /people/hobbies/:id(.:format)          hobbies#destroy
```

8.3.4 リソースフルルートのグループ化

親子関係のルートに限らず、関係する機能を持ったものであれば、複数のリソースフルルートを**グループ化**することができます。グループ化することによって、共通のグループ名のもとに、関係するルートおよびリソースを管理することができます。

Railsには、ルートを含めた一連のリソースを**名前空間**（namespaceメソッド）を使ってグループ化する方法と、ルートだけ／リソースだけといったように目的に合わせて**スコープ**（scope）を使ってグループ化する方法があります。

名前空間によるリソースルートのグループ化

namespaceメソッドを利用すると、指定した名前（**名前空間名**）でリソースフルルートをグループ化し、ルーティングヘルパーの接頭辞やURIパス、コントローラーのクラス名を、名前空間名を付与したものに変更します。

名前空間は、コントローラーのファイルが配置されるディレクトリ名に相当します。したがって、コントローラーはcontrollersディレクトリの中に作成する「名前空間名」ディレクトリに移動しなければ、呼び出すことができなくなります。

例として、Userモデルのリソースフルルートに、次のように名前空間名adminを設定します。

```
namespace :admin do
  resources :users
end
```

> note 名前空間は、:adminのようにシンボルとしても、'admin'のように文字列としても指定できます。それらの指定結果に違いはありません。

通常、Userモデルのコントローラーは、app/controllersのディレクトリの中に、users_controller.rbというファイル名で保管されます。しかしadmin名前空間内に設定する場合は、app/controllers/adminディレクトリに手作業でファイルを移動させることになります。また、コントローラークラスは、本来のUsersControllerから、名前空間Adminに属するクラスとしてAdmin::UsersControllerという記述に手作業で変更する必要があります。名前空間に基づくルートおよび各コンポーネントは、図8.8のような構成になります。

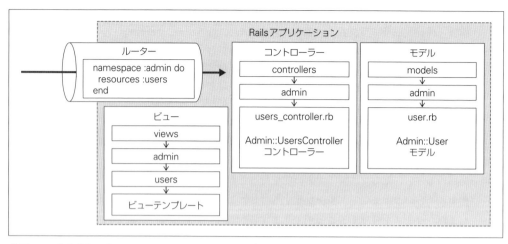

❖図8.8　名前空間に基づくルートおよび各コンポーネントの標準的な構成

　Railsのコントローラー生成機能を使い、Admin::Usersという名前でコントローラーを生成すると、ディレクトリの配置も含めてすべて自動で設定してくれます。また、次のようにscaffoldの生成機能を使うと、namespaceのリソースフルルートを含め、一連の構成に合わせて生成し、配置してくれます。

```
$ rails g scaffold admin::user name:string ……（省略）……
```

namespace指定の結果、ルートは次のようになります。

```
    admin_users GET    /admin/users(.:format)          admin/users#index
                POST   /admin/users(.:format)          admin/users#create
 new_admin_user GET    /admin/users/new(.:format)      admin/users#new
edit_admin_user GET    /admin/users/:id/edit(.:format) admin/users#edit
     admin_user GET    /admin/users/:id(.:format)      admin/users#show
                PATCH  /admin/users/:id(.:format)      admin/users#update
                PUT    /admin/users/:id(.:format)      admin/users#update
                DELETE /admin/users/:id(.:format)      admin/users#destroy
```

scopeメソッドを使用したリソースルートのグループ化

　リソースルートのみをグループ化したい場合は、scopeメソッドを使用します。この場合、コントローラーの配置移動も必要なく、名前空間と同じようなURIを利用できます。

　例えば、次の設定を考えます。

```
scope :admin do
  resources :users
end
```

先述のとおり、:adminは、'admin'でも同じ意味です。

すると、namespace指定の場合と異なり、コントローラーは標準のapp/controllersディレクトリ直下のusers_controller.rbを見に行きます。そのため、リソースルートはURIが変更され、次のようになります。

```
    users GET    /admin/users(.:format)          users#index
          POST   /admin/users(.:format)          users#create
 new_user GET    /admin/users/new(.:format)      users#new
edit_user GET    /admin/users/:id/edit(.:format) users#edit
     user GET    /admin/users/:id(.:format)      users#show
          PATCH  /admin/users/:id(.:format)      users#update
          PUT    /admin/users/:id(.:format)      users#update
          DELETE /admin/users/:id(.:format)      users#destroy
```

note ブロックなしで次のように記述した場合も、同様の結果になります。

```
resources :users , path: '/admin/users'
```

また、scopeメソッドのmoduleオプションを使うと、呼び出すコントローラーをnamespace指定の場合と同じディレクトリ構成に変更できます。

```
scope module: :admin do
  resources :users
end
```

この場合、リソースルートは次のようになります。

```
    users GET    /users(.:format)                admin/users#index
          POST   /users(.:format)                admin/users#create
 new_user GET    /users/new(.:format)            admin/users#new
edit_user GET    /users/:id/edit(.:format)       admin/users#edit
     user GET    /users/:id(.:format)            admin/users#show
          PATCH  /users/:id(.:format)            admin/users#update
          PUT    /users/:id(.:format)            admin/users#update
          DELETE /users/:id(.:format)            admin/users#destroy
```

さらに、scopeメソッドのasオプションを使うとヘルパーの接頭辞を変更できます。

```
scope as: :admin do
  resources :users
end
```

8.3.4 リソースフルルートのグループ化

この場合、リソースルートは次のようになります。

```
     admin_users GET      /users(.:format)              users#index
                 POST     /users(.:format)              users#create
  new_admin_user GET      /users/new(.:format)          users#new
 edit_admin_user GET      /users/:id/edit(.:format)     users#edit
      admin_user GET      /users/:id(.:format)          users#show
                 PATCH    /users/:id(.:format)          users#update
                 PUT      /users/:id(.:format)          users#update
                 DELETE   /users/:id(.:format)          users#destroy
```

　グループで一括してformatを指定できないようにするには、scopeを使用してブロックで囲み、以下のように記述します。

```
scope format: false do
  resources :users
end
```

リソースルートは次のように変わります。

● 指定前

```
    users   GET     /users(.:format)              users#index
            POST    /users(.:format)              users#create
  r new_use GET     /users/new(.:format)          users#new
  edit_user GET     /users/:id/edit(.:format)     users#edit
       user GET     /users/:id(.:format)          users#show
            PATCH   /users/:id(.:format)          users#update
            PUT     /users/:id(.:format)          users#update
            DELETE  /users/:id(.:format)          users#destroy
```

● 指定後

```
    users   GET     /users            users#index
            POST    /users            users#create
  new_user  GET     /users/new        users#new
  edit_user GET     /users/:id/edit   users#edit
       user GET     /users/:id        users#show
            PATCH   /users/:id        users#update
            PUT     /users/:id        users#update
            DELETE  /users/:id        users#destroy
```

scopeとnamespaceとの違い

　namespaceにadminを使用したルートは、scopeを使用して次のように指定したルートと同じになります。

8.3　リソースフルルートをより有効に使う方法

```
scope :admin, as: :admin, module: :admin do
  resources :users
end
```

8.3.5　ルートの共通化（concern、concerns）

　同じ目的のルートパス名を複数のリソースフルルートで使用する場合、そのルートを共通化して利用できます。これによって、ルートパス名の重複記述をなくして、シンプルな記述にできます。concernメソッドを使用して共通ルートを設定し、concernsメソッドで共通ルートを利用します。

　例えば、次のような2つのリソースフルルートに、それぞれ検索用のアクションに相当するルートを追加するとします。検索パス名（検索アクション名）は同じものにしたいため、同じようなコレクションルートを追加することになります。

```
resources :users do
  collection do
    get 'search'
  end
end

resources :books do
  collection do
    get 'search'
  end
end
```

　この重複するsearchアクションのルートをまとめて簡潔にするため、concernメソッドを使用して、次のようにsearchアクションのルートを記述できます。

```
concern :searchable do
  collection do
    get 'search'
  end
end
```

　または、さらにシンプルに、以下のように書くこともできます。

```
concern :searchable do
  get 'search', on: :collection
end
```

　以上のように任意の名前で設定した共通のsearchableメソッドを、concernsオプションを使って、各リソースフルルートに設定できます。ただし、concernオプションで指定する共通ルートは、使用

するリソースルートより上位に記述しておく必要があります。そうしないと、concern設定を参照できず、ArgumentErrorが発生します。

```
# concern を使用した共通ルート
concern :searchable do
  get 'search', on: :collection
end

# 各リソースフルルートで、共通化されたルートをconcernsで関係付ける
resources :users, concerns: :searchable
resources :books, concerns: :searchable
```

この設定に基づくルートは、次のように実装されます。

```
search_users  GET     /users/search(.:format)    users#search
       users  GET     /users(.:format)           users#index
              POST    /users(.:format)           users#create
    new_user  GET     /users/new(.:format)       users#new
   edit_user  GET     /users/:id/edit(.:format)  users#edit
        user  GET     /users/:id(.:format)       users#show
              PATCH   /users/:id(.:format)       users#update
              PUT     /users/:id(.:format)       users#update
              DELETE  /users/:id(.:format)       users#destroy
search_books  GET     /books/search(.:format)    books#search
       books  GET     /books(.:format)           books#index
              POST    /books(.:format)           books#create
    new_book  GET     /books/new(.:format)       books#new
   edit_book  GET     /books/:id/edit(.:format)  books#edit
        book  GET     /books/:id(.:format)       books#show
              PATCH   /books/:id(.:format)       books#update
              PUT     /books/:id(.:format)       books#update
              DELETE  /books/:id(.:format)       books#destroy
```

同じように、1つのリソースフルルートを共通化（複数ルートで共有）することもできます。例として、次のような入れ子のリソースフルルートを考えます。次の例では、resources :rentalsが、resources :usersとresources :booksのルートの入れ子ルートとして設定されています。

```
resources :users do
  resources :rentals
end

resources :books do
  resources :rentals
end
```

この場合、ルートの共通化の方法にならい、concernとconcernsを利用して次のように記述できます。

```
# concern を使用したリソースフルルートの共通化
concern :rentalable do
  resources :rentals
end

# 各リソースフルルートで、共通化されたリソースフルルートを入れ子ルートとして関係付ける
resources :users, concerns: :rentalable
resources :books, concerns: :rentalable
```

共通ルートを複数指定する

concernで設定した複数の共通ルート（例：search、rentableなど）をリソースフルルートに関連付ける場合、配列を使用して、concerns: [:search, :rentable, …]のように指定できます。

名前空間を組み合わせた共通ルートの指定

名前空間namespaceに対して共通ルートを指定する場合は、次のように記述します。

```
concern :rentalable do
  resources :rentals
  resources :xrentals
end

namespace :admin do
  concerns :rentalable
end
```

8.3.6　リソースフルルートを使用したビューのURI宛先指定

ここでは、画面遷移のためにビューに実装される**宛先ルート**について解説します。

note　ビュー（画面表現）の詳細はChapter 10で解説するため、本項の内容は、ビューを学習したあとに改めて見返すと良いでしょう。

ビューに実装された**宛先URI**（ルートの宛先部分）は、クライアントに表示されたビュー画面から指示されるHTTPリクエストとして、次の処理のためのルーティングに使用されます。Railsでは、画面の入力フォームに相当するフォームビューのform_withヘルパー（htmlのformタグを生成）や、ビューに実装するlink_toヘルパー（htmlのリンクタグを生成）などを使って、宛先URIを設定します。

リソースフルルートで設定されたルーティングヘルパーを使用してlink_toヘルパーに宛先ルート

を指定する場合、次のようにモデルインスタンス（例：@user）、またはモデルインスタンスのid値（例：@user.id）を指定して記述します。引数に@userや@user.idを指定するのは、:idを含むルートの場合、パラメーターにidの値を渡すためです。

- モデルインスタンスを指定した記述
    ```
    link_to '詳細', user_path(@user)
    ```

- モデルインスタンスのid値を指定した記述
    ```
    link_to '詳細', user_path(@user.id)
    ```

@userは特定のユーザーインスタンスを参照しているという前提ですが、さらに省略して次のように記述できます。このような記述は、Railsがリソースフルなスタイルを採用する大きなメリットの一つです。

```
link_to '詳細', @user
```

editパスの場合は、次のようになります。

```
link_to '編集', edit_user_path(@user)
```

親子関係の入れ子のリソースルートの場合の指定

親子の入れ子関係を持つリソースルートの場合、親の特定idのリソースにひも付いた子のリソースとしてルーティングされることになります。

note ここでは、shallowルートについては考慮しません。

したがって、子の特定リソースへのアクセスは、親と子それぞれのidパラメーターを設定する必要があります。その場合、ルーティングヘルパーに対して、親子のオブジェクトを入れ子で指定することで、リソースフルな宛先を記述できます。

例えば、UserモデルとHobbyモデルが親子関係にあり、次のような入れ子のルートを持つ場合、edit（編集処理）アクションに接続するlink_toヘルパーの宛先指定を考えます。

```
resources :users do
  resources :hobbies
end
```

Hobbiesコントローラーのeditアクションへのルートは、次のように実装されます。

```
edit_user_hobby_path   GET   /users/:user_id/hobbies/:id/edit(.:format)
hobbies#edit
```

ルートには、:user_id（Userモデルの対象id）と:id（Hobbyモデルの対象id）の2つのパラメーターが必要になります。link_toのeditアクションへの宛先ルートを親のUserオブジェクト（@hobby.user）と子のHobbyオブジェクト（@hobby）を使って取得するには、次のように記述します。ルートのパラメーター（:user_id、:id）順に引数を指定することで、必要なパラメーターが順にURIパスに設定されます。

```
link_to 'Edit', edit_user_hobby_path(@hobby.user, @hobby)
```

form_withヘルパーを利用したフォームの宛先指定についても、link_toヘルパーの場合と同様に、インスタンスを指定することで宛先パスを生成できます。入れ子ルートの場合、form_withヘルパーは、modelオプションを使用し、ルートのパラメーター順に該当のインスタンスを配列として並べることで指定できます。

```
<%= form_with(model: [@hobby.user, @hobby], local: true) do |form| %>
```

なお、link_to、form_withの詳細については、Chapter 10で詳しく説明します。

練習問題 8.3

1. コレクションルートとメンバールートの違いを説明してください。
2. ルートをグループ化する2種類の設定方法を挙げ、その違いについて説明してください。
3. 入れ子ルートの特徴と使い方について説明してください。
4. shallowルートとはどのような目的で使用するのか、具体的に説明してください。

8.4 コントローラーの役割

コントローラーは、モデルやビューを制御するためのオブジェクトであり、Action Controllerコンポーネントがその役割を担います。クライアントからリクエストされた宛先に応じてルーターから呼び出され、受信したリクエストの内容をもとに、決められたアクション（コントローラーのインスタンスメソッド）内の処理を実行します。アクションの中で、モデルに対する指示、ビューへの指示などを行い、自ら与えられたアクションの業務を完了して、クライアントへ結果をレスポンスとして返信します。

8.4.1 コントローラーとREST

REST（REpresentational State Transfer）とは、「HTTPプロトコルを通して同じ宛先URIとパラメーターの組み合わせによってリクエストし、常に同じレスポンス結果が得られることを期待する」通信アクセスの仕組みです。

Railsは、URIで特定された目的のリソースに、HTTP通信を通して要求されたパラメーター情報に基づいてアクセスし、常に正当なレスポンス結果を保証します。つまり、RailsはRESTを満たしており（**RESTful**）、リソースフルなやり取りを実現しているといえます。そして、その中心をなす司令塔がコントローラー（Action Controllerの機能を継承したクラス）です。

ルーターという窓口を通して要求内容を受け取り、呼び出されたアクションを実行するのがコントローラーの役割です。コントローラーは、HTTPリクエスト（受信）やHTTPレスポンス（返信）の情報を制御するとともに、Railsにおける、モデルを中心としたリソースとのやり取りを制御しているのです（図8.9）。

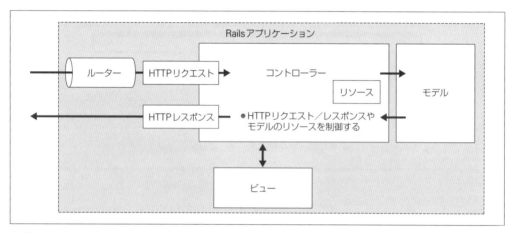

❖図8.9 Railsアプリケーションにおけるコントローラーの役割

コントローラーは、ActionController::Baseを継承したApplicationControllerのサブクラスとして作成されます（図8.10）。コントローラーは、ビューを表示するためのレンダリングやレイアウト機能、または、リダイレクト機能などを備えています。ActionController::Baseの親クラス（スーパークラス）はActionController::Metalであり、通常、コントローラーが提供しているレンダリング、レイアウト、リダイレクトなどを含まないシンプルな制御機能を提供します。

もしこのような機能のすべてを必要とせず、高速なコントローラー処理を優先する場合には、ActionController::Metalを使用して、必要なモジュール（例えば、リダイレクトActionController::Redirecting）のみをincludeするなどで実装することもできます。

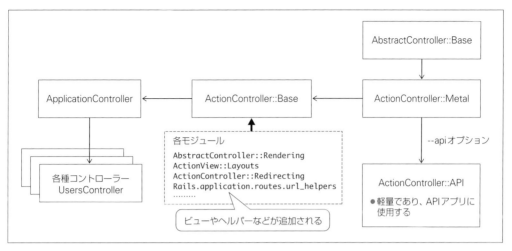

❖図8.10　Action Controllerと各種コントローラーの関係

　本書では、標準的なMVC制御の役割を果たすActionController::Baseに基づくコントローラーを利用することで、一般的なアプリケーションを構築していきます。

8.4.2　コントローラーの仕組み

　最初に、コントローラー（ActionController::Baseを継承するコントローラークラスのオブジェクト）はどのような役割を持ち、ルーターや、モデル、ビューとどのようにかかわっているかを、もう少し詳しく見ていくことにしましょう。

　まず、コントローラーの構成を確認します。基本的に、コントローラークラスは次のような構成で生成されます。

```
class コントローラー名 < ApplicationController
  def アクション名
  end
end
```

　ここからわかるとおり、コントローラーはApplicationControllerを継承したクラスオブジェクトと言えます。

　コントローラー名は、指定する名前にControllerを付加して生成されます。例えば、Booksコントローラーであれば、BooksControllerという名前になります。

　また、アクションは、このクラスのインスタンスメソッドとして定義されます。したがって、アクションを実行することは、このコントローラークラスをインスタンス化し、そのインスタンスメソッドを実行することに他なりません。クライアントからのHTTPリクエストに基づいてルーターで処理が振り分けられ、対応するコントローラーのアクションが呼び出されますが、これは、ルーターに

よって呼び出されたコントローラーがインスタンス化され、そのインスタンスメソッドが実行されることを意味しています（図8.11）。

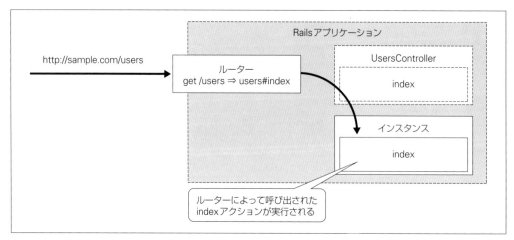

❖図8.11　ルーターはインスタンス化したコントローラーのメソッドを呼び出す

　アクションは、コントローラークラスのインスタンスメソッドとしてHTTPリクエストの情報を受け取り、最終的にHTTPレスポンスを送信して処理を終了します。HTTPレスポンスの送信時には、ビューを出力するためのレンダリング処理をするか、次の宛先へリダイレクト（再接続要求）する処理を行います。特にリダイレクトを指示しない限り（デフォルトでは）、アクションはビューのレンダリング処理を実行して終了します。つまり、アクションの最後には、どのビューのレンダリング処理（renderメソッドの実行）をするかが指定されている必要があるのです。

　アクションは、HTTPリクエストの内容を受信してからレンダリング処理をするまでの間に、モデルに対する指示をしてデータベースとやり取りするなど、いろいろな作業を行います。

　基本的に、アクションは次のような構成を持ちます。

```
class コントローラー名 < ApplicationController
  def アクション名
    ……（モデルなどの処理）……
    render 'ビューテンプレート名'
  end
end
```

　Usersコントローラーのindexアクションが呼ばれて、indexビューを出力する概略を図8.12に示します。

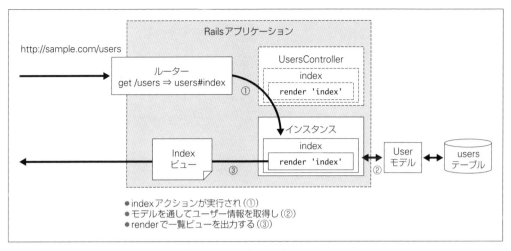

❖図8.12　HTTPリクエストからビューが出力されるまでの処理の流れ

　コントローラーのアクションは、1回のHTTPリクエストに基づいてルーターから呼び出され、アクションで記述された処理を実行し、インスタンス変数の情報を通して最後にビューのrender処理を行い、HTTPレスポンスを返して終了します。アクションの中で実行したすべての一時的な資源（変数に関連付けたすべての情報）は、終了した時点で原則としてすべてなくなってしまいます（ステートレスな処理）。Railsアプリケーションを作成する際には、この基本的な流れを理解していることがたいへん重要です。つまり、基本的なRailsアプリケーションの流れは、1つのHTTPリクエストに対して該当する1つのアクションが実行されてHTTPレスポンスが送信される、というだけなのです。

　アクションは、一般的なWebアプリケーションで言う**トランザクション機能**（取引機能）という役割を果たします。Railsアプリケーションで作成するすべての機能は、このアクションを単位として作成することになります。

　すでにLibraryアプリケーションのScaffoldで生成されたBooksコントローラーは、リスト8.1のようになっています。ただし、コメント部分は削除し、メッセージ部分は一部短縮しています。

▶リスト8.1　app/controllers/books_controller.rb

```ruby
class BooksController < ApplicationController
  before_action :set_book, only: [:show, :edit, :update, :destroy]

  def index
    @books = Book.all
  end

  def show
  end
```

```ruby
def new
  @book = Book.new
end

def edit
end

def create
  @book = Book.new(book_params)

  respond_to do |format|
    if @book.save
      format.html { redirect_to @book, notice: 'Book ….. created.' }
      format.json { render :show, status: :created, location: @book }
    else
      format.html { render :new }
      format.json { render json: @book.errors, status: :unproce…entity }
    end
  end
end

def update
  respond_to do |format|
    if @book.update(book_params)
      format.html { redirect_to @book, notice: 'Book ….. updated.' }
      format.json { render :show, status: :ok, location: @book }
    else
      format.html { render :edit }
      format.json { render json: @book.errors, status: :unproce…entity }
    end
  end
end

def destroy
  @book.destroy
  respond_to do |format|
    format.html { redirect_to books_url, notice: 'Book ….. destroyed.' }
    format.json { head :no_content }
  end
end
```

```
  private
    def set_book
      @book = Book.find(params[:id])
    end

    def book_params
      params.require(:book).permit(:title, :description)
    end
end
```

この中で、アクション（コントローラーのインスタンスメソッド）は、index/show/new/edit/create/update/destroyの7つあります。set_book、book_paramsというメソッドは、プライベートメソッド（ローカルメソッド）として定義されており、set_bookは、before_action :set_bookとして、フィルター（後述）として使用されています。また、book_paramsは、Book.new(book_params)というように、インスタンス化の引数を与えるメソッド（ストロングパラメーター：後述）として、使用されています。それぞれのアクションで何を行っているかは、すでに学習したモデルの処理を思い出しながら後述する仕組みと併せて、理解を深めてください。

8.4.3　HTTPヘッダー情報などの取得方法

コントローラーは、クライアントから送られてくるHTTPリクエストをルーター経由で受信し、アクション処理のあとでHTTPレスポンスを送信するという一連の流れを担当しています。そのためコントローラーは、送受信に関するHTTP通信の情報を参照・取得することができます。

HTTPという通信では、受け渡す情報をカプセルのようにして運ぶ仕組みを持っており、そのカプセルの中には、相手へ届けるための宛書のような情報（ヘッダー情報）が入っています。ヘッダー情報は、リクエスト用／レスポンス用それぞれのカプセルに入っており、コントローラーはこのヘッダー情報なども参照・取得することができます。

ヘッダー情報の参照は、通常のアプリケーションを作成するうえではあまり必要ありませんが、コントローラーの役割を理解する際には知っておく必要があります。

Railsで用意されている、HTTPリクエストのためのrequestメソッドやHTTPレスポンスのためのresponseメソッドを使って、ヘッダー情報を参照してみましょう。

HTTPリクエストヘッダーの取得

requestメソッドを使用すると、現在のHTTPリクエストの情報を**リクエストオブジェクト**（ActionDispatch::Requestのインスタンス）として取得します。このオブジェクトは、本章冒頭で紹介した、ルーターの機能を制御するActionDispatchサブコンポーネントクラスのインスタンスです。

また、リクエストヘッダー情報は、このインスタンスのheadersメソッド（request.headers）を使

用して、**ヘッダーオブジェクト**（ActionDispatch::Http::Headersのインスタンス）として得ることができます。さらにフィールド名または環境変数名を指定することで、リクエストヘッダー情報の各項目の値を得ることもできます。

 実際に確かめると、リクエスト情報のオブジェクトはルーターのコンポーネントAction Dispatchに基づいていることがわかります。

requestメソッドで取得したオブジェクト（リクエストオブジェクト）から呼び出せるメソッドには、表8.4のようなものがあります。

❖表8.4　リクエストオブジェクトの主なメソッド

メソッド	役割
host	リクエストされたホスト名を取得する
format	リクエストされたコンテンツタイプを取得する
method	リクエストメソッドを取得する
headers	リクエストヘッダー情報を取得する
port	リクエストされたポート番号を取得する
protocol	リクエストされたプロトコルを取得する（http://）
query_string	リクエストされたクエリ文字列を取得する（?以降）
remote_ip	クライアントのIPアドレスを取得する
url	リクエストされたURLを取得する

例えば、headersメソッドを使用してユーザーエージェント情報（クライアント端末の識別情報）を得るには、次の例のように、フィールド名にUser-Agent（環境変数名：HTTP_USER_AGENT）を指定します。

```
request.headers['User-Agent']
```

環境変数名を使って、次のように書くこともできます。

```
request.headers['HTTP_USER_AGENT']
```

Windowsクライアントの場合、次のような情報として取得されます。

```
Mozilla/5.0 (Windows NT 10.0; WOW64; Trident/7.0; Touch; rv:11.0) like Gecko
```

ネットワーク上で使われるのはGETとPOSTだけ

request.methodを使用することでリクエストされたHTTPメソッドを取得することができますが、ルーターの指定がPATCHやDELETEであっても、HTTPメソッドはGETまたはPOSTのみであることが確認できます。つまり、ネットワーク上では、HTTPメソッドのGETまたはPOSTのみが使用されているのです。

なぜかと言うと、どのブラウザーであってもGETとPOSTメソッドのサポートだけは最低限保証できるためです。Railsのルーターは、HTTPメソッドのGET/POST/DELETE/PUTといったメソッドとURIの組み合わせでルーティングを行っていますが、実際は、RailsがHTTPレスポンスを返す時にセットする宛先用のパラメーターで識別することで、疑似的にこのようなメソッドを受け取ったとして見なして処理しています。

例として、リスト8.2のようなHistoriesコントローラーを作成し、アクションの開始時にrequestメソッドを表示するようにします。before_action（後述）は、アクション開始時に実行させるための処理を指定するメソッドです。

▶リスト8.2　app/controllers/histories_controller.rb

```ruby
class HistoriesController < ApplicationController
  before_action {puts "HTTPメソッド#{request.method}"}
  ……省略……

  def update
    respond_to do |format|
      if @history.update(history_params)
        ……省略……
      end
    end
  end

  def destroy
    @history.destroy
        ……省略……
    end
  end
  ……省略……
end
```

この結果、update、destroyアクション実行時のHTTPメソッドを確認すると、次のようにすべてPOSTメソッドであることがわかります。

● updateアクションの実行時のログ

```
Processing by HistoriesController#update as HTML
  Parameters: {"utf8"=>"?", "authenticity_token"=>"TWsacLDM338zLIs3PHcGuP0/
a1NIukTWfXab5Qj7ATqO/6YZUtrEc6LzPvtKprmvfONzoEsvJUlVz8F2dHLvhg==",
"history"=>{"name"=>"室町幕府", "history_year(1i)"=>"1336",
"history_year(2i)"=>"4", "history_year(3i)"=>"8"},
"commit"=>"Update History", "id"=>"1"}
```

8.4.3　HTTPヘッダー情報などの取得方法　　331

```
  History Load (1.6ms)  SELECT  "histories".* FROM "histories" WHERE
"histories"."id" = ? LIMIT ?  [["id", 1], ["LIMIT", 1]]
  ? app/controllers/histories_controller.rb:67
```

HTTPメソッドPOST

```
  (0.1ms)  begin transaction
  ? app/controllers/histories_controller.rb:44
  History Update (5.2ms)  UPDATE "histories" SET "history_year" = ?,
"updated_at" = ? WHERE "histories"."id" = ?  [["history_year",
"1336-03-31"], ["updated_at", "2019-03-21 16:45:44.002890"], ["id", 1]]
  ? app/controllers/histories_controller.rb:44
  (7.0ms)  commit transaction
  ? app/controllers/histories_controller.rb:44
Redirected to http://localhost:4000/histories/1
Completed 302 Found in 24ms (ActiveRecord: 13.8ms)
```

● destroyアクション実行時のログ

Processing by HistoriesController#destroy as HTML

```
  Parameters: {"authenticity_token"=>"JXIih8bWyzk4k50YYPEe/4WlCoiNacmWLLTOS
eqF/n/uGSWqtCu9kIYdEeTZlNEPjpoa+0jE5d1SXXLZJb3gPw==", "id"=>"1"}
  History Load (2.8ms)  SELECT  "histories".* FROM "histories" WHERE
"histories"."id" = ? LIMIT ?  [["id", 1], ["LIMIT", 1]]
  ? app/controllers/histories_controller.rb:67
```

HTTPメソッドPOST

```
  (0.4ms)  begin transaction
  ? app/controllers/histories_controller.rb:57
  History Destroy (9.5ms)  DELETE FROM "histories" WHERE "histories"."id" =
?  [["id", 1]]
  ? app/controllers/histories_controller.rb:57
  (9.9ms)  commit transaction
  ? app/controllers/histories_controller.rb:57
Redirected to http://localhost:4000/histories
Completed 302 Found in 35ms (ActiveRecord: 22.7ms)
```

HTTPレスポンスヘッダーの取得

　コントローラーは、実行中のアクションが終了する時点で、ビューテンプレートのレンダリングまたはリダイレクトの結果をHTTPレスポンス情報として送信します。responseメソッドは、現在のHTTPレスポンス情報を**レスポンスオブジェクト**（ActionDispatch::Responseのインスタンス）として返します。レスポンスヘッダー情報は、このオブジェクトからheadersメソッドを使用して、ハッシュ形式で取得することができます。

　responseメソッドで取得したオブジェクト（レスポンスオブジェクト）から呼び出せるメソッドには、表8.5のようなものがあります。

❖表8.5　レスポンスオブジェクトの主なメソッド

メソッド	役割
body	クライアントに送り返されるデータの内容を取得する（実質的にはHTMLの内容）
status	レスポンスのステータスコードを取得する
location	リダイレクト時のリダイレクト先URLを取得する
content_type	レスポンスのContent-Typeを取得する
charset	レスポンスで使用される文字セットを取得する（デフォルトは"utf-8"）
headers	レスポンスで使用されるヘッダーを取得する

例えば、次のように指定して、それぞれの情報を得ることができます。

- Content-Typeを取得する場合

  ```
  response.content_type
  # → text/html
  ```

- headersを指定する場合

  ```
  response.headers
  # → {"X-Frame-Options"=>"SAMEORIGIN", "X-XSS-Protection"=>"1; ↵
  mode=block", "X-Content-Type-Options"=>"nosniff"}
  ```

note　レスポンスの場合は、responseを省略して、headersと書くこともできます。

練習問題　8.4

1. RESTとRailsはどのような関係にあるかを、簡単に説明してください。

2. アクションはどのような役割を果たし、どのように実行されるのかを説明してください。

3. アクションはモデルとどのようにかかわるのかを説明してください。

4. HTTPリクエストおよびHTTPレスポンスのヘッダー情報を確認する方法を説明してください。

5. HTTPリクエストを送信したクライアントの端末を識別する情報を得るには、どのようにすれば良いか具体的に提示してください。

6. HTTPリクエストで取得するHTTPメソッドとルーターで設定した、標準的なcreateアクション、updateアクション、destroyアクションに対する疑似的なHTTPメソッドの関係を説明してください。

8.4.3　HTTPヘッダー情報などの取得方法

☑ この章の理解度チェック

1. Reservationアプリケーションで、以前作成したTopコントローラーのIndexアクションをアプリケーションルートになるようにルーターの設定を変更して、「http://localhost:4000」へ接続した時にトップページのindexビューが表示されるようにしてください。

2. ReservationアプリケーションのEntryモデルに対するリソースルートを設定してください。予約登録機能（Entriesコントローラー）はまだ作成していませんが、呼ばれるアクションは、new/create/destroy/indexアクションのみを実装するようにしてください。この場合、new/createは会議室予約登録、destroyは予約解除、indexは予約一覧確認のために使用します。そのうえで、正しくルートが実装されているかをrails routesコマンドで確認してください。

3. 2.で設定したEntryモデルのリソースフルルートに対して、URI名を/entriesではなく、/rentalsに見えるように変更してください。そのうえで、正しくルートが実装されているかをrails routesコマンドで確認してください。

4. Reservationアプリケーションの会議室予約登録（new/create）をするうえで、予約情報を入力してからいきなり登録するのではなく、確認画面を経由して登録する2段階の登録機能（new/confirm/create）を持たせてください。そのため、確認画面を出力するconfirm（確認）アクションを追加することにします。そこで、2.と3.で設定したEntryモデルのリソースフルルートに対して、confirmアクションを呼ぶためのルートを追加で登録してください。注意する点として、ルートメソッドは（newアクションで出力されたフォームからリクエストされるため）postメソッドになります。そのうえで、正しくルートが実装されているかをrails routesコマンドで確認してください。

5. 2.で設定したReservationアプリケーションのEntryモデルリソースへのリソースフルルートを使用して予約登録機能を実現するアクションnew/create/destroy/index/confirmを持つEntriesコントローラーを、次の手順で生成してください。

   - railsコマンドのコントローラー生成機能を使用して、Entriesコントローラーを生成してください。コントローラー名は、Entryモデルの名前の複数形で作成するのが原則です。併せて必要なアクション名を指定してください。
   - アクション名を指定して生成した結果、2.で作成したリソースフルルートとは別に個別のルートが生成されますが、リソースフルルートを使用するため生成された個別ルートは削除してください。
   - Railsサーバーを起動し、newとindexのアクションが実行できることを確認してください。ただし、URIのパス名を/rentalsに変更していることを考慮してください。
   - http://localhost:4000/rentals/confirm でconfirmアクションに接続した時に、なぜエラー（Routing Error）になるか、原因を説明してください。
   - Scaffoldで作成された、Room機能のRoomsコントローラーの各アクションと比較して、違いを確認してください。

Chapter

9

コントローラーによる
データの扱い

この章の内容

9.1 コントローラーとデータの入出力
9.2 目的に合わせた出力フォーマットの制御
9.3 フィルター

9.1 コントローラーとデータの入出力

9.1.1 データ入力と出力の扱い

コントローラーは、要求されたルートでつながれたアクションの中で、クライアントから送信された入力データを受け取ります。アクションは、この入力データをもとに、モデルとのやり取りを通してデータベーステーブルへの保存などを行い、結果をHTTPレスポンスとしてクライアントへ返信します。

入力データは、コントローラーのアクションにハッシュ型のパラメーター（paramsインスタンス）という形式で渡され、利用されます。また、処理した結果は、renderメソッドによって呼び出されたビューテンプレートに埋め込まれ、HTMLに変換されて出力されます（図9.1）。

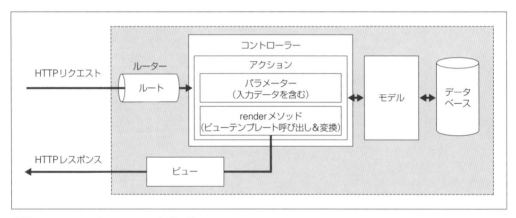

❖図9.1　Railsアプリケーションの処理の流れ

9.1.2 コントローラーが扱うパラメーター

クライアントから受け取ったパラメーターの内容は、コンソールログなどで確認することができます。

コントローラーのアクションで参照できるパラメーターには、次のような種類があります。

フォームパラメーター（POSTパラメーター）：request_parameters

画面の入力フォーム（form_withヘルパーを通して生成されるformタグ）から送信されるデータ（いわゆる入力データ）です。HTTPのPOSTリクエストのメッセージボディを通して渡されます。

ルートパラメーター（パスパラメーター）：path_parameters

URIの一部として、ルートに組み込まれるパラメーターです。

例えば、リソースを特定する「:id」パラメーターなどが該当します。/users/:idという形式を使ってルートで設定し、/users/1のようなURIで送信することで、idを1として受け取ることができます。

クエリパラメーター（GETパラメーター）：query_parameters

URIのうち「?」以降で指定される、問い合わせなどに使用されるパラメーターです。

例えば、「http://example.com/users/search**?age=24&area=10**」のように「パラメーター=値」という形式でURIパスの?以降に付加し、複数の場合は&でつなぎます。ルーティングヘルパーの引数として付加することもできます。

Railsでは、すべてのパラメーターを、paramsインスタンスからハッシュ形式で参照・取得できます。

なお、パラメーターには外部からの情報を取り込む目的があるため、セキュリティ面で注意が必要です。そのためにも、Railsルールにのっとってバリデーションを行ったり、データベースとの整合性を持つパラメーターを使用したりすることが必要です。

9.1.3　パラメーターの参照・取得

先述のとおり、パラメーターの値を参照するには**params**インスタンスを使用します。

アクションが実行されたタイミングでparamsインスタンスを利用することで、取得した各パラメーターの値をハッシュ値として取り出すことができます。また通常のハッシュと同様に、paramsインスタンスはその中にもハッシュや配列を入れ子形式で含めることができるため、階層的にデータを管理できます。

paramsの要素の取得は、ハッシュの文法に従って、params[:user]、またはparams["user"]のようにシンボル／文字列キーのどちらの形式を使っても行えます。また、ルートで設定されるルートパラメーター（idなど）は、ルートに設定したパラメーターのシンボル名に従って、params[:id]のように参照・取得できます。

paramsインスタンスには無条件で組み込まれる:controllerと:actionというパラメーターがありますが、参照が必要な場合には、用意されている専用のメソッドcontroller_nameとaction_nameを利用することが推奨されています。

コントローラーのアクションで利用する場合は、パラメーターの種類は異なっても、すべて同じparamsインスタンスのハッシュキーを利用して表9.1のように統一して利用できます。

❖表9.1　パラメーターの種類と取得方法

パラメーターの種類	データ受け渡し形式	params値の取得例
フォームパラメーター	フォームデータ	params[:book] params[:book][:title]
ルートパラメーター	/users/:id	params[:id]
クエリパラメーター	/users?lang=jp&currency=jpy	params[:lang] params[:currency]

　クライアントから送信されたパラメーターは、標準の開発環境のコンソールログ上でも確認することができます。一例として、ユーザー登録を行うための以下のようなパラメーターがあるとします。

```
Parameters: {"utf8"=>"✔", "authenticity_token"=>"vQdp7miØSlE/oBK+JxuwS7G/
IufYpxpLlhx6oFAQrGt7/KtRvig5MZdOTX5k2l9rx7HmOIp3cwEj1QJAdIFlvQ==", "user"
=>{"name"=>"山田太郎", "address"=>"東京都品川区"}, "commit"=>"Create User"}
```

このパラメーターから、paramsインスタンスを使ってparams[:user]としてデータを取得すると、

```
{"name"=>"山田太郎", "address"=>"東京都品川区"}, "commit"=>"Create User"
```

という内容が得られます。また、params[:user][:name]とすると、得られるのは

```
"山田太郎"
```

となります。

paramsに存在しないキーを指定した場合

　paramsインスタンスに対して存在しないキーを指定した場合は、nilを返します。

　もし、例外を発生させたい場合や、nil以外のデフォルト値を返したい場合、例外エラーを発生させたい場合などは、fetchメソッドを付加することによって実現できます。例えば、

```
params[:user].fetch(:admin)
```

のように、paramsインスタンスのuserパラメーターに対し、adminという名前で存在しないパラメーターを指定すると、例外エラーが発生します。

> paramsは、ActionController::Parametersクラスのインスタンスとして生成されます。以前は、ActiveSupport::HashWithIndifferentAccess（ハッシュオブジェクト）を継承していましたが、Rails 5では、直接Objectクラスを継承しています。

9.1.4　ストロングパラメーターの役割

　ストロングパラメーター（Strong parameters）は、**マスアサインメント**（Mass Assignment：一

括指定）というセキュリティの脆弱性を回避するための手段です。

　マスアサインメントとは、クライアントから受け取ったparamsハッシュのフォームパラメーターをそのまま一括指定して、受け取ったデータのモデルオブジェクト（インスタンス）を自動で生成する機能です。一見便利なようですが、クライアントから送られてきたデータに悪意を持って不正に組み込まれたパラメーター属性があると、バリデーションの機能をすり抜けて、そのまま取り込まれてしまう危険性があります。

　そのため、Railsでは、**ストロングパラメーター**という、許可処理を経由しないパラメーターを無効にする仕組みを提供しています。

ストロングパラメーターの実装例

　例として、ユーザー情報（Userモデル）の新規登録の場合を考えましょう。

　受信した新規ユーザーの入力データは、params[:user]で取得することができ、このparamsインスタンスの中のハッシュ化された入力データの値を使用して、Userモデルの新規登録処理を行うとします。そのため、params[:user] の情報をもとに、次のように新規のユーザーをインスタンス化します。

```
User.new(params[:user])
```

　本来であれば、この結果、新規のユーザー情報を持つActive Modelのインスタンスを生成してくれるはずです。しかしこの場合、「禁止された属性」という例外エラー「ActiveModel::ForbiddenAttributesError」が発生します。このエラーは、パラメーターの許可処理を行っていないために発生するものです。

　Railsでは、マスアサインメントを防ぐため、データの保存処理などを行う前に、保存の対象となる属性値を含むパラメーターに対して許可処理を行う必要があります。その仕組みによって、より安心できる強いパラメーターとして認識できます。また、そのようにパラメーターを処理することを**ストロングパラメーター化**と呼びます。

　ストロングパラメーター化の作業は、あらかじめ、モデルの追加、更新の許可対象といったパラメーターをホワイトリスト（フィルターリスト）として明示し、許可オプションを与えることで行います。そうすれば、仮に不正な属性のパラメーターを受け取っても、ホワイトリスト上にないパラメーターは無視するため、モデルオブジェクトを通してデータベースに反映させることが防止されます。

　ストロングパラメーター化は、paramsハッシュのrequireメソッドとpermitメソッドを組み合わせて行います。それぞれのメソッドの概要と形式は次のようになります。

- requireメソッド：対象パラメーターグループの要求

  ```
  require(対象のパラメーターグループに相当するハッシュキー)
  ```

- permitメソッド：個々のパラメーターの許可を与えるホワイトリストの指定

  ```
  permit(許可パラメーターのホワイトリスト)
  ```

requireメソッドは、与えられたハッシュキーに対するパラメーター値を返します。パラメーターが存在しない場合、ActionController::ParameterMissing例外が発生します。また、permitメソッドは、指定されたフィルターリストの各属性に対応する許可済み（permitted）属性をtrueとしたオブジェクトである、ActionController::Parametersインスタンスを返します。

Userモデルを例とした動作イメージは次のとおりです。requireで要求されたパラメーターの中で、ホワイトリストで指定されていないパラメーター「role: "admin"」はpermitメソッド実行後、排除されます。

```
# アクションが受け取った以下のparamsインスタンスがあるとする
params
⇒ <ActionController::Parameters {…, { user: { name: "山田一郎", address: "東
京都", role: "admin"}, … } permitted: false>


params.require(:user)
# 実行結果
# 対象のハッシュキーに対応するパラメーター（属性リスト）が選択される。許可はfalse

⇒ <ActionController::Parameters { name: "山田一郎", address: "東京都", role:
"admin"} permitted: false>


params.require(:user).permit(:name, :address)
# 実行結果
# 指定された属性だけが選択され、許可がtrueになる
⇒ <ActionController::Parameters { name: "山田一郎", address: "東京都"}
permitted: true>
```

Userモデルに対する、ストロングパラメーターの実際の使用例は、次のとおりです。

```
class UsersController < ApplicationController
  …… （省略） ……
  def create
    @user = User.new(user_params)
    …… （省略） ……
  end
  def update
    respond_to do |format|
      if @user.update(user_params)
        …… （省略） ……
      end
    end
  end
```

```
      private
        def user_params
          params.require(:user).permit(:name, :address)
        end
    end
```

　ここで、Userモデルの追加・更新に対して、プライベートメソッドで、ストロングパラメーター化のメソッドuser_paramsを設定しています。そのuser_paramsの中で、requireメソッドを実行し、:userとして与えられたユーザーモデルのパラメーターを呼び出し、permitメソッドで対象となる属性を引数で指示しています。

　permitメソッドの中で指示された引数が、ストロングパラメーターのホワイトリストになります。このリストにない属性（カラム）については、リソース（データベーステーブル）に対する処理が行われません。

　Librayアプリケーションでは、Scaffoldで生成したため、BookモデルのBooksコントローラーにはストロングパラメーターの処理が組み込まれています。改めてその扱いを確認すると良いでしょう。

ストロングパラメーター機能は、あくまでマスアサインメントを回避するためのもので、入力データの値そのものに組み込まれる**SQLインジェクション攻撃**を回避するものではありません。SQLインジェクション攻撃を回避するには、Active Recordの名前付きプレースホルダー（195ページを参照）などを使用して回避します。

9.1.5　render（表示出力）メソッド

　レンダリングは、コントローラーのアクションがrenderメソッドを使用してビューの出力を指示する作業です。renderメソッドは、指定されたルールに基づいて対応するビューテンプレートを呼び出し、それをもとに、アクション内で指示されたインスタンス変数の値などを使ってHTMLを生成します。コントローラーは、この結果をHTTPレスポンスのデータとしてクライアントへ転送することで、クライアントのブラウザー上に画面を描画させます。

ただし、1回のアクション処理の実行において、renderメソッドは1回だけ実行されます。renderメソッドを複数実行させようとすると、コントローラーのアクションは、エラーとしてAbstractController::DoubleRenderError例外を発生させます。

コントローラーのアクションとビュー呼び出し

　renderメソッドは、必ずしもコントローラーのアクション内で明示的に記述する必要はありません。renderメソッドを指示しない場合でも、Railsの規約に従って暗黙的にrenderメソッドを動作さ

せることができます。

次に記載する4つの条件に該当する場合は、renderメソッドを明示的に指定しなくても問題ありません。その場合、Railsは指示されたアクション名に相当するビューテンプレート（erbファイル）を探し出し、そのrenderメソッドを暗黙的に実行します。

> *note* 例えば、Usersコントローラーのshowアクションであれば、views/users/show.html.erbがビューテンプレートとして使用されます。

4つの条件とは、次のとおりです。

1. ルートで呼び出されたアクションがコントローラー内にない

2. ルートで呼び出されたアクション内にrenderメソッドがない（ただし、redirect_toメソッドがある場合は除く）

3. ルートで呼び出されたアクション内のrenderメソッドに、ビュー名を指定する引数がない

4. ルートで呼び出されたアクション内のrenderメソッドのビュー名が、アクション名と同じ

viewsディレクトリ内の、対応するコントローラー名のディレクトリ（views/usersなど）の中に、アクション名に相当するビューテンプレート（拡張子：.html.erb：show.html.erbなど）が存在せず、ビューを見つけることができない時は、次のような「テンプレートが見つからない」という意味の例外エラーを返します。

```
ActionView::MissingTemplate (Missing template users/list,……)
```

任意のビューテンプレートをレンダリングする

アクションと異なる名前のビューをレンダリングしたい場合は、renderの引数として、ビューの名前を指示します。

その際、もし他のコントローラーに関係するビューを呼び出す場合は、viewsディレクトリ内の、そのコントローラー名を持つディレクトリから、viewsを起点にした相対パス名で指示する必要があります。

例えば、Docsというコントローラーにlist1/list2という2つのアクションがある時、

- list1アクションではDocsビュー（views/docs/doc_list.html.erb）をレンダリングしたい
- list2アクションではUsersビュー（views/users/user_list.html.erb）をレンダリングしたい

とします。その場合、list1アクションでは

```
render 'doc_list'
```

と引数としてビュー名だけを指定すれば良いのに対し、list2アクションでは

```
render 'users/user_list'
```

と相対パスで指定します。

renderメソッドのオプション

renderメソッドには表9.2のようなオプションが用意されています。

❖表9.2　renderメソッドの主なオプション

オプション	役割	例
:action（省略可）	同じコントローラー内の他のアクションのテンプレートを出力する場合に指定する	render action: :index またはrender :index
:template（省略可）	異なるコントローラーのディレクトリ下のテンプレートを指定して出力する	render template: 'users/index' またはrender 'users/index'
:file	アプリケーション外のテンプレートを使用する場合に、絶対パスでファイル名を指定する（通常は可用性の点で非推奨）	render file: '/data/template/list'

note 表9.2に出てくる「action: :index」という記述は、「:action => :index」という記述（ロケット記法：52ページnoteを参照）と同じ意味を持つ構文であり、ロケット記法をよりシンプルにした表現として、「action:」のように、コロンをシンボルの右側に配置します。

Libraryアプリケーションでの例

Libraryアプリケーションにおける BooksControllerのcreateアクションの例は次のとおりです（一部コードは省略）。

```ruby
class BooksController < ApplicationController
  ……（省略）……
  def create
    @book = Book.new(book_params)
    respond_to do |format|
      if @book.save
        format.html { redirect_to @book, notice: 'Book ……. created.' }
        format.json { render :show, status: :created, location: @book }
      else
        format.html { render :new }
        format.json { render json: @book.errors, status: :unproc….entity }
      end
    end
  end
  ……（省略）……
end
```

このままでは若干読みづらいので、JSONフォーマットの判断部分を取り除き、本質的な部分だけを抜き出すと次のようになります。

```
class BooksController < ApplicationController
  ……（省略）……
  def create
    @book = Book.new(book_params)
    if @book.save
      redirect_to @book, notice: 'Book was successfully created.'
    else
      render :new
    end
  end
  ……（省略）……
end
```

　この例では、@bookとしてインスタンス化されたオブジェクトをもとにデータベーステーブルへの保存（save）を行っています。そして、保存時にエラーが発生した場合（else）は、render :newを指定しています（render action: :newの省略形）。そのためエラーの場合は、同じBooksコントローラーのnewアクションのテンプレートが実行されます。

　アクションを指定しているのは、「newアクションに相当するビューを実行する」という意味であり、「newアクションを実行する」という意味ではありません。そのため、render 'new'のようにビューテンプレート名を記述しても結果は同じであり、インスタンス変数@bookをもとに内容を埋め込んだビューを表示します。

　アクションを実行したい場合は、後述するredirect_toメソッドを使用します。

note コントローラーのアクションからビューをレンダリングする場合は、インスタンス変数で情報を受け渡すことができます。同じインスタンス内のメソッドとしてrenderメソッドが実行されていると考えれば良いでしょう。

ビューテンプレートを使用しないレンダリング

　通常、画面表示に必要なビューデザインに基づいて、ビューテンプレートをあらかじめ用意しておくことになります。そして、コントローラーのアクションの処理結果をビューの中に埋め込んでクライアントへ出力するために、そのビューテンプレートを使用します。

　しかし、ビューデザインに基づくテンプレートまでは必要とせず、簡単に結果を送信したい場合や動的（ダイナミック）に構成したビューを出力したいこともあるでしょう。その場合には、コントローラーのアクションからビューテンプレートを介さずに、直接文字列形式で（動的に）HTMLビューを構成してレンダリングすることができます。

この場合、renderメソッドのオプションとして、plain/html/inlineの3種を選択できますが、どのオプションを使用したかによって、クライアントに送信されるHTMLデータの内容が変わってきます。

　直接文字列をレンダリングする場合のrenderメソッドは、次のように記述します。

　　　render オプション：'出力対象の内容（文字列として記述）'

オプションごとの違いは例を使って確認するとわかりやすいため、次のような極めてシンプルなレンダリングを考えてみましょう。実際にRailsテスト用のビューで試してみてください。

- plainオプションの場合
  render plain: '<h1><%= "おはよう" %></h1>'

- htmlオプションの場合
  render html: '<h1><%= "おはよう" %></h1>'

- inlineオプションの場合
  render inline: '<h1><%= "おはよう" %></h1>'

> **note** ここで、文字列に<%= ～ %>のような記述を使用しているのは、ビューテンプレートにRubyコードを記述する場合の仕様です。詳細については、Chapter 10で詳しく説明します。

それぞれの結果は、図9.2～図9.4のようにブラウザーに表示されます。

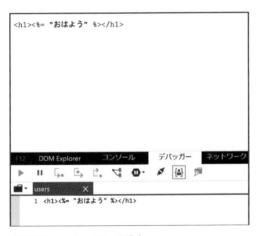

❖図9.2　render plain:の場合

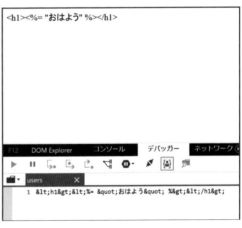

❖図9.3　render html:の場合

9.1.5　render（表示出力）メソッド

❖図9.4 render inline:の場合

　図の下部には、ブラウザーの機能によって、ブラウザーに送信されたHTMLのソースが表示されています。これら出力の結果をまとめると、表9.3のようになります。

❖表9.3 renderメソッドのオプションと出力

オプション	HTML出力結果	ERB	特殊文字変換（エスケープ）
plain	\<h1\>\<%= "おはよう" %\>\</h1\>	なし	されない
html	<h1><%= "おはよう" %></h1>	なし	される
inline	\<h1\>おはよう\</h1\>	あり	―

　表9.3のうちERB欄は、拡張子.html.erbを持つビューテンプレートと同様に、Rubyによる変換処理を行うかどうかを表しています。この例の「おはよう」メッセージは、inline指定の場合だけ、<%=～%>がない（変換処理が行われた）ものとして出力されていることがわかります。

その他のオプション

　その他、HTML出力に対して特別な設定変更を行いたい場合のために表9.4のようなオプションが用意されています。しかし、通常は気にする必要はありません。

❖表9.4 renderメソッドのその他のオプション

オプション	役割
content_type	content-typeを変更する。デフォルトはtext/html（:jsonの場合はapplication/json、:xmlの場合はapplication/xml）
layout	特定のファイルをビューのレイアウト（後述）として指定する。layout: falseを指定するとレイアウトを無視する
location	HTTPのLocationヘッダー（接続先情報）を設定する
status	通常は自動的に生成される、HTTPレスポンスのステータスコードを変更する。ステータスコード、または相当するシンボルを使用して変更する

- layoutオプションの例

  ```
  render layout: 'application', action: :index
  ```

- statusオプションの例（ステータスコード）

  ```
  render status: 403
  ```

- statusオプションの例（ステータスに対応するシンボル）

  ```
  render status: :forbidden
  ```

---

note 主なHTTPステータスとシンボルを表9.5に示します。

❖表9.5　主なHTTPステータスとシンボル

ステータス	シンボル	意味
200	:ok	リクエスト成功
302	:found	リダイレクト成功
400	:bad_request	リクエストエラー（不正）
403	:forbidden	リクエストエラー（アクセス禁止）
404	:not_found	リクエストエラー（見つからない）
500	:internal_server_error	サーバーエラー

9.1.6　redirect_to（宛先変更）メソッド

　redirect_toメソッドは、コントローラーのアクション内で使用する、アクション実行後に他のルートへリダイレクト（宛先変更HTTPリクエスト）を行うためのメソッドです。

　通常はアクションの終了時にrenderメソッドでHTMLビューを生成してHTTPレスポンスを送信しますが、アクション終了後に他のアクションを実行したい場合や他のサイトへ接続したい場合、redirect_toメソッドを使用してHTTPレスポンスを送信します。リダイレクト先のURIは、指定するオプションによって自動で生成することができます。

　コントローラーのアクションは、1つのrenderメソッド、または1つのredirect_toメソッドを実行して終了し、HTTPレスポンスを送信します。redirect_toメソッドの場合、HTTPレスポンス（302）を受けたクライアントが、次のHTTPリクエストを発生させます。すると、再びHTTPリクエストがルーターによって割り振られ、コントローラーのアクションが実行されます（図9.5）。

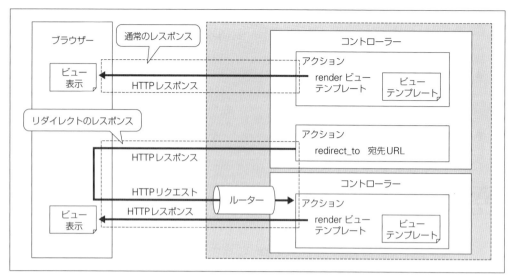

❖図9.5　renderメソッドとredirect_toメソッド

一般的なリダイレクトの指定

Libraryアプリケーションを簡略化した例を使って、リダイレクトの指定方法を説明します。

```
class BooksController < ApplicationController
  ……（省略）……
  def create
    @book = Book.new(book_params)
    if @book.save
      redirect_to @book, notice: 'Book was successfully created.'
    else
      render :new
    end
  end
  ……（省略）……
end
```

この例では、まず、Booksコントローラーのcreateアクションの中で、ストロングパラメーター処理後の入力情報book_paramsを使用し、Bookモデルのインスタンス@bookを生成しています。そのインスタンスを保存するために @book.save を実行した結果、エラーがなければredirect_to @bookメソッドを実行して、リダイレクトをしています。

> *note* このリダイレクトで指定している宛先URIは、ルーティングヘルパーの簡略形（本来はbook_path(@book)）です。

この例では、新しいBookモデルの登録がcreateアクションによって成功すると、リダイレクトによって構成される宛先「http://〜/books/@bookのid値」に基づき、ルーティング「book GET /books/:id(.:format) books#show」によってルートが割り振られます。その結果、books#showに相当するBooksコントローラーのshowアクションが実行されます（図9.6）。

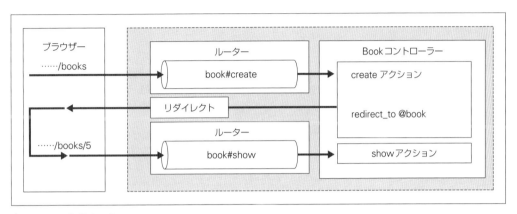

❖図9.6　一般的なリダイレクト

外部のURLへのリダイレクト

　次のように、redirect_toの引数に外部のURL（例：http://www.example.com）を渡すことで、他のサーバーを宛先にリダイレクトすることもできます（図9.7）。

```
redirect_to 'http://www.example.com'
```

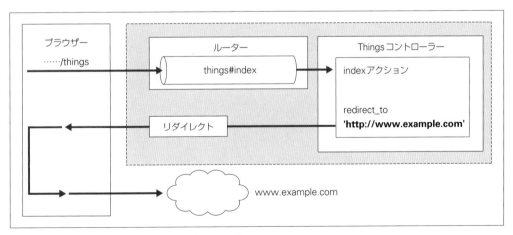

❖図9.7　外部URL（www.example.com）へのリダイレクト

redirect_toメソッドのオプション

redirect_toメソッドのうち、リダイレクト先へ通知を行うためのものなど、主なものを紹介します。

- notice：メッセージ

    リダイレクト先に通知メッセージを表示させるためのオプションです。使用するビューテンプレートにnoticeの内容を表示するためのRubyコードを<%= notice %>のようにして埋め込みます。

- alert：メッセージ

    リダイレクト先に警告メッセージを表示させたい時に使用します。使用するビューテンプレートにalertの内容を表示するためのRubyコードを<%= alert %>のようにして埋め込みます。

- flash：{パラメーター: 値}

    任意のハッシュパラメーターを使って、リダイレクト先へ値を渡すためのオプションです。リダイレクト先で渡された情報をビューテンプレートに組み込むためには、<%= flash[:パラメーター] %>のようにハッシュキーで該当のパラメーターを指定します。例えば、次のように任意のパラメーター（例：remark）を使用して、リダイレクト先に値を通知します。

    flash: {remark: 'この処理は注意が必要です'}

    リダイレクト先では、<%= flash[:remark] %>のようにして、渡された値を利用できます。

note alertメッセージやnoticeメッセージは、flashを使用して

```
flash: {alert: メッセージ}
```

もしくは

```
flash: {notice: メッセージ}
```

のようにしてリダイレクト先へ渡すのと同じ意味を持ちますが、より簡単に表現できることが特徴です。
Booksコントローラーの例では、リダイレクト時に、次のようにnoticeメッセージを指定しています。

```
redirect_to @book, notice: 'Book was successfully created.'
```

この結果、リダイレクト先のBooksコントローラーのshowアクションによって出力されるviews/books/show.html.erbビューを通して、メッセージ「Book was successfully created.」が表示されます。

前アクションへのリダイレクト（redirect_backメソッド）

直前に実行したアクションへリダイレクトするには、redirect_backメソッドを使用できます。こ

のメソッドは、ブラウザーが記憶しているHTTPリクエストヘッダーのHTTP_REFERERの情報に基づいて実行されます。

```
redirect_back(fallback_location: root_path)
```

引数のfallback_locationオプションは、例外エラーが発生した時のリダイレクト先を指定するものであり、この例では、ルートパス（root_path）に飛ぶように指定されています。

redirect_backは、Rails 5で追加されました。以前は、:backオプションがありましたが、不具合を考慮して廃止されました。

ブラウザーの主な役割は、

- サーバーにHTTPリクエストを送信し、
- サーバーからHTTPレスポンスとしてHTMLを受け取り、
- 受け取ったHTMLを画面に表示する

ことですが、他にもリクエストやレスポンスに関するさまざまな情報を記録し、クライアント⇔サーバー間のやり取りをスムーズするための仕組みも持っています。例えば、HTTP_REFERERという特別に設定された環境変数を通して、直前のリンク先であるURLなどを参照することができます。
またGoogle ChromeやMicrosoft Edgeなど比較的新しいブラウザーは、受け取ったHTMLのソース言語やネットワーク経由でやり取りしたリクエスト・レスポンス情報などを見るために、開発者向けのツールを用意しています。これらのツールを活用すれば、「Railsから出力されたビューがどのようにHTMLに変換されているか」などを検証できます。

url_forメソッドの役割と使い方

　url_forメソッドは、目的のコントローラーのアクションに接続するために使われる宛先URL（URI）を動的に生成するヘルパーメソッドです。

ヘルパーメソッドとは、ある目的をより簡単に設定するために用意されたメソッドです。

　url_forメソッドは、コントローラーのアクションやビューの中で、さまざまなオプション指定を使って独自の宛先URIを構成します。リダイレクトの宛先指定で使用されることはありますが、本書ではあくまで参考として紹介します。
　URI（URL）は、一般的に次のような構成を持ちます。

プロトコル://ユーザー:パスワード@ホスト:ポート番号/パス#アンカー

そこでurl_forメソッドは、URLを構成するために、表9.6のようなオプションを提供しています。ただしRailsでは、パスに相当する部分をコントローラー（controller）とアクション（action）によって構成していることに注意してください。

❖表9.6　url_forメソッドの主なオプション

オプション	役割
only_path	パス部分だけの生成にするかどうかを指定する ● true：パス部分を生成する ● false：URL全体を生成する
protocol	プロトコル（デフォルトはHTTP）を指定する
user	インライン認証のユーザーが必要な場合、指定を行う
password	インライン認証のパスワードが必要な場合、指定を行う
host	URLのホスト（ドメイン名部分）を指定する
port	ポート番号を指定する
controller	コントローラーを指定する
action	アクションを指定する
anchor	アンカー（URLの#以降）を指定する

> *note* only_pathオプションのデフォルト値は、使用される場所に依存します。
>
> ● コントローラー内で使用する場合：false（URL全体）
> ● ビュー内で使用する場合：true（パス部のみ、hostオプションを指定するとURL全体）

実際の設定例と生成された結果は次のとおりです。

```
url_for controller: :users, action: :new, anchor: 'remark',
    host: 'example.com', port: '3000', user: 'ecuser', password: 'pass'
```

● 結果

```
http://ecuser:pass@example.com:3000/users/new#remark
```

> *note* url_forメソッドは、引数にルーティングヘルパーを指定することもでき、直接宛先リソースのインスタンスを指定することでURIを作り出すこともできます。使用例を次に示します。
>
> ```
> url_for user_path(2)
> ```
>
> ● 結果（生成されたURIパス）
> ```
> /users/2
> ```
>
> ```
> url_for @users.first
> ```

9.1　コントローラーとデータの入出力

●結果（生成されたURIパス：firstで最初のidが1の場合）
/users/1

9.1.7 セッション情報の制御とクッキーの利用

　リソースフルなWebアプリケーションは、リクエストとレスポンスの1回のやり取りで完結し、前の状態を保持しません（**ステートレス**）。つまり、1回のアクション内で生成するすべての情報は、次のアクションに引き継がれることはありません。

　このことは、複数の会話を通して処理を行うアプリケーションにとって、不都合なことが多々あります。例えば、1回目のやり取りでログインをしても、その情報が消えてしまって引き継がれなければ、再び「ログインが必要」といわれてしまいます（図9.8）。そのため、情報を継続して利用できる仕組みが必要になります。

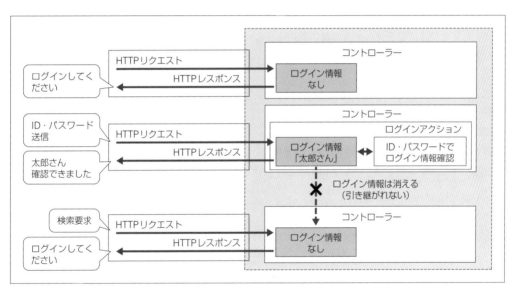

❖図9.8　ステートレスなアプリケーションによるログイン問題

　HTTPは、クライアントとWebサーバーのやり取りを行う際、初めにクライアントのブラウザーとWebサーバー間で接続関係（**HTTPセッション**）を確立します。このHTTPセッションが保たれている間、ブラウザーとWebサーバーは、相互に認識しあい、一続きの通信を維持できます。

　HTTPによる複数のやり取りを継続的に行う場合、このセッションを利用して情報を保持し、HTTPのやり取りごとにセッション情報（クッキー情報：後述）を呼び出して利用することで、やり取りに必要な情報を連携させることができます（図9.9）。

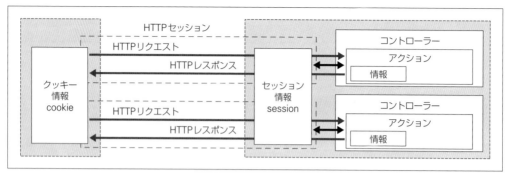

❖図9.9　ステートレスな通信で継続的な処理を行う

セッション情報への値の保存

HTTPセッションでは、最大4KBの情報をセッション内に保持することができます。Railsでは、このセッション情報をsessionパラメーターとしてコントローラーおよびビュー内で使用することができます。

セッション情報に値を保存するには、次のように、任意のキーをシンボルとして指定して値をセットします。

```
session[キー] = 値
```

値はハッシュ型でもかまいません。ハッシュにすることによって、入れ子構造でセッションに情報を保持することができます。

例えば、あるコントローラーのアクション内で、次のようにuserというキー名で、ユーザー情報の@userインスタンスをセッション情報として保存します。

```
session[:user] = @user
```

セッション情報の読み込み

保存したセッション情報を読み込む場合は、sessionに対してキーを指定します。

先ほどアクションの中で保存したセッション情報を読み込む場合、次のようにすると、先ほどの@userインスタンスと同じものを使うことができます。

```
@user = session[:user]
```

このように、1回のリクエスト・レスポンスによって消滅するアクション内の情報を保存・読み込みし、アクション間にわたって最低限必要な情報を連携させることができます。

例えば、この@userインスタンスに含まれる情報がログインユーザーの情報であれば、この情報があるかないかによってログインしているか否かが判断でき、かつログインユーザー情報として活用することができます。

> この例では、@userのインスタンス情報を丸ごとセッションに保存する方法を採っています。しかし、セッション情報にはサイズ制限があるためサイズが大きい情報は保存できません。また、後述する理由から個人情報のような機密性の高い情報を不用意にセッションに保存すべきではありません。

例えばユーザー情報では、ユーザーを識別するID情報のみ保存しておけば、対応するユーザーの情報をデータベースから復元することができます。つまりこの例では、必要最小限の情報として@user.id のみを保存しておけば良いといえます。

セッション情報の削除

保存した特定のセッション情報を削除する場合は、次のようにキーを指定し、nilを設定するかdeleteメソッドを使用します。

```
session[:language] = nil  # または session.delete(:language)
```

現在のすべてのセッション情報を削除する場合は、reset_sessionメソッドを実行します。ログイン制御を実装した場合は、ログアウト時にこの処理が必須です。

セッション情報の保存場所（セッションストア）

アクション内で生成したセッション情報は、次のリクエストに連携するために裏でセッションにひも付けて保存し、必要な時にセッション情報として呼び出せるように管理する必要があります。セッション情報を保存する場所のことを**セッションストア**と呼びます。

セッション情報は、デフォルトでは**クッキー**（クライアントのWebブラウザーと簡単な情報をやり取りするためのファイル）に保持されるため、デフォルトのセッションストアは**クッキーストア**（CookieStore）と呼ばれます。特に設定を変更しない限り、sessionに保存した情報は、次のリクエストのためクッキーストアに保持されます。

セッションストアには、主に表9.7の3種類が指定できます。なお、この他にRedisStore（Railsサーバーを使用するキャッシュストア）というものがRails 5.2でサポートされています。

❖表9.7　主なセッションストア

保存場所（セッションストア）	指定名	概要
CookieStore（クッキーストア）	cookie_store	クライアントのWebブラウザー内のメモリ
CacheStore（キャッシュストア）	cache_store	サーバーのキャッシュメモリ
ActiveRecordStore（Active Recordストア）	active_record_store	データベースのsessionsテーブル

デフォルトのセッションストア（クッキーストア）は、セッション情報を暗号化して、クライアントのブラウザーが保持する一時的なファイル（クッキー）に保存します。

この機能は一見便利なようにも思えますが、情報がクライアント上に保存されているため、改ざん

されるリスクを孕んでいます。また通信内容をのぞき見されるリスクを考えると、ユーザー情報のような機密性の高いものであればあるほど、たとえ暗号化されているとしても、セッション情報がインターネット上でやり取りされるのは好ましくないでしょう。

　一方、その他のセッションストアは、セッション情報そのものを送らずにひも付けのためのセッションIDのみを暗号化して送ります。このほうがセッション情報そのものをやり取りするのに比べてリスクを減らすことができます。セッションIDを盗まれないようにし、また偽のセッションIDでのアクセスを拒否するようにすれば、安全性は担保されます。

　セッションストアを変更するには、config/initializersディレクトリにファイルsession_store.rbを作成し、リスト9.1のような内容を記述します。ただし、cookie_storeはデフォルトとして使われるものなので、クッキーに付加するkeyオプションなどの変更がない限り、再設定する必要はありません。もちろん、他のセッションストア（cache_storeやactive_record_store）を指定する場合には設定が必要です。

▶リスト9.1　config/initializers/session_store.rb

```
Rails.application.config.session_store :cache_store, key: '_railsapp _session'
```

cache_storeを使用する場合の注意点

　CacheStoreを利用する場合は、**キャッシュの有効化**が必要です。開発環境（developmentモード）で利用する場合、キャッシュを有効にするために次のコマンドを実行します。

```
$ rails dev:cache
```

　実行すると、次のように交互にメッセージが変わります。キャッシュが有効になると「Development mode is now being cached.」と表示されます。

```
$ rails dev:cache
Development mode is now being cached.
```

```
$ rails dev:cache
Development mode is no longer being cached.
```

ActiveRecordStoreを指定する場合の注意点

　ActiveRecordStoreを利用する場合には、次のように2つの作業が必要です。

1. 専用Gemの追加：Gemパッケージを追加し、bundle installする
```
$ gem 'activerecord-session_store'
```

2. sessionsテーブルの生成：ActiveRecordを通して管理するためのsessionsテーブルを生成する。次のコマンドでマイグレーションファイルを作成し、それに基づいてマイグレーションを

実行してテーブルを生成する

$ rails generate active_record:session_migration

 rails db:migrateを実行する場合、マイグレーションファイルが次のような内容になっていることを確認してください。Railsバージョン番号がない場合は、適宜修正してください。

```
class AddSessionsTable < ActiveRecord::Migration[5.2]
  def change
    create_table :sessions do |t|
      t.string :session_id, :null => false
      t.text :data
      t.timestamps
    end

    add_index :sessions, :session_id, :unique => true
    add_index :sessions, :updated_at
  end
end
```

セッションストアの違いによる管理

　クッキーストア（デフォルト）の場合、セッション情報は、セッションを識別するセッションIDとともに暗号化されてクッキーに保存されます。キャッシュストアやActiveRecordストアの場合、クッキーには暗号化されたセッションIDのみが保存され、それをもとに該当のセッション情報がサーバーキャッシュ、またはsessionテーブルから呼ばれます。

　通常、セッション情報（session）を使用したクッキーは、悪意のある行為をしない限り、クライアントのWebブラウザーを終了する（すべてのタブを閉じる）など、HTTPセッションを終了させることで消えてしまいます。

　ブラウザーを閉じてからもセッション情報を保持するためには、保存期限を指定するexpire_afterオプションを利用することができます。例えば、クッキーストアで2時間の保存期限を付加する場合は、次のように設定します。

```
Rails.application.config.session_store :cookie_store, key: '_railsapp_
session', expire_after: 2.hours
```

　なお、情報をやり取りするには、セッション情報を通して行う方法以外に、クッキー情報（cookies）を使用して、個別にクッキーを設定する方法があります。本書では使い勝手やセキュリティ面を考慮して、cookiesについては言及しません。

> *note* セッション情報は、ステートフルな処理を行うには欠かせない手段ですが、クライアントとサーバーとの通信を通してやり取りされることや、クライアント側のキャッシュに保存されるなどのセキュリティ上のリスクを伴います。また、サイズ制限もあり、必要以上にセッション情報を多用したりすることは避けるべきです。
> そのためできる限りセッションIDを使用する方式にし、機密情報に当たるようなデータは、セッション情報には保存すべきではありません。なお、セッション情報は、暗号化してやり取りされますが、そのために使用するキーは、config/credentials.yml.encにsecret_key_baseとしてキー自身も暗号化され保存されています。

練習問題　9.1

1. コントローラーが扱うパラメーターの役割を説明し、どのようなものがあるかを具体的に説明してください。

2. アクションがHTTPレスポンスを返す時に、通常実行する機能について説明してください。

3. renderとredirect_toの共通の役割と違いについて説明してください。

4. ストロングパラメーター化は、どういう目的で行うものなのかを説明してください。

5. Reservationアプリケーションで生成したroomsコントローラーの中で、ストロングパラメーターがどのように扱われているかを確認してください。

6. Reservationアプリケーションを起動して、Room機能の登録を行った時にどのようなパラメーターが取得できるかをコンソールのログで確認してください。なお、コンソールでは、Parameters:で表示されるハッシュで確認できます。

7. Reservationアプリケーションのroomsコントローラーのindex/new/show/editなどのアクションの中に、renderメソッドが定義されていないにもかかわらずビューテンプレートが正しく呼ばれ、出力される理由を説明してください。

8. ステートレスな通信とセッション情報の役割を説明してください。

9. セッション情報はどのように使用するものかを説明してください。

10. セッション情報とクッキーの関係を説明してください。

9.2 目的に合わせた出力フォーマットの制御

　一般的に、WebアプリケーションはHTMLを使用してやり取りします。このため、Railsのルーティングは、HTMLを標準のフォーマット（データ形式：拡張子に相当）として認識し、特にHTMLの拡張子を指定しなくても、フォーマットをHTMLと見なして扱ってくれます。そのため、通常のアプリケーションを作成する場合は特にフォーマットを意識する必要はありません。

　しかし、他のシステムとのデータ連携や、Ajaxという非同期通信を行う場合には、HTMLと異なるフォーマットでやり取りすることが必要になります。

　Railsのルーティングは、:formatパラメーターを設定することで、HTMLフォーマット以外のさまざまなフォーマットに対しても有効に働きます。呼び出されたコントローラーのアクションは、受け取ったフォーマットを判断して、それぞれにあった処理を行うことが可能です。また、renderメソッドのフォーマット（出力形式）オプションを指定することで、さまざまなフォーマットで出力することができます。

　本節では、HTML以外のフォーマットのうち、他のシステムとのデータを交換するために多く利用される**JSON**（Javascript Object Notation）形式および**XML**形式の出力についての扱い方を説明します。

9.2.1　出力形式の制御

　renderメソッドは、フォーマットをオプションで指定することで、指示されたインスタンス配列をさまざまな形式で出力することが可能です（表9.8、図9.10）。

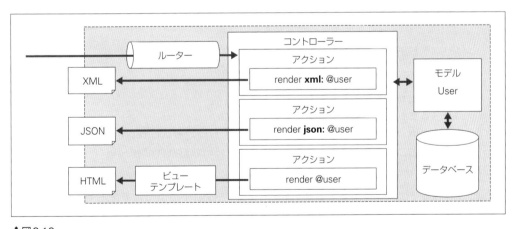

❖図9.10

❖表9.8　renderメソッドで指定できる主なフォーマット

オプション	役割	コンテンツタイプ
json	JSON形式でデータを出力する	application/json
xml	XML形式でデータを出力する	application/xml

JSON形式による出力例

　例として、同じUserモデルのリソース（nameとaddressという属性を持つデータ）を、JSON形式で出力してみましょう。

```
render json: @user
```

　このようにJSON形式を指定して@userにひも付けられたUserのインスタンスオブジェクトをrenderすると、次のようにJSON形式のデータとして展開されます。

```
{"id":1,"name":"田中たかし","address":"東京都千代田区","created_at":⏎
"2016-07-13T10:17:17.515Z","updated_at":"2016-07-19T09:53:32.874Z"}
```

　JSON形式は、ハッシュ形式に似ていますが、キーと値はそれぞれ文字列として表現し、「:」で結び付けています。

XML形式による出力例

　同様に、XML形式でも出力してみましょう。

```
render xml: @user
```

　このように、XML形式を指定して@userにひも付けられたUserのインスタンスオブジェクトをrenderすると、次のようにXML形式のデータとして展開されます。XML形式は、HTMLと同様、タグ形式のデータ表現です。

```
<?xml version="1.0" encoding="UTF-8"?>
<user>
<id type="integer">1</id>
<name>田中たかし</name>
<address>東京都千代田区</address>
<created-at type="dateTime">2016-07-13T10:17:17Z</created-at>
<updated-at type="dateTime">2016-07-19T09:53:32Z</updated-at>
</user>
```

　ただしRails 5では、XML形式のサポートをActive ModelからGemに分離したため、従来のactivemodel-serializers-xmlというGemパッケージとしてインストールしないと使用できません。XMLを使用する場合は次のようにGemfileに設定し、bundle installを実行してください。

```
…… （省略） ……
```

```
gem 'activemodel-serializers-xml'
……（省略）……
```

render @userのようにフォーマット指定がない場合はHTML形式として見なされ、指定されたインスタンスオブジェクト名に対応する部分テンプレート（次章参照）が呼び出され、出力されます。

9.2.2　respond_toメソッドの役割

　コントローラーは、ルーティングを通して取得した異なるフォーマットのデータに応じて、それぞれに応じた処理を行います。そのためには、アクションの中でフォーマットを判断して処理を分ける必要があります。その作業を簡潔に行ってくれるメソッドがrespond_toメソッドです。

　respond_toメソッドは、データフォーマットを判断し、ブロック内で指定された形式（formatパラメーターで指示）に合わせて処理を実行してくれます。

　respond_toメソッドが対応する主なフォーマットには、表9.9のようなものがあります。

❖表9.9　respond_toメソッドが対応する主なフォーマット

形式	内容
html	HTML形式を出力する
xml	XML形式を出力する
json	JSON形式を出力する
rss	RSS形式を出力する
atom	ATOM形式を出力する
yaml	YAML形式を出力する
text	TEXT形式を出力する
js	JavaScript形式を出力する
css	CSS形式を出力する
csv	CSV形式を出力する
ics	ICS形式を出力する
	画像などその他拡張子のもの

　次の例では、以下の4つのURIで指示されるフォーマットによってshowアクションの処理が行われます。

- http://localhost:3000/users/1
- http://localhost:3000/users/1.html
- http://localhost:3000/users/1.xml
- http://localhost:3000/users/1.json

note　URIの指定で、形式の指示がない場合はHTML形式と見なされます。

```
def show
  @user = User.find(params[:id])
  respond_to do |format|
    format.html
    format.xml {render xml: @user}
    format.json {render json: @user}
  end
end
```

　設定されていないフォーマットのURLをrespond_toメソッドで受け取った場合は、Action Controller::UnknownFormat例外が発生します。また、respond_toメソッドを設定していない場合は対応するフォーマットのテンプレートを探しに行くため、存在しないフォーマットのURLを指示すると、テンプレートが見つからずテンプレートエラー（Template is missing）となります。

　Booksコントローラーのcreateアクションを例に挙げると、scaffoldで生成されたコードが次のようになっています。この中ではJSON形式のフォーマットがすでに考慮されており、respond_to do |format|〜endの中で、format形式に合わせた処理を記述しています。

```
class BooksController < ApplicationController
  ……（省略）……
  def create
    @book = Book.new(book_params)
    respond_to do |format|
      if @book.save
        format.html { redirect_to @book, notice: 'Book …… created.' }
        format.json { render :show, status: :created, location: @book }
      else
        format.html { render :new }
        format.json { render json: @book.errors, status: :unproc……entity }
      end
    end
  end
  ……（省略）……
end
```

練習問題　9.2

1. respond_toメソッドの役割について説明してください。
2. HTML形式以外のフォーマットでHTTPレスポンスを出力するにはどうすれば良いでしょうか。説明してください。

9.3　フィルター

9.3.1　フィルターとは

　一般的な処理の流れに従ってメインの処理をアクションと考えると、フィルターとは、すべてのアクションに対して、前処理・後処理を設定する役割を提供するものといえます。

つまり、前処理・後処理を必要とする場合だけ、フィルターを設定します。

　前処理・後処理とは、処理全体の最初や最後に1回だけ実行する処理のことです。しかし、RailsのようなWebアプリケーションではアクション自体が1つのリクエストに対する1回の処理なので、Railsにおける前処理・後処理とは主に、複数のアクションに共通な処理だと考えると良いでしょう。
　例えば、ログインを前提にさまざまなサービスを提供する場合、ログインのアクション以外のアクションは、すでにログインされているかどうかを確認してから実行することになります。つまり、ログインされていることが必要なすべてのアクションでは、アクションを実行する前に必ず、ログイン状態のチェックを行います。このような場合、実行前フィルターを使用することで、アクションを実行する前にそのアクションを実行するかどうかのチェックを行うことができます。

フィルターは、Chapter 6で説明したコールバックの機能に似ています。コールバックは、モデルを通してデータベースへ登録するデータの処理の前後に実行するものでしたが、フィルターは、そのモデルの処理を含むアクションの前後に呼び出す処理です。

　フィルターメソッドには表9.10のような種類があります（図9.11）。

❖表9.10　主なフィルターメソッド

フィルターメソッド	役割
before_action	アクションの実行前に、指定されたメソッドを実行する
after_action	アクションの実行後に、指定されたメソッドを実行する
around_action	指定されたメソッドの中にアクションを組み込むことによって、アクションの実行前後にメソッドを実行する

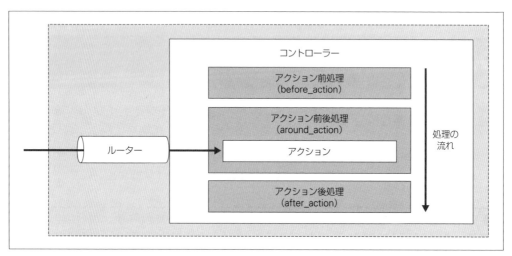

❖図9.11　処理の流れとフィルターメソッドの種類

　フィルターを実装する場合、前述したログイン処理のようにフィルターを実行したくないアクションもあります。その場合には、特定のアクションだけをフィルターから外すようにする必要があります。そのような目的のために、特定のアクションを外すためのexceptオプション、特定のアクションだけに限定するためのonlyオプションも用意されています。

before_actionフィルターのメソッド内でrenderメソッド（レンダリング）またはredirect_toメソッド（リダイレクト）が呼び出されると、HTTPレスポンスを送信して、アクションは終了します。したがって、そのアクションはそれ以降実行されません。また当然ながら、そのアクションに設定されたafter_actionも実行されません。
例えばログインされていない場合に、before_actionフィルターによってログインアクションにリダイレクトすることで、アクションの前に必ずログインさせるようにすることができます。

9.3.2 before_actionメソッドによるフィルターの実装例

例として、次のようなusersコントローラーの例で確認します。

```ruby
class UsersController < ApplicationController
  before_action :set_user, only: [:show, :edit, :update, :destroy]

  def index
    @users = User.all
  end

  def show
  end

  def new
    @user = User.new
  end

  def edit
  end

  …… （省略） ……

  private
  def set_user
    @user = User.find(params[:id])
  end
end
```

2行目のbefore_actionの部分がフィルター指定です。

```ruby
before_action :set_user, only: [:show, :edit, :update, :destroy]
```

このフィルターは、show/edit/update/destroyアクションの実行前にset_userメソッドを実行するように指示しています。set_userメソッドは、privateメソッドとして@user = User.find(params[:id])という処理を行うように記述されています。これは、パラメーターparams[:id]で受け取ったidの値を使用して、Userモデルを介して対象のユーザーリソースをデータベースのusersテーブルから取得し、@userとしてインスタンス化することを意味しています。これらを合わせて考えると、onlyオプションで指定されたshow/edit/update/destroyの各アクションは、フィルターbefore_action :set_userによって、対象となるユーザーリソースを@userに事前に確保する処理を行っていることになります。

indexアクションがフィルターに含まれていないのは、indexアクション自身の中で処理すべき対

象を@users = User.allで取得しているからです。newアクションも同様です。

なお、show/editアクションは一見、メソッドとして何もしていない空のメソッドのように見えますが、アクションを実行する前にset_userメソッドを呼び出し、見えないrenderメソッドによってそれぞれのアクション名に相当するビューテンプレートを出力しています。

  同様に、LibraryアプリケーションのBooksコントローラーも確認しておくと良いでしょう。

after_actionは、実行タイミングがアクション実行の終了後になるだけで、before_actionと同様の動作となるため、説明は省略します。

9.3.3　around_actionメソッドによるフィルターの実装例

around_actionメソッドの場合は、「アクションをメソッド内のどの場所で実行するか」を指示する必要があります。位置を示すためにはyieldメソッドを使います。実行するフィルターのメソッド内でyieldメソッドを呼び出し、yield部分にアクションを埋め込んで実行させるため、yieldメソッドが指定されていなければアクションは実行されません。

具体的には、次のように記述します。

```
class WorksController < ApplicationController
  around_action :ard_search, only: [:search]

  def search
    # searchアクションの処理
  end

  private
  def ard_search
    # searchアクション実行前処理
    yield
    # searchアクション実行後処理
  end
end
```

この場合、searchアクションを実行しようとするとard_searchメソッドが実行され、その中で

1. searchアクション実行前処理
2. yieldで指定されたsearchアクション処理
3. searchアクション実行後処理

という順序で実行されます。つまり、searchアクションを取り囲むように、その前後で処理を行うというわけです。

9.3.4 フィルターのスキップ機能

継承元のコントローラーにフィルターを設定すると、継承した複数のコントローラーにおいて共通のフィルターを実行することができます。その際、特定のコントローラーでだけフィルターを実行しないようにするには、フィルターのスキップメソッドを使います。

 1つのコントローラーの中で、フィルターメソッドを実行するアクションと実行しないアクションとを選別するには、only/exceptオプションを使います。

フィルターのスキップメソッドを表9.11に示します。

❖表9.11　フィルターのスキップメソッド

スキップメソッド	役割
skip_before_action	before_actionで追加したフィルターをスキップする
skip_after_action	after_actionで追加したフィルターをスキップする
skip_around_action	around_actionで追加したフィルターをスキップする

具体的な例は次のとおりです。まず、authentication_check（ログイン中であるかのチェック処理）をすべての継承元コントローラーApplicationControllerに実装します。

```
class ApplicationController < ActionController::Base
  before_action :authentication_check

  private
  def authentication_check
    # ログインされているかチェック処理
    ……（省略）……
  end
end
```

Usersコントローラーをはじめとして、すべてのコントローラーは、ApplicationControllerを継承しているため、ログインチェックが実装されます。

```
class UsersController < ApplicationController
  ……（省略）……
end
```

```
class BooksController < ApplicationController
  ……（省略）……
end
```

……（省略）……

ここで、ログイン処理を行うコントローラーのアクションだけはログインチェックが不要であり、このコントローラーだけログインチェックを行わないようにするため、スキップメソッドを設定します。

```
class LoginController < ApplicationController
  skip_before_action : authentication_check

  ……（省略）……

end
```

後ほど実装する「ログイン機能」のように全コントローラーで共通のフィルターを実行する場合、フィルターのスキップメソッドが極めて有効な手段となります。フィルター機能をうまく活用することで、コントローラーのアクションをよりシンプルに記述することができます（図9.12）。

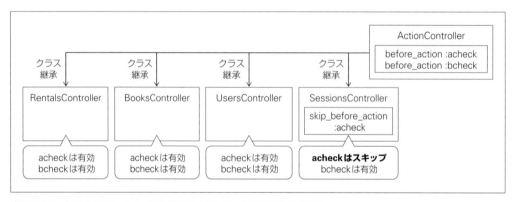

❖図9.12　継承されたフィルターを特定のコントローラーだけで無効にする例

9.3.5　HTTP認証とフィルターの活用

Webアプリケーションでは、ユーザーサービスを提供するうえで**認証**機能が欠かせません。Railsには、最低限の認証を簡単に実装するため、HTTP認証として**BASIC認証**と**ダイジェスト認証**の2つが組み込まれています。この2つの違いは、認証情報を暗号化する／しないという点です。

これらの認証では、アクションの前処理としてフィルターを利用して実装します。

BASIC認証の実装方法

BASIC認証を組み込むために、http_basic_authenticate_withメソッドが用意されています。このメソッドを使用すると簡単にユーザー認証を組み込むことができます。

例えば、名前（name）を「guest」、パスワード（password）を「password」とする最低限のユーザー認証を組み込む場合、1行で実装できます。その場合、次のようにApplicationControllerに組み込むことで、すべてのコントローラーのアクションに提供されます。一見、フィルターは使用していないようにも思えますが、実際にはフィルター機能を内部的に実装し、実現しています。

```
class ApplicationController < ActionController::Base
  http_basic_authenticate_with name: "guest", password: "password"

end
```

URLから接続すると図9.13のようなログイン画面が表示されます。ここで、ユーザー名として「guest」、パスワードとして、「password」を入力して、[OK]ボタンを押すと、ユーザー認証が通り、要求したアクションが実行されます。

❖図9.13　BASIC認証ダイアログ

このWindowsログイン画面では、「セキュリティで保護されていない接続」という警告が表示されています。ユーザー名やパスワードが暗号化されないためです。暗号化認証を行いたい場合は、次のダイジェスト認証を使用します。

ダイジェスト認証の実装方法

ダイジェスト認証は、ユーザー名とパスワードを**MD5**方式のハッシュ形式で暗号化して送信する方式であり、Basic認証のように平文のパスワードを送信することなく、安全が確保されます。

ダイジェスト認証を組み込むためには、authenticate_or_request_with_http_digestメソッドを利用します。次の実装例では、USERS = { "guest" => "password" }のように、ユーザー名を「guest」、

9.3.5　HTTP認証とフィルターの活用　　369

パスワードを「password」として設定しています。

```
class ApplicationController < ActionController::Base
  USERS = { "guest" => "password" }
  before_action :authenticate

  private
    def authenticate
      authenticate_or_request_with_http_digest do |username|
        USERS[username]
      end
    end
end
```

URLから接続すると図9.14のようなログイン画面が表示されます。ここで、ユーザー名として「guest」、パスワードとして「password」を入力して［OK］ボタンを押すと、ユーザー認証が通って要求したアクションが実行されます。ダイジェスト認証を使用すると、Windows上のログインウィンドウでは警告が表示されません。

❖図9.14　ダイジェスト認証ダイアログ

なお、HTTP認証は、ログアウトの機能は特になく、ブラウザーを閉じることでログアウトされます。

Railsアプリケーションに限らず、一般的に、ユーザーサービスを行うWebアプリケーションでは認証機能が必須です。
　ここで取り上げたHTTP認証は、簡易な認証を実現する場合に便利な機能ですが、ユーザーサービスの観点ではセキュリティ面および使い勝手を含めて、あまり有効ではありません。一般的なRailsアプリケーションで認証機能を組み込む時は、ログインフォームを使用したユーザー認証方式を実装します。フォームによるユーザー認証方式の実装は、以前に説明したセッション情報を利用して、独自のものとして組み込むことが可能です。この実装については、この章の理解度チェックで挑戦してみてください。
　またRailsには、本書で取り上げていないさまざまな有用なGemパッケージが用意されています。例えばDeviseというGemパッケージは、ユーザー認証に必要な機能をシンプルかつ応用性のある形で、ワンセットにして提供してくれています。本書では個々のGemについて取り上げませんので、利用に当たっては次のリンクの情報を参考に確認してください。

https://github.com/plataformatec/devise

　本章までで、モデル・コントローラーの機能を一通り学習してきました。LibrayアプリケーションのBooksコントローラーのアクションに実装されている機能の意味も理解できているはずです。しかし実際には、ビューの機能がないとWebアプリケーションを作成している実感がわかないかもしれません。次章から学習するビューによって、RailsによるWebアプリケーションの一連の仕組みを理解できるはずです。

ブラウザーにMicrosoft Edgeを使用してデジタル認証を行う場合、ログインエラーになることがあります。その場合は、他のブラウザーを使用して確認を行ってください。

練習問題　9.3

1. フィルターの役割を説明してください。また、モデルのコールバック処理との違いを説明してください。
2. ReservationアプリケーションのRoomsコントローラーのshow/editアクションが、何も記述されていないのに正しく処理される仕組みを説明してください。
3. Basic認証とダイジェスト認証の違いおよび実装方法について説明してください。

☑ この章の理解度チェック

1. Reservationアプリケーションの Room モデルの新規登録時に、「登録された会議室の名前」をセッション情報へ保存し、Room一覧の表示の先頭に自分が最近登録した部屋名を表示するようにしてください。

   <手順>
   - Rooms コントローラーの create アクションにおいて、Room モデルインスタンスの登録が成功した時点でセッション情報 session[:room] にそのインスタンスの会議室名（name）を保存する
   - Room 機能の一覧ページ（rooms/index.html.erb）の先頭に、表示のタグを次のように挿入することで、セッション情報に保存されている Room インスタンスの名前属性（name）を表示するよう実装する

     <%= "最近登録の部屋、#{session[:room]}です。" if session[:room] %>

   - Rails サーバーを起動して動作を確認する。また、ブラウザーをいったん閉じて再立ち上げ後にどう変わるかを確認する

2. Reservation アプリケーションの Entries コントローラーにおいて、index/new/create/destroyという4つのアクションを、Roomsコントローラーにならって実装してみてください（ビュー表示は、次章で実装します）。confirmアクションは、現時点では無視してかまいません。アクション実装時には、必要なフィルター・プライベートメソッドも併せて実装してください。また、現時点で不要と思うコードは削除してかまいません。

3. Reservationアプリケーションにダイジェスト認証機能を実装してください。ただし、すべての機能がHTTP認証の対象になるようにしてください。例えば、Topページ（root）やRooms機能の会議室一覧（/rooms）に接続し、HTTP認証機能が有効に働いていることを確認してください。その際、ログインのユーザー名とパスワードをそれぞれ「admin_user」「admin_password」としてください。

Chapter 10

Action View

この章の内容

10.1	HTMLとERBテンプレート
10.2	レイアウト
10.3	ビューテンプレートの共通部品管理
10.4	ビューヘルパー

本章で扱うテーマは、MVCのV（ビュー）に相当する内容です。**Action View**は、MVC構成のビューの役割を担う重要なコンポーネントであり、Railsでは、Action Viewを通してビューを構成するためのさまざまな便利な機能を提供し、HTMLで記述するよりもスマートに画面表示の機能を実装することができます。その大きな役割を果たすのがERBテンプレートです。

10.1　HTMLとERBテンプレート

　一般的に画面を表示するビューはHTMLで記述しますが、HTMLをWebアプリケーションと連携するためにはさまざまな注意が必要であり、記述についても必ずしもわかりやすいといえない部分が多く存在します。

　Railsでは、ビューを作成する時に、HTMLタグを直接記述する以外に、Rubyコードを埋め込んで、より簡単に画面の構成を表現できるようにしています。その基本になるビューのファイルが、**ビューテンプレート（ERBテンプレート）**です。ERBテンプレートを使えば、HTMLタグだけでなくRubyコードを記述できるため、Railsが用意したヘルパーメソッドを使用することでよりシンプルに、より簡単にビュー画面を作成できます。

　ERBテンプレートは、通常、.html.erbという拡張子のファイルとして作成します。これは、Rubyコードを含む「.erb」の拡張子を含む内容が変換され、「.html」の拡張子を持つHTMLに変換されることを意味しています。ERBは、「embedded Ruby」の意味で、Rubyコードが埋め込まれたファイルであることを表しています。拡張子に「.erb」が付いていることによって、renderメソッド実行の結果、埋め込まれているRubyコードが実行され、そのまま値としてHTMLに組み込まれます（図10.1）。

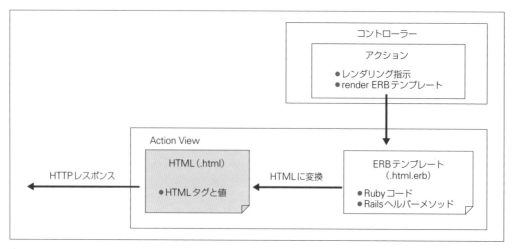

❖図10.1　ERBテンプレートがHTMLに変換されてHTTPレスポンスとなる

10.1.1 HTMLの基本構成

それではここで、HTMLの基本的な構成について最低限の確認をしておきましょう。

HTMLは、Webアプリケーションのビューを表現するための言語です。表示するための内容をさまざまな**タグ**で挟んで記述します。基本的に、タグは開始タグ<xxx>と終了タグ</xxx>が対になっていますが、終了タグがないものもあります。

一般的に、HTMLは次のようなタグで成り立っています。

```
<!DOCTYPE html >
<html>
  <head>
    ……（制御情報を記載するタグ）……
  </head>
  <body>
    ……（画面に表示する内容を記載するタグ）……
  </body>
</html>
```

<head>は、画面を表示するために必要な制御的な情報を記述するためのタグであり、<body>は、実際の画面に表現する内容を記述するためのタグです。

これらのタグの中に、個々の内容を表現するためのタグがさらに組み込まれます。より具体的な例（リスト10.1）をもとに、いくつかのタグを紹介しておきましょう。

▶リスト10.1　example.html

```
<!DOCTYPE html>
<html>
  <head>
    <meta charset="UTF-8">
    <link rel="stylesheet" href="library.css">
    <title> Library </title>
  </head>
  <body>
    <h1>図書内容</h1>
    <div class="contents">
      <p>タイトル：独習PHP</p>
      <p>概要：PHP7の基本構文から、クラス、DB連携、セキュリティ対策まで、しっかり習得！</p>
    </div>
  </body>
</html>
```

10.1.1　HTMLの基本構成

<head>タグの中に記述されている<meta>タグは、HTMLの本体（body）要素全体にかかわる条件を宣言する部分です。この例では、charset="UTF-8"という記述で、文字コードとしてUTF-8を使用するよう宣言しています。

UTF-8とは、Unicodeという文字コードのエンコード形式の一つです。なおUnicodeとは、日本語など、英字以外のさまざまな文字を統一して表現するために作られた、文字コードの国際規格です。

　<link>タグは、HTMLと関連する情報をひも付けるためのタグです。この例では、スタイルシート（CSS：後述）ファイルであるlibrary.cssをひも付けています。また、<title>タグは、ブラウザーのタブなどに表示される、HTMLのタイトル名を設定するタグです。この例では「Library」というタイトル名を設定しています。

　また、<body>タグの中では、<p>タグや<h1>タグ、<div>タグが使われています。

これらはいずれも、<body>タグの中で使われるタグです。

　<h1>タグは、見出し（見出しレベル1：大きな見出し）を表すタグであり、<p>タグは、段落（paragraph：1つの文のまとまり）を表現し、段落直後に改行を行うタグです。
　<div>タグ（division）は、連続するいくつかのタグ要素をグループ化してひとまとまりにし、他の要素と区別したいときに使用するタグです。一見、<p>タグと同じような働きのタグに見えますが、<div>タグは、入れ子構造で指定することも可能です。
　また、多くのタグには、classやidといった属性（attribute）を使用して名前を付けることが可能です。この例では、タイトルや概要を含む<div>タグに、class属性を使い、「contents」という名前（クラス名）を付けています。

class属性で設定するクラス名は、オブジェクト思考でいうクラスとはまったく関係ありません。単に「識別する名前を与える属性」という意味です。

　<body>タグ内の要素には、外部からデザインの指示を行うことができます。デザインを指示するために外部から与える情報が、CSS（スタイルシート）と呼ばれるファイルです。
　CSSによる指示は、<div>タグだけでなく、原則すべてのタグに対して可能ですが、<div>タグを使うとタグ要素を自由にグループ化して設定できるため、CSSによりデザインをまとめて指示する際に使い勝手が良いタグだといえます。
　CSSの例をリスト10.2に示します。

▶リスト10.2　library.css

```
.contents
  background: #bb9;
  color: blue;
  min-height: 100%;
  padding: 20px;
```

リスト10.1の<div>タグでclass="contents"としてクラス名を指示しましたが、「.contents」は、このクラス名を持つタグ要素に対するデザイン設定（**セレクター**）であることを意味しています。このように「.」に続けてクラス名を記述することで、class="クラス名"を持つタグ要素のデザインを指定できます。

id要素を使って、id="contents"のようにタグのID名を付けている場合は、「#contents」のように「#」を使ってセレクターを記述します。

.contentsの中には、background/color/min-height/paddingという4つのプロパティが使われています。プロパティの指定は、「プロパティ: 値;」という記述によって行います。

最初のbackgroundは、背景色を指定するプロパティです。この例では「background: #bb9;」と指定していますが、#bb9はカラーコードを表しています（#bbbb99の省略形）。

次のcolorは、文字色を指定するプロパティです。この例では「color: blue;」のようにblueという表記を使用していますが、先ほどのbackground同様、カラーコード（#000000～#ffffff）で指定することによりさまざまな色を指定できます。

min-heightは、要素の高さ（縦方向の大きさ）の最小値を指定するプロパティです。この例では「min-height: 100%」と指定しており、<div>タグとして表されるグループの枠の高さとして、ブラウザーの表示枠いっぱい（100%）を使用するよう指定しています。

最後のpaddingは、要素の枠から内側方向にどれだけ隙間を空けるかを指定するプロパティです。この例では「padding: 20px;」と指定しており、<div>タグとして表されるグループの枠から内側方向に20ピクセル（px：画素）隙間を空けるよう指定しています。

HTMLでどのCSSを使用するかは、<head>タグの中にひも付けるための<link>タグで指定されています。リスト10.1では、次のように指定することで、リスト10.2のCSSを利用しています。

```
<link rel="stylesheet" href="library.css">
```

1つのHTMLに複数のCSSをひも付けることも可能です。Railsでは、後述するアセットパイプラインのルールに従うことで、苦労することなく複数のCSSを1つのビューテンプレートにひも付けることができます。

10.1.2　ERBテンプレート

ERBテンプレートは「.html.erb」という拡張子を持つファイルであり、コントローラーのアクション内のrenderメソッドで呼び出され、埋め込まれたRubyコードやヘルパーメソッドなどがHTMLに変換されて、最終的にHTTPレスポンスデータとして出力されます。

ERBテンプレートの骨格部分は、HTMLタグを使って記述されます。さらにRubyコードを埋め込む場合は、埋め込みタグ<% %>を使用して、「<% Rubyコード %>」のように記述します。Railsでは、ERBテンプレートで使用できるRubyコードのヘルパーメソッドが多数用意されています。

 ここでいうヘルパーメソッドとは、HTMLで記述するよりもシンプルに記述できるよう考慮された、Railsのビュー用のメソッドです。

コントローラーでrenderメソッドが実行されると、ERBテンプレート上に書かれている<% Rubyコード %>で囲まれたRubyコードが実行されます。実行された結果をHTMLに組み込んでHTTPレスポンスのデータとして出力したい場合は、<%= Rubyコード %>のように<%= を使って記述します。

ERBテンプレートの例

改めて、LibraryアプリケーションのЗ書籍一覧表を表現するERBテンプレートを見てみましょう（リスト10.3）。ただし、見やすいように一部日本語化したので、実際にScaffoldを使用して生成されるものとは少し違っています。なお、<% ～ %>や<%= ～ %>で囲まれている部分以外は、通常のHTMLタグの記述に従っています。

 本書では、各HTMLタグの詳細についての説明は省略します。

▶リスト10.3　Library/app/views/books/index.html.erb

```
<p id="notice"><%= notice %></p>
<h1>書籍一覧</h1>
<table>
  <thead>
    <tr>
      <th>タイトル</th>
      <th>説明</th>
      <th colspan="3"></th>
    </tr>
  </thead>
  <tbody>
```

```
  <% @books.each do |book| %>
    <tr>
      <td><%= book.title %></td>
      <td><%= book.description %></td>
      <td><%= link_to '詳細', book %></td>
      <td><%= link_to '編集', edit_book_path(book) %></td>
      <td><%= link_to '削除', book, method: :delete, data: { confirm: ⏎
'削除しても良いですか？ ' } %></td>
    </tr>
  <% end %>
  </tbody>
</table>
<br>
<%= link_to '新書籍登録', new_book_path %>
```

それでは、リスト10.3のうち次の部分に着目しましょう。

```
<% @books.each do |book| %>
  <tr>
    <td><%= book.title %></td>
    <td><%= book.description %></td>
    …… (省略) ……
  </tr>
<% end %>
```

これは、次のようなRubyコードをHTMLタグの中に組み込んだものです。

```
@books.each do |book|
  book.title
  book.description
  …… (省略) ……
end
```

book.titleやbook.descriptionを表示する部分は、Rubyコードの実行結果をブラウザーに表示するため、テンプレートに<%ではなく<%=を使って記述しています。

さらに、新規の書籍データを入力するためのフォームタグ<form>を使ったテンプレートの例を見てみましょう（リスト10.4）。Railsのテンプレートでは、<form>タグを直接記述するのではなくform_withヘルパーメソッド（Rails 4以前は、form_forメソッド）を使用してフォームを記述します。

▶リスト10.4　Library/app/views/books/_form.html.erb

```
<%= form_with(model: book, local: true) do |form| %>
  …… (省略) ……
```

10.1.2　ERBテンプレート　379

```
  <div class="field">
    <%= form.label :title %>
    <%= form.text_field :title %>
  </div>
  <div class="field">
    <%= form.label :description %>
    <%= form.text_area :description %>
  </div>
  <div class="actions">
    <%= form.submit %>
  </div>
<% end %>
```

「form_with」とは、HTMLの<form>タグを生成するヘルパーメソッドです。form_with(…) do〜
endという記述により、<form ……>〜</form>が生成されます。このヘルパーメソッドにより、
Railsのルールにのっとった、簡易的なデータ入力フォームの記述が可能になります。詳細について
は、後ほど「10.4 ビューヘルパー」で説明します。

このフォームのRubyのコードだけを抜き出すと、次のようなロジックになっていることがわかり
ます。ブロック変数|form|を利用したブロック処理の中で、フォーム内の項目の処理が行われている
ことがわかります。

```
form_with(model: book, local: true) do |form|
…… (省略) ……
  form.label :title
  form.text_field :title
  form.label :description
  form.text_area :description
  form.submit
end
```

ERBテンプレートでは「form_with(model: book, local: true) do |form|」となっていた部分が
HTMLのformタグに変換されると、次のようになります。

```
<form action="/books" accept-charset="UTF-8" method="post">
  <input name="utf8" type="hidden" value="&#x2713;" />
  <input type="hidden" name="authenticity_token" value="QFb6fraV+XØYwzyhw↵
VX/L5ZpRgMBveJCsN7SmrKiqnXREl7gmz7HnHhidIaedYeOd+PpQoEkmGg9jz/xnQcJ8g==" />
  …… (省略) ……
</form>
```

Railsでは1行で記述していたものが、HTMLでは複数行のタグに展開されていることがわかります。

10.1.3　ERBのRubyコードのコメントアウト

　ERBテンプレートに記述するRubyコードを**コメントアウト**（説明文扱い）する場合、HTMLのコメント記述を使ってもうまくいきません。HTMLのコメントはあくまで、ブラウザー上に表示するかしないかを決めるものであり、RubyコードはHTMLに変換される時点で解釈・実行されてしまうからです。

　埋め込まれているRubyコードをコメントアウトするためには、以下に挙げるいくつかの方法があります。

#を挿入する

　Ruby言語では、#で始まる文字列をコメントと見なします。

　ただしERBテンプレート上では、単独の#を使用すると文法エラーになってしまいます。コメントアウトするには、<%のあとに#を挿入し、<%#とすることで実現します。<%=の場合は、<%#=となります。

- コメントアウトの例

```
<%#= message %>
```

複数行を一括してコメントアウト

　複数行を一括してコメントアウトするには次のような方法があります。

1. Rubyの条件文として、一括して<% if false %>〜<% end %>のように囲む
2. =beginと=endで囲む（これらのワードは、常に行の1カラム目から記述する）

note　HTMLのコメント記号 <!-- --> は、囲まれた内容をブラウザー上に表示しないための記号です。HTMLとして出力はされているので、ブラウザーのソース表示機能を使うと、内容を見ることができます。

コメントアウトの例

　ERBビューテンプレートにおける、さまざまなコメントアウトの例を次に示します。

```
<%# ここはコメントです %>

<%#= ここはコメントです %>

<%
=begin
%>
複数行のコメントを記述することもできます
```

```
複数行のコメントを記述することもできます
<%
=end
%>

<% if false %>
複数行のコメントを記述することもできます
複数行のコメントを記述することもできます
<% end %>


<!-- HTMLのコメントなので、-->
<!-- Rubyコードを含んでいると実行されてしまいます -->
```

10.1.4　ERBのエスケープ処理

ERBテンプレートをHTMLに変換する時、特殊文字に対する**エスケープ処理**（無効化処理）も同時に行われます。エスケープ処理とは、文字列内に存在するHTMLの特殊文字「<」や「>」などを、セキュリティ上の観点から<や>に置き換え、無効化することです。

> *note* 特殊文字とは、HTML上で特別な意味を持つ「&」「>」「<」「'」「"」のような文字のことです。

特に指定しない限り、<%= %>で囲まれた文字列中の特殊文字は、Action Viewによって自動的にエスケープ処理がなされます。そのため、標準的にERBテンプレートを作成・使用する際には、あまり気にする必要はありません。

エスケープの書式

文字列／式の評価結果をエスケープ処理するには、次の2つの書式があります。

1.「<%=」を使い、<%= 文字列／式 %>のようにエスケープ対象を囲む

2. html_escapeまたはh（エイリアス）を使い、<%= html_escape (文字列／式) %>のようにエスケープ対象を囲む

以下に、ERBテンプレートの記述例を3種類示します。

- <%= を使う

  ```
  <%= "文字&&<>" %>
  ```

- html_escapeを使う

  ```
  <%= html_escape("文字&&<>") %>
  ```

10.1　HTMLとERBテンプレート

● h を使う

```
<%= h("文字&&<>") %>
```

変換されたHTMLのソースは、どれも次のようになります。

```
文字&amp;&amp;&lt;&gt;
```

エスケープさせない方法

文字列をそのまま送信したい場合など、エスケープを行わせないためには、次のような方法があります。

1. `<%== 文字列／式 %>` のように、2つの「＝」を使う

2. `<%= raw(文字列／式) %>` のように、raw メソッドを使う

3. `<%=文字列／式.html_safe %>` のように、html_safe メソッドを使う

以下に、ERBテンプレートの記述例を3種類示します。

● 2つの＝を使う

```
<%== "文字&&<>" %>
```

● raw メソッドを使う

```
<%= raw "文字&&<>" %>
```

● html_safe メソッドを使う

```
<%= "文字&&<>".html_safe %>
```

変換されたHTMLのソースは、どれも次のようになります。

```
文字&&<>
```

練習問題 10.1

1. ビューテンプレートにRubyコードを組み込む際に使う、`<% ～ %>`と`<%= ～ %>`という2つの方法の違いについて説明してください。

2. ビューテンプレートのコメントアウトについて、`<!-- ～ -->`と`<%#= ～ %>`の違いについて説明してください。

10.2 レイアウト

　ビューテンプレート（ERBテンプレート）は、Webアプリケーションを利用するユーザーの目に直接触れることになる「人との接点」（**ヒューマンインターフェース**）としての画面を表現します。そのため、ビューテンプレートには、ユーザーを引きつけ、使いやすく、わかりやすくするため、目的に応じてさまざまなデザインのページを用意する必要があります。

　とはいえ、全体のデザイン構成は、統一感があり、使いやすく、見やすいデザインでなければなりません。一般的には、共通のヘッダー・フッター・サイドメニューといった共通フレームの中に目的別のページ内容を表示する、という形で実装されます。

　もちろん、そのための共通の部分を画面ページごとに実装することは現実的ではありません。Action Viewは、全体で共通するフレームデザインや、目的別で共通したフレームデザインなど、さまざまなバリエーションに対応できるフレームの管理方法を**レイアウト**として提供しています（図10.2）。

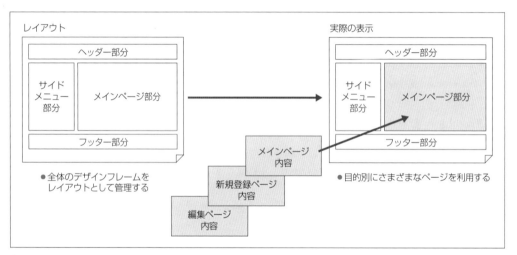

❖図10.2　レイアウト

　レイアウトを使うことで、極めて効率的かつ効果的にビューのデザインを管理することができます。

10.2.1 レイアウトとは

レイアウトは、表示するHTMLページの、共通な外枠フレームの部分を切り出して分離することで、共通部分の保守管理を簡単にすること、および統一感、一貫性のあるページ表現構成を実現する役割を担います。

一般的にレイアウトとして切り出すのは、**HTMLヘッダー**（<head>タグ部分）と、HTMLボディ（<body>タグ部分）に含まれる画面表示部分のうち、メニューなど共通で必要な**ページヘッダー**、著作権をはじめとした各種情報を表示する**ページフッター**などの部分とに相当します。

HTMLの基本構成（再び）

ここで、改めて一般的なHTMLの構成を眺めてみましょう。

```
<!DOCTYPE html>
<html>
<head>
  …… （HTMLヘッダー） ……
</head>
<body>
  …… （ページヘッダー） ……
  …… （ページ本体） ……
  …… （ページフッター） ……
</body>
</html>
```

通常、ユーザーに表示する各ページは<body>～</body>の中に記述する内容です。アプリケーションとしては共通のページヘッダー／ページフッターを設定するのが一般的であり、先ほどの例では「ページ本体」の部分だけを個々のビューテンプレートとして実装し、それ以外の全体の枠組みには共通のものが使えます。それら共通の枠組みをレイアウトとして管理することで、ビューテンプレートの保守管理が飛躍的に簡単になります。

レイアウトの基本構成

Railsでは、rails newコマンドでアプリケーションを生成した際、最小限の共通部分を組み込んだレイアウトファイルを自動的に生成します（app/views/layouts/application.html.erb）。もし共通レイアウトを1つしか使わないのであれば、そのapplication.html.erbを編集し、共通部分を追加するだけで十分です。

生成されたレイアウトは、デフォルトでは指定したアプリケーション名に基づいてリスト10.5のような構成になります。

▶リスト10.5　app/views/layouts/application.html.erb

```erb
<!DOCTYPE html>
<html>
  <head>
    <title>アプリケーション名</title>
    <%= csrf_meta_tags %>
    <%= stylesheet_link_tag 'application', media: 'all', ……（省略）…… %>
    <%= javascript_include_tag 'application', ……（省略）…… %>
  </head>
  <body>
    <%= yield %>
  </body>
</html>
```

そのうち<%= yield %>で記述される部分は、yieldメソッドによって、個別のビューテンプレートの内容が埋め込まれます。そのため、個別に作成するビューテンプレートは、全体の構成を表現する「yield」行以外の部分を記述する必要はありません。目的とするビュー個別の内容のみを記述するだけでこと足ります。

また、<head>タグの中のcsrf_meta_tagsは、セキュリティトークン（正当なクライアントかどうかを確認するための認証チケット）を追加するヘルパーメソッドです。**クロスサイトリクエストフォージェリ**（**CSRF**: Cross-Site Request Foregery）**攻撃**対策用に、自動的に挿入される内容です。

note　クロスサイトリクエストフォージェリ攻撃とは、HTTPリクエストの偽装やなりすましによって、個人情報の取得などを含む不正なアクセスを行う攻撃のことです。

さらに、<head>タグの中のstylesheet_link_tagは、スタイルシートを定義したCSS（SCSSも含む）をひも付けるためのリンクの記述です。同様にjavascript_include_tagは、ブラウザー上で動的な表現を可能にするJQueryを使うために、JavaScript（CoffeeScriptも含む）をひも付けるためのリンクの記述です。

これらは、後述するアセットパイプラインの機能であり、app/asset/stylesheetディレクトリの中のCSSやSCSS、app/assets/javascriptディレクトリの中のJavaScriptやCoffeeScriptをHTMLビューに組み込むためのヘルパーメソッドです。

以上の部分は、どのアプリケーションでも共通であるため、レイアウトの共通部として基本レイアウトに組み込まれています。

レイアウトにヘッダー／フッター部分を追加する

　基本構成のレイアウトに変更を加えることで、共通のヘッダー／フッターを表示することができます。また、本体を組み込む部分は、後ほど追加設定を行うために、<div class="main">として、「main」というHTMLのクラス名を付けておきます。

　それでは、Libraryアプリケーションのレイアウトを開き、<body>〜</body>タグ部分を次のように置き換えてみましょう。

```
<body>
  <header>
    <ul>
      <li><%= link_to "図書登録", new_book_path %></li>
      <li><%= link_to "図書一覧", books_path %></li>
    </ul>
  </header>
  <hr>
  <div class="main">
    <%= yield %>
  </div>
  <hr>
  <footer>
    <p>© 2019 Copyright resereved rails Library</p>
  </footer>
</body>
```

　ここで、メニューリンクの「図書登録」と「図書一覧」の宛先として、Booksコントローラーのnewアクションとindexアクションを呼び出すルーティングヘルパー「new_book_path」「books_path」を指定しています。その結果、図書一覧（Books）の画面（図10.3）や図書登録（New Book）の画面（図10.4）が表示され、ヘッダーに表示されたメニューをクリックすることで、相互の画面へ遷移できるようになります。

❖図10.3　Books画面

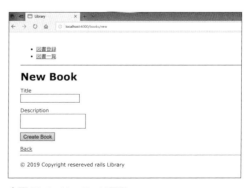

❖図10.4　NewBook画面

10.2.1　レイアウトとは

レイアウトのみを変更しただけですが、Libraryアプリケーションのすべての画面に共通デザインとして反映されます。ただし、メニューを横に並べたり、色を変えたりといったデザイン装飾を行うためには、CSSによる指定が必要になります。それについては、後ほどChapter 11で説明します。

10.2.2　レイアウトの指定と選択ルール

レイアウトは、デフォルトでapplication.html.erbというファイルが使用されます。しかし、コントローラーに応じて個別の専用レイアウトを使用することも可能です。例えば、コントローラーの機能や目的の違いに応じてレイアウト構成を変更したい場合、対応するコントローラーのビューグループ名に相当する名前を付けたレイアウトを用意することで、簡単にレイアウトを使い分けることができます（図10.5）。

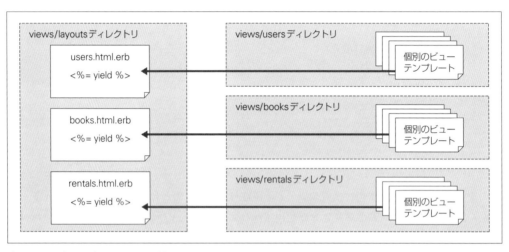

❖図10.5　個別の専用レイアウトを利用する

レイアウトはすべてapp/views/layoutsディレクトリに保存します。また、次のようにlayoutメソッドを使うことで、その使用を指示することもできます。

```
class UsersController < ApplicationController
  layout 'tools', only: :search
  ……（省略）……

  def search
  end

  ……（省略）……
end
```

renderメソッドの実行時にlayoutオプションで指示することもできます。

```
render layout: 'tools'
```

レイアウト選択のルール

それでは、このように複数のレイアウトが存在する時、どのレイアウトが使われるか、Railsではどのように決められているのでしょうか。Railsでは、以下のルールに基づいてレイアウトの選択が行われています。

1. **レイアウトが指定されていない場合**
   a. app/views/layoutsディレクトリにコントローラーと同名のビューテンプレートがある場合、それを使用する（例：BooksController → books.html.erb）
   b. app/views/layoutsディレクトリにコントローラーと同名のビューテンプレートがない場合、application.html.erbを使用する
2. **レイアウトを指定する場合**
   a. 指定されたレイアウトを使用する

レイアウト選択の例を図10.6に示します。

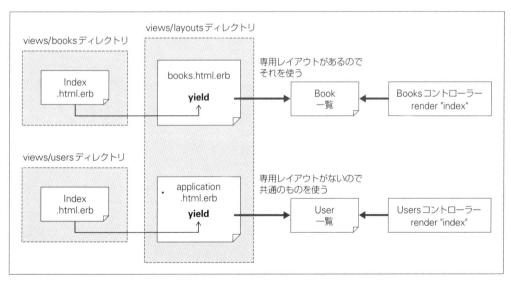

❖図10.6　レイアウト選択の例

layoutメソッドを使用した先ほどの例では、以下のonlyオプションにより、searchアクションのみでtoolsレイアウト（tools.html.erb）が使われます。他のアクションは指定なしの場合のルールに従います。

```
layout 'tools', only: :search
```

 exceptオプションを使用すると、除外するアクションを指定できます。

10.2.3　動的なレイアウト構成（content_for）

Railsでは、レイアウトを機能別・目的別に作成できるため、レイアウトの活用の幅を広げることが可能です。しかし、ほとんど共通でありながら、一部（例：ヘッダーメニュー）だけが異なるようなレイアウトをいくつも作ってしまうと、無駄が増えることになります。

 RailsのDRY（同じ処理を繰り返すな）の原則を思い出してください。

重複をなくし、より柔軟に動的にレイアウトを適用するには、埋め込みビューの条件に対応するyield機能を使います。これによって、レイアウトは同じものを使用しながら、個別ビューの定義内容に基づいた独自の内容を組み込むことが可能になります。

まず、表示させたいビューの中に、「content_for」を使って個別のビュー部品の内容を設定します。

```
<% content_for :ビュー部品名 do %>
  ビュー部品の内容
<% end %>
```

このビュー部品名を付加した名前付きyieldを、レイアウトの埋め込みたい位置に、次のような形式で指定します。

```
<%= yield :ビュー部品名 %>
```

実際の例をリスト10.6、リスト10.7に示します。

▶リスト10.6　レイアウト例（views/layouts/users.html.erb）

```
<!DOCTYPE html>
<html>
……（省略）……
<body>
```

```erb
<%= yield :header %>
<%= yield %>
<%= yield :footer %>
</body>
</html>
```

▶リスト10.7　ビューテンプレート例（views/users/list.html.erb）

```erb
<% content_for :header do %>
  <h2><%= "ユーザー一覧用のヘッダーを入れます" %></h2>
  <hr>
<% end %>
<% content_for :footer do %>
  <hr>
  <h2><%= "ユーザー一覧用のフッターを入れます" %></h2>
<% end %>

<h1>Users</h1>
<table>
  ………（省略）………
</table>
<br>
<%= link_to 'New User', new_user_path %>
```

　この例では、リスト10.6の<%= yield :header %>や<%= yield :footer %>に、リスト10.7のcontent_for :headerやcontent_for :footerで設定されたビュー部品が埋め込まれます。また、<%= yield %>には、content_for :header、content_for :footerで設定されたブロック**以外**のビュー部分が埋め込まれます。

　その結果、図10.7のように表示されます。

❖図10.7　リスト10.7の表示例

もし、同じレイアウトを使用するビューテンプレートにcontent_for :headerやcontent_for :footerといったブロック設定がない場合、<%= yield :header %>と<%= yield :footer %>の指定は無視されます。

 content_for（コンテンツ設定）がない場合、レイアウト側でcontent_for?をチェックして、条件文によりfalseの場合（「ない」場合）のデフォルトの表示内容を組み込むことも可能です。

以上のように、Action Viewをうまく活用することによって、最小限でダイナミックなレイアウト運用が可能になります。

練習問題　10.2

1. 個別のレイアウトを指定する場合の、方法とルールを説明してください。
2. レイアウトを設定する際の、content_forの目的と実際の使い方を具体的に説明してください。

10.3　ビューテンプレートの共通部品管理

10.3.1　部分テンプレートの利用

部分テンプレート（パーシャルテンプレート）は、テンプレートの一部を構成するための部品テンプレートです。複数のテンプレートで同じようなテンプレート内容を含む場合、その部分を共通の部品テンプレートとして切り出して、元のテンプレートの中に組み込むようにします。

これには、次のようなメリットがあります。

- テンプレートの共通部分を、重複なく1カ所で管理することができる
- 親となるテンプレートを見やすく、シンプルにできる

部分テンプレートのファイル名は、通常のテンプレートと区別するために、先頭に「_」を付けます。部分テンプレートを呼び出すにはrenderメソッドを使用しますが、その際には、テンプレート名の「_」を除いた名前で指定します。また、部分テンプレートであることを明示するためにpartialオプションを指定します。

通常partialオプションは省略可能ですが、ローカル変数を渡すためのlocalsオプションを指定する場合は、省略できません。

例として、1つのProductモデルに対する、新規登録用のビューテンプレートと編集用のビューテンプレートを考えます。

一般的に、どちらのビューテンプレートをもとにした画面も、入力する項目は同じものになるでしょう。このような時、操作や表示の異なる部分を切り離して、共通の入力するフォーム部分を部分テンプレートとして切り出すことで、テンプレートをより管理しやすくできます。

まず、共通の入力フォームの部分を_form.html.erbというファイル名で、部分テンプレートとして作成します（リスト10.8）。

▶リスト10.8　部分テンプレート（_form.html.erb）

```erb
<%= form_with(model: product, local: true) do |form| %>
  ………………省略……………….
  <div class="field">
    <%= form.label :description %>
    <%= form.text_area :description %>
  </div>
  <div class="actions">
    <%= form.submit %>
  </div>
<% end %>
```

この部分テンプレート（_form.html.erb）を、新規登録用のnewテンプレート（new.html.erb）、編集用のeditテンプレート（edit.html.erb）から呼び出すようにします（リスト10.9、リスト10.10）。

▶リスト10.9　新規登録用テンプレート（new.html.erb）

```erb
<h1>新規ユーザー登録</h1>
<%= render 'form', product: @product %>
<%= link_to 'Back', products_path %>
```

▶リスト10.10　編集用テンプレート（edit.html.erb）

```erb
<h1>ユーザーの編集</h1>
<%= render 'form', product: @product %>
<%= link_to 'Show', @product %> |
<%= link_to 'Back', products_path %>
```

10.3.1　部分テンプレートの利用

「product: @product」という記述は、_form.html.erbのローカル変数productにインスタンス@productの内容を渡すためのものです。

> _form.html.erbの中の変数をインスタンス変数@productにしておけば情報を渡す必要はありません。しかし、入れ子構造になると受け渡す情報が見にくくなるため、部分テンプレートで情報を渡す際は、ローカル変数を使うのが1つのルールと考えておきましょう。

以上のように、共通の部分を部分テンプレートとすることで、重複するコードを削減し、シンプルなテンプレート構成を実現できます。

Scaffoldで生成したフレームでは、入力フォームが共通のテンプレート「_form.html.erb」としてすでに構成されているので、LibraryアプリケーションのBooks機能のビューを改めて確認しておくと良いでしょう。

ローカル変数を引き渡すオプション

部分テンプレートでは、ローカル変数に情報を渡すためにlocalsというオプションが用意されています。ただし、localsオプションを使用する場合、部分テンプレートを明示するpartialオプションは省略できません。そのため、部分テンプレートを使う場合、リスト10.11、リスト10.12のように記述します。

▶リスト10.11　views/users/index.html.erb

```
<h1>Users</h1>

<table>
  ……（省略）……
</table>
<br>

<%= link_to 'New User', new_user_path %>

<%= render "part", part_arg: "パーシャル（localsなし）" %>
<%= render partial: "part", locals: {part_arg: "パーシャル（localsあり）"} %>
```

▶リスト10.12　views/users/_part.html.erb

```
<h2><%= part_arg %><h2>
```

index.html.erbビューをブラウザーに表示させると、部分テンプレートは図10.8のように表示されます。

❖図10.8　index.html.erbの表示結果

　「10.2.3　動的なレイアウト構成（content_for）」で、content_forを使用した個別部品組み込みの仕組みを学習しましたが、共通のヘッダーやフッターなどは、部分テンプレートを使用することで、共通部品としてレイアウトに組み込むことが可能です。

10.3.2　1対多の親子関係を使用した部分テンプレート

　1対多の親子関係を持つモデルで、親のテンプレートに子のテンプレートの一覧を組み込むような部分テンプレートを作成する場合を考えます。ここでは、Libraryアプリケーションを使用して、具体的な例で説明していきます。

　Bookモデルに1対多でひも付く子モデルRental（貸し出し）モデルとの関係を考えます。Rentalモデルがすでにアソシエーションのところで実装されていれば、それを利用しましょう。未実装の場合は、この項の前に実装する必要があります。

　インスタンス変数@bookは、特定のid値を持つ図書データをもとにBookモデルのインスタンスとして生成されているとします。例えば、@book = Book.find(1)といった具合です。

　@book.rentals（rentalsは、has_manyで設定したアソシエーションメソッド）を実行すると、インスタンス@bookにひも付いている、子のRentalモデルの貸し出し情報（0件以上）をインスタンス配列として取得できます。この配列の要素（それぞれの貸し出しインスタンス）を出力しようとすると、次のようにブロックを使用し、eachによって1件単位のrender処理を記述する必要があります。

```
<% @book.rentals.each do |rent| %>
  <%= render "rentals/rental", rental: rent %>
<% end %>
```

　そのため、リスト10.13のようなrenderを、Bookの個別情報を表示するshow.html.erbテンプレートに組み込んでみましょう。

▶リスト10.13　views/books/show.html.erb

```erb
<p id="notice"><%= notice %></p>
.................（省略）.................
<%= link_to 'Edit', edit_book_path(@book) %> |
<%= link_to 'Back', books_path %>

<% @book.rentals.each do |rent| %>
  <%= render "rentals/rental", rental: rent %>
<% end %>
```

次に、views/rentalsディレクトリを作成し、リスト10.14のような_rental.html.erb部分テンプレートを配置しましょう。

▶リスト10.14　views/rentals/_rental.html.erb

```erb
<p>
  貸出日<%= rental.rental_date %>
  by <%= rental.user.name %>
</p>
```

実際に表示される画面は図10.9のようになります。

❖図10.9　Books画面

［Show］リンクをクリックすると、図10.10のような貸し出し一覧画面が表示されます。

❖図10.10　貸し出し一覧画面

　このうち、「貸出日2018-09-12 by 山田花子」のように表示されている4行が、部分テンプレート_rental.html.erbが組み込まれた部分です。

　ただし、該当書籍の貸し出しデータが1件もないと貸し出し一覧は表示されません。貸し出し作成機能はまだ組み込んでいないため、Railsコンソールやシード機能を利用して、アソシエーションを考慮して特定の書籍と特定のユーザーとひも付けた貸し出しデータを登録しておく必要があります。

　1件の登録手順の例は次のとおりです。

```
# 特定の書籍を取得する
book1 = Book.first

# 特定の書籍のインスタンスに基づく貸し出しモデルの
# 新規のインスタンスを作成する。
# この時、ひも付く特定のユーザーもidで指定する
rental1 = book1.rentals.new(
  user_id: User.first.id,
  rental_date: "2019-01-12".to_date)

# 作成したインスタンスを保存します。
rental1.save
```

collectionオプション

　部分テンプレートの対象になるオブジェクトがインスタンス配列になっていると、collectionオプションを利用して、さらに簡潔な表現が可能です。

　次のようにcollectionオプションを利用した部分テンプレートを使うと、配列内の各要素を、eachメソッドを使わずに1行で出力するように記述できます。ただし、この場合は、partialオプションは

10.3.2　1対多の親子関係を使用した部分テンプレート

省略できません。

```
<%= render partial: "rentals/rental", collection: @book.rentals %>
```

このように、collectionで指定されたインスタンス配列のメンバーに基づいて、メンバー単位で部分テンプレートを利用して出力します。

さらに、部分テンプレート名を省略すると、自動的に部分テンプレートと受け取るローカル変数が決定され、処理が行われます。例えば、@book.rentalsのインスタンス配列を提供するメソッドはrentalsという名前ですが、その単数形rentalを使用して、部分テンプレートが_rental.html.erb、受け取るローカル変数名がrentalと自動的に決定されます。

その機能を使うことで、先ほどの内容をさらに簡潔に記述することができます。

```
<%= render partial: @book.rentals %>
```

つまり、ルールを理解すれば、極めてシンプルな表現もできるようになるのです。

一覧ビューを部分テンプレートにする

次は、貸し出し一覧を、図書一覧と同様のテーブルタグ <table> を用いたビューテンプレートで表示してみましょう。そのためには、一覧そのものを部分テンプレート化します。

標準のルールにのっとって、一般的な一覧のビュー（index）を使用し、部分テンプレートにするためのビュー名を「_index.html.erb」とします。リスト10.15にその内容を示します。

▶リスト10.15　Library/app/views/rentals/_index.html.erb

```html
<h1>貸し出し一覧</h1>
<table>
  <thead>
    <tr>
      <th>貸出日</th>
      <th>利用者</th>
    </tr>
  </thead>
  <tbody>
    <% @book.rentals.each do |rental| %>
      <tr>
        <td><%= rental.rental_date %></td>
        <td><%= rental.user.name %></td>
      </tr>
    <% end %>
  </tbody>
</table>
```

また、呼び出し側のshow.html.erbをリスト10.16のように変更します。

▶リスト10.16　Library/app/views/books/show.html.erb

```
<p id="notice"><%= notice %></p>
……（省略）……
<%= link_to 'Edit', edit_book_path(@book) %> |
<%= link_to 'Back', books_path %>

<%= render 'rentals/index' %>
```

この結果、表示される画面は図10.11のようになります。

❖図10.11　動作画面

練習問題　10.3

1. Reservationアプリケーションについて、Scaffoldで生成したRoom機能のビューを確認して、新規登録と編集のテンプレートが部分テンプレートの_formを使用していることを確認してください。

10.3.2　1対多の親子関係を使用した部分テンプレート

10.4 : ビューヘルパー

Action Viewは、ビューテンプレート（ERBテンプレート）をHTMLで直接記述するよりも、よりシンプルに記述し表現するための多数の**ビューヘルパー**（ヘルパーメソッド）を用意しています。

その中でも、特にデータ入力用のフォームやフォームを構成する要素に対するヘルパーを総称して、**フォームヘルパー**と呼びます。

もちろん、独自のヘルパーを追加することも可能です。

10.4.1 画像を表示するためのヘルパーメソッド

画像を表示するためには、image_tagヘルパーを使用します。これによって、HTMLの\<img\>タグ要素を生成し、画像を表示することができます。image_tagは次のような形式で使用します。

```
image_tag '画像ファイルのパス' [, (オプション or HTMLオプション)]
```

画像ファイルのパス指定の方法により、参照する画像ファイルの場所が異なります。

Railsでは、テンプレートを構成する背景図などの画像を、テンプレートの資産として、app/assets/imagesディレクトリ内で管理することを原則としています。したがって、次のようなパスの指定の仕方で参照する場所が決まります。

1. 相対パスで指定した場合（先頭が「/」で始まらない場合）：app/assets/imagesディレクトリを参照する
2. ルートからの絶対パスで指定した場合（先頭が「/」で始まる場合）：publicディレクトリを参照する

相対パスによる指定の例は、以下のとおりです。

```
<%= image_tag 'logo.jpg' %>
```

この場合logo.jpgは、資産（アセット）としての画像を管理するapp/assets/imagesディレクトリ内にあるものとして参照されます。Railsでは、テンプレートを構成する背景図などの画像は、テンプレートの資産として、app/assets/imagesディレクトリ内で管理することを原則としています。そのため、このような挙動になります。

絶対パスによる指定の例は、以下のとおりです。

```
<%= image_tag '/logo.jpg' %>
```

この場合、logo.jpgはpublicディレクトリの下にあるものとして参照されます。publicディレクトリは、アプリケーションのルートディレクトリのように動作します。そのため、次のように記述することも可能です。

```
<%= image_tag 'http://localhost:4000/logo.jpg' %>
```

リスト10.17に示すテンプレートは、Usersコントローラーが使用するレイアウトの、アプリケーションヘッダー部分（<body>タグ直下）にimage_tagを挿入する例です。画像のサイズを指定するには、widthオプションとheightオプションを使って指定するか（例：width: 300, height: 200）、sizeオプションで指定する方法（例：size: "300 × 200"）があります。

▶リスト10.17　テンプレートの記述

```
<!DOCTYPE html>
<html>
……（省略）……
<body>
<%= image_tag 'logo.jpg', width: 300, height: 200 %>
<%= yield %>
</body>
</html>
```

この例では、app/assets/imagesディレクトリにあるlogo.jpgファイルを参照しています。動作画面を図10.12に示します。

❖図10.12　画像を表示

note　画像に対するサイズを指定する場合、縦横を両方指定すると、本来の画像の縦横比が無視されてしまいます。そのため、画像サイズの補正をしない限り、通常は、縦／横どちらかのサイズを指定します。

altオプションで画像に対して属性名を指定しています。この指定がない場合は、alt属性にはファイル名が割り当てられます。

また、classオプション（例：class: "image"）またはidオプションを指定して、スタイルシートを使った指示を行うこともできます。メンテナンス性を考えると、一般的に、直接image_tagに記述するのではなく、classオプションなどを指定して、スタイルシートを使って指示するほうが良いでしょう。

リスト10.18とリスト10.19は、classオプションを使って、スタイルシートで指示している例です。

▶リスト10.18　ビューテンプレートの記述

```
<%= image_tag 'logo.jpg', class: 'logo_image' %>
```

▶リスト10.19　スタイルシートの記述

```
.logo_image {
  width: 100px;
}
```

ここで、スタイルシートをapp/assets/stylesheetsディレクトリに置くことによって、Railsは、スタイルシートをすべてのビューテンプレートにひも付けてくれます。

> *note* 詳細については、Chapter 11で説明します。

スタイルシートのファイル名（拡張子：.scss）は任意ですが、目的ごとに分けたわかりやすい名前を付けることが管理しやすいポイントです。Railsでは、CSSよりも、拡張性を考慮したSCSSファイルとしてスタイルシートを管理することが一般的です。CSSではできない階層指定の仕方などが可能になり、よりわかりやすく管理できます。

Scaffoldで生成すると、app/assets/stylesheetsディレクトリに、コントローラー名に対応する空のSCSSファイルが作られます。これら空のファイルは、環境設定ファイル（config/application.rb）によって生成しないよう設定することも可能ですが、利用しないものは最終的にゴミとなるため、削除しておくと良いでしょう。

なお、外部サイトのパス上の画像をデフォルトとして利用したい場合は、「画像ファイルのパス」の部分に画像の存在場所のURIを指定します。もちろん、勝手に他のサイトの資産を流用するのは著作権の点で許されないため、許可された自身のサイトに関係するものを使いましょう。

```
<%= image_tag ' http://assets.example.com/images/rails.png ' %>
```

10.4.2 リンク先を指示するヘルパーメソッド

宛先（リンク先）を指示して、画面からクリックした時のHTTPリクエストを要求するために、link_toというヘルパーメソッドを利用します。link_toヘルパーメソッドは、HTMLの<link>タグを生成するメソッドです。

> *note* 実は、Saffoldで生成したビューには、link_toメソッドがすでに登場しています。

それでは、link_toメソッドの使い方を見ていきましょう。記述の形式は、次のようになります。

```
link_to 文字列, パス [, オプション]
```

「文字列」は、リンクを示すビュー上の文字表記になります。

また、「パス」は、HTTPリクエストの宛先URIです。Railsアプリケーションの該当アクションにリンクしたい場合は、一般的にルートで定義されるルーティングヘルパーを指定します。もちろん、他のサイトのURL（URI）を指定することもできます。その場合は、http://〜 のようにURIの完全形で指示します。

オプション

link_toメソッドの主なオプションには次のようなものがあります。

● :method

HTTPメソッドの指定を行います。デフォルトはGETメソッドですが、:post/:patch/:delete といった指定が可能です。

```
<%= link_to '削除', book, method: :delete, …. %>
```

この場合、削除と表示された文字をクリックすると、bookで指定された宛先URIへHTTPリクエストが送信されます。その際のIITTPメソッドはDELETEとなります。

● :data

data要素を指示する必要がある場合に使用します。

```
<%= link_to '削除', book, method: :delete,
  data: { confirm: '削除してもOKですか？' } %>
```

この場合、変換されたHTMLでは、「data-confirm='削除してもOKですか？'」というオプションが作り出されます。このデータオプションによって、このリンクをクリックすると、削除確認のためのポップアップ（モーダル）が表示されます。

● :remote

デフォルトは、remote: false（local: true）となっています。通常のページ単位の同期通信をするか、Ajax（非同期通信：後述）をするかを指定します。Ajaxを指示する時には「remote: true」として指定します。

● HTMLオプション

HTMLの標準の<link>タグで使用できるオプション（:class、:idなど多数）が利用できます。

Libraryアプリケーションの例

LibraryアプリケーションのBook機能としてScaffoldで生成されたindex.html.erbビューテンプレートの例は、リスト10.20のとおりです。ただし、一部を日本語化しています。

▶リスト10.20　app/views/books/index.html.erb

```
<p id="notice"><%= notice %></p>
<h1>書籍一覧</h1>
<table>
  ……（省略）……
  <tbody>
    <% @books.each do |book| %>
      <tr>
        <td><%= book.title %></td>
        <td><%= book.description %></td>
        <td><%= link_to '詳細', book %></td>
        <td><%= link_to '編集', edit_book_path(book) %></td>
        <td><%= link_to '削除', book, method: :delete, data: { confirm: ⏎
'削除しても良いですか？ ' } %></td>
      </tr>
    <% end %>
  </tbody>
</table>
<br>

<%= link_to '新書籍登録', new_book_path %>
```

アプリケーションを実行すると、「詳細」「編集」「削除」「新書籍登録」の文字で表示されるリンクが画面上に表示されます。それらはそれぞれ、「book」「edit_book_path(book)」「new_book_path」という宛先ルートで指定されています。

これらの宛先は、renderメソッドでHTMLに変換されるとリスト10.21のようになります。ただ

404　10.4　ビューヘルパー

し、リスト10.20のbookは@booksインスタンス配列の要素のうち、特定のBookモデルのインスタンスがひも付けられたローカル変数です。

▶リスト10.21　変換されたHTML

```
    ……（省略）……
      <tr>
        <td>Rubyの冒険</td>
        <td>Rubyの特徴がわかっていろいろ面白い</td>
        <td><a href="/books/3">詳細</a></td>
        <td><a href="/books/3/edit">編集</a></td>
        <td><a data-confirm="削除しても良いですか？"
            rel="nofollow" data-method="delete"
            href="/books/3">削除</a></td>
      </tr>
    ……（省略）……
  <a href="/books/new">新書籍登録</a>
```

　HTMLに変換されたリンク先のルートは、「/books/3」「/books/3/edit」「/books/new」がhref=で宛先URIとして使用され、methodオプションが指定されたものは、method: :deleteの場合、「data-method="delete"」に変換されています。また、指定のないものは、HTTPメソッドがGETとして扱われます。リンクがクリックされると、これらの宛先URIとHTTPメソッド（オプション情報を含む）の組み合わせがリクエストされ、Railsのルーターは、URIとHTTPメソッドに対応するコントローラーのアクションを呼び出します（図10.13）。

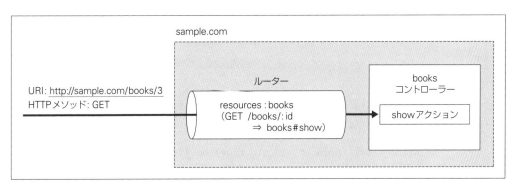

❖図10.13　link_toヘルパーで生成されたリンクからコントローラーのアクションを呼び出す

10.4.3　入力フォームを生成する基本のヘルパーメソッド

画面からデータを入力するには、HTMLの<form>タグを使用した入力フォームを使用します。このフォームの生成には、form_withというヘルパーメソッドが使用されます。form_withメソッドは、モデルインスタンスのリソースをもとにした入力フォームを生成するメソッドです。

 Rails 5.1以前のform_forおよびform_tagメソッドは、form_withメソッドに統合されました。

form_withヘルパーメソッド

form_withメソッドは、クライアントパソコンのブラウザーに、データリソースの入力や編集を行う**フォーム**を生成するために使用します。form_withメソッドで記述されたテンプレートはrenderで呼び出され、HTMLの<form>タグおよびオプションなどで指定されたルールに従って、HTMLの入力フォームに必要な形式に変換されます。

基本的な形式は、次の2つが挙げられます。第1引数には、リソースを表現するmodel、または仮想データ集合（仮想のリソース）を表現するscopeを指定します。model/scopeで指定する名称によって、<form>タグで扱われるフォームパラメーター（入力属性）がグループ化されます。

```
form_with( model: モデルオブジェクト [, オプション])  do |form|
  ……（フォームを構成する要素の定義）……
end
```

```
form_with( scope: スコープ名 [, オプション])  do |form|
  ……（フォームを構成する要素の定義）……
end
```

modelオプション

特定のモデルリソースを対象にした入力フォームの場合はmodelオプションを使用します。例えば、Productモデル（製品モデル）のインスタンスに対しては次のように記述できます。

```
<%= form_with( model: product, local: true) do |form| %>
  <%= form.label :name %>
  <%= form.text_field :name %>
  ……（省略）……
  <%= form.submit %>
<% end %>
```

モデルインスタンスの各属性の値が、対応する入力要素に初期値としてセットされます。local: trueオプションは、通常のWebアプリケーションとして、画面のページ単位で同期してサーバーか

らHTTPレスポンスを受信するオプションです。localオプションを省略するか、local: falseとすると、Ajax（非同期通信：後述）として扱われます（htmlではdata-remote="true"に相当）。

renderメソッドによりHTMLに変換されると、次のようになります。変換された最初の3行は、form_withによって生成された部分に相当します。

```
<form action="/products" accept-charset="UTF-8" method="post">
<input name="utf8" type="hidden" value="&#x2713;" />
<input type="hidden" name="authenticity_token" value="6s….4Q==" />
<label for="product_name">Name</label>
<input id="product_name" type="text" name="product[name]" />
……（省略）……
<input type="submit" name="commit" value="Create Product" data-disable-with="Create Product" />
</form>
```

変換された<form>タグの内容は次のようになっています。

- 宛先URI（actionの内容）：/products
- HTTPメソッド（methodの内容）：POST（form_with使用時のデフォルト）
- input項目：utf8とauthenticity_tokenが追加されている
- 入力項目キー：product_属性名（接頭語にモデル名を付加したもの）
- 入力項目の値：product[属性名]（モデル名でグループ化される）

---

note　入力項目の値は、コントローラーのアクションにおいて、次のように受け取ることができます。

```
params[:product][:属性名]
```

ブラウザーでの表示例を図10.14に示します。

❖図10.14　ブラウザーでの表示例

10.4.3　入力フォームを生成する基本のヘルパーメソッド　407

一点、重要なポイントを押さえておきましょう。action=が示す宛先URIは、<form>タグ内の
submitが実行された（「Create Product」ボタンが押された）時の送信先URIを示していますが、こ
の例ではform_withで「model: product」を指定したことによって、自動的に設定されています。

　送信リクエストは宛先URIが/productsでHTTPメソッドがPOSTであるため、ルーターは、実装
されているルート「POST　/products(.:format)　products#create」に従ってProductsコントロー
ラーのcreateアクションを呼び出します。

> *note* modelオプションを使用した場合は、通常、宛先のURIを指定しません。なぜならRailsは、指
> 定されるモデルのインスタンスを見て、そのインスタンスがidを持たない新規のインスタンスか、
> idを持つ既存のインスタンスかに応じて、次の宛先となるURIを自動で推測・生成してくれるた
> めです。
> Rails標準において、モデルのインスタンスに基づく入力フォームでは以下のルーティングが行わ
> れます。
>
> ● 新規のnewアクションによって生成された新規の画面のデータは、次のcreateアクション
> 　にルーティングされる
> ● 編集のeditアクションによって生成された編集画面のデータは、次のupdateアクションに
> 　ルーティングされる
>
> このようなルールも、RailsのCoCの大きな特徴です。もしこのルールに従わない処理を行う場
> 合は、URLオプションを使って宛先を指示する必要があります。

scopeオプション

　特定のリソース（モデルなど）と結び付かない入力フォームを生成する場合、scopeオプションを
使用します。scopeオプションでは宛先URI（URL）を推測できないため、urlオプションによって
宛先URIを指定する必要があります。

　一例として、searchというscope名を使用した場合を示します。

```
<%= form_with scope: :search, url: items_path, method: 'get', local: ⏎
true do |form| %>
  <%= form.label :word %>
  <%= form.text_field :word %>
  <%= form.submit 'search' %>
<% end %>
```

　スコープに相当する各属性の値が、対応する入力要素に初期値としてセットされます。renderメ
ソッドによってHTMLに変換されると、次のようになります。

```
<form action="/items" accept-charset="UTF-8" method="get">
<input name="utf8" type="hidden" value="&#x2713;" />
```

```
  <input type="hidden" name="authenticity_token" value="jm….nw==" />
    <label for="search_word">Word</label>
    <input type="text" name="search[word]" id="search_word" />
  <input type="submit" name="commit" value="search" data-disable-with="search"
/>
</form>
```

変換された<form>タグの内容は次のようになっています。

- 宛先URI：/items（urlオプションの指定に基づいて設定）
- HTTPメソッド：GET（form_withのmethodオプションの指定。デフォルトではPOST）
- input項目：utf8とauthenticity_tokenが追加される
- 入力項目キー：search_属性名
- 入力項目の値：search[属性名]

  modelオプションと同様、入力項目の値は、コントローラーのアクションにおいて、次のように受け取ることができます。

```
params[:search][:属性名]
```

ブラウザーでの表示例を図10.15に示します。

❖図10.15　ブラウザーでの表示例

送信リクエストは、宛先URIが/itemsでHTTPメソッドがGETであるため、ルーターは実装されているルート「GET　/items(.:format)　items#index」に従って、Itemsコントローラーのindexアクションを呼び出します。

10.4.3　入力フォームを生成する基本のヘルパーメソッド

form_withとフォーム要素ヘルパーメソッド

form_withメソッドで生成される入力フォーム内に設定する入力項目要素は、form_withメソッドの処理ブロック内で設定します。また、form_withメソッドで渡される処理ブロック内の変数form（名前は任意）には、FormBuilderインスタンス（ActionView::Helpers::FormBuilderクラスのインスタンス）が渡されます。

このインスタンスが持つメソッド（フォームヘルパー）を使用して、フォーム内の各要素を生成することになります。このインスタンスがどのようなメソッドを持っているかを、ActionView::Helpers::FormBuilderクラスのインスタンスメソッドのinstance_methodsを使って確認してみましょう。

```
ActionView::Helpers::FormBuilder.instance_methods
=> [:select,
…… （省略） ……
:date_select,
 :object_name,
 :time_select,
 :datetime_select,
 :fields_for,
 :text_field,
 :password_field,
 :hidden_field,
 :file_field,
 :text_area,
 :check_box,
 :radio_button,
 …… （省略） ……
```

一覧で表示されたフォームヘルパーそれぞれの具体的な使用方法は、次の項以降で説明します。

ネストされたルートに対応するフォームの指定

「すでに親子関係を持つリソースフルルートを、入れ子状態のルート（ネストされたルート）で記述することができる」と説明しました。そのような場合にform_withメソッドを使う際の留意点について補足しておきます。

例として、ネストされた次のような親子関係のルートを持つ場合を考えましょう。

```
resources :users do
  resources :hobbies
end
```

この場合、子であるHobbyモデルのリソースフルルートは、親であるUserモデルの特定のデータリソースにひも付ける必要があります。そのため、Hobbyモデルでデータリソースの新規登録を行

う場合や登録済みのデータリソースを編集する場合、入力するフォームを呼び出すビューテンプレートでは、Hobbyモデルだけでなく、親であるUserモデルのデータリソースを特定する情報（id）が必要になります。つまりform_withメソッドでは、modelオプションに対し、親子両方のインスタンスを指定しなければなりません。

次のように、モデルオブジェクトを[]でくくって入れ子順に記載することで、正しい宛先ルートとのマッチングを行えるようにします。

```
<%= form_with(model: [hobby.user, hobby], local: true) do |form| %>
……（省略）……
<% end %>
```

この例では、新規・編集それぞれの場合に、リスト10.22、リスト10.23のようにHTMLに変換されます。

▶リスト10.22　新規入力（User id=1 の子としての新規のHobbyの登録）

```
<form action="/users/1/hobbies" accept-charset="UTF-8" method="post">
<input name="utf8" type="hidden" value="&#x2713;" />
<input type="hidden" name="authenticity_token" value="nB…jA==" />
……（省略）……
</form>
```

▶リスト10.23　編集入力（User id=1 の子としての既存のHobby id=6 の編集）

```
<form action="/users/1/hobbies/6" accept-charset="UTF-8" method="post">
<input name="utf8" type="hidden" value="&#x2713;" />
<input name="method" type="hidden" value="patch" />
<input name="authenticity_token" type="hidden" value="nB…jA==" />
……（省略）……
</form>
```

また、名前空間で入れ子に設定されているコントローラーに関しては、次のように文字列（"library"）やシンボル（:library）を使って、名前空間名を入れ子の順に指定することができます（リスト10.24、リスト10.25）。

▶リスト10.24　ルートの記述

```
namespace "library" do
  resources :histories
end
```

10.4.3　入力フォームを生成する基本のヘルパーメソッド　411

▶リスト10.25　form_withの記述

```
<%= form_with(model: [:library, history], local: true) do |form| %>
……（省略）……
<% end %>
```

変換後のHTMLをリスト10.26に示します。

▶リスト10.26　変換後のHTML

```
<form action="/library/histories" accept-charset="UTF-8" method="post">
<input name="utf8" type="hidden" value="&#x2713;" />
<input type="hidden" name="authenticity_token" value="TO…BQ==" />
……（省略）……
</form>
```

　以上、form_withメソッドを使用した入力フォームの枠組み（<form>タグ）の記述方法を見てきました。次の項では、フォームヘルパーを使った、フォーム内に記述する各入力項目要素の記述方法を見ていきます。

10.4.4　フォーム要素を生成するヘルパーメソッド

　本項では、form_withメソッドのmodel/scopeオプションを利用して生成される、フォーム内のさまざまな入力項目要素を生成するフォームヘルパーについて説明します。

　先述のとおり、form_withメソッドで渡される処理ブロック内の変数は、model/scopeオプションで指定されたインスタンスオブジェクトをもとにして生成された、FormBuilderインスタンスにひも付いています。フォーム内の要素は、このインスタンスのメソッドとして設定されます。

　例として、@userにひも付けられたユーザーインスタンスをもとに、次のようなform_withのブロック内で、FormBuilderインスタンスのヘルパーメソッドを使用して定義する属性要素を説明します。

```
<%= form_with model: @user, local: true do |form| %>

……（ヘルパーメソッドを使用したモデル属性要素の定義）……

<% end %>
```

　画面フォームは、図10.16のようなものを想定してください。この図で表現されている各項目は、要素のフォームヘルパーメソッドによって生成されています。

　画面に表示されている各項目を生成しているヘルパーメソッドは、画面イメージの番号と対応させ

ると、次のようになります。利用例と生成されるHTMLは、図10.16の画面に基づいています。フォームヘルパーメソッドを使用することにより、生のHTMLで記述するよりもシンプルに記述できます。ヘルパーメソッドによる記述と、HTMLに変換された時の表現を比較してみましょう。

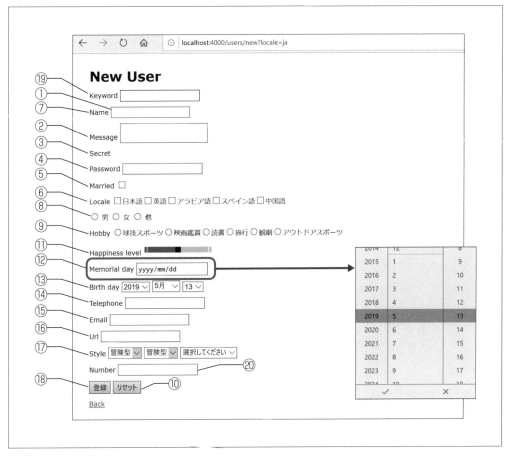

❖図10.16　画面フォーム例

① text_field

単一行のテキストボックスを生成するメソッドです。

● 利用例

```
<%= form.text_field :name %>
```

● 生成されるHTML

```
<input type="text" name="user[name]" />
```

② text_area

複数行のテキストボックスを生成するメソッドです。

- 利用例

```
<%= form.text_area :message %>
```

- 生成される HTML

```
<textarea name="user[message]">
</textarea>
```

③ hidden_field

ページ内に埋め込む、隠しフィールドを生成するメソッドです。hidden_field に設定した値は、コントローラーが受信する他のフォームパラメーターの属性と同様に、あたかもクライアントから入力された値のように扱われます。

- 利用例

```
<%= form.hidden_field :secret %>
```

- 生成される HTML

```
<input type="hidden" name="user[secret]" />
```

④ password_field

パスワードフィールドを生成するメソッドです。入力内容の表示は「*」で置き換えられます。

- 利用例

```
<%= form.password_field :password %>
```

- 生成される HTML

```
<input type="password" name="user[password]" />
```

⑤ check_box

チェックボックスを生成するメソッドです。動作の整合を取るための隠しフィールドも自動的に生成されます。

- 利用例

```
<%= form.check_box :married %>
```

- 生成される HTML

```
<input name="user[married]" type="hidden" value="0" />
<input name="user[married]" type="checkbox" value="1" />
```

414　　10.4　ビューヘルパー

⑥ collection_check_boxes

モデルのリソースに基づいて、チェックボックスを、リソースの数だけ自動的に生成するメソッドです。

● 利用例

```
<%= form.collection_check_boxes(:locale, Lang.all, :id, :name) %>
```

ここでは、Langモデルの情報を取得しています。ボックス横にLangモデルの属性値nameを表示し、チェックした値に応じたidの内容をlocaleに取り込みます。ただし、チェックボックスは複数選択が可能なのでlocaleはハッシュ形式で取り込みます。

● 生成されるHTML

```
<input type="hidden" name="user[locale][]" value="" />
<input type="checkbox" value="1" name="user[locale][]" id="user_locale_1" />
<label for="user_locale_1">日本語</label>
……（省略）……
<input type="checkbox" value="5" name="user[locale][]" id="user_locale_5" />
<label for="user_locale_5">中国語</label>
```

⑦ label

入力フィールドの項目名を表示するラベルを生成するメソッドです。

● 利用例

```
<%= form.label :name %>
```

● 生成されるHTML

```
<label for="user_name">Name</label>
```

⑧ radio_button

指定した値に基づいて、ラジオボタンを生成するメソッドです。

● 利用例

```
<% genders = %w(男 女 その他) %>
<% genders = ['男', '女', '他'] %>
<% genders.each_with_index do |g, i| %>
  <%= form.radio_button :gender, i %>
  <%= form.label :gender, g, value: i %>
<% end %>
```

ここでは、値を3つ持つ配列 ['男', '女', 'その他'] に基づいています。

● 生成される HTML

```
<input name="user[gender]" type="radio" value="0" />
<label>男</label>
<input name="user[gender]" type="radio" value="1" />
<label>女</label>
<input name="user[gender]" type="radio" value="2" />
<label>他</label>
```

⑨ collection_radio_buttons

モデルのリソースに基づいて、ラジオボタンを、リソースの数だけ自動的に生成するメソッドです。

● 利用例

```
<%= form.collection_radio_buttons(:hobby, Hobby.all, :id, :name) %>
```

Hobbyモデルの情報に基づいて、ボタンの横にHobbyモデルの属性値nameを表示し、チェックした値に応じたidの内容をhobbyに取り込みます。

● 生成される HTML

```
<input type="hidden" name="user[hobby]" value="" />
<input type="radio" value="1" name="user[hobby]" id="user_hobby_1" />
<label for="user_hobby_1">球技スポーツ</label>
……（省略）……
<label for="user_hobby_6">アウトドアスポーツ</label>
```

⑩ button

ボタンを生成するメソッドです。typeオプションを指定しない場合は、送信（submit）と見なされ、フォームの内容を送信します。また、typeを「reset」とすると、入力内容をリセットするためのボタンが作成できます。

● 利用例

```
<%= form.button "リセット", type: :reset %>
```

● 生成される HTML

```
<button name="button" type="reset">リセット</button>
```

⑪ range_field

ある範囲の数値を入力するためのスライダーを生成するメソッドです。数値の範囲をmin（最小値）、max（最大値）、step（刻み）で指定できます。

● 利用例

```
<%= form.range_field :happiness_level, min: 0, max: 100, step: 10, ⏎
id: :user_happiness_level %>
```

● 生成されるHTML

```
<input min="0" max="100" step="10" id="user_happiness_level" type="range" ⏎
name="user[happiness_level]" />
```

⑫ date_field

日付を入力するためのカレンダーダイアログを生成するメソッドです。

● 利用例

```
<%= form.date_field :memorial_day %>
```

● 生成されるHTML

```
<input type="date" name="user[memorial_day]" />
```

⑬ date_select/datetime_select

date_selectは、年月日の選択フィールドを生成するメソッドです。datetime_selectは、年月日・時分秒それぞれの選択フィールドを生成するメソッドです。デフォルトで前後5年間（合わせて11年間）の選択が可能ですが、どちらのメソッドにもオプションとして、開始年（例：start_year: 1900）や終了年（例：end_year: 2020）を指定して、必要な期間を設定できます。

● 利用例

```
<%= form.date_select :birth_day %>
```

● 生成されるHTML

```
<select name="user[birth_day(1i)]" id="user_birth_day_1i">
<option value="2013">2013</option>
…… （デフォルトは現在年の前後5年） ……
</select>
 <select name="user[birth_day(2i)]" id="user_birth_day_2i">
<option value="1">1月</option>
…… （1月から12月まで） ……
</select>
<select name="user[birth_day(3i)]" id="user_birth_day_3i">
<option value="1">1</option>
…… （1日から31日まで） ……
</select>
```

10.4.4　フォーム要素を生成するヘルパーメソッド　**417**

⑭ telephone_field

電話番号入力用のテキストボックスを生成するメソッドです。

● 利用例

```
<%= form.telephone_field :telephone %>
```

● 生成されるHTML

```
<input type="tel" name="user[telephone]" />
```

⑮ email_field

メール入力用のテキストボックスを生成するメソッドです。このテキストボックスでは、入力が@の前後に文字列を含むものかチェックされます。

● 利用例

```
<%= form.email_field :email %>
```

● 生成されるHTML

```
<input type="email" name="user[email]" />
```

⑯ url_field

URL入力用のテキストボックスを生成するメソッドです。このテキストボックスでは、入力がhttp:やhttps:から始まっているかチェックされます。

● 利用例

```
<%= form.url_field :url %>
```

● 生成されるHTML

```
<input type="url" name="user[url]" />
```

⑰ select

項目選択のセレクトボックスを生成するメソッドです。

第2引数に配列を指定することで、プルダウンメニューの値を表示できます。その場合、選択キーおよび入力値は配列の値となります。また、第2引数にハッシュを使用すると、選択メニューと選択値を分けることができます。その場合、選択キーはハッシュキーに、入力値はハッシュ値になります。

第3引数にハッシュ形式でオプションを指定できます。例えば、include_blankオプションで、未選択の状態のメニューを追加できます。

● 利用例1：配列

```
<% styles = %w(冒険型　慎重型 行動型) %>
<%= form.select :style, styles %>
```

● 生成されるHTML

```
<select name="user[style]">
<option value="冒険型">冒険型</option>
……（省略）……
</select>
```

● 利用例2：ハッシュ

```
<% styles = {"冒険型" => "adventure", "慎重型" => "prudent", ⏎
"行動型" => "active" } %>
<%= form.select :style, styles, opts %>
```

● 生成されるHTML

```
<select name="user[style]">
<option value="adventure">冒険型</option>
  ……（省略）……
</select>
```

● 利用例3：オプションinclude_blankを指定

```
<% styles = {"冒険型" => "adventure", "慎重型" => "prudent", ⏎
"行動型" => "active" } %>
<% opts = {include_blank: "選択してください"} %>
<%= form.select :style, styles, opts %>
```

● 生成されるHTML

```
<select name="user[style]"><option value="">選択してください</option>
<option value="adventure">冒険型</option>
  ……（省略）……
</select>
```

⑱ submit

　フォームの送信ボタンを生成するメソッドです。オプションで名称を指定するとボタン名に反映されます。その他オプションを指定する時は、ボタン名を指定してください。

● 利用例1：オプションなし

```
<%= form.submit "登録" %>
```

10.4.4　フォーム要素を生成するヘルパーメソッド

● 生成される HTML

```
<input name="commit" type="submit" value="登録">
```

● 利用例2：名称を指定

```
<%= form.submit "NG", name: "cancel" %>
```

● 生成される HTML

```
<input name="cancel" type="submit" value="NG">
```

⑲ search_field

検索入力用のテキストボックスを生成するメソッドです（図10.16には表示されていません）。

● 利用例

```
<%= form.search_field :keyword %>
```

● 生成される HTML

```
<input type="search" name="user[keyword]" />
```

⑳ number_field

整数値を入力用のテキストボックスを生成するメソッドです。入力は整数値に限定されます。

● 利用例

```
<%= form.number_field :age %>
```

● 生成される HTML

```
<input type="number" name="user[age]" />
```

10.4.5 　非リソース型のフォーム要素を生成するヘルパーメソッド

入力項目要素を生成するヘルパーメソッドは、通常、modelオプションやscopeオプションのリソース（または仮想リソース）にひも付く要素のヘルパーメソッド（**リソース型ヘルパーメソッド**）です。

form_with では、このscope オプションを指定しない（あるいは、グループ名をnilで指定する）ことも可能です。その場合、フォームに生成される各入力項目要素は、グループ化されない単独のパラメーター(非リソース型のパラメータ) として扱われ、クライアントから受信したパラメーターを、グループキーを指定せずに、入力要素の属性名で直接、params[:属性名]という形式で取得が可能です。

note Rails 5登場以降、form_withのscopeオプションにより、非リソース型のパラメーターも対応が可能です。従来、前項の各ヘルパーメソッド名に「_tag」を付加したヘルパーメソッドが存在しますが、それらは前項の説明と同様に、必要性が失われています。したがって本書では、これらについての解説は省略します。

10.4.6　ネストされたフォームヘルパーメソッド

1つのモデルが他のモデルと1対多のアソシエーションの関係にある場合、親モデルの入力フォームの中に、子モデルの属性項目を親モデルの1つの属性グループのように扱い、入れ子状態にして組み込んだビューを作成することができます。その場合、親と子の一連の情報を一括して登録・更新することが容易になります。

Railsでは、親の属性の一つとして、子のビューを組み込むfields_forメソッドが用意されており、このようなビューを簡単に実装することができます。これは、例えば「注文モデルにひも付く注文明細モデル」「ひと月の財務表にひも付く月間元帳明細」「ユーザー1人に対する複数メールアドレスの管理」「1つの製品と部品構成」といった関係を、効率よく登録・変更したい場合に役立ちます。

それでは実際に、注文モデルと注文明細モデルの例を使って、具体的に説明していきましょう。

まず、リスト10.27に注文モデル（order）の入力フォームを示します。

▶リスト10.27　app/views/orders/_form.html.erb

```erb
<%= form_with(model: order, local: true) do |form| %>
  <div class="field">
    <%= form.label :name %>
    <%= form.text_field :name, id: :order_name %>
  </div>
  <div class="field">
    <%= form.label :order_date %>
    <%= form.date_select :order_date, id: :order_order_date %>
  </div>
  <div class="field">
    <%= "Item name - Count" %><br>
    <%= form.fields_for :order_details do |detail| %>
      <%= detail.text_field :item_name %>
      <%= detail.number_field :count %><br>
    <% end %>
  </div>
  <div class="actions">
    <%= form.submit %>
  </div>
<% end %>
```

form.fields_forを使用して、子モデルの項目属性を組み込んでいます。なお、複数の子モデルを有する時は、form.fields_for〜endを部分テンプレートにすると見通しが良くなります。

新規登録画面および編集画面は図10.17、図10.18のようになります。

❖図10.17　新規登録画面　　　　　　　　❖図10.18　編集画面

これを実現するためには、それぞれのモデルはリスト10.28、リスト10.29のようになります。注文モデルに対してネストされた（入れ子にされた）注文明細モデルの属性を受け付けるようにするため、accepts_nested_attributes_forメソッドを使用します。

▶リスト10.28　注文モデル（order）

```
class Order < ApplicationRecord
  has_many :order_details
  accepts_nested_attributes_for :order_details
end
```

▶リスト10.29　注文明細モデル（order_details）

```
class OrderDetail < ApplicationRecord
  belongs_to :order
end
```

処理するための注文コントローラーは、リスト10.30のようになります。

▶リスト10.30　注文コントローラー（orders_controller.rb）

```ruby
class OrdersController < ApplicationController
  before_action :set_order, only: [:show, :edit, :update, :destroy]
  ……………… （省略）……………….
  def new
    @order = Order.new
    @order.order_details.new  # 1件の明細追加用
  end

  def edit
    @order.order_details.new  # 1件の明細追加用
  end

  def create
    @order = Order.new(order_params)
    if @order.save
      redirect_to @order, notice: 'Order was successfully created.'
    else
      render :new
    end
  end

  def update
    if @order.update(order_params)
      redirect_to @order, notice: 'Order was successfully updated.'
    else
      render :edit
    end
  end
  ……………… （省略）…………………
  private
    def set_order
      @order = Order.find(params[:id])
    end
    def order_params
      params.require(:order).permit(:name, :order_date,
              order_details_attributes: [:id, :item_name, :count])
    end
end
```

10.4.6　ネストされたフォームヘルパーメソッド　423

order更新時にorder_detailsを同時に更新できるよう、ストロングパラメーターとしてorder_details_attributes: [:id, :item_name, :count]を追加しています。これによって、update_allメソッドを使うことなく、orderモデルの更新だけで明細モデルまで同時に更新されます。なお、new/editアクションで画面を表示する時には、orderモデルだけでなく、追加のための明細order_detailモデルのインスタンスオブジェクトも生成しておく必要があります。

この内容をもとに、皆さんもRailsテスト用のアプリケーションの中で実際に作って確認してみてください。その際は次のように、rails g scaffoldコマンドで注文機能を、rails g modelコマンドで注文明細モデルの基本を生成して、それらを修正していく方法でかまいません。

```
$ rails g scaffold order name:string order_date:date
$ rails g model order_detail item_name:string count:integer order:references
```

10.4.7　独自ヘルパーの設定

ビューテンプレートで使用するヘルパーメソッドを独自で作成することができます。ヘルパーメソッドの作成には、次の2種類の方法があります。

- app/helpersディレクトリ下のヘルパーモジュールファイルを使用する
- コントローラー内にhelper_methodメソッドを使用する

ヘルパーモジュールファイルを使用する

すべてのビューに共通のヘルパー、あるいは特定のコントローラーのビューのみに有効なヘルパーを作成するには、まず、app/helpersディレクトリに、ヘルパーモジュールを記述したhelper用のRubyファイルを作成します。デフォルトでは、app/helpersディレクトリ内にあるすべてのヘルパーファイルがすべてのビューにincludeされるため、特にファイル名を気にする必要はありません。しかし、コントローラーごとに有効なヘルパーメソッドを分けたい場合は、初めから名前を意識して設定する必要があります。

ヘルパーメソッドモジュールは、リスト10.31のような形で記述します。名前の接尾語として「_helper」を付加します。また、モジュール名は、クラス名と同様にファイル名をキャメル型で記述します。

▶リスト10.31　app/helpers/xxxxx_helper.rb

```
module XxxxxHelper
  def ヘルパーメソッド名
    メソッド内容
  end
end
```

10.4　ビューヘルパー

全体に共通のヘルパーメソッドは、app/helpers/application_helper.rbの中に定義することで、後述する環境設定に関係なく、すべてのビューに共通のヘルパーメソッドとして使用できます。

例えば、app/helpers/application_helper.rbにリスト10.32のような記述をします。

▶リスト10.32　ヘルパーファイル設定の例（application_helper.rbの例）

```
module ApplicationHelper
  def hello
    "こんにちは・・・・!! "
  end
end
```

これにより、すべてのビューに対してヘルパーメソッドhelloが有効になります。もし、特定のコントローラーに対するビューヘルパーを作成するのであれば、環境ファイルconfig/application.rbに次の行を設定する必要があります。

```
config.action_controller.include_all_helpers = false
```

具体的には、リスト10.33のような内容になります。

▶リスト10.33　config/application.rb

```
require_relative 'boot'
require 'rails/all'
Bundler.require(*Rails.groups)

module アプリケーション名
  class Application < Rails::Application
    config.load_defaults 5.2
    config.action_controller.include_all_helpers = false
  end
end
```

そのうえで、コントローラーごとのヘルパーは、対象となるコントローラーXxxxxと同名のxxxxx_helper.rbファイルの中にヘルパーメソッドを設定します。例えば、users_controller（Users Controller）であれば、users_helper（UsersHelper）として、リスト10.34のような形式で設定します。

▶リスト10.34　users_helper.rb

```
module UsersHelper
  def hello
    "Hello World !!"
  end
end
```

10.4.7　独自ヘルパーの設定　　425

なお、ヘルパーファイル名（ヘルパー名）と異なるコントローラー名に属するビューにこのヘルパーが実装されるとundefined local variable or methodの例外となります。

また、この場合でも、application_helper.rbに設定したメソッドは、共通のヘルパーとして利用できます。ただし、コントローラー名_helperや、application_helperに対応しないファイルのヘルパーモジュールは無効になります。

helper_methodメソッドによる設定

すでに説明したヘルパーモジュールを使用せず、コントローラーにhelper_methodメソッドを使用して設定し、ビューヘルパーとして利用することもできます。例えば、アプリケーションコントローラー（ApplicationController）に次のようなヘルパーを設定します。

```ruby
class ApplicationController < ActionController::Base
  protect_from_forgery with: :exception

  # ヘルパーメソッド
  helper_method :current_user

  # ログイン済みのカレントユーザー（セッションユーザー）を呼び出す処理
  def current_user
    if session[:user_id]
      @current_user ||= User.find(session[:user_id])
    end
  end
end
```

@current_user ||= User.find(session[:user_id])という記述によって、@current_userが空の場合、session[:user_id]に相当するidでUserモデルをインスタンス化した結果が@current_userに代入されます。したがって、current_userヘルパーメソッドは、@current_user（ログインユーザーのインスタンス）の内容を戻り値として返します。

また、この記述により、ApplicationControllerを継承するコントローラーのどのビューからでも、current_userメソッドをヘルパーとして利用できます。このように、共通のヘルパーメソッドを設定する場合はApplicationControllerに設定しておき、もし特定のコントローラーに限定するのであればそのコントローラーに設定することで、ビューテンプレートの適用範囲を制約することができます。

ヘルパーモジュールとhelper_methodの違いの一つは、コントローラー単位のヘルパーの設定を行う場合に環境設定で行うか、直接コントローラーに設定するかということです。
helper_methodで設定すると対応するコントローラーのアクションでも有効になりますが、ヘルパーモジュールはビューヘルパーを前提にしたものであり、アクション内で使用したい場合は、対応するコントローラーに対してinclude ApplicationHelperを指定する必要があります。

10.4.8　その他のヘルパーメソッド

Railsでは、他にもさまざまなヘルパーメソッドが標準で組み込まれています。一部を以下に紹介します。

select_date

指定日を中心として、前後5年間（合計11年間）の年月日を選択するための<select>タグを表示するメソッドです。オプションとして開始年（start_year）、終了年（end_year）を指定できます。フォームヘルパーのdate_selectとは異なり、単独で使用します。

● 利用例

```
select_date(Time.now + 5.days)
```

select_datetime

指定時刻を中心として、前後5年間（合計11年間）の年月日・時分を選択するための<select>タグを表示するメソッドです。オプションとして開始年（start_year）、終了年（end_year）を指定できます。フォームヘルパーのdatetime_selectとは異なり、単独で使用します。

select_year

指定日を中心として、前後5年間（合計11年間）の年を選択するための<select>タグを表示するメソッドです。オプションとして開始年（start_year）、終了年（end_year）を指定できます。

● 利用例

```
select_year(Date.today)
```

select_month

指定日をカレント（現在の）月とする、JanuaryからDecemberまでの範囲で月を選択するための<select>タグを表示するメソッドです。日本語環境では1月～12月として表示されます。

select_day

指定日をカレントとして、1～31の範囲で日にちを選択するための<select>タグを表示するメソッドです。

● 利用例

```
select_day(Time.now + 2.days)
```

select_hour

指定時刻をカレントとして、0～23の範囲で時間を選択するための<select>タグを表示するメソッドです。

● 利用例

```
select_hour(Time.now + 5.hours)
```

select_minute

指定時刻をカレントとして、0〜59の範囲で分を選択するための<select>タグを表示するメソッドです。

● 利用例

```
select_minute(Time.now + 5.hours)
```

select_second

指定時刻をカレントとして、0〜59の範囲で秒を選択するための<select>タグを表示するメソッドです。

● 利用例

```
select_second(Time.now + 10.minutes)
```

select_time

指定時刻をカレントとして、0時0分〜23時59分の範囲で時分を選択するための<select>タグを表示するメソッドです。フォームヘルパーのtime_selectとは異なり、単独で使用します。

● 利用例

```
select_time(Time.now)
```

escape_javascript（別名：j）

JavaScript内の文字列から改行（CR）と「'」と「"」をエスケープするメソッドです。後述するAjaxの作成に有効です。

● 利用例

```
$("#price_div").html("<%= j(render 'price', product: @product) %>");
```

number_to_human_size

バイト数を読みやすい形式に変換するメソッドです。

● 利用例

```
number_to_human_size(1234) # 1.21 KB
```

number_to_percentage

数値をパーセント文字列に変換するメソッドです。

● 利用例

```
number_to_percentage(100, precision: 0) # 100%
```

number_with_delimiter

数値に3桁ごとの桁区切り文字を追加するメソッドです。

● 利用例

```
number_with_delimiter(12345678) # 12,345,678
```

練習問題　10.4

1. image_tagを使用して画像を表示する場合、相対パスと絶対パスで指定する場合の画像の保存場所の違いを説明してください。

2. form_withヘルパーメソッドの役割およびmodelオプションとscopeオプションの使い方の違いを具体的に説明してください。

3. fields_forヘルパーメソッドの使い方について説明してください。また、その時のストロングパラメーターとの関係についても説明してください。

10.4.8　その他のヘルパーメソッド

☑ この章の理解度チェック

1. Reservationアプリケーションの Entries コントローラーの index アクションで render される
   ビューテンプレート（index.html.erb）の内容を、次のコードに置き換えてください。

   ```
   <h1>予約トップページ</h1>
   <p><%= "==<'会議室予約へようこそ'>==" %></p>
   <p><%= raw "==<'希望の場所から会議室を選択できます！'>==" %></p>
   ```

   そのうえで Rails サーバーを立ち上げてアプリケーションを動かし、どのように HTML に変換
   されるかを、ブラウザー側のソースを見ることで確認してください。HTML ソースを見る方法
   はブラウザーによって異なるため、ここでは説明しません。通常、ブラウザー画面で右クリッ
   クするとメニューが表示されるので、「ソース表示」を選択します。なお、entries の URI は
   Chapter 8 の理解度チェックで「/rentals」に変えていることに注意しましょう。

2. 1.で表示する内容をさまざまなものに変えて、動作を確認してください。

3. Reservation アプリケーションのレイアウトに、ヘッダー／フッターを追加し、すべてのペー
   ジで正しく表示されることを確認してください。ヘッダー／フッターの内容は、自由に編集し
   てください。ただしヘッダーには、メニューとして少なくとも「トップ（root_path）」「会議
   室登録（new_room_path）」「会議室一覧（rooms_path）」を指定し、メニューの相互リンク
   ができるようにしてください。

4. Reservation アプリケーションに、「会議室予約機能」（Entry 機能）の利用者（User モデ
   ル：属性は name/email/password の3つ）を管理する機能を、Scaffold を使用して追加し
   てください。ただし、email 属性は、ユニーク（一意）であり、後々アクセス時のキーとして
   使用するために、マイグレーションファイルの add_index メソッドを使用して、ユニークオプ
   ションを付加したインデックスを生成してください。User 機能で使用するビューには以下
   の条件を満たす専用レイアウトを使用してください。

   ● 専用レイアウトは、ヘッダーメニューに「トップ（root_path）」「ユーザー登録（new_
     user_path）」のみを表示する

   User モデルの新規登録には、次のバリデーションを設定してください。

   ● 新規登録時に行われる、必須入力項目のチェック
   ● メールアドレス入力が、重複していない（一意である）かのチェック

   最後に、User 機能が正しく動作しているかと、ビューが正しく表示されるかを確認してくだ
   さい。

5. Reservationアプリケーションについて、特定の会議室情報（Roomモデルのデータリソース）を表示した時に、その会議室の予約一覧（ひも付いたEntryモデルのデータリソース一覧）を一緒に表示できるようにします。そのために、Room機能のshowアクションで出力されるshow.html.erbのテンプレートに、部分テンプレートとして予約一覧を組み込んでください。なお、予約一覧は、room_idを除いた各項目を表示するよう、本節の例にならって作成してください。最後に動作確認として、会議室一覧から特定の会議室の［show］をクリックした時に、会議室の詳細と予約一覧が正しく表示されることを確認してください。ちなみに、予約登録機能はまだ作成していません。したがって予約一覧の確認にあたっては、適切な予約データをRailsコンソールなどであらかじめ登録しておいてください。

6. Reservationアプリケーションの会議室の予約登録・予約削除機能を完成させてください。その際、最終的に図10.19のような遷移図の流れになるように宛先URIを設定してください。ここでは、confirmアクション（確認画面による確認）は無視します。

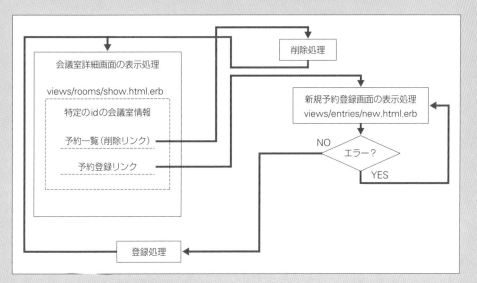

❖図10.19　予約確認画面の遷移図：確認なし

＜実装のポイント＞
- Roomの詳細画面テンプレート（show.html.erb）に予約登録画面表示（Entriesコントローラーnewアクション）へのリンクを追加します。また、前節の課題で組み込んだ予約一覧に対して予約解除（Entriesコントローラーdestroyアクション）へのリンクを追加します。
- 予約登録のリンクで、詳細画面で特定されるRoomモデルのid値を宛先のnewアクションへ渡す必要があります。そのため、newアクションを呼び出すルートパス（new_entry_path）に引数を、例えば「new_entry_path(room_id: @room.id)」のように付加する必

要があります。この結果、宛先のEntriesコントローラーのnewアクションでidの値をparams[:room_id]のパラメーターで取得できます。

- Entriesコントローラーのnewアクション（予約登録画面表示アクション）では、受け取った特定のRoomのidをもとに予約登録画面用の新規のインスタンスを作る必要があります。例えば、「@entry = Entry.new(room_id: params[:room_id])」のようになります。
- 予約登録のビューテンプレート（entries/new.html.erb）は、Room機能のrooms/new.html.erbテンプレートを参考にして作成してください。ただし、room_id属性は、入力させるのではなく、受け取ったパラメーターidを次のcreateアクションへ渡すための隠し項目（hidden_field）としてセットします。また、予約日などの属性は、入力しやすいように適正なビューヘルパーを使用してください。
- 予約登録画面から登録処理（Entry機能のcreateアクション）を呼び出したあとは、Room機能の会議室詳細（Room機能のshowアクション）に戻るように、該当の宛先ルーティングヘルパー「room_path(@entry.room)（省略可：@entry.room)」を指示します。
- Entryモデルには必要と思うバリデーションを組み込みます。エラー表示は、Room機能の_form.html.erbを参考にしてください。
- 予約解除の終了後は、予約登録と同じように会議室詳細（Room機能のshowアクション）に戻るようにします。

7. 6.にさらに確認機能を追加します。Reservationアプリケーションの予約新規登録（Entry機能の新規登録）に確認画面の機能を追加して、図10.20に示す遷移図の流れになるように対応してください。

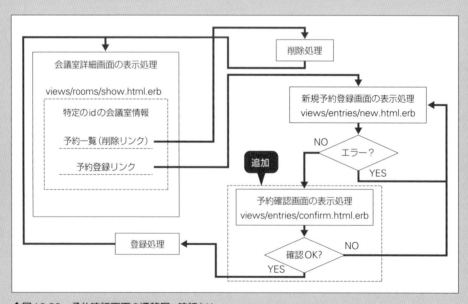

❖図10.20　予約確認画面の遷移図：確認あり

＜実装のポイント＞

- 下記の注意点を参考に、確認画面テンプレート「entries/confirm.html.erb」を作成します。1つのビューテンプレート内に、確認OKならcreateアクションへ、確認NGなら再度入力させるアクションへという、2つの入力フォームの対応が必要になります。
- 確認処理「Entriesコントローラーのconfirmアクション」を作成します。受け取った入力内容に基づく予約インスタンスを生成したうえで、valid?またはinvalid?を使用したバリデーションのエラー対応、確認画面の出力指示が必要です。
- 予約登録画面フォーム「entries/_form.html.erb」の宛先URIを、createアクションからconfirmアクションに変更する必要があります。これによって、即登録ではなくconfirmアクションによる確認処理を実行できます。
- 確認画面から確認NGで戻った時の再登録処理は、すでに入力した値を含むインスタンスをもとにnew.html.erbのビューを呼ぶ必要があります。このため、newアクションとは異なるアクション（例えばconfirm_backアクション）で処理するのがスマートな実装といえます。したがって、そのアクションを呼び出すルートの追加が必要になります。また、確認NGボタンをクリックした際の宛先に、このルートを指定します。

＜確認画面テンプレートの注意点＞

- 確認画面テンプレートは、新規登録画面で入力した内容を表示できると同時に、次のcreateアクションへ入力パラメーターとして値を渡す必要があります。そのためには、入力された各属性値をすべて、隠し属性として画面に値を保持し、確認OKボタンを押された場合に、createアクションへあたかも入力されたパラメーターとして渡せるようにします。確認NGボタンが押された時も再表示のために必要です。

8. **7.**で実装したconfirmビューテンプレート（confirm.html.erb）に組み込まれた、2つのフォームの共通部分を部分テンプレートで共通化してください。また、コントローラーのフィルター機能を利用して、整理が可能な部分をまとめてください。

9. **8.**までで実装したReservationアプリケーションの予約登録機能のルートを、RoomとEntryの親子の入れ子リソースフルルートにしてshallowルート化してください。なお、本課題は後回しでもかまいません。

ビューを支える機能

この章の内容

- 11.1 アセットパイプライン
- 11.2 非同期更新Ajax、キャッシング機能
- 11.3 i18n国際化対応機能

11.1 アセットパイプライン

11.1.1 Railsのアセット（資産）とは

Railsでは、ビュー画面を構成するHTML以外の要素を**アセット**（Asset）として管理します。具体的には、ブラウザーに送信されるWebページの画面構成要素のうち、HTMLを除く、画像・CSS・JavaScriptの3つを指します（図11.1）。

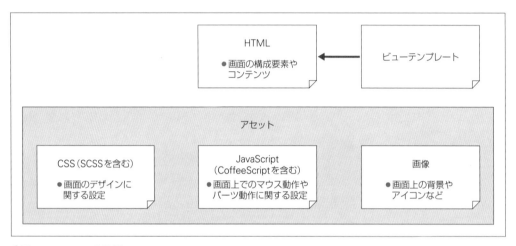

❖図11.1　アセットと役割

Railsのアプリケーション上では、原則としてapp/assetsディレクトリでアセット全体を管理し、画像はその中のimagesディレクトリに、JavaScript（CoffeeScriptを含む）はjavascriptsディレクトリに、CSS（SCSSを含む）はstylesheetsディレクトリに配置します。

なお、Rail 5では、assetsディレクトリ内にconfigディレクトリが追加され、それぞれに対応するjavascripts、stylesheets、imagesというディレクトリをassets/config/manifest.jsで管理しています（リスト11.1）。

▶リスト11.1　assets/config/manifest.js

```
//= link_tree ../images
//= link_directory ../javascripts .js
//= link_directory ../stylesheets .css
```

それらのアセットと、viewsディレクトリにあるHTMLテンプレートから、ブラウザーに送られるHTTPレスポンスが作られます（図11.2）。

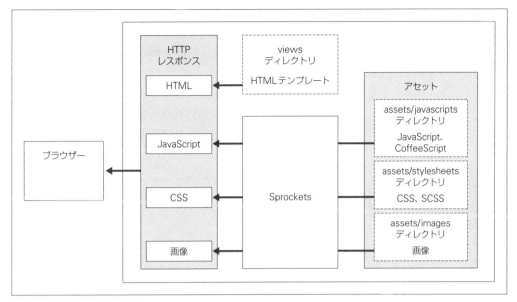

❖図11.2　アセット、HTMLテンプレートとHTMLレスポンス

本節では、それら要素についての役割を簡単に説明します。

画像ファイル

アセットで管理する**画像**は、ユーザーがデータとして登録したりするものではなく、Webページ画面のビューを表現するための背景画像・ロゴ画像・アイコン画像・メニュー画像といった画面を構成する要素に関するものを指します。

imagesディレクトリという統一した置き場所で管理することによって、効率的で効果的な管理ができるようになります。画像の種類は特に限定されないので、どのような種類のファイル（拡張子：.png/.jpg/.gif/……）でも、混在して配置することができます。

CSS/SCSSファイル

CSSファイル（拡張子：.css）とは、HTMLで記述した画面構成に対して、デザイン上の各種指定を行うためのファイルです。

原則として、画面上のメニューや本文など、さまざまなコンテンツの配置・色・文字の大きさ・画像の表示などといったデザインは、サービスの内容とは直接関係ありません。また、ユーザーの要求や使いやすさを考慮しながら、頻繁に変更することもあります。そのような、デザインに関する表現要素をHTML自体の記述と切り離すための仕組みが**スタイルシート**です。

Railsにおいて、スタイルシートの記述にはCSSファイルだけでなく、**SCSS（拡張版CSS）** ファイルも利用されます。SCSSとは、CSSより柔軟にデザイン指定ができる仕組みですが、もちろんCSSとまったく同じでも問題ありません。というのもRailsでは、SCSSファイル（拡張子：.scss）を

自動的にCSSに変換して利用できる仕組みが提供されているためです。

　HTMLの記述とCSS（SCSS）の対応付けは、HTMLに記述したタグまたはid/class識別子を使用して行います。ただし、ビューテンプレートがビューヘルパーを使用している場合、変換されたHTMLのタグを使って指示する必要があります。例えば、link_toヘルパーは変換されて、「 <a href=………..> </a> 」となるため、<a>タグを使って指示を行います。

　Libraryアプリケーションでは、Book機能をScaffoldで生成した結果、app/assets/stylesheetsディレクトリにSCSSファイルscaffolds.scssが生成されています（リスト11.2）。

▶リスト11.2　Libraryアプリケーションのscaffold.scss

```scss
body {
  background-color: #fff;
  color: #333;
  margin: 33px;
  font-family: verdana, arial, helvetica, sans-serif;
  font-size: 13px;
  line-height: 18px;
}

p, ol, ul, td {
  font-family: verdana, arial, helvetica, sans-serif;
  font-size: 13px;
  line-height: 18px;
}

pre {
  background-color: #eee;
  padding: 10px;
  font-size: 11px;
}

a {
  color: #000;

  &:visited {
    color: #666;
  }

  &:hover {
    color: #fff;
    background-color: #000;
```

```
    }
  }

  th {
    padding-bottom: 5px;
  }

  td {
    padding: 0 5px 7px;
  }

  div {
    &.field, &.actions {
      margin-bottom: 10px;
    }
  }
```

つまり、Libraryアプリケーションの図書一覧を例にすると、

- 共通レイアウト：layouts/application.html.erb
- 図書一覧ビューテンプレート：books/index.html.erb
- スタイルシート：scaffold.scss

という3つのファイルで画面（図11.3）が構成されているわけです。

❖図11.3　図書一覧画面

11.1.1　Railsのアセット（資産）とは

それでは、CSSの内容を一部追加するために、scaffold.scssとは別のSCSSファイルを使用しましょう。ここでは、生成されている空のbooks.scssファイルに記述することにします（リスト11.3）。

▶リスト11.3　スタイルシート（books.scss）の例

```scss
header {
  background-color: #088;
  height: 50px;
  li {
    margin-top: 20px;
    margin-right: 10px;
    display: inline-block;
    font-size: 20px;
    a {
      color: #000;
      &:visited {
        color: white;
      }
      &:hover {
        color: red;
        background-color: #000;
      }
    }
  }
}
footer {
  width: 100%;
  background-color: #2c2e20;
  color: white;
  font-size: 12px;
  position: absolute;
  bottom: 0;
  text-align: center;
}
html {
  position: relative;
  min-height: 100%;
  margin: 0 33px 0 33px;
}
.main {
  margin-bottom: 50px;
}
```

リスト11.3は、共通のレイアウトapplication.html.erbの構成（リスト11.4）を前提にしているので、その構成も確認しておきましょう。

▶リスト11.4　application.html.erb

```
<!DOCTYPE html>
<html>
  <head>
    ………（省略）………
  </head>
  <body>
    <header>
      <ul>
        <li><%= link_to "図書登録", new_book_path %></li>
        <li><%= link_to "図書一覧", books_path %></li>
      </ul>
    </header>
    <hr>
    <div class="main">
      <%= yield %>
    </div>
    <hr>
    <footer>
      <p>© 2019 Copyright resereved rails Library</p>
    </footer>
  </body>
</html>
```

リスト11.3の構成は、次のようになっています。リスト11.4にある<header>/<footer>/<html>という3種のタグと、class属性（main）を指定した<div>タグに対して、CSSの指示をしていることがわかります。なお、リスト11.3にあるli {……} や a {……} などは、<header>タグ内の<li>タグ（リスト項目）や、さらにその中の<a>タグ（リンク）に対するセレクターであることを示しています。

```
header {
    ……（ヘッダータグに対するCSSの指示）……
}
footer {
    ……（フッタータグに対するCSSの指示）……
}
html {
    ……（htmlタグ（全体）に対するCSSの指示）……
}
```

11.1.1　Railsのアセット（資産）とは　441

```
.main {
  ……（class=mainという属性のタグ（div）に対するCSSの指示）……
}
```

ここで、リスト11.3で使用しているCSSプロパティについて、簡単に補足しておきましょう。

まず、background-colorは、背景色を指定するプロパティです。

heightは、要素の高さをピクセル（px）で指定するプロパティです。また、margin-top/margin-right/margin-bottomはそれぞれ上マージン／右マージン／下マージンをピクセルで指定するプロパティです。マージンとは、タグ要素の枠から外側方向への隙間のことです。なお、marginというプロパティで、上・右・下・左の順に一括して指示することも可能です。

font-sizeは文字の大きさを指定するプロパティであり、colorは文字色を指定するプロパティです。

widthは、タグ要素の幅を指定するプロパティで、ピクセルや％を使った指定が可能です。

display: inline-block;は、<li>タグに対して、その中の要素を横並びで1行の埋め込みブロックとして表示するためのプロパティです。

&は、CSSにはないSCSS独自のセレクターです。SCSSでは、親要素に関する記述の中に子要素の記述を入れ子で指定できます。リスト11.3の例では親セレクターaを引き継いでいるため、&:visitedや&:hoverというセレクターで、a:visitedやa:hoverを表しています。

:visited |……| や:hover |……| のように、「:」で始まるセレクターは**疑似クラス**といい、動的なHTML要素の挿入や、動的なCSSを指定する場合に使用します。リスト11.3で使われている:visitedは「マウスをクリックした時」を表し、:hoverは「マウスカーソルを乗せた時」を表しています。

min-heightは、要素の高さ（縦方向の大きさ）の最小値を指定するプロパティです。htmlセレクターに対しmin-height: 100%;というプロパティを指定することによって、<html>タグの要素（全体）を表示する最小の高さをブラウザー画面の縦幅にするよう指定しています。

footerセレクターに対するposition: absolute;とbottom: 0;という2つのプロパティは、フッターの位置を一番下に固定することを指定しています。

なお、Scaffoldによって自動で生成されたSCSSファイル（scaffolds.scss）に記述された内容の影響で、リスト11.3の設定がうまく働かない部分があります。そのためscaffolds.scssで、bodyセレクターのmarginプロパティをリスト11.5のように0pxに変更してください。

▶リスト11.5　scaffold.scss（body部分）

```
body {
  background-color: #fff;
  color: #333;
  margin: 0px;
  font-family: verdana, arial, helvetica, sans-serif;
  font-size: 13px;
  line-height: 18px;
}
```

実行して確かめると、CSS（SCSS）の設定を行うだけでデザインが大きく変わったのがわかるはずです（図11.4）。

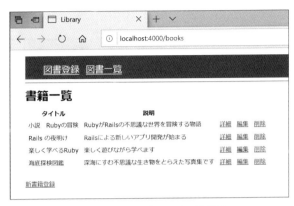

❖図11.4　SCSSを追加した場合の図書一覧画面

JavaScript/CoffeeScriptファイル

JavaScriptファイル（拡張子：.js）は、HTMLで記述した画面構成に対して、サーバーとのやり取りをせずに、ブラウザー上だけで画面を動的に変化させるためのものです。

JavaScriptはプログラミング言語の一つですが、ブラウザーがその実行をサポートしているので、ブラウザーにHTMLと一緒に組み込むことによって、HTMLの動的操作が可能になります。さらにRailsでは、**CoffeeScript**というJavaScriptよりも簡潔に記述できる言語を採用しています。CoffeeScriptで記述されたファイル（拡張子：.coffee）のコードは、JavaScriptに自動変換されて、クライアントのブラウザーに送られます。

JavaScript（CoffeeScript）を使用することで、マウスの操作などによって画面構成の一部を表示させたり、入れ替えたりすることが可能になります。また、サーバーから一部のデータだけを取得して、変更部分を入れ替えるなどの**Ajax**（非同期通信）も可能になります。

なお、[Destroy] リンクをクリックし、Scaffoldで生成した図書一覧の削除処理を行うと、削除を行うか確認するためのポップアップモーダル画面が表示されます（図11.5）。これは、Railsが標準で組み込んでいるJavaScriptライブラリを使用して表示されています。

❖図11.5　JavaScriptによる動的な画面表示

11.1.1　Railsのアセット（資産）とは

JavaScriptおよびCoffeeScriptの記述の詳細については、ここでは省略します。https://coffeescript.org/ のURLの情報を参照してください。

CoffeeScriptは、JavaScriptに比べて優れた面を持っているとされ、Rails 5まではCoffeeScriptによる記述が標準とされてきました。
ただしRails 6以降では、目的によってJavaScriptを使う可能性も示唆されているなど、今後、CoffeeScriptを使うことが必須とはいえなくなるだろうことも付け加えておきます。

11.1.2　アセットとSprockets

　Railsには、アセットを効率的に管理する仕組み**Sprockets**（スプロケット）が用意されています。Railsでは、JavaScript/CSSを直接記述する代わりに、より簡潔に、より有効に管理するため、CoffeeScript/SCSSで記述することを標準にしており、それらは利用する時点で自動的にJavaScript/CSSに変換されます。Sprocketsは、これらのアセットを簡単にかつ効率的に扱えるようにする機能を提供するGemパッケージであり、sprockets-railsとしてデフォルトで実装されています。

　Sprocketsを使うと、設定した複数のアセットを1つに連結して1本のパイプのように利用することができ、これを**アセットパイプライン**と呼びます。

アセットパイプライン

　アセットパイプラインの利点は次の2つです。

- 必要なアセットを役割別に個別のアセットとして管理できる
- 利用する時は、1つのアセットのようにして効率的に実装できる

　アセットパイプラインの機能を実現するために重要な役割を担うのが、Sprocketsです。Sprocketsは、次のような機能を提供します（図11.6）。

- アセットを利用するためのパスの管理：複数のファイルを圧縮し、1つのファイルのように連結・統合する
- アセットのコンパイル：JavaScript/CSSへの変換
- アセットファイル同士の依存関係の管理

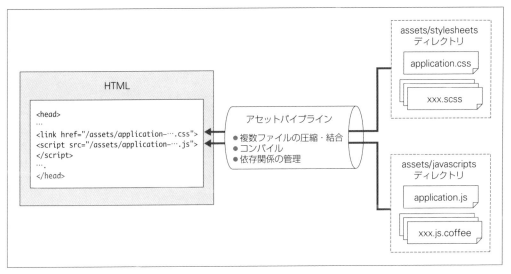

❖図11.6　Sprocketsによるアセットパイプライン

　Sprocketsが処理するための基本となるファイルが**マニフェスト**です。マニフェストは、アプリケーションで使用されるアセットの読み込み順に関する依存関係を管理するためのファイルです。Railsアプリケーション生成時（デフォルト）のスタイルシート用マニフェストapplication.cssと、JavaScript用マニフェストapplication.jsは、それぞれリスト11.6、リスト11.7のようになっています。

▶リスト11.6　app/assets/stylesheets/application.css

```
/*
……（コメントは省略）……
 *= require_tree .
 *= require_self
 */
```

　application.cssは、複数行コメント形式「/* 〜*/」で記述されています。なお、「*=」で始まる部分は単なるコメントではなく、さまざまなCSS/SCSSファイルをどのように組み込んでいくかを表現するために使われています。削除するとマニフェストとして働かなくなります。

▶リスト11.7　app/assets/javascripts/application.js

```
……（コメントは省略）……
//= require rails-ujs
//= require turbolinks
//= require_tree .
```

11.1.2　アセットとSprockets

application.jsは、1行コメント形式「//」で記述されています。「//=」で始まる部分は、application.cssの「*=」と同様に単なるコメントではなく、さまざまなJavaScript/CoffeeScriptファイルをどのように組み込んでいくかを表現するために使われています。削除するとマニフェストとして働かなくなります。

ちなみにCoffeeScriptのコメントは、Rubyと同じく先頭に「#」を付加します。

　Sprocketsが処理するマニフェスト内の各要素は、**ディレクティブ**と呼ばれます。個々のディレクティブについては後述します。

マニフェストで設定するディレクティブ

　Sprocketsが処理するマニフェストのディレクティブは表11.1のとおりです。

❖表11.1　マニフェストのディレクティブ

ディレクティブ名	説明
require	引数として指定されたファイル内容を読み込み、自身より前に挿入する。重複している場合、最初に一度しか読み込まない
include	requireと同様の処理を行うが、重複していてもそのつど読み込む
require_directory	引数として指定されたディレクトリ直下のファイルをアルファベット順に読み込み、自身より前に挿入する
require_tree	引数として指定されたディレクトリ内のファイルを再帰的に（サブディレクトリ下のファイルまで含めてすべて）読み込み、自身より前に挿入する。デフォルトでは「.」（カレントディレクトリ）となる
require_self	自身のファイルの読み込み順を指定し、自身の内容を挿入する
depend_on	引数として指定されたファイル内容の依存関係だけを設定する
depend_on_asset	depend_onと同様の処理を行うが、引数で指定されるファイルにディレクティブがある場合、その先のファイルも再帰的に依存関係を設定する
stub	引数に渡したファイル名を無視するように動作する

　リスト11.6のapplication.cssでは、require_selfディレクティブによって自身のファイルの内容が読み込まれます。リスト11.7のapplication.jsでは、require rails-ujsといった記述により「rails-ujs」など指定されたパッケージが読み込まれます。なお、require_treeディレクティブにより指定されたパス「.」は、カレントディレクトリを表しています。このパス指定により、カレントディレクトリ以下のファイルをすべて、再帰的に読み込み、処理します。その結果、指定されたディレクトリ以下のすべてのファイルが組み込まれます。そのため、各ファイルの名前が何であれ、Sprocketsが行うアセットパイプライン処理には関係ありません。各ファイルに付けた名前は、あくまでも作成者が管理しやすくなるためのものだと考えてください。

　views/layoutsディレクトリ下のビューレイアウトでは、Sprocketsによって取り込まれるスタイルシートやJavaScriptとリンクするための専用のヘルパーメソッドが生成時に標準設定されていま

す。リスト11.8では、application.cssとapplication.jsとして、マニフェストとの関係をstylesheet_link_tagおよびjavascript_include_tagを使用して設定しています。

▶リスト11.8　app/views/layouts/application.html.erb

```
<!DOCTYPE html>
<html>
<head>
  <%= csrf_meta_tags %>
<%= stylesheet_link_tag 'application', media: 'all', 'data-turbolinks-track'⏎
: 'reload' %>
<%= javascript_include_tag 'application', 'data-turbolinks-track': 'reload' %>
</head>
……（省略）……
</html>
```

　開発環境（development）モードの場合、デフォルトではHTMLのヘッダー部が次のように出力されます。各アセットが個別に取り込まれており、アセットパイプラインの一本化の機能が行われていないことがわかります。開発環境モードでは、開発環境設定ファイル（development.rb）のアセットデバッグ設定が有効（config.assets.debug = true）になっているためです。

```
<head>
……（省略）……
<link rel="stylesheet" media="all" href="/assets/application.self-f0⏎
……（省略）……94.css?body=1" data-turbolinks-track="reload" />
  <script src="/assets/rails-ujs.self-89⏎
……（省略）……97.js?body=1" data-turbolinks-track="reload"></script>
<script src="/assets/turbolinks.self-2d⏎
……（省略）……28.js?body=1" data-turbolinks-track="reload"></script>
<script src="/assets/action_cable.self-69⏎
……（省略）……51.js?body=1" data-turbolinks-track="reload"></script>
<script src="/assets/cable.self-84⏎
……（省略）……e9.js?body=1" data-turbolinks-track="reload"></script>
<script src="/assets/application.self-eb⏎
……（省略）……28.js?body=1" data-turbolinks-track="reload"></script>
</head>
```

　次のようにアセットデバッグ設定を無効（false）にすることによって、スプロケットの働きにより各アセットファイルが自動的にコンパイル・結合され、アセットパイプラインとしてスタイルシートとJavaScriptがそれぞれapplicationで連結・統合されます。

```
config.assets.debug = false
```

11.1.2　アセットとSprockets

コンパイルとは、ファイルのデータとして管理されているアセットを実行できる形に変換する作業のことです。

統合された結果、次のようになります。

```
<head>
……（省略）……
  <link rel="stylesheet" media="all" href="/assets/application-97↵
…（省略）…fc.css" data-turbolinks-track="reload" />
  <script src="/assets/application-a5↵
…（省略）…d1.js" data-turbolinks-track="reload"></script>
</head>
```

 テスト（test）、本番（production）の各モードでは、config.assets.debug ＝ true が指定されていないため、デフォルト状態として config.assets.debug ＝ false が指定された場合と同等の扱いとなります。

　さらに、アセットパイプラインの機能が常に自動的に働くようにするためには、アセットのコンパイルを有効にする必要があります。
　開発環境モード（development モード）およびテスト環境モード（test モード）の場合、デフォルト状態（config.assets.compile = true）でコンパイルが有効になっているため指定は不要です。
　本番環境（production モード）では、コンパイルが無効になっている（config.assets.compile = false）ため、コンパイルを手動で行うことが必要です。その場合、RAILS_ENV オプションで対象環境「production」を指定（RAILS_ENV=production）し、assets:precompile コマンド（プリコンパイル）を実行します。なお、対象環境を指定しない場合は、開発環境モードとなります。

 プリコンパイルとは、手動による事前コンパイルのことを意味します。

　一例として、本番環境に対して適用する場合のコマンドを示します。

```
$ rails assets:precompile RAILS_ENV=production
```

　プリコンパイルされたアセットファイルは、デフォルトでは public/assets ディレクトリに、静的ファイルとして配置されます。

本番環境とプリコンパイル

　一般的に、アプリケーションを開発している開発環境と、完成したものをサービスとして提供する

本番環境とでは、アプリケーション実装の仕方に大きな違いがあります。

例えば、開発環境では、修正したものや追加したものがすぐに確認できる必要があります。それに対し、本番環境では十分な検証を行って機能を組み込む必要があるため、勝手に（自動的に）機能が組み込まれることを防がなければなりません。つまり本番環境では、アセット変更のつど勝手にコンパイルされ、それらが反映されては困るのです。プリコンパイルは、そのようにアセットの実装を手動で管理したい場合に効果を発揮します。

config.assets.compile = falseにすることで、プリコンパイルのアセットが見つからない場合でも、自動的にコンパイルは行われず、手動でプリコンパイルしたもののみが組み込まれます（図11.7）。

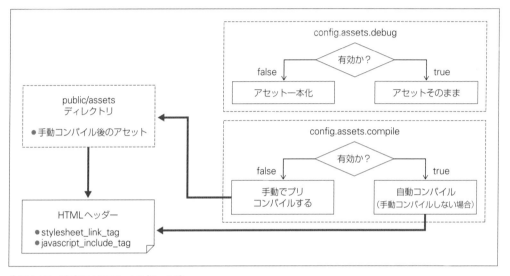

❖図11.7　設定によるアセットの扱いの違い

アセットのフィンガープリント

コンパイル（プリコンパイルも含む）がなされたアセットは、デフォルト状態またはconfig.assets.digest = trueとなっている場合、アセット名に**フィンガープリント**（指紋）というダイジェスト（MD5ハッシュ）が付加されます。

フィンガープリントは、ファイル内容が変更された時の更新日などに基づき、変更があったファイルと以前のものを識別するためのものです。これにより、アセットをキャッシングする場合（後述）にアセットが最新のものかどうかを識別し、キャッシュから的確に最新のものを取得することができるようになります。

```
┏━━━━━━━━━━━━━━━ 練習問題 11.1 ━━━━━━━━━━━━━━┓
```

1. Railsアプリケーションにおいて、アセットとは何を意味しますか。その種類についても説明してください。

2. Railsのアセットの標準的な管理方法について説明してください。

3. アセットパイプラインおよび、Sprocketsの役割について説明してください。

4. 開発モードと本番モードにおけるデフォルト状態での、アセット管理に関する環境設定の違いについて説明してください。

5. Reservationアプリケーションの各画面に対応するスタイルシート（SCSS）を、任意のファイル名でapp/assets/stylesheetsに追加し、デザインの見栄えを変更してください。その際、少なくとも会議室の一覧画面（indexビューテンプレート）および詳細画面（showビューテンプレート）について、次のように対応してください。

   - 共通のヘッダーメニューを横並びにする（display: inline-block）
   - 共通のヘッダーの背景色、または背景画像を設定する（background-colorまたは、background-imageを使用する）
   - 共通のフッターの背景色を設定する
   - 共通のフッターを画面の最下段にする（position: absoluteとbottom: 0とする。ただし、この時scaffolds.scssで<body>タグのmarginを0に設定する必要がある）
   - Room一覧の「new room」ボタンの背景色などを指定する
   - Room新規登録・更新ボタンの背景色などを指定する
   - その他、自由に変更する

11.2 非同期更新Ajax、キャッシング機能

11.2.1　Ajaxの実装と動作について

Ajax（非同期JavaScript＋XML）とは、Action Viewがサポートする機能の一つで、ページ単位で同期を取るやり取りによりページ全体を送り返すのではなく、ページの一部である「変更部分のみ」を非同期で入れ替え、待ち時間を少なくしてビュー表示の高速化を図るための技術です。

Ajaxの役割とRailsの関係

AjaxによるHTTPリクエストは**非同期**（ページ全体の読み込みと無関係）にサーバーに送信され、**JSON**（JavaScript Object Notation：軽量のデータ交換フォーマット）やJavaScriptコードなどがHTTPレスポンスとして返されます。ブラウザーはレスポンス受信のタイミングでJavaScriptを実行

し、ブラウザー上のページの一部を書き換えます（図11.8）。

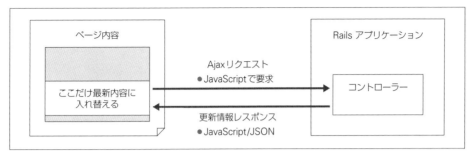

❖図11.8　RailsにおけるAjax

　RailsでのJavaScript実装の基本は、直接HTMLに組み込まない（控えめな）JavaScript技術を利用してAjaxを実現することです。JavaScriptをHTMLから切り離すことは、HTMLをわかりやすく、シンプルにします。
　JavaScriptをHTMLから切り離すには、図11.9に示す2つの方法があります。1つは、すでに説明したアセットパイプラインの機能で実現している方法で、呼び出すJavaScriptをアセットとして管理し、あらかじめアセットパイプラインでブラウザーに組み込むものです。もう1つは、JavaScript専用のテンプレートを用意し、Ajaxリクエストの結果としてJavaScriptをHTTPレスポンスとしてブラウザーに返す方法です。Railsでは、どちらの方法を利用してもAjaxを実装できます。

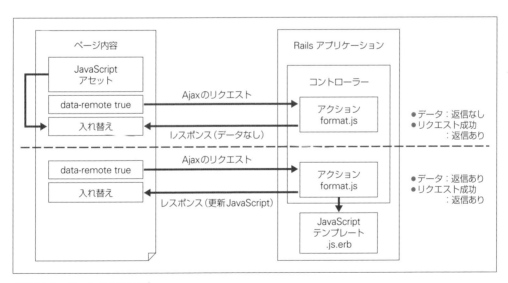

❖図11.9　Ajaxの2つのタイプ

11.2.1　Ajaxの実装と動作について

Ajaxを実現するための設定

Ajaxを実現するためには、実行するJavaScriptのコード以外に次の設定が必要になります。

- rails-ujsの設定（自動設定される）
- JQueryの設定（jquery-railsのGemを追加する）
- Ajaxをリクエストするビューテンプレートの設定

 JQueryとは、JavaScriptで広く使われているライブラリです。本書では「簡潔に書ける」という性質をふまえ、JQueryを使用して解説していきます。

rails-ujsは、Railsアプリケーションの生成時（rails newの実行時）に、自動的にマニフェストファイルapplication.jsに組み込まれます。また、JavaScriptのライブラリとして、本書ではJQueryを使用します。まず、JQueryのパッケージjquery-railsを追加するため、Gemfileに次のように設定し、bundle installを行います。

```
gem 'jquery-rails'
```

追加したGemを利用するために、assets/javascriptsディレクトリにあるマニフェストファイルapplication.jsに、リスト11.9のようにrequire jqueryを追加します。なお、順番には意味があるため、このまま記述してください。

▶リスト11.9　assets/javascripts/application.js

```
//= require jquery
//= require rails-ujs
//= require activestorage
//= require turbolinks
//= require_tree .
```

以上の結果、JavaScriptやCoffeeScriptコードの中で、$というオブジェクトを使ってJQueryを利用できます。

 $は、JQueryライブラリのエイリアス（別名）です。

ビューテンプレートにAjaxリクエストを組み込むには、remoteオプション（localオプション）を使用します。form_withは、デフォルトでAjaxリクエストとして扱われます（local: false）。link_toなどのヘルパーメソッドでは、remoteオプションを指定します。

note form_withのlocal: falseオプション（またはオプション指定なし）と、remote: trueオプションは同じ意味です。

Ajaxによるデータ新規登録の実装例

それではAjaxの利用の一例として、form_withヘルパーメソッドで、Ajaxを使用して製品一覧の登録フォームから指示された製品を登録し、即座に製品一覧に反映させる実装を紹介します。

ビューは、リスト11.10、リスト11.11のように構成されます。

▶リスト11.10　app/views/products/index.html.erb

```erb
<b>製品一覧</b>
<ul id="products">
<%= render @products %>
</ul>
<br>
<%= render partial: 'form', locals: {product: @product} %>
```

▶リスト11.11　app/views/products/_form.html.erb

```erb
<%= form_with(model: product, id: "product_form") do |form| %>
  <div class="field">
    <%= form.label :名称 %>
    <%= form.text_field :name, id: :product_name %>
  </div>
  <div class="field">
    <%= form.label :価格 %>
    <%= form.text_field :price, id: :product_price %>
  </div>
  <div class="actions">
    <%= form.submit '登録' %>
  </div>
<% end %>
```

リスト11.10で記述されているrender @productsは、Railsのルールに従い、モデル名に相当する部分テンプレート_product.html.erb（リスト11.12）をもとに、@productsインスタンスに含まれる配列の数だけレンダリングされます。

▶リスト11.12 app/views/products/_product.html.erb

```
<p>
  <%= product.name %><br>
  <%= number_with_delimiter(product.price.round(0)) %>
</p>
```

Productコントローラーのindex、createアクションは、リスト11.13のようになります。

▶リスト11.13 app/controllers/products_controller.rb

```
class ProductsController < ApplicationController
  …… (省略) ……
  def index
    @products = Product.all
    @product = Product.new
  end
  def create
    @product = Product.new(product_params)
    respond_to do |format|
      if @product.save
        format.js    # create.js を renderします
      else
        format.js  { head :no_content }   # エラーの時何も返さない
      end
    end
  end
  …… (省略) ……
end
```

登録ボタンを押すことでAjaxのリクエストが実行され、JavaScriptフォーマットを要求してcreateアクションが呼ばれます。そのため、JavaScriptフォーマットに相当する処理をするため、format.jsを追加しています。

この結果、createアクション名に相当するJavaScriptフォーマットのcreate.js.erbがrenderされ、その内容となるJavaScriptコードをレスポンスとしてブラウザー側へ返します（図11.10）。

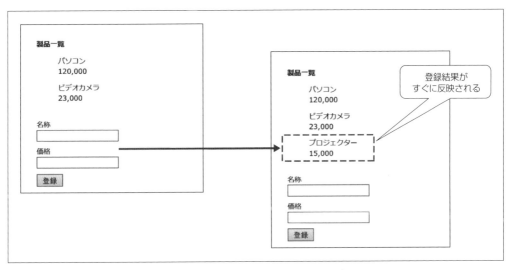

❖図11.10　データを入力して［登録］ボタンを押すと、登録結果が画面に反映される

なお、エラーの時は、何も返さないように「head :no_content」を指定していますが、エラーを表示させるには、そのためのJavaScriptテンプレートが必要です。

createアクションによって、renderされるJavaScriptは、リスト11.14のとおりです。

▶リスト11.14　app/views/products/create.js.erb

```
$("<%= escape_javascript(render @product) %>").appendTo("#products");
$("#product_form")[0].reset();
```

このJavaScriptの1行目は、CSSのidがproducts（#products）であるものを探し、そのタグで囲まれた間をrender @productでレンダリングして追加することを表しています。@productには、新しく追加されたオブジェクトがひも付けられており、それに基づいて、Railsのルールに従って_product.html.erbテンプレートによる部分HTMLが組み込まれます。2行目は、入力フォームをリセットするための処理です。

note　JavaScriptおよびCoffeeScriptの記述の詳細については、ここでは省略します。以下の書籍やドキュメントを参考にしてください。

・JavaScript：『改訂新版 JavaScript本格入門』（山田祥寛 著、2016年9月、技術評論社 刊）
・CoffeeScript：Railsドキュメント（日本語版）
　　http://railsdoc.com/coffeescript
・CoffeeScript：ドキュメント（英語版）
　　https://coffeescript.org/#language

学習のため、本書で紹介した例にならって皆さんも実際にやってみましょう。

11.2.2 キャッシング機能

キャッシングとは、Action Viewの提供する機能の一つであり、時間がかかるビューの生成・出力といった処理をメモリやファイル上にキャッシュとして保存し、再利用して高速化を図る機能です。この機能を使うと、変更が発生しない2回目以降のビュー表示の際、データベースにアクセスすることなくキャッシュから呼び出され、高速化されます。もしデータベースに変更が発生した場合は、キャッシュを期限切れにして新しいビューを再生成します。

Railsのキャッシングのタイプは、キャッシュする単位によって、ページキャッシュ、アクションキャッシュ、フラグメントキャッシュの3種に分類されます。デフォルトでは**フラグメントキャッシュ**を利用しますが、他の方法を利用する場合は、それぞれ専用のGemをインストールする必要があります。

フラグメントキャッシュ

ビューの中でcacheメソッドを利用して、キャッシュしたい部分を**キャッシュブロック（フラグメント）**として組み込むことを**フラグメントキャッシュ**といいます。キャッシュブロックを組み込むと、キャッシュブロック単位でキャッシュが保存されます。

```
<% cache キャッシュ変数 do %>
    キャッシュブロック（キャッシュの対象とする処理）
<% end %>
```

キャッシングがデフォルトで有効なのは、本番環境（production環境）だけです。

開発環境（development環境）でキャッシングを有効にするためには、rails dev:cacheコマンドでキャッシュの有効化を行い、さらにキャッシュストア（キャッシュ保存場所）の設定をする必要があります。デフォルトでは、ファイル（:file_store）が保存先となり、tmp/cacheディレクトリの中に保存されます。ただし、開発環境では、次のように設定されているため、特に指定しない場合は、メモリーストアになります。

```
config.cache_store = :memory_store
```

Libraryアプリケーションの書籍一覧を表示するビューを例に、フラグメントキャッシュによるキャッシングの使用例を示します（リスト11.15）。

▶リスト11.15　app/views/books/index.html.erb

```
………（省略）………
<% cache @books do %>
  <% @books.each do |book| %>
    <tr>
      <td><%= book.title %></td>
      <td><%= book.description %></td>
      <td><%= link_to 'Show', book %></td>
      <td><%= link_to 'Edit', edit_book_path(book) %></td>
      <td><%= link_to 'Destroy', book, method: :delete, data: {…（省略）…} %>⏎
</td>
    </tr>
  <% end %>
<% end %>
………（省略）………
```

この中で、<% cache @books do %>～<% end %>というブロック処理の部分で@booksをキャッシュすることで、ブロック内をキャッシュしています。その結果、表示されるデータ内容が変更されていない場合は、キャッシュ内容に基づいた表示がなされます。

キャッシュの状況を確認するには、コンソールログのデータベースに対するSQLの有無で確認できますが、次のようなログ出力を環境ファイルに設定することでも確認できます。

```
config.action_controller.enable_fragment_cache_logging = true
```

> *note* キャッシュの保存場所を指定するキャッシュストアは、メモリーストア（:memory_store）が簡単に利用できますが、本格的な運用では、分散型の汎用キャッシュサーバーの :mem_cache_store をキャッシュストアとして指定する方式が一般的です。詳細については、Railsガイド（https://railsguides.jp/caching_with_rails.html）などを参照してください。

11.2.2　キャッシング機能　　457

練習問題 11.2

1. Ajaxとは何かを説明してください。

2. Ajaxを実装する場合の最低限必要な環境設定について説明してください。

3. キャッシングの目的について説明してください。

4. キャッシングの種類とキャッシュの保存場所について説明してください。

5. Reservationアプリケーションの会議室表示（show画面）の予約一覧で、予約解除を現在の
ページ単位のリクエストからAjaxリクエストに変更し、予約一覧の解除を指示した部分だけ
を削除して、高速に最新の一覧を表示するようにしてください。なお、本設問は後回しでもか
まいません。

＜実装のポイント＞

本機能は、

  a. 予約解除を指示した行のリクエストに基づいて、予約削除のdestroyアクションを呼び出す

  b. 処理し終わったあとで、成功した事実をレスポンスとして返す

  c. クライアントのブラウザーに事前に組み込まれたJavaScriptを実行し、リクエストされ
    た予約行を削除する

という流れで実現します。そのため、データを何も持たないレスポンス「head :no_content」
として成功をクライアントへ返信します。
クライアントに事前に組み込むJavaScriptでは、アセットパイプラインの機能を使用します。
次のようなCoffeeScriptを使用して実装してみてください。

```
$(document).on 'turbolinks:load' , ->
  $('a[data-remote]').on 'ajax:success', ->
    $(this).parents('tr').remove()
```

このコードは、「Ajaxが成功した場合、リクエストした行の親タグ<tr>で指示されるブロッ
クを削除（remove）する」ことを意味しています。

11.3 : i18n国際化対応機能

Action Viewでは、Webアプリケーションのビューインターフェースを支援する、多くの有用な機能を利用できます。そのうちの一つが、国際化対応です。

これまでのビューの説明では、特にどのような国の言語で表現するかについて、特に言及していませんでした。実際、一部のビューは英語で表現し、一部は日本語で表現していました。しかし、グローバルな運用環境を有するWebアプリケーションは、一般的に、あらゆる国の言語に対応できることが望まれます。

その際、初めから日本語で「ベタベタに」作ってしまうと、英語版や他の言語の翻訳版を作成するのが大変になります。Railsは、そのような国際化に対応する機能をGemパッケージi18nとして標準で組み込んでおり、その仕組みをあらかじめ考慮して作成していくことで、あらゆる国の言語に対応できるWebアプリケーションを簡単に構築できます。本節では、**多言語対応**とその利用方法を説明します。

11.3.1　i18n国際化機能とは

i18n（i + 18文字 + n）とは、internationalization（国際化：この単語が18文字なのでi18nとなる）を意味する言葉です。Railsでは、Gemパッケージi18nを使用することで、さまざまな多言語管理を行うことができます。

11.3.2　i18n設定の仕組みと設定方法

多言語対応を行うには、次の2つの準備が必要になります。

- 多言語環境を使用する設定
- ロケール（言語）辞書の作成

以下、これらを詳しく見ていきましょう。

多言語環境を使用する設定

どの国の言語を標準にして、どれだけの言語を使用できるようにするのかをまず決定します。

デフォルトでは、英語が標準言語になっていますが、日本向けのアプリケーションを作成するのであれば、日本語をベースに構築することが求められます。とはいえ、少なくとも英語に切り替えられる仕組みを用意しておくほうが良いでしょうから、本節では、日本語を標準にして、英語と日本語を切り替えられる環境を設定することを考えます。

config/initializersディレクトリにlocale.rbというファイルを作成して、リスト11.16の内容を記述

11.3.2　i18n設定の仕組みと設定方法　**459**

してください。Rails 5では、この設定方法が標準となります。

▶リスト11.16　config/initializers/locale.rb

```
# アプリケーションで有効とする言語を指定します（英語と日本語のみ）
I18n.available_locales = [:en, :ja]

# デフォルトの言語を指定します。（日本語）
I18n.default_locale = :ja
```

設定で使用する言語コードは、ISO 639という国際規格で決められている言語コードの、地域を除く部分で表現しています。基本の環境設定は以上です。

ロケール辞書の作成

次に**翻訳辞書**（**ロケール辞書**）を作成します。i18nで使う**ロケール**（言語）辞書の置き場所は、デフォルトではconfig/localesディレクトリです。

ロケール辞書ファイルの拡張子は、.yml（ヤムル）です。ロケール辞書ファイルは、原則として言語ごとに作成します。例えば英語の辞書であれば、拡張子を「en.yml」とし、日本語辞書であれば「ja.yml」とします。もちろん、「ja.yml」だけでも1つの辞書のファイル名になります。

また同じロケール（言語）辞書であっても、目的別にファイル名を分けることができます。例えば、共通で使う辞書common.ja.yml、ブログ専用として使う辞書blog.ja.ymlといった具合です。ファイル名を分けても、アプリケーション上で動く時は1つの辞書のように動くため（後述）、名前を分けるのはあくまでも管理上の理由だけです。

それでは具体的に、辞書の中身を見ていきましょう。リスト11.17は、簡単な設定例です。

▶リスト11.17　config/locales/ja.yml

```
ja:
  hello: "こんにちは、ようこそ世界へ "
  everybody:
    e1: "みなさん"
    e2: "諸君"
    e3: "皆さま"
    e4: "各々方"
```

xxx: という形式で、辞書の**キー**を記述します。

日本語ロケール辞書の場合、必ず ja: で始め、英語であれば必ず en: で始めます。

キーの右側に半角スペースを空けて、辞書で変換したい内容を続けます。原則は文字列形式ですが、文字の切れ目がなければ「'」「"」などで囲まなくてもかまいません。

また、Rubyの記述ルールと同様に、インデントを2カラム右にシフトすることによって内部の階層を表し、1つの修飾グループを表現します。例えば先ほどのリスト11.17を見てみると、helloは単独でキーを表していますが、e1、e2、……は、everybody.e1、everybody.e2のように上位の修飾を含めてキーを表現することになります。インデントは重要であり、正しくそろっていないと正しく変換ができません。

単純な辞書変換は、このように設定が可能です。なお、Railsは起動時に辞書の内容をロードするため、辞書の追加・変更などを行った場合、必ずRailsの再起動が必要になります。

11.3.3 i18nのロケール（言語）を使用した実装例

次に、辞書を使用する実際の例を見ていきます。

まずはロケール機能をビューテンプレートの中に実装する方法について説明します。ここでは、一般的な実装方法と、form_withヘルパーで組み込まれるモデル要素に対するラベル名称を使う方法という2つを説明します。

 特に後者は、モデルの親クラスとなるActive Recordの階層名ルールと連動しています。

基本的な使用例

前項で設定したロケール辞書を使って、表示してみます。表示するにはI18nクラスの翻訳メソッドtranslate（省略形：t）を使用します。例として、リスト11.17で記述した辞書のhelloキーを使用して、対応する値を表示してみましょう。

    I18n.t :hello

I18nクラスを省略して、次のように記述することもできます。

    t :hello

また、階層化されたe1のようなキーに対しては、シンボルの指定ができないため、文字列で次のように指定します。

    t 'everybody.e1'

Topコントローラーの indexビュー（index.html.erb）にリスト11.18のような記述を行い、表示してみましょう。

▶リスト11.18　app/views/top/index.html.erb

```
<h2><%= t 'everybody.e1' %></h2>
<h2><%= t :hello %></h2>
```

表示結果は図11.11のようになります。

みなさん
こんにちは、ようこそ世界へ

❖図11.11　表示結果

Active Recordと連携した使用例

次に、Userモデルを例にして、Active Recordで制御される属性の表示を、多言語辞書の機能を使用して日本語で表記してみましょう。

Active Recordでは、モデル名、属性名が次のような階層で管理されています。

```
（言語）:
  activerecord:
    models:
      （モデル名）: モデル名表記
    attributes:
      （モデル名）:
        （属性名）: 属性名表記
```

Userモデルの日本語表記辞書は、リスト11.19のようになります。ここでは、モデル関連情報を管理する辞書として、models.ja.ymlというファイル名を使います。

▶リスト11.19　models.ja.yml（モデル情報の辞書として管理）

```
ja:
  activerecord:
    models:
      user: ユーザー
    attributes:
      user:
        name: 名前
        email: メールアドレス
```

462　11.3　i18n国際化対応機能

次のようなActive Recordと連携したフォームを準備します。models.ja.ymlにより、ラベルform.labelで表示される項目（:name/:email）が日本語で表示されるようになります。

```erb
<%= form_with(model: user, local: true) do |form| %>
  ……（省略）……
  <div class="field">
    <%= form.label :name %>
    <%= form.text_field :name, id: :user_name %>
  </div>

  <div class="field">
    <%= form.label :email %>
    <%= form.text_field :email, id: :user_email %>
  </div>
  ……（省略）……
<% end %>
```

図11.12に対応前の画面を、図11.13に辞書の登録を行って表示が変わった画面を示します。

❖図11.12　対応前の画面　　　　　　　❖図11.13　辞書登録済みの画面

なお、同じ辞書を、Active Recordの管理下にない属性表示にも利用してみましょう。例えば、次のような詳細情報を表示するビューです。

```erb
<p>
  <strong>Name:</strong>
  <%= @user.name %>
</p>
<p>
  <strong>Email:</strong>
  <%= @user.email %>
</p>
```

11.3.3　i18nのロケール（言語）を使用した実装例

```
<%= link_to 'Edit', edit_user_path(@user) %> |
<%= link_to 'Back', users_path %>
```

この場合、Name: や Email: といった部分の Name:/Email:
が対象になります。先ほどの例に従うと、階層をたどるチェーンを使って、次のように使用できます。

- Name→t 'activerecord.attributes.user.name'
- Email→t 'activerecord.attributes.user.email'

さらに、human_attribute_name メソッドを使用して、より簡潔にヒューマンインターフェース用
の属性名を表示することができます。その場合、User モデルの name/email に対し、次のように表記
します。

```
User.human_attribute_name('name')
User.human_attribute_name('email')
```

ところで、このビューではリンク名がEdit/Backのままになっています。この部分も日本語化しま
しょう。これらはビュー専用のボタン名に相当するので、独自の辞書（リスト11.20）に追加してい
きます。

▶リスト11.20　config/locales/common.ja.yml

```
ja:
  button:
    edit: 編集
    back: 戻る
    show: 詳細
    index: 一覧
    destroy: 削除
```

これらの辞書を使用して、フォームを次のように置き換えると、各種要素が日本語で表示されます。

```
<p>
  <strong><%= User.human_attribute_name('name') %>:</strong>
  <%= @user.name %>
</p>
<p>
  <strong><%= User.human_attribute_name('email') %>:</strong>
  <%= @user.email %>
</p>
<%= link_to t('button.edit'), edit_user_path(@user) %> |
<%= link_to t('button.back') , users_path %>
```

こちらも対応前の画面を図11.14に、辞書登録を行った画面を図11.15に示します。

❖図11.14　対応前の画面

❖図11.15　辞書登録済みの画面

> note　link_toヘルパーに使用する場合、tメソッドの表記は( )でくくって記述しないとエラーになります。

また、階層的にグループ化された辞書の要素は、修飾される上位の階層に対してscopeオプションを使用して、次のように記述することもできます。

```
# t('button.edit')
t(:edit, scope: "button")

# t('button.back')
t(:back, scope: "button")
```

Active Recordと連携した辞書要素を取得するためのヘルパーメソッドを、表11.2にまとめます。

❖表11.2　辞書要素取得用ヘルパーメソッド

ヘルパーメソッド	役割	例	結果
human	モデル名取得メソッド（model_name）と合わせて使用し、i18n辞書のActive Record階層設定に従って、モデル名を表示する	User.model_name.human	ユーザー
human_attribute_name	i18n辞書のActive Record階層設定に従って、モデル属性名を表示する	User.human_attribute_name('name')	名前

標準で用意されている翻訳辞書

I18n用の翻訳辞書は、それぞれの言語で共通で使えるものがGitHub上に用意されています。そのため、まずこの標準の辞書を組み込み、標準辞書にない単語はオリジナルの辞書に個別に追加していく、という手順が望ましいでしょう。次のURLから、日本語の標準辞書を取得することができます。

https://github.com/svenfuchs/rails-i18n/blob/master/rails/locale/ja.yml

その一部をリスト11.21に記載しています。後々の拡張を考えて、標準辞書としてファイル名を「ja.yml」として登録し、他の辞書ファイルと分けて管理しておきましょう。

▶リスト11.21　config/locales/ja.yml

```
ja:
  activerecord:
    errors:
      messages:
        record_invalid: "バリデーションに失敗しました: %{errors}"
        restrict_dependent_destroy:
          has_one: "%{record}が存在しているので削除できません"
          has_many: "%{record}が存在しているので削除できません"
    date:
…… (省略) ……
```

式展開を利用した翻訳メッセージの扱い

共通で用意されている辞書ファイルを見ると、次のように「%{ }」という記述を含むメッセージがあります。

```
…… (省略) ……
    record_invalid: "バリデーションに失敗しました: %{errors}"
    restrict_dependent_destroy:
      has_one: "%{record}が存在しているので削除できません"
      has_many: "%{record}が存在しているので削除できません"
…… (省略) ……
```

これは、動的にメッセージを編集できることを意味しています。この記述によって条件に応じて値が埋め込まれることになるのですが、これを**式展開**の翻訳メッセージといいます。

それでは具体的な例として、Scaffoldで生成されるフォームビューでエラーメッセージを表示する仕組みについて見ていきましょう。Scaffoldで生成した次のようなユーザーフォームのビューのエラー部分を日本語化することを考えます。

```
<%= form_with(model: user, local: true) do |form| %>
  <% if user.errors.any? %>
    <div id="error_explanation">
      <h2><%= pluralize(user.errors.count, "error") %> prohibited this ↵
user from being saved:</h2>
      <ul>
      <% user.errors.full_messages.each do |message| %>
        <li><%= message %></li>
```

```
        <% end %>
      </ul>
    </div>
  <% end %>
  ……（省略）……
<% end %>
```

現在、「ユーザーモデルで入力がない（空白である）場合、エラーになる」ように、次のようにUserモデルに対するバリデーションを設定しているとします。

```
class User < ApplicationRecord

  validates :name, presence: true
  validates :email, presence: true
end
```

エラーが発生すると図11.16のような画面となります。この画面のエラーメッセージは、日本語化されている部分と日本語化されていない部分が混在しています。

下段のメッセージが日本語化されているのは、先ほど登録した共用辞書（標準辞書）とモデルの属性辞書を、Active Recordと連携させて表示しているためです。バリデーションによって発生するエラーのうち、「入力が空白である」というエラーがある場合、Avtive Recordは、:blankに相当するメッセージを使って表示しようとします。

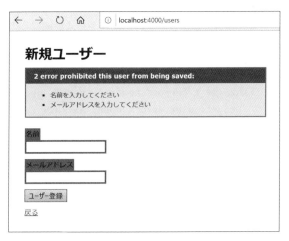

❖図11.16　エラーメッセージ画面（日本語化前）

共用の辞書では、次のような設定がされているため、Active Recordによって、次のような標準的な辞書の階層でerrors.messages.blankにあるメッセージを組み合わせた表示となります。

```
……（省略）……
  errors:
    format: "%{attribute}%{message}"
    messages:
      accepted: を受諾してください
      blank: を入力してください
      present: は入力しないでください
      confirmation: と%{attribute}の入力が一致しません
……（省略）……
```

しかし、上段のメッセージは、フォーム自体に記述されている次の内容を使用した表示のため、日本語化ができません。

```
<h2><%= pluralize(user.errors.count, "error") %> prohibited this user
  from being saved: </h2>
```

この部分の辞書を追加して、式展開で動的にメッセージを作れるようにしましょう。例えば、テンプレート関連のメッセージとして、template.ja.yml（リスト11.22）というファイルを作成・追加します。

▶リスト11.22　config/locales/template.ja.yml

```
ja:
  errors:
    header: " %{model} の登録で %{count} 件のエラーが発生しました"
```

フォーム側では次のように、辞書から式展開するように変更します。modelはuser.model_name.humanで取得し、countはuserインスタンスを使用して、user.errorsによって取得されるエラー情報から件数をカウントしています。

```
<h2><%= t 'errors.header', model: user.model_name.human,
  count: user.errors.count %></h2>
```

この結果、エラーは図11.17のように日本語で表示されます。

❖図11.17　エラーメッセージ画面（日本語化済み）

一般的に、英語など多くの言語では、errorといった単語が複数の場合（errors）と1件の場合（error）で異なるため、件数によるメッセージの振り分けが必要になります。その場合、one:/other:という特別なキーを使用します。英語の場合は、

11.3　i18n国際化対応機能

```
– エラーが1件
1 error prohibited this User from being saved
– エラーが4件
4 errors prohibited this User from being saved
```

となります。

例えば、日本語であえて、1件のエラーの場合のメッセージを変更したい場合は次のように辞書を指定することもできます。

```
ja:
  errors:
    header:
      one:   " %{model} の登録で次のエラーが発生しました"
      other: " %{model} の登録で %{count} 件のエラーが発生しました"
```

すると図11.18と図11.19のように、エラーの件数が1件と2件以上で、異なったメッセージが表示されます。

❖図11.18　エラーが1件の場合のメッセージ

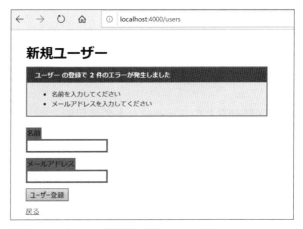

❖図11.19　エラーが複数件の場合のメッセージ

11.3.3　i18nのロケール（言語）を使用した実装例

> **note** ただし、メッセージの表示行でcountパラメーターが指定されていることが必要です。

> **note** 今回作成したエラー表示用の辞書は、理解を助けるために例示したものです。しかし実は、対応するものが標準辞書の中にすでに存在しています。

```
errors:
  …… (省略) ……
    template:
      body: 次の項目を確認してください
      header:
        one: "%{model}にエラーが発生しました"
        other: "%{model}に%{count}個のエラーが発生しました"
```

実際には、標準辞書のこのメッセージを使用したほうが良いでしょう。

I18nの辞書で使用できるオプションキー

先ほど出てきた:blankのように、I18n辞書では、いくつかの決まったオプションキーが用意されており、標準辞書 (ja.yml) の中ではこれらが利用されています。

その一部を次に紹介します。ぜひこれらをうまく活用してください。

```
errors:
  format: "%{attribute}%{message}"
  messages:
    accepted: を受諾してください
    blank: を入力してください
    present: は入力しないでください
    confirmation: と%{attribute}の入力が一致しません
    empty: を入力してください
    equal_to: は%{count}にしてください
  …… (省略) ……
```

日付・時刻などのフォーマットの使用例

日付や時刻など、単純な翻訳ではなく国によって表示形式が異なるものが存在します。I18nでは、この**ローカライズ**（地域化）も管理することができます。ローカライズを有効にするにはformatオプションを有効にするローカライズメソッドlocalize（省略形：l）を使用します。

例えば、英語表記での日付表示と日本語表記の場合を考えます。現在日時を表示するための表記をビューに次のように指定します。ここでは、標準辞書をja.ymlとしてセットしており、fomatオプ

470　11.3　i18n国際化対応機能

ションが使用できるようになっています。

```
<%= l Time.now %><br>
<%= l Time.now, format: :default %><br>
<%= l Time.now, format: :long %><br>
<%= localize Time.now, format: :short %><br>
```

この結果、図11.20や図11.21のように表示されます。

```
Thu, 03 May 2018 12:09:06 +0000
Thu, 03 May 2018 12:09:06 +0000
May 03, 2018 12:09
03 May 12:09
```

❖図11.20　英語表記の日付・時刻

```
2018年05月03日(木) 11時54分35秒 +0000
2018年05月03日(木) 11時54分35秒 +0000
2018/05/03 11:54
05/03 11:54
```

❖図11.21　日本語表記の日付・時刻

> *note* なお、この指定に使用した日本語のフォーマットオプションは次のように設定されています。
>
> ```
> time:
>   formats:
>     default: "%Y年%m月%d日(%a) %H時%M分%S秒 %z"
>     long: "%Y/%m/%d %H:%M"
>     short: "%m/%d %H:%M"
> ```

11.3.4　複数のロケールを動的に切り替える方法

　1つのアプリケーションの中で、ユーザーの選択に応じてロケールを切り替えるサービスをよく見かけます。ここではRailsでこの機能を実装してみましょう。

一例として、ユーザーが選択した言語をクエリパラメーターlocaleとして、http://URIパス?locale=言語コード のようにRailsの該当コントローラーへ送信し、params[:locale]パラメーターに基づいて切り替える方法を使います。そこで、コントローラーに次の実装を行います。

```
before_action :set_locale

private
def set_locale
  I18n.locale = params[:locale] || I18n.default_locale
end
```

クエリパラメーターに英語（locale=en）を指定した例を図11.22に、日本語（locale=ja）を指定した例を図11.23に示します。また、localeパラメーターを受信できない場合は、デフォルトのロケールI18n.default_localeに基づいた処理が行われます。

❖図11.22　http://localhost:4000/books?locale=en

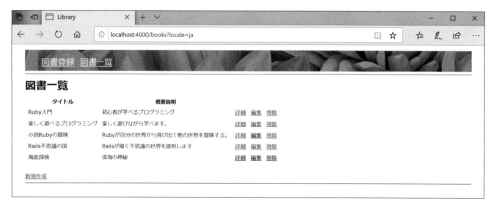

❖図11.23　http://localhost:4000/books?locale=ja

このset_localeプライベートメソッドとbefore_actionをApplicationControllerに組み込むことによって、すべてのコントローラーで有効にできます。

また、次の指定をコントローラーの継承元であるApplicationControllerのプライベートメソッドとして設定すると、default_url_optionsメソッドをオーバーライド（上書き定義）し、毎回パラメーターをセットする必要がなくなります。

```
def default_url_options(options = {})
  { locale: I18n.locale }.merge options
end
```

練習問題　11.3

1. I18nの国際化対応の仕組みについて簡単に説明してください。

2. Reservationアプリケーションを、I18nクラスを使用して日本語化してください。また、デフォルトの言語設定を切り替えることによって、日本語／英語の切り替えを行えるようにしてください。なお、本設問は後回しでもかまいません。

3. 2.の実装に対し、日本語／英語を動的に切り替える仕組みを実装してみてください。なお、本設問は後回しでもかまいません。

11.3.4　複数のロケールを動的に切り替える方法

☑ この章の理解度チェック

本課題は、これまで作成してきたReservationアプリケーションを一般的なWebアプリケーションの形にする作業を通して、今まで学習してきたことに対する総合的な理解度を確認します。

1. すでに組み込んだUser機能の情報（メールアドレス・パスワード）をもとにして、ログイン機能を実装してください。なお、以前に実装したHTTP認証は、ログインフォームによるユーザー認証に置き換わるため取り除きます。

   <実装のポイント>
   - Authsコントローラーをログイン処理（newアクションとcreateアクションの組み合わせ）、ログアウト処理（destroyアクション）として作成します。
   - Authsコントローラーのnewアクション（ログイン画面の表示機能）で扱う情報は、Userモデルで登録された情報です。標準的なモデル処理とは異なるため、入力専用オブジェクトとしてリソースフルルートやバリデーションが可能なフォームオブジェクトAuthを使用します。Authで扱う属性は、emailとpasswordです。
   - Authsコントローラーのnewアクションで呼び出すビューテンプレートauths/new.html.erbを、ログイン画面（メールアドレス・パスワード入力の画面）として実装します。ただし、フォーム属性として、パスワードは属性タイプをpasswordにします。またform_withヘルパーは、modelオプションでフォームオブジェクトAuthのインスタンスと結び付けます。
   - Authsコントローラーの各アクションを呼び出すルートは、フォームオブジェクトAuthを利用することで、リソースフルルートに変更してください。単数形のリソースフルルート（resource :auths）とすると、destroyルートのidは不要になります。
   - ログイン状態を確認するために、ログインユーザーのidのみを保存するセッション情報session[:user_id]を使用します。ログアウト処理は、セッション情報をクリアするだけです。ログイン／未ログインの判断は、session[:user_id]が存在するかどうかによって行います。
   - ログイン後に利用可能なコントローラーのアクションは、フィルター（before_action）でチェックをして、未ログインの場合は、ログイン処理へリダイレクトします。ログイン、ユーザー新規登録以外のアクションは、すべてログインを必要とします。
   - レイアウトのメニューにログイン（login）とログアウト（logout）を追加します。ただし、レイアウトの課題で作成したusersレイアウト（users.html.erb）にログインメニューを追加し、共通のレイアウト（application.html.erb）にログアウトのメニューを追加してください。ログイン画面のレイアウトは、usersレイアウトを使用します。ログアウトは、HTTPメソッドをdeleteとすることで、Authsコントローラーのdestroyアクションにつながります。
   - パスワードの暗号化を行う場合は、BCryptを使用します。Gemfileにbcryptを実装する（コメントを外してbundle installする）必要があります。パスワードの暗号化は、BCrypt::Passwordのcreateメソッドにパスワードとする引数を与えて変換できます。パスワードの確認には、暗号化されたパスワードをBCrypt::Passwordのnewメソッドの引数としてインスタンス化し、入力されたパスワードと比較します。また、ユーザー登録時

（サインアップ時）のパスワード暗号化をバリデーション後に行う必要があるため、モデルのコールバックを利用して、before_saveまたはbefore_validationで暗号化を行うようにします。

＜ログイン機能要件＞
Authsコントローラーの各アクションを、次の要件で実装してください。

- newアクション
  フォームオブジェクトの新規インスタンスに基づいてログイン画面（new.html.erb）を表示します。
- createアクション
  ログイン画面から受け取ったログイン情報を基に、データベースに登録されているユーザー情報に一致するログイン情報があるかを確認します。もし一致するログイン情報がある時は、ユーザーが認証されたと見なして、そのユーザーidをセッション情報session[:user_id]に保存し、ルートページへリダイレクトします（ログイン認証成功）。もし一致しない時は、再度ログイン処理へリダイレクトします（ログイン認証失敗）。
- destroyアクション
  ログアウトのリクエストにより、セッション情報を削除してログイン処理へリダイレクトします（ログアウト）。
- 注意点
  パスワード暗号化の実装を行うと、すでに存在するユーザーのパスワードは暗号化なしで登録されているため、ログインを行うとエラーになります。そのため、ユーザーを削除するか、データベースをいったんリセットする必要があります。

2. **1.**の実装の結果、会議室の予約登録は、ログインしたユーザーが行うことになるので、予約者の名前（user_name）、メール（user_email）をログインユーザーの情報から自動でセットするようにしてください。そのために、ログインユーザーの情報をcurrent_userというヘルパーメソッドで常に参照できるようにすると便利です。

3. **2.**の実装の結果、予約入力の時、予約者名、メールアドレスが不要になりました。しかし、予約一覧で他人の登録した予約を解除できてしまいます。ログインユーザーの情報を利用して、自分以外の予約は解除できないようにしてください。

＜実装のポイント＞
- 予約者がログインユーザー（current_user）と異なる場合、取り消しボタンを非表示にするだけでなく、取り消しを行えないようにしてください。

＜補足＞
- ユーザーの新規登録・編集画面の入力パスワードの属性をpasswordタイプに変更してください。ユーザーモデルと予約エントリモデルが親子関係のアソシエーションを設定している場合、予約エントリのuser_idだけでユーザーの情報とひも付けられます。ユーザー名やメールアドレスを持つ必要はありません。この点については、6.で整理してください。

4. Reservationアプリケーションはだいぶ良くなりましたが、まだ大きな問題があります。会議室の情報（Room機能）は、ログインさえできれば誰でも登録・変更・削除できてしまいます。少なくとも、特別の権限を持ったユーザーだけが、会議室の情報を保守できるように考えてください。

   ＜実装のポイント＞
   ● ユーザー情報に管理者権限（admin属性）を追加して、この属性がtrueの時、会議室情報を操作（登録・編集・削除）できるようにします。
   ● 当然ながら、管理者権限の付与は通常のメニューから外し、ユーザー登録画面からも外します。

   ＜実装手順＞
   a. ユーザーモデル（User）に管理者権限admin属性（ブーリアン形式）を追加するマイグレーションファイルを作成し、usersテーブルに実装します。また、admin属性のデフォルト値はfalseにしておきます。
   b. 管理者登録機能は作成せず、管理者権限ユーザー（admin属性：true）を、事前にシード機能（seeds）でテーブルに追加します。パスワードには暗号化処理が必要です。
   c. ログインユーザーの管理者権限（admin属性）がtrueの場合のみ、Room機能のnew/create/edit/update/destroyを有効にし、falseの場合、ルートへリダイレクトします。その際、ボタンやメニューも非表示にします。
   d. ユーザー情報登録機能は現行のままで変更しません。

5. 重複している部分やゴミの部分について整理してください。

   ● 自動生成されて使われていない不要なビューやヘルパーファイル、アセットファイルを削除してください。
   ● entriesコントローラーのアクションの共通部分をbefore_actionでまとめてください。

6. 予約エントリのuser_idだけでユーザーの情報とひも付けて、予約エントリのユーザー名やメールアドレスを持たなくても良いよう変更しましょう。なおこの課題は、本書を最後まで読み終えてからでもかまいません。

その他のコンポーネント

この章の内容

- 12.1 Action Mailer（メール機能）
- 12.2 Active Storage（ストレージ資産の管理）
- 12.3 その他の有用な機能

ここまで、Railsアプリケーションを構築するためのMVCコンポーネントについて、さまざまな機能を見てきました。皆さんは、Railsアプリケーションを構築するための基本的な技術がすでに身についているはずです。

Railsには、バージョン5で追加されたコンポーネントも含め、多くの素晴らしい機能が用意されています。本書では、そのうち主なものについて解説します。

12.1 Action Mailer（メール機能）

Action Mailerは、Railsアプリケーションで電子メールの送受信を行うための標準コンポーネントです。Webアプリケーションにおいて、電子メールを送受信することはごく一般的な機能ですが、メールの送受信とWebアプリケーションのリクエスト・レスポンスは、まったく異なる通信によって行われています。Railsでは、この違いを使いやすく統合しています。

12.1.1 メーラーとは

Railsアプリケーションでは、メールの送受信を行うためにメーラーを生成します。コントローラーがWeb情報の送受信を制御する役割を持つのに対して、メーラーは電子メール（メール）の送受信を制御する役割を持ちます。

コントローラーがビューテンプレートを使用してレスポンスを返信するのと同様に、メーラーはメールテンプレートを使用してメールを送信します。メールテンプレートは、ビューテンプレートと同様、app/viewsディレクトリに保存されます。

図12.1、図12.2は、Webアプリケーションにおけるコントローラーとメーラーの関係を概略図にしています。図12.1では、コントローラーから起動されたメーラーが、SMTP（一般的なメール送信プロトコル）を使用して、メールテンプレートを使って生成されたメールをメールサーバーに送信しています。また、図12.2はPOP3（一般的なメール受信プロトコル）を使用して、メールサーバーから受信する様子を示しています。

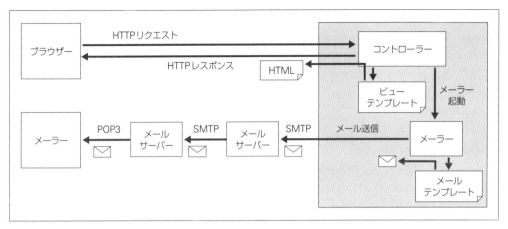

❖図12.1　メーラーがメールを送信するイメージ

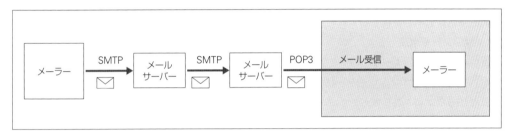

❖図12.2　メーラーがメールを受信するイメージ

　Railsからメールを送信するためには、通常、Webアプリケーションを制御するコントローラーのアクションでメーラーの起動を行い、指示されたメーラーのメソッドを実行します。

　Action Mailerは、コントローラーと同じAbstractController::Baseを継承して作成されています。そのため、コントローラーと同様の仕組みを保持しています（図12.3）。

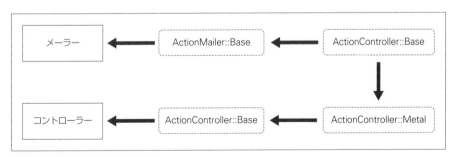

❖図12.3　メーラーとコントローラーの継承関係

12.1.1　メーラーとは

Action Mailerコールバック

Action Mailerでは、Action Controllerと同様にbefore_action/after_action/around_actionといったコールバック処理を指定できます。before_actionを使うことで、後述するdelivery_method_options（送信オプション）の設定を行ったり、デフォルトのメールヘッダーやデフォルトの添付ファイルを挿入したりもできます。コールバックの基本的な使用方法は、コントローラーのフィルターと同じです。

Action Mailerヘルパー

Action Mailerは、Action Controllerと同様にヘルパーメソッドを使用できます。ヘルパーメソッドについては、コントローラーと同様なので、Chapter 10を参照してください。

12.1.2 メールの送信

メーラークラスおよびメールテンプレートの生成

メールを送信する機能を組み込むには、まず、Action Mailerの機能を使用してメーラーの骨組み（スケルトン）を生成します。

次のコマンドで、メーラーのクラスとメール本文を作成するためのメールテンプレートを生成できます。メーラーはコントローラーに類似しており、メールテンプレートは、画面用のビューテンプレートと同じように取り扱えます。

```
$ rails generate mailer メーラー名 [メソッド名]
```

メーラーは、コントローラーのように「UserMailer」といった名前を持つメーラークラスとして表現します。メーラークラスはActionMailer::Baseを継承しており、app/mailersディレクトリに生成されます。

メーラーの生成で指定するメソッド名は、メールを送信するためのメソッドです。コントローラーでいうアクションに相当し、メーラークラスのインスタンスメソッドとして利用されます。メソッド名を指定すると、app/viewsディレクトリの中にあるメーラー名に相当するディレクトリに、メソッド名に相当するメールテンプレート（ビューテンプレートと同様）が生成されます。

例として、次のコマンドで生成し検証してみましょう。

```
$ rails g mailer notice greeting
```

この結果、app/mailersディレクトリにメーラークラスnotice_mailer.rbが生成されます（リスト12.1、図12.4）。

> メソッド名にsendは使用できません。「send」はメーラーのコンポーネントに既に用意されているメソッド名と重複してしまうからです。

▶リスト12.1　app/mailers/notice_mailer.rb

```
class NoticeMailer < ApplicationMailer
  def greeting
    @greeting = "Hi"

    mail to: "to@example.org"
  end
end
```

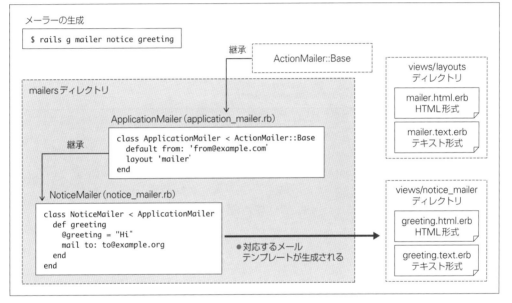

❖図12.4　メーラーの生成とメールテンプレート

　このクラスは、ApplicationMailerを継承しています。また、先ほどのコマンドで指定したメソッドgreetingが組み込まれています。

　NoticeMailerの親クラスであるApplicationMailerは、ActionMailer::Baseを継承しています。

```
class ApplicationMailer < ActionMailer::Base
  default from: "from@example.com"
  layout 'mailer'
end
```

　また、app/views/notice_mailerディレクトリにメールテンプレート（HTML用およびテキスト用）が作成されます。指定したメソッド名である「greeting」を使用して、それぞれリスト12.2、リスト12.3のような内容が生成されます。

▶リスト12.2　HTML用のメールテンプレート（greeting.html.erb）

```
<h1>Notice#greeting</h1>
<p>
  <%= @greeting %>, find me in app/views/notice_mailer/greeting.html.erb
</p>
```

▶リスト12.3　テキスト用のメールテンプレート（greeting.text.erb）

```
Notice#greeting
<%= @greeting %>, find me in app/views/notice_mailer/greeting.text.erb
```

　ビューテンプレートの時と同じように、HTML・テキストの各形式に対応したメーラー用のレイアウトが、app/views/layoutsディレクトリに生成されています（リスト12.4、リスト12.5）。

▶リスト12.4　HTML形式のメールレイアウト（mailer.html.erb）

```
<!DOCTYPE html>
<html>
  <head>
    <meta http-equiv="Content-Type" content="text/html; charset=utf-8" />
    <style>
      /* Email styles need to be inline */
    </style>
  </head>
  <body>
    <%= yield %>
  </body>
</html>
```

▶リスト12.5　テキスト形式のメールレイアウト（mailer.text.erb）

```
<%= yield %>
```

　メーラークラスでは、送信元・送信先のメールアドレスやメールの件名などの設定を行います。デフォルト値を設定したい場合は、defaultメソッドを使用します。

　また、layoutメソッドでレイアウトの指定も可能です。メーラー全体に共通のデフォルト値やレイアウトを設定する際は、コントローラーの時と同様に、継承元であるApplicationMailerに対して行います。

12.1　Action Mailer（メール機能）

メーラーおよびテンプレートの設定例

生成されたメーラーの骨格（スケルトン）をもとに、表12.1の仕様に従ってメーラーの設定を行ってみましょう。

❖表12.1 メーラーの仕様例

メール項目	設定の仕様
送信元メールアドレス	"site_master@example.com"
送信先メールアドレス	入力されたeventのメールアドレスを使用する
メール件名	地元食材フェスティバルへのご招待
CCメールアドレス	"event_host@example.com"
宛先名	入力されたeventの名前を使用する
あいさつ内容	"（入力されたeventの名前）さん、申し込みありがとうございます。"
紹介url	"http://www.example.com"

この仕様に従い、application_mailer.rbをリスト12.6のように変更します。

▶リスト12.6 application_mailer.rbの記述例（共通のアドレスを指定）

```
class ApplicationMailer < ActionMailer::Base
  default from: "site_master@example.com"
  layout 'mailer'
end
```

defaultで指定されているfrom: site_master@example.comとは、送信元のメールアドレスを意味しています。メールごとに上書きして変更しない限り、このクラスで作成されるすべてのメールメッセージで使用されます。

メーラーの設定

次は、表12.1に基づいて、デフォルトのNoticeメーラーのgreetingメソッド内容をリスト12.7のように書き換えましょう。

▶リスト12.7 notice_mailer.rbの記述例（個別の内容を指定）

```
class NoticeMailer < ApplicationMailer
  def greeting(event)
    @message = "#{event.name}さん、申し込みありがとうございます。"
    @url = "http://www.example.com"
    mail to: event.email,
        cc: "event_host@example.com",
        subject: "地元の食材フェスティバルのご招待"
  end
end
```

12.1.2 メールの送信　483

mailメソッドで、実際に送信するメールメッセージの宛先（to）・CC宛先（cc）・タイトル（subject）を設定しています。

to/ccやbcc（BCC宛先）には、複数のアドレスを指定することができます。複数のアドレスを指定するには、メールアドレスの配列を利用する、またはメールアドレスをカンマで区切ることで行えます。

mailメソッドを呼び出すと、app/viewsディレクトリ内の、メーラークラス名と同じ名前のディレクトリにある2種類のテンプレート（テキストおよびHTML）が検索され、multipart/alternative形式のメールが自動生成されます。

なお、既定以外の場所やテンプレートを指定する場合、mailメソッドで、次のようにtemplate_path（メールテンプレートのパス）やtemplate_name（メールテンプレートの名前）オプションを指定します。

```
mail to: event.email,
  cc: "event_host@example.com",
  subject: "地元の食材フェスティバルのご招待",
  template_path: "notifications",
  template_name: "inviting"
```

この場合、テンプレートは、views/notifications/inviting.html.erbおよびinviting.text.erbと見なされ、存在しない場合はActionView::MissingTemplateの例外エラーとなります。

メールテンプレートの設定

メールテンプレートについても、リスト12.8、リスト12.9のように、HTML形式とテキスト形式のそれぞれを書き換えておきましょう。なお、@message/@urlは、メーラーで設定したインスタンス変数を参照しています。

▶リスト12.8　HTML用のメールテンプレート（greeting.html.erb）

```
<h2><%= @message %></h2>
<p>詳しくは、<%= link_to "こちら", @url %>をクリックしてください。</p>
```

▶リスト12.9　テキスト用のメールテンプレート（greeting.text.erb）

```
<%= @message %>
詳しくは、<%= link_to "こちら", @url %>をクリックしてください。
```

以上でメール送信の準備が整いました。

メーラーのメソッド呼び出し

メールを送信する場合、コントローラーのアクション内で、メーラークラスとメソッドを指定してメーラーの呼び出しを実装します。また、呼び出されたオブジェクトのdeliverメソッド（送信メソッド）を実行します。

（メーラークラス名）.（メソッド）.deliverメソッド

Rails 5では、次のいずれかのdeliverメソッドを選択します。

- deliver_now：即時配信する場合に使用
- deliver_later：Active Job（後述）で非同期に配信する場合に使用

> *note* メーラークラスのメソッドはクラスメソッドのように指定（クラス.メソッド）しますが、実際はインスタンスメソッドとして設定されており、Action Mailerが特別な仕掛けでインスタンス化し、実行してくれます。
> メソッドに対する引数も指定されていませんが、引数を指定すると、同様の仕掛けでメーラーに渡すことができます。

前項の具体例に従って、deliver_now（即時配信）を使用する場合、次のように記述します。

NoticeMailer.greeting.deliver_now

メールの送信は通常、コントローラーのアクションから実行するので、この記述をコントローラーに組み込む必要があります。ここではあるイベントを管理するコントローラーを用意し、参加登録したユーザーに対して、招待メールを送るように設定します。登録を行うcreateアクションの中で、イベント登録（@event.save）が成功したあとにメールの送信を追加することにします（リスト12.10）。

▶リスト12.10　Eventコントローラー（controllers/events_controlle.rb）

```ruby
class EventsController < ApplicationController
  ……（省略）……
  def create
    @event = Event.new(event_params)
    if @event.save
      NoticeMailer.greeting(@event).deliver_now
      redirect_to @event, notice: '登録されました'
    else
      render :new
    end
```

```
    end
    ……（省略）……
end
```

　greetingメソッドの引数に@eventのインスタンスを指定して、入力された宛先メールアドレスを含むイベント情報を渡しています。それにより、メーラーのmail to: オプションにNoticeMailerの宛先アドレスを設定できるようにしています。

メール送信サーバー

　実際のメール送信では、メールサーバーが必要になります。そのためメーラーは、どのメールサーバーを通してメールを送信するかをあらかじめ知っている必要があります。そこで、送信用メールサーバーの指定を行いましょう（図12.5）。

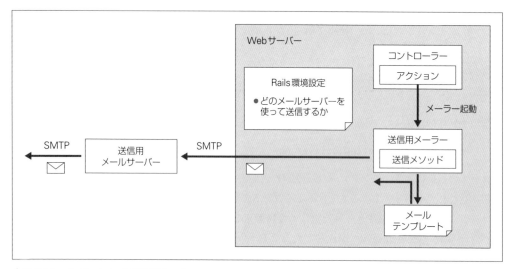

❖図12.5　メーラーとメール送信用サーバー

　無料で利用できるメールサーバーにはAmazon SES、SendGrid、Gmailなどがありますが、ここでは、Gmailのメールサーバーを利用してメール送信を行いましょう。また、メール送信用の通信ソフト（プロトコル）としてはSMTPを使用します。

　Gmailサーバーを使用するため、皆さんがお持ちのGmailのアカウントを利用します。そこで、Gmailアカウントのセキュリティで、2段階認証の設定とアプリパスワードの生成を行います。

> note　2段階認証の設定方法は、
>
> 　　https://support.google.com/accounts/answer/185839
>
> 　を参考にしてください。また、アプリパスワードの生成方法は

https://support.google.com/mail/answer/185833

を参考にしてください。

メール送信に使うGmailサーバーに関する各種仕様を、表12.2に示します。

❖表12.2　送信サーバーの仕様（Gmail）

項目	値
SMTPサーバーのアドレス	smtp.gmail.com
SMTPサーバーのポート番号	587
SMTPサーバーの接続ユーザー名	＜自身のアカウントユーザー名＞
SMTPサーバーの接続パスワード	＜自身のアカウントのアプリパスワード＞
ユーザー認証の形式	plain（平文）
TLS認証を使用するか	true（使用する）

　Gmailサーバーの仕様に基づいて、環境設定ファイルのSMTPの設定config.action_mailer.smtp_settingsをリスト12.11のように指定します。環境設定ファイルは、開発（development）・テスト（test）・運用（production）というそれぞれの環境に合わせて選択しましょう。

▶リスト12.11　config/environments/development.rb（メール設定部分のみ記載）

```
#  メール関連の設定
  config.action_mailer.raise_delivery_errors = true
  config.action_mailer.perform_deliveries = true
  config.action_mailer.delivery_method = :smtp
  config.action_mailer.smtp_settings = {
    address:            'smtp.gmail.com',
    port:               587,
    user_name:          '＜自身のアカウントユーザー名＞',
    password:           '＜自身のアカウントのアプリケーションパスワード＞',
    authentication:     :plain,
    enable_starttls_auto:  true
  }
```

上記の例では、メール送信に必要な次の設定を行っています。

● メール送信を有効にする（デフォルトはtrue）

config.action_mailer.perform_deliveries = true

● メール送信がメールサーバーにより完了しない時にエラーを発生させる（ただし、メールサーバーが即時送信するよう構成されている場合のみ有効）

config.action_mailer.raise_delivery_errors = true

12.1.2　メールの送信

メールサーバーが設定されていない場合にこの設定がtrueになっていると、

Errno::ECONNREFUSED (Connection refused - connect(2) for ….)

というエラーが発生します。またfalseの場合は、メールサーバーが存在しなくてもメールが正常に送られているように見えます。

- メール送信プロトコルとしてSMTPを利用する

config.action_mailer.delivery_method = :smtp

config.action_mailer.delivery_methodの設定値は、表12.3のとおりです。

❖表12.3　config.action_mailer.delivery_methodの設定値

設定値	役割
:smtp	メール送信にSMTPプロトコルを使用する（テスト環境以外のデフォルト値）
:sendmail	メール送信にsendmailコマンド（/usr/sbin/sendmail）を使用する
:file	メールをファイルに保存する（tmp/mailsディレクトリ：ファイル名はメールアドレス）
:test	メールをActionMailer::Base.deliveries配列に保存する（テスト環境のデフォルト値）

メールサーバーの設定ができない環境では、config.action_mailer.delivery_method = :testとすることで、メール送信を確認することができます。

送信オプション

送信オプション（認証情報など）をメール送信時に指定したい場合は、メーラーのアクションで、delivery_method_optionsオプションを使用して変更することができます。

```
class NoticeMailer < ApplicationMailer
  def greeting(event)
    @message = "#{event.name}さん、申し込みありがとうございます。"
    @url = "http://www.example.com"
    delivery_options = { user_name: "guest",
                         password: "guest" }
    mail to: event.email,
        cc: "event_host@example.com",
        subject: "地元の食材フェスティバルのご招待",
        delivery_method_options: delivery_options
  end
end
```

他にも、メールテンプレートでHTTPアプリケーションのホスト情報を共通に使用したい場合は、

次のようにhost: パラメーターでホストのURLを明示します。

```
config.action_mailer.default_url_options = { host: 'example.com' }
```

　この設定を行うことで、ホスト名が共通で利用でき、完全なURLとして設定されます。メールテンプレート内では、相対パス認識が無効なため、完全な宛先として、url_forメソッド（only_pathオプション：false）などを使用して宛先URIを指定する必要があります。

送信の実行

　メール送信が行われると、コンソール上には次のような内容が表示されます。

```
……（省略）……
  Rendering notice_mailer/greeting.html.erb within layouts/mailer
  Rendered notice_mailer/greeting.html.erb within layouts/mailer (1.1ms)
  Rendering notice_mailer/greeting.text.erb within layouts/mailer
  Rendered notice_mailer/greeting.text.erb within layouts/mailer (0.8ms)
NoticeMailer#greeting: processed outbound mail in 1758.8ms
Sent mail to 入力されたeventのメールアドレス (4097.5ms)
Date: Thu, 07 Feb 2019 07:35:53 +0000
From: from@example.com
To: 入力されたeventのメールアドレス
Cc: event_host@example.com
Message-ID: <5c5bdfd9bd48d_10472afeb38e28bc347a5@ubuntu-xenial.mail>
Subject: =?UTF-8?Q?=E5=9C=B0=E5=85=83=E3=81=AE=E9=A3=9F=E6=9D=90=E3=83=95⏎
=E3=82=A7=E3=82=B9=E3=83=86=E3=82=A3=E3=83=90=E3=83=AB=E3=81=AE=E3=81=94⏎
=E6=8B=9B=E5=BE=85?=
Mime-Version: 1.0
Content-Type: multipart/alternative;
 boundary="--==_mimepart_5c5bdfd9b1866_10472afeb38e28bc346c2";
 charset=UTF-8
Content-Transfer-Encoding: 7bit
----==_mimepart_5c5bdfd9b1866_10472afeb38e28bc346c2
Content-Type: text/plain;
 charset=UTF-8
Content-Transfer-Encoding: base64
5bGx55Sw5aSq6YOO44GV44KT44CB55Sz44GX6L6844G/44GC44KK44GM44Go
44GG44GU44GW44GE44G+44GZ44CCDQroqbPjgZfjgY/jga/jgIE8YSBocmVm
PSJodHRwOi8vd3d3LmV4YW1wbGUuY29tIj7jgZPjgaHjgok8L2E+44KS44Kv
……（省略）……
```

　HTML形式のメールテンプレートとテキスト形式のメールテンプレートが同時にレンダリング（render）されています。Action Mailerは、複数の異なるテンプレートがあると、自動的にマルチパート形式のメールとしてひとまとめにして送信します。

12

その他のコンポーネント

12.1.2　メールの送信　　489

> **note** マルチパートとは、HTML形式とテキスト形式など、複数の形式のパートをまとめて送る方法です。マルチパートメールは、送信実行例にあるように、Content-Type: multipart/alternative として送信されます。
> マルチパートメールに挿入されるパートの順序は、ActionMailer::Base.defaultメソッドの:parts_orderによって決まります。

この結果、以下のようなHTML形式のメール内容が送信されます。

メールタイトル：地元の食材フェスティバルのご招待
山田太郎さん、申し込みありがとうございます。
詳しくは、こちらをクリックしてください。

なお、Gmailサーバー環境下では、アカウントのメールアドレスが常に発信元のメールアドレスとして使用されます。

12.1.3 メールの受信

Action Mailerは、ActionMailer::Baseクラスのreceiveメソッドを使用して、メール受信用のメーラーを作成することができます。ただし、受信用のメーラーでメールを受信するためには、メールサーバーから受信したメールを何らかの形でメーラーに転送するための設定が必要です。Railsでは、標準で受信メールサーバーの設定を行う仕組みは用意されていないため、独自に実装しなければなりません。

メール受信の流れ

Railsアプリケーションでメールを受信できるようにするためには、以下の作業が必要になります（図12.6）。

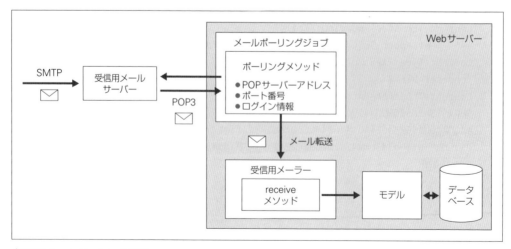

❖図12.6　メーラーとメール受信

● ポーリングジョブの作成と起動

受信メールサーバーと接続し、メールがあれば受信用メーラーにメールを転送するための**ポーリング**（問い合わせ）用メソッドをアプリケーション（**ポーリングジョブ**）に実装します。ポーリングで定期的に監視し、メールがあれば転送するという仕組みは、アプリケーションの実行の仕方によります。

転送メソッドは、クラスメソッドとして実装し、非対話処理のジョブ起動で実行（rails runner …コマンド）できるようにします。

● 受信メーラーの作成と起動

受信メーラー（receiveメソッドで処理するメーラー）を作成します。そのうえでポーリングジョブから受信メーラーが起動され、メールを転送されるようにもします。

メール受信の実装

メールの受信は、送信に比べて、メールポーリングのためのジョブを作成する必要があるなど、非同期処理のジョブ実行を理解しておく必要があるため本書では深く解説はしませんが、実装例をいくつか紹介しておきましょう。

メールをメールサーバーから受信用のアプリケーション（受信メーラー）に転送するには、いくつかの方法があります。そのうち、Rubyが標準で用意しているメール受信プロトコル（POP3）のクラス（Net::POP）を使用する方法をリスト12.12に記載します。Net::POPクラスは、net/popをrequireすることで使用できます。

▶リスト12.12　app/jobs/rec_mail_server.rb

```
class RecMailServer
  require 'net/pop'

  def self.polling
    @address  =  "<メール受信サーバーアドレス>"
    @port     =  <ポート番号>
    @userid   =  "<ユーザーID>"
    @password =  "<パスワード>"

    Net::POP3.enable_ssl # SSLが必要な場合

    pop_server = Net::POP3.start(@address, @port, @userid, @password)
    if pop_server.mails.present?
      pop_server.each_mail do |mail|
        PopNoticeMailer.receive(mail.pop)  # 受信したメールを処理する
        mail.delete    # 受信したメールをサーバーから削除する
```

12.1.3　メールの受信

```
        end
      end
    pop_server.finish
  end

end
```

Net::POP3クラスを起動するためには、リスト12.12のような受信メールサーバーの設定が必要になります。この例では、Net::POP3.startによって生成されたインスタンスがmailsメソッドでメールが存在することを確認した時に、取得したメールを受信用メーラー（PopNoticeMailer）のreceiveメソッドに渡しています。

受信メーラーの実装例

次に、転送されたメールを受信処理するためのメーラーの実装例を紹介します（リスト12.13）。ApplicationMailerクラスは、メール送信と同じく、ActionMailer::Baseを継承したものです。

▶リスト12.13　受信メーラーの例（app/mailers/pop_notice_mailer.rb）

```ruby
class PopNoticeMailer < ApplicationMailer

  def receive(email)
    puts "----受信スタート"
    puts   "宛先:#{email.to.first}"
    puts   "件名:#{email.subject}"
    puts   "本体:#{email.body}"

    box = Box.new(name: email.subject, content: email.body)

    if box.save
      puts "メールを登録しました"
    end
  end
end
```

リスト12.13は、受信したメール（引数email）をもとに、宛先となったメールアドレスが複数あることを想定し、宛先メールアドレスの1つ目（to.first）・件名（subject）・本文（body）を取得して出力しています。モデルなどを使って何か処理を行う場合は、receiveメソッドの中に記述することができます。ここではBoxモデルを使い、保存処理を行っています。

12.1　Action Mailer（メール機能）

メール受信ジョブの実行例

ここまで実装したメール受信アプリケーション（ポーリングジョブ）RecMailServerのpollingメソッドを実行するには、次のように、rails runnerコマンドを使用します。

```
$ rails runner 'RecMailServer.polling'
Running via Spring preloader in process 6592
----受信スタート
宛先：～～～～
件名：～～～～
本体：

-----Original Message-----
From: ～～～～
……（省略）……

メールを登録しました
```

Gemパッケージ Mail を利用する

GemパッケージMailを使用すると、受信サーバーのポーリングをシンプルに実装できます。さらに、メール受信内容の処理を直接記述でき、メーラーを利用しなくても受信の処理が可能になります（リスト12.14）。

▶リスト12.14 app/jobs/rec_server.rb

```ruby
class RecServer
  require 'mail'

  Mail.defaults do
    retriever_method :pop3, address: "メール受信サーバーアドレス",
      port:       ポート番号,
      user_name:  "ユーザー ID",
      password:   "パスワード",
      enable_ssl: false
  end

  def self.polling
    mails = Mail.all     # 処理の仕方によって使うメソッドを変える
    if mails.present?
    mails.each do |mail|
      # メーラーで処理する内容を直接記述することができる
      # （メーラーをここで起動しても結果は同じ）
    end
    end
```

12.1.3　メールの受信

```
      end
    end
```

 次期バージョンとなるRails 6では、Action Mailboxというコンポーネントの追加が予定されています。
このコンポーネントは、メールの受信をRailsの標準コンポーネントで行えるようになり、これまで煩雑な手順を踏まなければならなかったメール受信が、よりシンプルに利用できるよう改善されたものだとされています。

12.1.4 メール添付ファイルの操作

Action Mailerを利用して、送信するメールにファイルを添付することができます。ファイルを添付するには、ActionMailer::Baseクラスのattachmentsメソッドを使用します。他にも、attachments.inlineメソッドを使ってメール本文に埋め込む形（インライン）でファイルを添付することもできます。

 メールに添付されるファイルは自動的に**Base64**（7ビットで表現できる64種の文字のエンコード方式）でエンコードされます。もし他のエンコードを使用する場合は、事前に添付するコンテンツ（ファイル内容）に対して必要なエンコードを適用したうえで、attachmentsメソッドを実行します。

ファイルを添付したメールを送信する際は、メーラーを以下のように設定します。

この例ではドキュメント（ファイル名：info.pdf）を添付ファイルとし、さらに画像（ファイル名：event.jpg）をインラインで添付します。また、それぞれのファイルは、public/user_infoディレクトリ内の各種ディレクトリに置いてあるとします。

```ruby
class NoticeMailer < ApplicationMailer
  def greeting(event)
    @message = "#{event.name}さん、申し込みありがとうございます。"
    @url = "http://www.example.com"
    @doc_path = "#{Rails.root}/public/user_info/documents/info.pdf"
    @img_path = "#{Rails.root}/public/user_info/images/event.jpg"
    attachments["info.pdf"] = File.read(@doc_path, mode: "rb")
    attachments.inline["event.jpg"] = File.read(@img_path, mode: "rb")
    mail to: event.email,
        cc: "event_host@example.com",
        subject: "地元の食材フェスティバルのご招待"
```

```
        end
    end
```

 受信メールに添付されたファイルの取り込みについては、メール受信の実装同様、本書では割愛します。

練習問題 12.1

1. Action Mailerの役割について説明してください。
2. メーラーとコントローラーの関係について説明してください。
3. メーラーの起動方法について説明してください。
4. メールサーバーを設定せずに、メール送信のみを確認する方法について説明してください。
5. メール受信を実装するために必要な要件を説明してください。

12.2 Active Storage（ストレージ資産の管理）

Active Storageは、Rails 5.2で追加された新しいコンポーネントです。

従来、画像・動画などのファイルをデータとして登録するには、CarrierWaveなどのgemパッケージを利用する方法が一般的でした。新しく追加されたActive Storageを使えば、より簡単に実装できるだけでなく、Amazon Web Service/Microsoft Azure/Google Cloud Platformなど、各種クラウドで提供されるストレージに対して、直接アップロードを行うことも可能です。

12.2.1 Active Storageの仕組み

Active Storageの概要

Active Storageを利用して画像などのファイルを登録するには、モデルに保存するための属性を追加するのではなく、画像などの要素をどのように属性としてひも付けるか（1対1か、1対多か）だけを設定します。大まかなイメージとしては、モデル間のアソシエーションに似ているといえるでしょう。

ひも付ける画像などのデータリソースは、子モデルに相当する特別なモデルクラスを通して、テーブルにひも付けられます。対象となるモデルに属性を定義する必要はないため、モデルに対応するテーブルの変更も必要なく、アソシエーションのような設定を行うだけですみます。

Active Storageの利用手順

基本的な手順は、次のとおりです。

- Active Storageテーブル作成のための、マイグレーションのインストールと実行

  ```
  $ rails active_storage:install
  $ rails db:migrate
  ```

- 対象のモデルにhas_one_attached/has_many_attachedメソッドを使用し、画像など対象リソースのアソシエーション設定を行う
- 対象モデルのコントローラーのストロングパラメーターにアソシエーション設定を行った属性名（メソッド名に相当）を追加する

以上で、Active Storageは動作可能になります。

もちろん、実際にWebアプリケーションで画像などを登録するためには、フォームビューに画像を入力する項目、表示するビューに画像を表示する項目など、いくつかの要素を追加する必要があります。

保存場所（ストレージ）の指定

Active Storageで扱うデータファイルの保存場所は、自動的に初期設定がされています。Libraryアプリケーションを例に、どのようなストレージ環境が生成されているかを確認しましょう（リスト12.15）。

▶リスト12.15　config/storage.yml（コメントを省略）

```
test:
  service: Disk
  root: <%= Rails.root.join("tmp/storage") %>
local:
  service: Disk
  root: <%= Rails.root.join("storage") %>
```

testを見ると、Rails.root.join("tmp/storage")となっており、これはアプリケーションルート直下のtmp/storageディレクトリであることを意味しています。同様にlocalでは、アプリケーションルート直下のstorageディレクトリが保存場所になっています。

開発環境設定ファイル（development.rb）には、デフォルトでリスト12.16のような設定がされています。

▶リスト12.16　config/environments/development.rb

```
config.active_storage.service = :local
```

12.2　Active Storage（ストレージ資産の管理）

この中の「:local」という設定がstorage.ymlのlocalと対応するので、開発環境ではstorageディレクトリが保存場所に選択されています。

　同様にテスト環境（test.rb）、本番環境（production.rb）を見ると、それぞれ:test、:localとなっていることが確認できます。

　このように、Active Storageを使えば、各環境モードの環境指定を変更するだけで保存場所を簡単に変えられます。

クラウド上のストレージを利用する

　クラウドベンダーが提供しているクラウド上のストレージに保存するのであれば、storage.ymlの中でコメントになっているそれぞれ（amazon/google/microsoft）の設定を有効にし、接続のため必要な設定を行います。

> *note* 設定内容については各クラウドストレージの理解が必要なため、本書では割愛します。

```
amazon:
  service: S3
  access_key_id: ……
  secret_access_key: ……
  region: ……
  bucket: ……

google:
  service: GCS
  project: ……
  credentials: ……
  bucket: ……

microsoft:
  service: AzureStorage
  storage_account_name: ……
  storage_access_key: ……
  container: ……
```

　クラウドストレージを実際に利用する場合には、それぞれのGemパッケージが用意されているので、それらを追加する必要があります。

12.2.1　Active Storageの仕組み

12.2.2　Active Storageの実装例

Active Storageを使用した実装例を、LibraryアプリケーションのBook機能をもとに確認しましょう。

まず、Active Storageを使用できるようにするために、専用のテーブルを作成します。そのためにマイグレーションのインストールとマイグレーションを行います。

```
$ rails active_storage:install
$ rails db:migrate
```

次に、Bookモデルを通して書籍の画像を1対多で登録できるようにします（図12.7）。

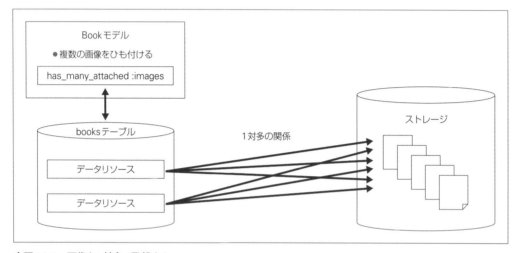

❖図12.7　画像を1対多で登録する

そのために、Bookモデルに画像複数枚をひも付けるための属性メソッドとして、imagesの名前（属性名に相当）でhas_many_attachedを使用して定義します（リスト12.17）。

▶リスト12.17　Library/app/models/book.rb

```
class Book < ApplicationRecord
  has_many_attached :images
  ……（省略）……
end
```

> note
> 書籍データ1件に対して1枚の画像を登録したい場合（1対1の関係）は、has_one_attachedを使用します。その場合は、画像が1枚であることを明示するよう、メソッド名をimageのように単数形にしておくと良いでしょう。

Book機能の入力用フォームに、モデルで設定したメソッド名images（属性名に相当）を使用して、画像登録のファイル入力項目を追加します（リスト12.18）。複数画像対応（has_many_attached）の場合は、multiple: trueオプションをfile_fieldに付加する必要があります。

▶リスト12.18　Library/app/views/books/_form.html.erb

```
<%= form_with(model: book, local: true) do |form| %>
  …… （省略） ……
  <div class="field">
    <%= form.label :images %>
    <%= form.file_field :images, multiple: true %>
  </div>
  …… （省略） ……
  <div class="actions">
    <%= form.submit %>
  </div>
<% end %>
```

登録された画像を表示するために、show.html.erb（個別表示）ビューテンプレートを、image_tagを使用して画像表示できるように変更します（リスト12.19）。複数画像対応の場合は、取得されるオブジェクトが配列のため、配列要素を取り出す処理が必要になります。また、画像サイズを指定する必要があるため、classオプションで画像幅をbooks.scss（リスト12.20）で指示できるようにしています。

▶リスト12.19　Library/app/views/books/show.html.erb

```
  …… （省略） ……
<p>
  <strong>images:</strong>
  <% @book.images.each do |image| %>
    <%= image_tag image, class: "image" %>
  <% end %>
</p>
  …… （省略） ……
```

▶リスト12.20　Library/app/assets/stylesheets/books.scss

```
…… （省略） ……
.image{
  width: 200px;
}
```

12.2.2　Active Storageの実装例　　499

最後に、images属性をBookモデルの更新属性に加えるため、Booksコントローラーのストロングパラメーターをリスト12.21のように指定します。

▶リスト12.21　Library/app/controllers/books_controller.rb

```
class BooksController < ApplicationController
  ……（省略）……
    def book_params
      params.require(:book).permit(:title, :description, images: [])
    end
end
```

複数の画像を扱えるようにする場合、属性を配列としてパラメーターに指定する必要があるため、ストロングパラメーターとしてimages: [] のように追加する必要があります。

それでは、Libraryアプリケーションを立ち上げ、書籍の新規登録を行ってみましょう。図12.8のような画面で［参照］ボタンを選択すると、登録が可能になります（図12.9）。

❖図12.8　書籍情報画面　　　　　　　　　❖図12.9　画像を登録した画面

この時、Active Storageの各テーブル（active_storage_blobs/active_storage_attachments）がどのようにデータを取り込んでいるか、Railsコンソールを使用して、次のように確認することができます。

　　　> ActiveStorage::Attachment.all
　　　> ActiveStorage::Blob.all

この内容から、ActiveStorage::Blob（ブロブ）に対するテーブルが個々の画像の情報を管理し、ActiveStorage::Attachment（アタッチメント）に対するテーブルがBookモデルとbook_image属性に相当するブロブとの関係を管理していることがわかります。

12.2　Active Storage（ストレージ資産の管理）

画像以外のファイルの扱い

　Active Storageでアップロードするファイルは、画像とは限りません。Active Storageの組み込み実装の方法は画像と変わりませんが、異なるのは、ビューテンプレートでどのように表現するかです。画像の場合の表示はimage_tagを使用しますが、一般的なファイルにはリンクヘルパーを使用します。

　ここで、Libraryアプリケーションに書籍の一部サンプルをpdfファイルとして登録し、ダウンロードできる機能を追加してみましょう。まずはBookモデルにサンプル用のアソシエーションsampleをリスト12.22のように追加します。単数形にしたのは、サンプルを1ファイルに限定するためです。

▶リスト12.22　Library/app/models/book.rb

```
class Book < ApplicationRecord
  has_many_attached :images
  has_one_attached :sample
  ……（省略）……
end
```

　Booksコントローラーのストロングパラメーターにsampleを追加します。複数ではないため配列の指定はいりません。配列指定の属性は最後にしてください。

```
params.require(:book).permit(:title, :description, :sample, images: [])
```

　書籍登録フォームビュー（form.html.erb）に登録属性を追加します（リスト12.23）。単数のためmultiple: trueオプションは不要です。

▶リスト12.23　app/views/books/_form.html.erb

```
<%= form_with(model: book, local: true) do |form| %>
  ……（省略）……
  <div class="field">
    <%= form.label :sample %>
    <%= form.file_field :sample %>
  </div>
  ……（省略）……
<% end %>
```

　登録内容を表示するためにビューを変更します。この時、リスト12.24のようにリンクヘルパー（link_to）とURLヘルパー（url_for）を併用します。samp.filenameは、アップロードしたファイルの名前を表示します。ファイルがない場合を考慮して、attached?（添付されているか）というメソッドを利用した条件を入れています。

12.2.2　Active Storageの実装例　　501

▶リスト12.24　app/views/books/show.html.erb

```
……（省略）……
<p>
  <strong>samples:</strong>
  <%= link_to "サンプル#{@book.sample.filename}", url_for(@book.sample) if ↵
@book.sample.attached? %>
</p>
……（省略）……
```

それでは実際にRailsサーバーを起動し、「http://localhost:4000/books」へ接続してみましょう。PDFファイルを登録する画面は、図12.10～12のようになります。

まず図12.10のような書籍一覧画面で［編集］リンクを押すとEditing Book画面（図12.11）になるので、［Sample］→［参照...］ボタンを押し、サンプルPDFを登録できます。すると、「Book was successfully updated」メッセージが表示された画面（図12.12）で、［samples］としてダウンロードリンクが表示されます。

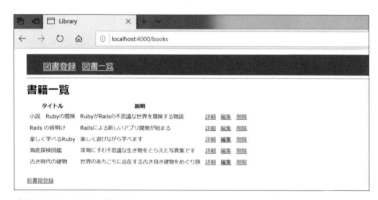

❖図12.10　図書一覧画面

❖図12.11　Editing Book画面

❖図12.12　Book was successfully updated画面

12.2.3 Active Storage使用上の注意点

N+1問題

Active Storageでは、画像などのデータファイルを親子モデルのアソシエーションとして関係付けるため、モデル連結（テーブル連結）のN+1問題（273ページ参照）を引き起こす可能性があります。ファイル添付の対象となるモデルと添付ファイルを管理する隠れた子モデル（アタッチメント、ブロブ）において親子関係があり、親モデルのリソースの1件ごとに隠れた子モデルを経由して画像のデータを呼び出すことで、大量の検索が発生してしまうのです。

ただ、Railsにはその回避策も用意されています。アソシエーションを設定することで、「with_attached_属性名」という名前のメソッドが用意されます。複数データリソースのインスタンス配列を作成する時にこのメソッドを指定することで、内部的にincludes結合の扱いになり、N+1問題を回避できます。

Bookモデルを例に挙げると、allメソッドなどを実行する際に、Book.all.with_attached_imagesのように、images属性に対するwith_attached_imagesメソッドを呼び出すことで、N+1問題を回避することができます。

バリデーションについて

Rails 5.21以降では、Active Storageで設定されるモデルのアソシエーション属性に対し、他の属性と同様にバリデーションを設定することが可能です。ただし、has_one_attachedとして設定する場合、バリデーションは無効になります。

Libraryアプリケーションの画像属性を必須にするバリデーションは、リスト12.25のようになります。

▶リスト12.25　Library/app/models/book.rb

```
class Book < ApplicationRecord
  has_many_attached :images
  has_one_attached :sample
  ……（省略）……
  validates :title, :images, presence: true
  ……（省略）……
end
```

この場合、画像ファイルを選択せずに新規に登録しようとすると、他の属性と同様に、Scaffoldのエラー表示を使って図12.13のような画面が表示されます。ただし、すでに登録がされているとエラーは表示されません。

❖図12.13　エラー画面

練習問題　12.2

1. Active Storageの役割について説明してください。

2. あるモデルに対応するデータリソースに画像を属性として追加する場合、Active Storageでは、どのような設定が必要になるか、2種類の場合を想定して説明してください。

3. ストレージの保存場所を変更する場合の方法について説明してください。

12.3 : その他の有用な機能

本節では、Railsに用意されている、その他の有用な機能の仕組みについて簡単に紹介します。

12.3.1 Active Job

ジョブ機能とは一般的に、月末や締めの単位で請求書を一括して作成したり、ゴミと見なされるような情報を定期的に掃除したりするために、通常のWebアプリケーションと切り離して（非同期で）処理する仕組みです。このようなジョブ機能を実現するために、Railsでは**Active Job**コンポーネントが用意されています。

非同期実行されるジョブは、複数同時に実行することも可能です。ただしそれらを制御するためには、交通整理を行う**キュー**（待ち行列の制御機構）が必要になります。Active Jobではキューも含めた形でジョブ機能が実装されます。

ジョブの起動は、Webアプリケーションのコントローラーのアクション、またはRailsコマンド（rails runner）で実行を指示することができます。ジョブは、デフォルトのキューであるAsyncアダプターを使って簡単にテストできますが、本番運用に際してはSidekiq/Resque/Delayed Jobといったアダプターを使用できます。

ジョブを生成するコマンドは次のとおりです。

```
$ rails generate job ジョブ名 [--queue キューの種類]
```

キューの指定を省略すると、デフォルトのAsyncアダプター（Active Job Async）を使用します。

生成されたジョブのひな型はリスト12.26のようになっており、performメソッドの中に、実行するジョブの処理を実装していきます。*argsは、引数が必要な場合に使用します。

▶リスト12.26　app/jobs/user_cleaning_job.rb

```ruby
class UserCleaningJob < ApplicationJob
  queue_as :default

  def perform(*args)
    # Do something later
  end
end
```

ジョブを起動するメソッドは、次のようにperform_laterというように_laterを付加したメソッド名として呼び出します。これは、キューを利用してジョブを非同期に実行させるメソッドになります。

```
UserCleaningJob.perform_later
```

12.3.1　Active Job　505

perform_laterをperform_nowとすると即時に実行対象となり、後続処理はこの処理が終了するのを待つことになります。これを同期実行処理といいます。

12.3.2 Action Cable

Action Cableは、チャットのような双方向のリアルタイム機能をRailsのフレームワークの中で実現する機能です。Rails 5から実装されたこの機能によって、Railsは、クライアントとサーバーとのやり取りで、

- Webアプリケーション：クライアントからのリクエストによる片方向通信
- メール送受信
- チャットアプリケーション：クライアント⇔サーバーの双方向通信

などをフルに装備したフレームワークを提供しています。

従来のHTTPによるやり取りは、クライアントからのリクエストに対するサーバーのレスポンスという一方向の通信で実現していました。Action Cableでは、HTTP通信に代わってWebSocket通信を利用し、双方向のリアルタイムなやり取りを可能にしています。

WebSocket通信とは、一度接続した関係を保ちながら、クライアントユーザーとサーバー側が相互にやり取りするための通信の仕組みです。
その点で、クライアントからの1回のリクエストに基づく通信であるHTTPとは異なります。

図12.14のように、クライアントのブラウザーに組み込まれたチャンネル制御用JavaScriptプログラム（クライアントチャンネル）とサーバー側のチャンネルが、WebSocketを通してやり取りします。サーバーチャンネルは、Action Cableにおいて、HTTP通信のコントローラーと同じような働きをします。

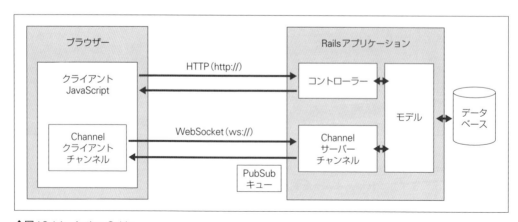

❖図12.14　Action Cable

また、ブロードキャストなどのストリーム制御にもキューが使われます。これは、Publisher（出版側）とSubscriber（購読側）の関係を取り持つという意味から**PubSubキュー**と呼ばれます。これも、非同期処理のジョブ制御で使用されるものと同じものになります。

チャンネルの生成には、次のようなコマンドを使います。

```
$ rails generate channel チャンネル名 [アクション名]
```

チャンネル名の他に、任意のアクション名を指定することもできます。例として、チャンネル名を「box」として、その中で使用したいアクション名を「request」としたコマンドを示します。

```
$ rails g channel box request
```

このコマンドを実行すると、サーバー側のチャンネルクラス（box_channel.rb：リスト12.27）と、クライアント側のチャンネルプログラム（box.coffee：リスト12.28）という2つが生成されます。例として、これらを利用したチャットの構成を図12.15に示します。

▶リスト12.27　app/channels/box_channel.rb

```
App.box = App.cable.subscriptions.create "BoxChannel",
  connected: ->

  disconnected: ->

  # サーバーから受信したときの処理（受信内容で一覧に追加）
  received: (data) ->
    $('#boxes').append "<tr><td>#{data['request']}</td></tr>"

  # サーバーのアクションを呼び出す処理
  request: (content) ->
    @perform 'request', request: content

# クライアント動作で、「サーバーのアクションを呼び出す処理」を実行
$(document).on 'keypress', '[name=box_request]', (event) ->
  if event.keyCode is 13    # enterキーが押された場合

    App.box.request event.target.value
    event.target.value = ''
    event.preventDefault()
```

12.3.2　Action Cable

▶リスト12.28　app/asserts/javascripts/channels/box.coffee

```coffee
App.box = App.cable.subscriptions.create "BoxChannel",
  connected: ->
  disconnected: ->
  # サーバーから受信した時の処理（受信内容で一覧に追加）
  received: (data) ->
    $('#boxes').append "<tr><td>#{data['request']}</td></tr>"
  # サーバーのアクションを呼び出す処理
  request: (content) ->
    @perform 'request', request: content

  # クライアント動作で、「サーバーのアクションを呼び出す処理」を実行
  $(document).on 'keypress', '[data-item=box_request]', (event) ->
    if event.keyCode is 13      # enterキーが押された場合
      App.box.request event.target.value
      event.target.value = ''
      event.preventDefault()
```

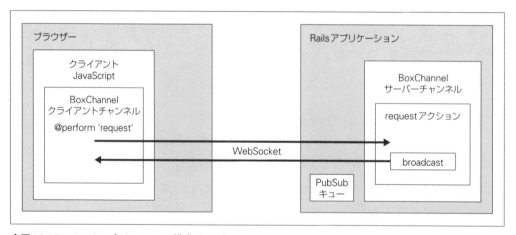

❖図12.15　チャットアプリケーションの構成イメージ

　この場合、クライアント側のフォームビューを表示するため、次のようにコントローラーで出力されるレビューと連携させます（リスト12.29）。

12.3　その他の有用な機能

▶リスト12.29　app/views/boxes/index.html.erb

```
<h1>リクエスト一覧</h1>
<div id="boxes" >
</div>
<br>
<%= form_with scope: '', method: 'get' do |form| %>
  <%= form.label :リクエスト %><br>
  <%= form.text_field :box_request %>
<% end %>
```

　実際に動かすにあたっては、JQueryを使用するための設定が必要です。また、ブロードキャストを制御するためにPubSubキューが必要ですが、開発モードとテストモードではデフォルトでAsyncが使用されているため、特に設定は必要ありません。
　実際にブラウザーを2つ立ち上げて、双方で入力を行うと、リアルタイムにリクエストメッセージが表示されます。

12.3.3　Gemパッケージ

　Gemパッケージは、Rubyが使用するパッケージソフトです。Railsでは、設定ファイルであるGemfileを通して多くのGemパッケージが使用されていますが、gemコマンドを利用してインストールしていることからわかるように、Rails自身もまたGemパッケージの一つです。
　世界中のエンジニアが、数多くの有用な機能をGemパッケージとして提供しています。本書ではRails自体の理解を主な目的にしているため、Gemパッケージについては深く解説を行っていませんでしたが、本項では、それら多くのGemパッケージのうち、特によく利用されるものを取り上げて、簡単な紹介を行います。
　なお、個々のGemパッケージの使い方の詳細については、GitHub上の各公式ドキュメント（READMEなど）を参照してください。

GitHubは、提供するサービスのアプリケーションソースと仕様を公開するクラウドサービスであり、Railsで作られています。

主要なGemパッケージ

- deviseパッケージ

  ユーザー認証に関する一般的に必要とされる高度な機能を一式提供しています。構造がシンプルであり、カスタマイズの柔軟性もあり広く使用されています。

- bootstrapパッケージ

  レスポンシブデザインを特徴とする、CSSのフレームワークBootStrapを使用する時に必要な
  Gemです。レスポンシブデザインは、パソコンやスマートフォンといったさまざまなブラウ
  ザーの画面サイズに柔軟に対応するためのCSSデザインの指定方式です。

- kaminariパッケージ

  複数ページを制御するページネーション機能を提供するGemです。複数ページの制御を柔軟
  にカスタマイズすることが可能であり、広く利用されています。

- carrierwaveパッケージ

  画像や動画などのファイルをアップロードする時に広く利用されてきたGemです。しかし、
  Rails 5でActive Storageが追加されたことにより、今後の価値は変わってくるかもしれません。

- geocoderパッケージ

  住所と緯度経度を相互変換するGemです。もう一つのGemパッケージ gmaps4railsと合わせ
  て、Google地図表示に広く利用されています。

- gmaps4railsパッケージ

  GoogleMapを使用して地図表示をするような場合に、geocoderと合わせてGoogle地図表示に
  利用されています。

- pry-railsパッケージ

  開発時に、デバッグツールとして使われるGemです。確認したいアクションやビューのコー
  ドの途中に「binding.pry」を挿入することで、irbのように変数の内容やメソッドの実行確認
  などを行うことができます。
  柔軟に処理の経緯を追いかけることができる、開発には非常に便利なツールです。

- dotenv-railsパッケージ

  Railsの中で環境変数を使用する際に便利なGemです。「.env」という拡張子を持つファイルに
  環境変数名と値の情報を記載しておくことで、自動的に、ENV[環境変数名]として環境変数
  名を利用できるようにしてくれます。

Gemパッケージの導入方法

Gemパッケージは、必要になったらGemfileに設定し、bundle installコマンドを実行してRailsア
プリケーションに組み込みます。また、Rubyのバージョンを変更した場合などには、Gemの依存関

係を見直す必要があるため、bundle updateコマンドを実行してGemfile.lockファイルを作り直します。

　Gemfileはリスト12.30のような構成になっており、上から順に各Gemが評価されていきます。Gemの追加が必要な場合は、もしコメントアウトされているGemがあればそれを利用し、見つからない場合は他の記述を参考にしながら適切な場所にGemパッケージを追加します。

　Gemを追加する位置は、「全体共通」「開発のみ」「テストのみ」のように、Gemの目的に応じて変わります。全体共通のGemなどのように、挿入箇所が不明、または特定できない場合は、Gemfileの最後に追加するようにしましょう。

▶リスト12.30　Gemfile

```
source 'https://rubygems.org'
git_source(:github) { |repo| "https://github.com/#{repo}.git" }

ruby '2.6.3'
gem 'rails', '~>5.2.3'
…… (省略) ……
group :development, :test do
  # 開発用・テスト共通のGemをこのブロックに定義する
end
group :development do
  # 開発用のGem ('pry-rails'など) をこのブロックに定義する
end
group :test do
  # テスト用のGem ('capybara'など) をこのブロックに定義する
end
…… (省略) ……
```

練習問題　12.3

1. Active Jobの役割について説明してください。

2. ジョブの起動方法について、2つの方法を説明してください。

3. Webソケットを使用した、双方向通信ができるRailsのコンポーネントについて説明してください。

4. Action Cableに必要な仕組みについて概要を説明してください。

5. 新しいGemパッケージを追加する場合の手順を説明してください。

☑ この章の理解度チェック

1. Reservationアプリケーションで、会議室の予約登録がされた時、登録者のメールアドレス宛てに予約内容を通知するメールを送るように実装してください。その際、メールサーバーは皆さん自身で設定してください。

2. Reservationアプリケーションの会議室機能に対して、会議室の写真を登録する機能をActive Storageを使用して追加してください。1つの会議室に対して、複数の写真を登録できるようにしてください。また、必ず1枚の画像を必須にするようにバリデーションを設定してください。

3. 2.に対して、会議室一覧の表示にN+1問題への対応を実施してください。

Chapter

Active SupportとRailsのテスト

この章の内容

13.1　Active Supportの拡張メソッド
13.2　テスト

Railsでは、Rubyが用意している基本のメソッドだけでなく、有用な拡張メソッドが用意されており、それらを利用することもできます。本章では、Rubyの拡張メソッドを提供するActive Supportの機能の一部を紹介し、さらにテストの仕組みについても解説します。

13.1 Active Supportの拡張メソッド

　Active SupportはRailsのコンポーネントの一つであり、Rubyの拡張機能や便利なユーティリティを提供しています。他にも、全体に共通した横断的役割も持っており、Railsフレームワーク自体の開発をさらに使いやすくしてくれています。

　Railsアプリケーションでは、デフォルトで、Active Supportが提供する拡張機能を起動時に読み込むよう設定されています。

13.1.1　代表的なStringクラスの拡張メソッド

remove（除去）

該当パターンに相当するすべての文字列を削除します。

- 例

```
> "Hello World".remove(/Hello /)
=> "World"
```

squish（余白排除）

冒頭と末尾のホワイトスペース（改行やタブ、全角／半角スペースなどを含む空白文字）を除去し、連続した空白（スペースを含む）を1つの半角スペースにします。

　squishとは、「ぐしゃっとつぶす」という意味です。

- 例

```
> "　山田　　太郎　".squish
=> "山田 太郎"
```

truncate（切り詰め）

指定された文字数に切り詰めた文字列を返します。デフォルトでは、最後の3文字が「...」となります。

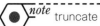
note truncateとは、「切り縮める」という意味です。

separatorを指定し、自然な区切り位置で切り詰めます。また、omissionを指定すると、省略文字を「...」以外に変更することができます。

● 例
```
> "今日は天気が良いですね。明日も大丈夫".truncate(16)
=> "今日は天気が良いですね。明..."

"今日は天気が良いですね。明日も大丈夫".truncate(16, separator: "。")
# => "今日は天気が良いですね..."

"今日は天気が良いですね。明日も大丈夫".truncate(16, omission: "★★")
    # => "今日は天気が良いですね。明★★"
```

first/last、from/to、at（抽出）
指定された位置と桁数に従って、文字列の一部を抽出します。

● 例
```
> "#Railsファン!".last(4)
=> "ファン!"

> "#Railsファン!".first(4)
=> "#Rai"

> "#Railsファン!".at(4)
=> "l"
```

pluralize/singularize（単数複数変換）
さまざまな英単語について、単数⇔複数の変換を行います。

● 例
```
# 複数形にする
> "person".pluralize
=> "people"

# 単数形にする
> "people".singularize
=> "person"
```

camelize/underscore/dasherize（変換）

```
# 「_」で区切られたスネーク型からキャメル型に変換する
> "users_controller".camelize
=> "UsersController"

# キャメル型からスネーク型に変換する
"WelcomeToHelloWorld".underscore
 => "welcome_to_hello_world"

# 「_」から「-」へ変換する
"Welcome_To_Hello_World".dasherize
 => "Welcome-To-Hello-World"
```

13.1.2　その他の便利な拡張メソッド

その他、便利な拡張メソッドの一部を紹介します。

present?

レシーバーのオブジェクトがブランク（空）でない時、trueを返します。blank? の逆を意味します。それ以外は、falseを返します。メソッド名の前の！記号は否定を表すため、!present? は blank? と同じ意味になります。

presence

レシーバーのオブジェクトがブランク（空）でない（present? がtrue）ときレシーバーの値、それ以外はnilを返します。

次の場合、@shimeiの値が空でない場合は、@shimeiの値をnameにセットし、空の場合は、"山田太郎"をnameにセットします。

```
@shimei = nil
name = @shimei.presence || "山田太郎"
=> "山田太郎"

@shimei = "高橋一郎"
name = @shimei.presence || "山田太郎"
=> "高橋一郎"
```

try

レシーバーのオブジェクトが存在する（nilでない）場合のみ、引数に指定される特定のメソッドを実行します。

レシーバーが空の場合に無視しても良い処理は、これを利用すると簡潔に記述できます。

```
@user.name if @user.presence  をtry を使用してシンプルに記述できます。
@user.try(:name)
```

in?

引数で示されるオブジェクト範囲に含まれるか評価します。

```
fruits = ["みかん", "めろん", "りんご", "いちご"]
"りんご".in?(fruits)
=> true

145.in?(30..150)
=> true

"Good".in?("World" "GoodMorning")
=> true
```

delegate

オブジェクトの特定のメソッドを委譲することで、自分のメソッドのように簡潔に使用できます。

例としてUserモデルとProfileモデルが1対1の親子関係にある場合を想定します。Profileモデルに設定しているnameを通して、Userの名前を取得する時、通常user.profile.nameのように使用します。この場合、次のようにdelegateでnameメソッドを移譲することで、user.nameとして使用できるようになります。

```
class User < ActiveRecord::Base
  has_one :profile
  delegate :name, to: :profile
end
```

with_options

複数のメソッドの共通するオプションを1つにまとめて指定できます。

例として、以下のコードについて考えます。

```
has_many :customers, dependent: :destroy
has_many :products, dependent: :destroy
```

dependent: :destroyオプションを1つにまとめると、以下のようになります。

```
with_options dependent: :destroy do
  has_many :customers
  has_many :products
end
```

13.1.2　その他の便利な拡張メソッド

13.1.3　日付、日時に関する拡張メソッド

　日付、日時のメソッドは、どのタイムゾーンを基準にするかによって、取得される日時が変わってきます。標準では、UTC（世界標準時）が使用されます。したがって、現地時間を取得するには、それぞれの国の標準時間のタイムゾーンを設定する必要があります。タイムゾーンを config下の application.rb に対して、日本時間であれば、次のように東京タイムゾーン「config.time_zone = "Tokyo"」を設定する必要があります（リスト13.1）。

▶リスト13.1　config/application.rb

```
require_relative 'boot'
require 'rails/all'

Bundler.require(*Rails.groups)

module Library
  class Application < Rails::Application
    config.load_defaults 5.2
    config.time_zone = "Tokyo"
  end
end
```

　日付、日時メソッドは、Time クラス、Date クラス、DateTime クラスに対して有効に働きます。例として、拡張メソッドのcurrentは、タイムゾーンを考慮した時間を提供します。タイムゾーンを「東京」に指定することによって、次のようにRuby標準のnowメソッドを使用した場合と取得する日時が異なってきます。

```
> Time.now
=> 2018-08-03 12:34:24 +0000

> Time.current
=> Fri, 03 Aug 2018 21:34:32 JST +09:00
```

　日時に関する拡張メソッドの一部を表13.1に記載します。

❖表13.1　日付・日時関連の主な拡張メソッド

メソッド名	概要
current	タイムゾーンに従い、現在の日時を返す
next_year	翌年の応当日を（閏年を考慮して）返す
prev_year	前年の応当日を（閏年を考慮して）返す
next_day	翌日の同時刻を返す

13.1　Active Supportの拡張メソッド

メソッド名	概要
prev_day	前日の同時刻を返す
end_of_week	週末（日曜）の終了時刻を返す
end_of_month	月末日の終了時刻を返す
end_of_year	年末日の終了時刻を返す
weeks_ago	引数に指定された週数前の同時刻を返す
weeks_since	引数に指定された週数後の同時刻を返す
months_ago	引数に指定された月数前の同時刻を返す
months_since	引数に指定された月数後の同時刻を返す
years_ago	引数に指定された年数前の同時刻を返す
years_since	引数に指定された年数後の同時刻を返す
on_weekend?	週末の場合trueを返す
advance	引数years/weeks/months/daysを指定して、日付を求める
ago	秒数を指定して日時を求める
since	秒数を指定して日時を求める

　現在の日付（Date.current）が「2019年4月9日（火曜日）」である場合の、各種メソッドの実行結果を次に示します。

```
> date = Date.current
=> Tue, 09 Apr 2019

> time = Time.current
=> Tue, 09 Apr 2019 13:41:44 JST +09:00

> date.next_year
=> Thu, 09 Apr 2020

> date.next_day
=> Wed, 10 Apr 2019

> time.prev_year
=> Mon, 09 Apr 2018 13:41:44 JST +09:00

> time.prev_day
=> Mon, 08 Apr 2019 13:41:44 JST +09:00

> time.end_of_week
=> Sun, 14 Apr 2019 23:59:59 JST +09:00

> date.end_of_month
=> Tue, 30 Apr 2019
```

13.1.3　日付、日時に関する拡張メソッド

```
> date.years_ago(1)
=> Mon, 09 Apr 2018

> date.months_since(1)
=> Thu, 09 May 2019

> date.weeks_ago(1)
=> Tue, 02 Apr 2019

> date.on_weekend?
=> false
```

advance/ago/sinceメソッドを使うと、日付を汎用的に求められます。

```
> date = Date.new(2020, 10, 21)
=> Wed, 21 Oct 2020

> date.advance(months: 2, days: 15)
=> Tue, 05 Jan 2021

> date.ago(20)
=> Tue, 20 Oct 2020 23:59:40 JST +09:00
```

データベースに保存するリソースの日時をローカル時間で保存する場合は、さらにconfig/application.rbに

```
config.active_record.default_timezone = :local
```

を追加指定します。
しかし、一般的にグローバルにデータベースを管理する場合には、共通の国際標準時で保存しておき、表示する時にそれぞれの地域のタイムゾーンに変換したローカル時間で表示するほうが良いでしょう。

練習問題　13.1

1. 拡張メソッドのうち、present?とpresenceの使い方の違いについて説明してください。

2. 拡張メソッドを組み合わせて、次に示す原文の文字列を、結果として示される20文字の文字列に切り詰めるよう、メソッドチェーンを利用したコードを作成してください。

   ● 原文：「" 私は、山田　太郎です。 ##よろしくお願いします。 ##　　 "」
   ● 結果：「"私は、山田 太郎です。 よろしくお..."」

3. tryメソッドはどのような場面で使用するのに便利か、その特徴も含めて説明してください。

4. delegateやwith_optionsは、表現を簡潔にするのに役立ちます。どのような場合に、どのように使用するかを説明してください。

13.2 ： テスト

本書では、テストとは何かや、テストの目的からその重要さを考えます。また、Railsが標準で提供するテストの仕組みや実行方法、基本的なコードサンプルを紹介します。

13.2.1　テストの目的

長くアプリケーション開発をしてきた人たちは、テストがいかに重要であるかを身にしみて感じているはずです。**テスト**は、アプリケーションの新規開発だけでなく、提供するサービスの品質を継続的に一定のレベルで維持し、スピードを保って機能を拡張・改善していくためにも重要な役割を果たします。

その重要さゆえに、Railsにはテスト機能がフレームワークの一部として組み込まれています。テストを行うことで、Railsアプリケーションの仕様を確認し、正しく利用することができます。それにより、アプリケーションの変更・追加時に、基本となる機能が影響を受けていないことなどを簡単に確認できます。

Railsにおいて、テストの基本的な確認内容は次のとおりです。

● ある宛先URIにアクセスした際に、予期した正しい結果が得られるか

● ある正しい操作をした際に、アプリケーションおよびデータベースの状態が適切に更新されるか

● ある正しくない操作をした際に、適切なエラー処理を伴い、アプリケーションおよびデータベースが適切な状態を維持できるか

これらテストの仕組みを作りながら開発を進めていく手法を**テスト駆動開発**（**TDD**）と呼びます。しかしあまりにテストを中心に考えすぎると、テストが目的化し、より良い開発につなげることが難しくなります。テストはあくまでも開発・保守の作業を補完するものであり、Railsの本来の趣旨を損なうことなく、できるだけ効果的・効率的なポイントに絞ったテストの仕組みを構築することが重要です。

Railsには、GemパッケージであるRSpecという広く利用されているテスト機能がありますが、ここでは、Rubyが持っているミニテスト機能を拡張したRailsオリジナルのテストについて紹介します。

13.2.2　テスト環境とテストの種類

Rails実行環境

Railsアプリケーションは、開発・テスト・運用（本番）という3つの実行環境を持ちます（図13.1）。

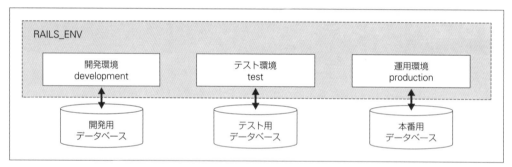

❖図13.1　3つの実行環境

テスト環境（testモード）は、開発後のアプリケーションを本番ステージ（productionモード）に乗せるために、総合的な確認を行う環境です。すべてのテストをテスト環境で行うという意味ではありませんが、本章のテストは、特に指定しない限りテスト環境（test）で行います。

テスト環境用データベース

データベースは、開発・テスト・運用環境それぞれに用意するので、個々の環境での実行により他環境のデータベースに影響を与えることはありません。テストを行うためには、事前にテスト環境専用のデータベースを生成する必要があります。

各環境のデータベース接続情報は、config/database.ymlの中で設定されています。デフォルトではSQLite3が使われますが、各環境に応じてデータベースの種類を変更することも可能です。

テスト用コンポーネントとディレクトリの構成

　Railsで使用する標準のテスト用メソッドは、ActiveSupport::TestCaseというテストコンポーネントを使って実装されます。ActiveSupport::TestCaseのスーパークラスはRubyのMinitest::Testクラスであり、Rubyのテストメソッドを継承しています（図13.2）。

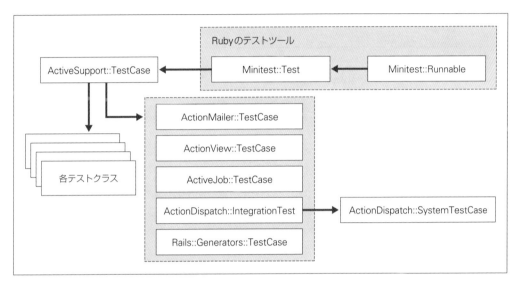

❖図13.2　テストコンポーネントの継承関係

　テストスクリプトコード（テストの手順をコード化したもの）やテストデータなどは、testディレクトリに配置されます。testディレクトリ内の主なサブディレクトリとファイルを表13.2と表13.3に示します。

❖表13.2　testディレクトリ内の主なサブディレクトリ

ディレクトリ名	概要
models	モデル単体のテストのコードファイルを保存する
controllers	コントローラーテスト（機能テスト）のコードファイルを保存する
system	ユーザーインターフェースの操作を活用したシステムテストのコードを保存する。gemパッケージCapybara（ドライバーとしてSeleniumまたはPoltergeist）を使用
fixtures	テスト実行時に最初にロードされるテスト用のデータファイル（フィクスチャファイルYAML形式）を保存する

❖表13.3　testディレクトリ内の主なファイル

ファイル名	概要
test_helper.rb	すべてのテストファイルにrequireすることで、共通のテスト条件として組み込まれる

　test_helper.rbのデフォルトの生成内容は、リスト13.2のとおりです。

13.2.2　テスト環境とテストの種類

▶リスト13.2　test/test_helper.rb

```
ENV['RAILS_ENV'] ||= 'test'
require File.expand_path('../../config/environment', __FILE__)
require 'rails/test_help'
class ActiveSupport::TestCase
  fixtures :all
end
```

　先頭行を見ると、ENV['RAILS_ENV'] ||= 'test'となっており、実行環境として「テスト環境（test）」がデフォルトになっています。また、fixtrures :allによって、test/fixtures下にあるフィクスチャファイル（後述）がすべて、テスト対象のデータになっています。

テスト用データ（フィクスチャファイル）について

　フィクスチャ（fixture）**ファイル**とは、テストのために使用するデータを登録するファイルであり、モデルごとにYAML形式（拡張子.yml）のファイルとして作成します。

　フィクスチャファイル名は、モデルに対応するテーブル名に相当しており、このファイルをもとに、テスト実行時に検証開始前にデータベースにデータが投入されます。フィクスチャファイルのデータは、データベースの種類に依存することなく利用が可能です。

　データの形式（YAML形式）は次のようにデータ1件を表す識別名を「名前:」の形式で指定して、階層的に属性の内容を設定します（リスト13.3）。

▶リスト13.3　test/fixtures/users.yml

```
taro:
  name: 山田　太郎
  email: yamada@sample.com
hana:
  name: 田中　花子
  email: hana@sample.com
```

　フィクスチャファイルは、以前に扱ったseedsファイルと同様に、読み込まれる際にERB形式で埋め込まれたRubyコードが実行されるため、動的にテストデータを生成することが可能です。ただしseedsファイルと異なり、設定した内容がそのまま登録されるためバリデーションなどの影響は受けず、また毎回テスト開始時に初期化が行われます。

　例えば、リスト13.4のフィクスチャファイルのコードはテスト開始時にテーブルを初期化し、100ユーザー（user_0～user99）を生成します。

▶リスト13.4　users.yml

```
<% 100.times do |n| %>
user_<%= n %>:
  name: <%= "ユーザー #{n}" %>
  email: <%= "user#{n}@example.com" %>
<% end %>
```

結果として次のようなデータが生成されます。

```
user_0:
  name: ユーザー 0
  email: user0@example.com
……（省略）……
user_99:
  name: ユーザー 99
  email: user99@example.com
```

フィクスチャファイルとテストコードの関係を図13.3に示します。

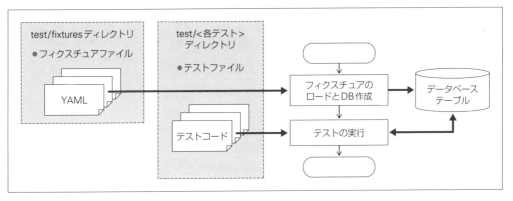

❖図13.3　フィクスチャファイルとテストコード

　フィクスチャファイルで親子関係のモデルのひも付けを行う場合は、次の図のように親モデルで設定したインスタンス名を子モデルのアソシエーションメソッド属性に対して与えます。
　また、ここで設定したインスタンス名は、各テストコードの中で、それぞれフィクスチャ名（テーブル名）の引数としてインスタンス化して参照できます。
　例えば、BookモデルとRentalモデルが図13.4のような関係にあり、books.ymlにリスト13.5のような内容が、rentals.ymlにリスト13.6のような内容が記述されている場合を考えます。

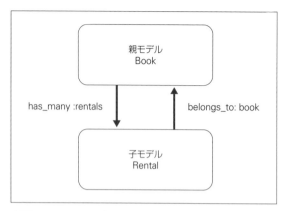

❖図13.4　BookモデルとRentalモデルの関係の例

▶リスト13.5　books.yml

```
book_1:
  title: Ruby入門
  description: 初心者に優しい解説書です

book_2:
  title: Railsの夜明け
  description: Railsフレームワークの・・・
```

▶リスト13.6　rentals.yml

```
one:
  user: taro
  book: book_1
  rental_date: 2019-04-02
two:
  user: hana
  book: book_2
  rental_date: 2019-04-02
```

　Bookモデルを例にすると、フィクスチャ名（テーブル名）booksを使用し、

```
    b1 = books(:one)
```

としてbook_1に相当するリソースをインスタンス化することが可能です。

画像ファイルなどのファイルデータは、fixtures/files下のディレクトリを使用して配置することができます。

テストの種類

一般的にアプリケーションの開発は、要件定義から開発までと、開発時の単体テストからユーザーレベルの最終確認までという、V字で表現する流れに従います（図13.5）。

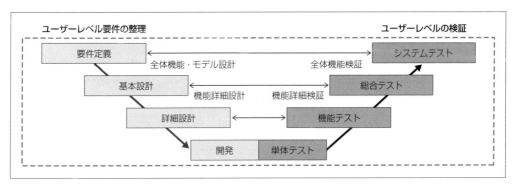

❖図13.5 アプリケーション開発の流れ

　Railsの場合は、基本要件から詳細要件の実装へと、短期間で全体を繰り返しながら進める**アジャイル型開発**が有効とされています。そのため、Railsでは、繰り返し行わなければいけない一連のテストを効果的に行えるような仕組みが用意されています。

　Railsのテストには、次の3種類のレベルが用意されています。それぞれのテスト目的にあった、テストコード・手順を構築することで、効果的なテストを行うことが可能です。

- モデル単体テスト：モデル単体レベルの動作仕様を確認する
- 機能テスト：アクション単位およびアクション間にまたがる機能の一連の動作および、整合性を確認する
- システムテスト：ユーザーインターフェース操作に従った一連の機能仕様、例えば、表示される画面のボタン操作などを通して、会話型の一連の機能が正しく動作しているかを確認する

 システムテストとは、ユースケース（実際の業務フローのパターン）に合わせて、実際のブラウザーの操作を含めた一連の機能テストを行うものです。標準で組み込まれているgemパッケージのCapybaraを利用して、ブラウザーのユーザーインターフェースに従い、会話的に行うことが可能です。

13.2.3 テストの実行方法

rails testを実行するにあたって、テスト環境のデータベースを事前に作成しておく必要があります。通常、rails db:migrate RAILS_ENV=testによって事前にテスト用データベースのマイグレーションを行います。

 SQlite3以外のデータベース利用時は、rails db:create RAILS_ENV=testが必要です。

テストは、表13.4のようにテスト目的に合わせ、rails testコマンドを実行します。

❖表13.4　テストコマンド

コマンド	説明
rails test	すべてのテスト（デフォルトではシステムテストを除く）を実行
rails test test/models	すべてのモデル単体テスト（test/models下のすべて）を実行
rails test test/controllers	すべての機能テスト（test/controllers下のすべて）を実行
rails test test/system	システムテストを実行

これらのうち、モデル単体テストと機能テストの具体的な例を、後ほど「13.2.4 テストの実行例」で解説します。

 本書では、機能テストを中心とした内部処理の整合性を重視し、システムテストの実行方法までは解説しません。

テストの実行に当たっては、事前にテスト仕様に基づくテストコードファイルを、テストメソッドを使用して作成する必要があります。テストコードの記載形式は、次のようにtestメソッドでテスト名（日本語可）を宣言したブロックの中で記述します。テストは、テスト名単位で実行されます。

```
test "テスト名" do
  テストコード（assertメソッド）の記述
end
```

テストの評価は、テストコードに記述されるassertメソッド（評価メソッド）によって実行されます。assertメソッドの基本的なものを表13.5に記載します。

❖表13.5　主なassertメソッド

メソッド	役割
assert_empty	指定された項目が空であるかを検証する
assert_equal	相互に指定された内容が一致するかを検証する
assert_difference	ブロックの評価結果の差分を検証する
assert_changes	ブロックの評価結果に変化があったことを検証する（:from、:toで変更前と変更後の値を指定可能）
assert_redirected_to	リダイレクト結果が指定したURLに一致することを確認する
assert_response	レスポンス結果が、指定したステータスコードになることを確認する（:success 200〜299、:redirect 300〜399、:missing 404、:error 500〜599）
assert_routing	指定されたルート（URL、コントローラー、アクション）に正しく対応するかを確認する
assert_select	指定されたCSS要素に一致するかを確認する。ただし評価前にビューの表示を行っていないと、NoMethodError: undefined method `document' for nil:NilClass 例外エラーとなる
assert_raises	指定された例外エラー（例：ActiveRecord::RecordNotFound）が発生するかを評価する

　表13.5以外のメソッドについては、次のRailsガイドなどを参考にしてください。

　　https://railsguides.jp/testing.html（日本語訳）

rails testコマンドは、次のようなルールで実行されます。

- 個々のテストメソッドは、順不同でランダムに実行される

- 1つのテストメソッドでエラーまたは例外が発生した場合、そのテストブロックを中断し、次のテストを継続して実行する

- 指定されたテストがすべて完了すると、テスト結果のレポートが表示される

　次に、テストの実行結果の例を示します。テスト結果は、成功したテストが「.」、assertによる検証エラーが「F」、例外エラーが「E」として表示されます。さらに最終行に「3 runs, 5 assertions, 1 failures, 0 errors, 0 skips」のように実行数、検証数、検証エラー数、例外数が表示されます。

```
$ rails test test/models
Run options: --seed 10760
# Running:

..F

Failure:
UserTest#test_テスト2 [/home/vagrant/workspace/Library_org/test/models/
user_test.rb:15]:
Expected false to be truthy.

bin/rails test test/models/user_test.rb:12
```

13.2.3　テストの実行方法　　529

```
Finished in 0.220018s, 13.6353 runs/s, 22.7255 assertions/s.
3 runs, 5 assertions, 1 failures, 0 errors, 0 skips
```

テスト用のコールバックメソッド（setupとteardown）

各テストの実行前に呼び出したい処理と実行後に呼び出したい処理とを、setup/teardownとしてそれぞれ指定することができます。指定されたsetup/teardownブロックは、テストメソッドごとにコールバックメソッドとして実行されます（図13.6）。

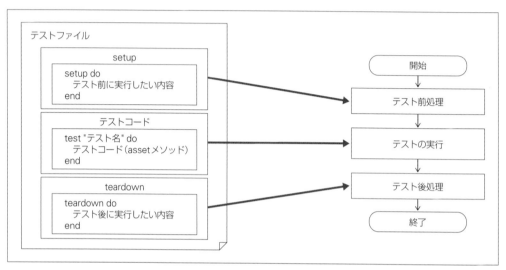

❖図13.6　setup/teardownブロック

特に、setupブロックは、各テストに使用する共通テストデータの生成や共通のログイン処理などに便利です。

13.2.4　テストの実行例

モデル単体テストの例

ここで、Libraryアプリケーションに対する**モデル単体テスト**（Modelテスト）の例を見てみましょう。Scaffoldで生成したBook機能では、テストコードの例が記載されたテストファイルが生成されているので、それを参考にすることもできます。なお、エラーが発生する場合は、いったんテストコードをコメントアウトするなどして、その原因を追究することも必要です。

リスト13.7に、Bookモデルでモデル単体テストを行う例を示します。

▶リスト13.7　Library/test/models/book_test.rb

```ruby
class BookTest < ActiveSupport::TestCase
  setup do
    # Test用の画像ファイルをアップロードする
    upload_file = Rack::Test::UploadedFile.new(
      Rails.root.join("test/fixtures/files/fushigi.jpg"))
    # アップロードファイルを複数画像対応用に @book_images に配列化
    @book_images = [upload_file]
  end

  test "Bookモデル登録検証" do
    assert_difference "Book.count", 1 do
      Book.create(title: "Rails不思議な世界",
        description: "Railsの不思議な世界を体験", images: @book_images)
    end
  end

  test "Bookモデルバリデーション検証" do
    book = Book.create(title: "",
      description: "Railsの不思議な世界を体験", images: @book_images)
    assert_empty book.title
    assert_not_empty book.description
    assert_equal "must be blank", book.errors.messages[:description][0]
    assert_equal 2, book.errors.count
  end
end
```

　setup do～endには、テストの中で使用する画像を事前にアップロードしておき、インスタンス変数@book_imagesとして配列にしています。Rack::Test::UploadedFileは、ファイルアップロード用のクラスとして使用しています。テスト用の画像ファイルは、test/fixtures/filesディレクトリにfushigi.jpgという名前の画像ファイルを置いています。

　次に、assert_differenceによって、ブロック内で処理された結果に1件の差分があるかを検証しています。これにより、Bookモデルを通してデータが1件追加されたことで、データ件数に1件の差分が生まれたことを確認しています。

　assert_empty book.titleおよびassert_not_empty book.descriptionは、作成されたBookインスタンスのtitleが空であること、およびdescriptionが空でないことを確認しています。またassert_equalによって、「must be blank」のエラーがdescriptionで発生し、エラー数が2件であることも確認しています。

　次に実行結果を示します。

13.2.4　テストの実行例　　531

```
$ rails test test/models
Running via Spring preloader in process 7342
Run options: --seed 28590

# Running:
.
Finished in 0.609571s, 3.2810 runs/s, 11.4835 assertions/s.
2 runs, 7 assertions, 0 failures, 0 errors, 0 skips
```

機能テストの例

次に、**機能テスト**（Controllerテスト）の例としてBook機能の新規登録と特定図書の呼び出し検証を行ってみましょう。

機能テストでは、アクションを呼び出すためのリクエストを次の形式で使用します。この記述で該当のアクションを呼び出して実行します。オプションの「xhr: true」は、Ajaxとしてリクエストを行う場合に付加します。

ルートメソッド（get、post、delete…）ルーティングヘルパー , オプション（paramsなど）⏎
[, xhr: true]

 テスト結果は、assertメソッドで評価します。

リスト13.8に、BooksControllerで機能テストを行う例を示します。

▶リスト13.8　Library/test/controllers/books_controller_test.rb

```
require 'test_helper'

class BooksControllerTest < ActionDispatch::IntegrationTest
  setup do
    @book = books(:one)
    upload_file = Rack::Test::UploadedFile.new(Rails.root.join("test/⏎
fixtures/files/yoakemae.jpg"))
    @book_images = [upload_file]
  end

  test "新規図書入力機能の呼び出しと更新" do
    # 新規図書入力画面の呼び出し評価
    get new_book_url
    assert_response :success
    assert_select 'h1', "New Book"
```

```ruby
    # 新規図書登録処理の評価（図書件数の差分評価とリダイレクト評価）
    assert_difference('Book.count') do
      post books_url, params: {book: {title: "夜明け前",
        description: "幕末から明治の変化を描く", images: @book_images }}
    end
    # 新規図書登録後のリダイレクトを確認
    assert_response :redirect
  end

  test "該当図書の表示" do
    # setupで生成する特定のインスタンス @book に基づいて図書を表示
    get book_url(@book)
    assert_response :success
  end
end
```

まず、assert_select 'h1', "New Book"で、レスポンスの結果、ブラウザーに表示されるビューに「h1タグ」があることと、要素が「New Book」であることを確認しています。

次にpost books_url, params: {book: {title: ……}}として、新規の図書登録のリクエストのparamsオプションで登録する属性の内容を指示します。

最後にassert_responseで、リクエストの結果、レスポンスが成功（:success）したか、リダイレクトされたか（:redirect）を確認しています。

次に機能テストの実行結果を示します。

```
$ rails test test/controllers
Running via Spring preloader in process 7301
Run options: --seed 784

# Running:

.
Finished in 1.850219s, 1.0810 runs/s, 2.7024 assertions/s.
2 runs, 5 assertions, 0 failures, 0 errors, 0 skips
```

これまで学習したことが十分理解できていれば、本節で例として挙げた基本的なメソッドを使って、標準的なテストコードが実装できるはずです。

 宛先URIに多言語切り替えパラメーターなどを付加する場合、クエリパラメーターの場合と同様に、ルーティングヘルパーの引数にパラメーターを組み込む必要があります。

●例
books_url(locale: "ja")

練習問題 13.2

1. テストの目的とは何か、説明してください。

2. テストディレクトリの構成とそれぞれの役割、およびフィクスチャファイルの役割について説明してください。

3. フィクスチャファイルとseedsデータとの違いを説明してください。

4. テストの種類と役割について説明してください。

5. テストコードの記述方法、およびテストコードの実行ルールについて説明してください。

6. setup/teardownメソッドの役割について説明してください。

☑ この章の理解度チェック

1. Reservationアプリケーションのトップページ（Topコントローラーのindexアクションを実行した際のビュー）に、本日のアクセスした日時を図13.7のような形式で表示してください（日本標準時）。なお、下記のようなフォーマットの表示にはstrftime("%Y年%m月%d日 %H時%M分")メソッドが使用できます。同様に、予約一覧の予約日に対しては、strftime ("%Y/%m/%d %H:%M")を適用してください。

予約管理のページへ　ようこそ
本日のアクセス時間：　2018年08月04日 15時31分

❖図13.7　アクセス日時の表示例

2. Reservationアプリケーションのモデルテストと機能テストを作成して、次のポイントが常に満たされることを確認できるようにしてください。

＜テストデータの作成要件＞
- 新規会議室の登録データ：複数件
- 新規会議室に対する予約登録データ：0件/1件/2件以上
- 新規ユーザー登録データ：管理者権限ユーザー1件以上、利用者ユーザー複数件

＜モデルテストの実装ポイント＞
- バリデーションが正しく動作する（エラー件数や特別なメッセージが正常に得られる）ことを検証する
- 親子関係にあるモデルのバリデーションが正常であることを検証する
- モデルの登録・更新・削除および親子モデルの削除が正常に機能することを検証する
- ログインのフォームオブジェクトが正しくバリデーションされることを検証する

＜機能テストの実装ポイント＞
- ログイン機能が正常であることを検証する
- 未ログインで必要なアクションの制御が正しいことを検証する
- ログインの必要なアクションの制御が正しいことを検証する
- 管理者特権ユーザーのアクションの制御が正しいことを検証する
- 予約登録のアクションが正しく機能することを検証する
- 予約取り消しのアクションが正しく機能することを検証する
- ログインユーザーと他のユーザーの制御が正しく働くことを検証する（少なくとも予約取り消しに関して）

索引

記号

'	48
"	48
#（コメント）	44, 57
$	46
.erbファイル	120
.rbファイル	29
:	47, 68
@	47
@@	47
[ ]	50
{ }	50, 66
||	66
<<メソッド	251
=	49
==	52

数字

1対1の親子関係	243
has_oneメソッド	246
1対多の親子関係	243
has_manyメソッド	245

A

Action Cable	119, 506
Action Controller	118, 292, 323
Action Dispatch	118, 292
Action Mailer	119
Action Pack	118, 292
Action View	118, 374
Active Job	119, 505
Active Mailer	478
コールバック	480
ヘルパー	480
Active Model	118
ActiveModel	
〜 ::Model	207
〜 ::Validations	207
〜 ::Validator	221
〜 :EachValidator	221

Active Record

Active Record	118
ActiveRecord	150
〜 ::Base	138
ActiveRecordStore	355
Active Storage	119, 495
保存場所	496
Active Support	119, 514
拡張メソッド	514
ActiveSupport	
〜 ::TestCase	523
Ajax	443, 450
application.rbファイル	128
ApplicationController	325
ApplicationHelper	126
ApplicationJob	126
ApplicationMailer	126
ApplicationRecord	126, 138, 150
appオブジェクト	143
appディレクトリ	122
構成	124
attr_accessorメソッド	77
意味	78
attributes API	155, 277

B

BASIC認証	368
bundle installコマンド	86, 91
bundler	26

C

class	39
classメソッド	67
CoC（設定より規約を優先する）	4
CoffeeScript	443
configディレクトリ	122
構成	127
createアクション	108
CRUD操作	5, 155, 182
CSRF	386
CSS	437

D

database.yml ファイル	129
db ディレクトリ	122
def	40
default	278
development モード	128
do	55, 66
DRY（同じことを繰り返すな）	3

E

each メソッド	58
else	55
elsif	55
end	39, 40, 56
environment.rb ファイル	129
ERB	120
ERB テンプレート	374, 378
エスケープ処理	382
コメントアウト	381

G

Gemfile	124
Gem パッケージ	86, 124, 509
導入	510
Git Bash	13
起動	15
Git Bash インストール	13

H

habtm（has_and_belongs_to_many）	258
hmt（has_many through）	255
HTML	103, 375
セレクター	377
タグ	375
ページフッター	385
ページヘッダー	385
ヘッダー	385
HTTP	
GET メソッド	330
POST メソッド	330
セッション	353
ヘッダーオブジェクト	330
メソッド	330
リクエスト	89, 116, 329
リクエストオブジェクト	329
リクエストヘッダー	329
レスポンス	89, 116
レスポンスオブジェクト	332
HTTP サーバー	94
HTTP メソッド	293
HTTP リクエスト	292
Hyper-V	20
Hypervisor	20

I

i18n	459
if 文	54
index アクション	100, 102
initialize メソッド	75
irb	29
プロンプト	31

J

JavaScript	443
JSON	359, 450

L

Linux 仮想マシン	8
Linux コマンド	15

M

Mail（Gem パッケージ）	493
MD5	369
methods メソッド	68
MVC モデル	6, 117

N

N+1 問題	274, 503
new アクション	101, 104
nil	62

O

ORM	152

P

params インスタンス	337
params オブジェクト	109
Path ヘルパー	303
PostgreSQL	27, 84
インストール	27

索引　537

private	43
productionモード	128, 522
Puma	94, 119
putsメソッド	30

R

Rack	120
Rails	2
アプリケーションの構成	93
インストール	26
開発環境	7
コンソール	134, 137
コンポーネント	116
デフォルト画面	87
バージョン	26
フレームワーク	84, 85, 121
railsコマンド	
assets:precompile	122
console（c）	134
db:drop	145
db:migrate	100, 145, 161, 168
db:reset	145
db:seed	145
db:setup	145, 168
dbconsole（db）	134
destroy（d）	134
generate（g）	91
generator（g）	132
g scaffold	95
new	84, 86, 90, 131
routes	99, 145, 298
Scaffoldジェネレート	95
server（s）	86, 94, 134, 136
test	146
ヘルプ（-h）	134
Railties	119
Rake	120
タスクコマンド	144
rbenv	25
REST（RESTful）	324
routes.rbファイル	129
Ruby	2
インストール	23
バージョン	26
ファイル	29

ファイルの文字コード	32
ruby-build	25
Ruby on Rails	2

S

Scaffold	95, 133, 190
SCSS	437
seeds.rbファイル	178
SELECT文（SQL）	275
shallowルート	313
showアクション	110
Sprockets	444
ディレクティブ	446
マニフェスト	445
SQLite3	27, 84, 120
インストール	27
注意点	88
SQLインジェクション	195, 341
SQL文	152
STI（単一テーブル継承）	263
superclassメソッド	70
superメソッド	74

T

| testディレクトリ | 523 |
| testモード | 128, 522 |

U

URI	90
クエリパラメーター	302
URIパターン	301
ワイルドカード	303
URL	90
URLヘルパー	303
UTF-8	32, 376

V

Vagrant	8
イメージファイル	18
インストール	9
仮想サーバーへの接続	22
起動	20
コマンド	20
実行環境の構築	16
接続アドレス	19

操作用ディレクトリ 17	
ポート番号 19	

Vagrantfile 18, 88
vagrantコマンド 20
　destroy 28
　ssh 22
　up 21
vimエディター 30
VirtualBox 8
　インストール 11

W

Webアプリケーション 89
Webサーバー 94
while文 55

X

XML 359

Y

YAML 524

あ

あいまい検索 196
アクション 91
アジャイル型開発 527
アセット 125, 436
　パイプライン 444
アソシエーション 118, 155, 243, 248
　メソッド 250, 260
宛先
　URI 321
　ルート 321
アプリケーションルート 298
暗号化 129

い

インスタンス 38, 41
　～オブジェクト 38, 41
　～化 38
　変数 41, 47
　メソッド 40, 41
隠蔽 35

う

右辺 49

え

エイリアス 248
エラーメッセージ 223
演算子 52

お

オーバーライド 73, 281
オブジェクト 34
オブジェクト指向 5, 34
　プログラミング 35
親子関係
　1対多 243, 243
親モデル 243

か

外部キー 247
カスタマイズ属性型 280
仮想的な属性 155, 277
画像ファイル 437
型定義 282
カプセル化 35
カラム 183

き

機能テスト 532
キャッシュの有効化 356
キャッシング 456
キャメル型 40
キュー 505

く

クエリパラメーター 302, 337
クッキー 355
　ストア 355
クラス 39
　～オブジェクト 39
　instance_methodsメソッド 139
　methodsメソッド 139
　newメソッド 41
　superclassメソッド 140
　継承 72
　名 39

索引　　539

変数 47
メソッド 41
繰り返し構造 53
グローバル変数 46
クロスサイトリクエストフォージェリ 386

け

継承 72
結合名 258
結合メソッド 271

こ

コールバック 118, 155, 227
クラス 233
呼び出しタイミング 228
コマンドプロンプト 13
コメント 44, 57
子モデル 243
コレクションルート 310, 311
コントローラー（C） 90, 91, 117, 126, 292, 323
7つのアクション 97, 296
around_action メソッド 366
before_action メソッド 110, 365
create アクション 108
helper_method メソッド 426
index アクション 100, 102
new アクション 101, 104
redirect_back メソッド 350
redirect_to メソッド 347
render メソッド 326, 341, 359
respond_to メソッド 361
show アクション 110
url_for メソッド 351
アクション 91, 92, 325
クエリパラメーター 337
データ入出力 336
テスト 532
フォームパラメーター 336
ルートパラメーター 337
コンポーネント 116

さ

左辺 49

し

シード機能 156, 178
利点 180
自己結合モデル 261
実行環境（開発／テスト／運用） ... 128, 522
主キー 183
所属関係 243
belongs_to メソッド 246
ジョブ機能 505
シンボル 47
シンボル名 68

す

スーパーユーザー 24
スキーマ（データベース） ... 100, 153, 177
スキーマファイル 177
スコープ 235
デフォルト 236
スタイルシート 437
ステートレス 353
ストロングパラメーター 338
〜化 109, 339
スネーク型 40

せ

正規化 242
正規表現 212
セッション 353
削除 355
ストア 355
保存 354
保存場所 355
読み込み 354
絶対パス 15

そ

相対パス 16

た

ダイジェスト認証 368
代入 41
タイプオブジェクト 280
タイプ定義 282
多言語対応 459
多対多の関係 244, 253

habtm型		258
hmt型		253, 255

単一テーブル継承 263

ち

中間テーブル 258

て

定数 47
ディレクトリ 15
データベース 97
　スキーマ 100, 153, 177
　マイグレーション 99, 118, 156, 166
　ロールバック 169
　ロック機能 237
データベースソフトウェア 27
データリソース 5
　ライフサイクル 157
テーブル 97, 182
　カラム差し替え 173
　カラム属性変更 172
　カラム属性をインデックスにする 175
　カラム追加 172
　更新 187
　削除 188
　作成 183
　新規作成 171
　単一テーブル継承 263
　中間〜 258
　読み出し 185
テキストエディター 18
テスト 521
　〜駆動開発（TDD） 522
　機能〜 532
　コールバックメソッド 530
　モデル単体〜 530
手続き 34
手続き型プログラミング 35

と

トランザクション機能 327

な

内部結合 270

は

配列 50
ハッシュ 50
バリデーション 118, 155, 206, 503
　オプション 214
　実装方法 208
　独自のバリデーションヘルパー 220
　評価のタイミング 207
　標準バリデーションヘルパー 209

ひ

悲観的ロック機能 238
引数 38, 59
左外部結合 270
ビュー（V） 90, 117, 126, 374
　content_forメソッド 390
　form_withヘルパーメソッド 379, 406
　html_safeメソッド 383
　image_tagヘルパーメソッド 400
　layoutメソッド 388
　link_toヘルパーメソッド 403, 410
　rawメソッド 383
　renderメソッド 105, 392
　yieldメソッド 386
　テンプレート 92
　テンプレートのカスタマイズ 94
　独自ヘルパーメソッド 424
　フォーム要素生成ヘルパーメソッド 412
　部分テンプレート 106
　ヘルパーメソッド 400
　リソース型ヘルパーメソッド 420
ビューテンプレート 92, 103, 374
　カスタマイズ 94
ビューヘルパー 400
ヒューマンインターフェース 384
非リソースフルルート 297, 300

ふ

フィクスチャファイル 524
フィルター 363
　スキップメソッド 367
　メソッド 363
フォーマットパラメーター 309
フォームオブジェクト 215
フォームパラメーター 336

フォームヘルパー	400
部分テンプレート	106, 392
localsオプション	394
プライベートメソッド	43, 227
プライマリキー	183
フラグメントキャッシュ	456
プリコンパイル	448
プレースホルダー	195
名前付き〜	195
フレームワーク	2
プログラミング	34
ブロック処理	66
ブロック変数	66, 107
分岐構造	53

へ

変数	46
インスタンス〜	47
クラス〜	47
グローバル〜	46
ローカル〜	47

ほ

ポート番号	88
ポリモーフィズム	75
ポリモーフィックな関係	264
翻訳辞書	460
標準	465

ま

マイグレーション	97
ファイル	99
マイグレーション（データベース）	99, 118, 156, 166
パターン	171
メソッド	175
マイグレーションクラス	167
マイグレーションファイル	132, 160, 166
生成機能	167
バージョンID	160, 166
マスアサインメント	338
マッピング	118
マニフェスト	445

め

メーラー	480

deliverメソッド	485
メール	
受信	490
送信	480
送信サーバー	486
テンプレート	480
ファイル添付	494
メソッド	35
オーバーライド	73
プライベート〜	43
戻り値	37, 62
レシーバー	37
ローカル〜	43
メソッドチェーン	200, 235
メンバールート	310, 311

も

文字コード	32
文字列	48
モデル（M）	117, 126, 150
allメソッド	102, 186
averageメソッド	202
belongs_toメソッド	246
countメソッド	202
createメソッド	184, 250
delete_allメソッド	189
deleteメソッド	188
destroy_allメソッド	188
destroyメソッド	188
find_byメソッド	185
findメソッド	154, 185
firstメソッド	186
groupメソッド	198
has_and_belong_to_manyメソッド	258
has_manyメソッド	245, 253
has_oneメソッド	246
havingメソッド	199
idsメソッド	202
includesメソッド	273
lastメソッド	186
limit/offsetメソッド	198
maximumメソッド	202
minimumメソッド	202
newメソッド	250
noneメソッド	200

orderメソッド	198
pluckメソッド	201
reorderメソッド	199
reverse_orderメソッド	199
rewhereメソッド	199
saveメソッド	183
selectメソッド	197
sumメソッド	202
takeメソッド	186
unscope/onlyメソッド	199
update_allメソッド	188
updateメソッド	187
whereメソッド	187, 191
作成	157
属性	158
属性のオプション	165
属性のデータ型（タイプ）	163
テスト	530
モデル結合	270
メソッド	271
モデル単体テスト	530
戻り値	37, 62

ら

ライブラリ	122
楽観的ロック機能	238

り

リクエスト	89
リソースフル	117
ルーティング	5
ルート	294, 307
リダイレクト	109, 299, 347
外部URL	349
前アクション	350

る

ルーター	92, 129, 142, 292
ルーティング	292
ルーティングヘルパー	303
クエリパラメーター	306
標準的なパラメーター	305
ルート	93, 292
namespaceメソッド	315
rootメソッド	299

shallow〜	313
宛先〜	321
共通化	319
グループ化	315
コレクション〜	310, 311
スコープ	315
名前空間	315
非リソースフル〜	297
メンバー〜	310, 311
リソースフル〜	294
リダイレクト	299
ルートパラメーター	337

れ

レイアウト	384
選択	388
動的な構成	390
レシーバー	37
レスポンス	89
列	183
連接構造	53
レンダリング	341

ろ

ローカライズ	470
ローカル変数	47
ローカルメソッド	43
ロケール	128, 460, 461
辞書	460
ロジック	34
ロック機能	155, 237
悲観的〜	238
楽観的〜	238

著者紹介

小餅 良介（こもち・りょうすけ）

山形大学物理学科卒業後、システムエンジニアの黎明期を経て、アプリケーション開発とはどうあるべきかを問い続ける中で、2013年にRailsに出会い、これは素晴らしいと直感。
Railsの良さを広く世の中に伝えることを目的に、Railsシルバー資格を2016年に取得。現在、Rails技術者認定試験運営委員会・推進スクールメンバー（2017年1月）として、Railsのメンタリングや講師を行いながら、初めての人にわかりやすく、形ではなく本質的なRailsの理解の手助けをすることを目標に、アプリケーションの作り方、あり方を伝えるため活動中。

装丁 　会津 勝久
DTP 　株式会社 シンクス
編集 　山本 智史

独習Ruby on Rails

2019年6月19日 　　初版第1刷発行

著　　　者 　小餅 良介（こもち・りょうすけ）
発 行 人 　佐々木 幹夫
発 行 所 　株式会社 翔泳社（https://www.shoeisha.co.jp）
印刷・製本 　株式会社 加藤文明社印刷所

©2019 Ryousuke Komochi

本書は著作権法上の保護を受けています。本書の一部または全部について（ソフトウェアおよびプログラムを含む）、株式会社 翔泳社から文書による許諾を得ずに、いかなる方法においても無断で複写、複製することは禁じられています。

本書のお問い合わせについては、iiページに記載の内容をお読みください。
乱丁・落丁はお取り替えいたします。03-5362-3705までご連絡ください。

ISBN978-4-7981-6068-9 　　　　　Printed in Japan